U0193087

国家科学技术学术著作出版基金资助出版

Molecular Materials and Thin Film Devices

分子材料与薄膜器件

贺庆国　胡文平　白凤莲　等编著

·北京·

内容提要

本书内容涉及材料、化学、电子学及物理等学科，是目前我国分子材料领域较为全面和系统的一部专业技术著作。根据作者多年来从事该领域研究工作的经验，结合当前最新的文献报道，以材料科学和化学学科为出发点，深入浅出地叙述有机半导体材料的设计思想、合成方法、电子过程、器件的原理及其应用。其中，有机集成电路是实现器件全有机化的基础，在书中作了较为详细的介绍。

全书内容与国内有机分子电子学的发展密切相关，不仅可以作为高等院校的本科生及研究生的教材，更是有机光电子学领域研究工作者的重要参考书，也是引导年轻人步入有机半导体材料研究领域的敲门之砖。

图书在版编目（CIP）数据

分子材料与薄膜器件/贺庆国等编著. —北京：化学工业出版社，2010.10（2021.1 重印）
ISBN 978-7-122-09322-6

Ⅰ. 分… Ⅱ. 贺… Ⅲ. ①半导体材料②半导体器件 Ⅳ. O6

中国版本图书馆 CIP 数据核字（2010）第 158552 号

责任编辑：成荣霞　　文字编辑：昝景岩
责任校对：蒋　宇　　装帧设计：王晓宇

出版发行：化学工业出版社（北京市东城区青年湖南街 13 号　邮政编码 100011）
印　　装：北京虎彩文化传播有限公司
710mm×1000mm　1/16　印张 19½　彩插 1　字数 381 千字　2021 年 1 月北京第 1 版第 3 次印刷

购书咨询：010-64518888　　售后服务：010-64518899
网　　址：http://www.cip.com.cn
凡购买本书，如有缺损质量问题，本社销售中心负责调换。

定　　价：88.00 元

序

分子材料与薄膜器件近三十年来发展迅速，已经由纯科学研究迈向了实用化阶段，正在向产业化前进。有机分子材料最典型的特点是分子中含有非定域的π-电子结构，分子间的作用力较弱，主要是以诸如范德华力等非成键相互作用而凝聚成固体。由此，材料的性质基本上取决于分子本身的性质和凝聚态结构。

花样繁多的分子材料可以通过化学方法合成，将具有各种功能的结构单元通过分子设计创造出性质各异的材料来，因而具有多样性。而且与无机半导体材料相比，价格便宜，可以简单而方便地制备出轻而薄的器件，甚至可以将薄膜制备在可折叠的柔性衬底上，制造出具有特殊形状的有机薄膜器件。目前，已经开发出诸如柔性彩色显示屏、柔性光伏电池、薄膜 FET 和传感器、白光照明等器件，正在稳步向实用化方向发展。因而，分子材料被誉为新一代有机光电子材料。

编著者根据多年来从事该领域研究工作的经验，并结合当前的最新进展，总结撰写了该书，深入浅出地叙述了分子材料的设计思想、合成方法、电子过程、器件的原理及其应用。有机集成电路是实现器件全有机化的基础，碳材料——碳纳米管和石墨烯是近年来十分热门的研究课题，在书中对其研究进展和应用前景作了较为详细的介绍，具有系统性和可读性。在器件应用方面，最基本的性质是利用分子材料的电子过程，所以将与电子过程的相关概念进行了简单的阐述。

本书内容涉及材料、化学、电子学及物理等学科，可以作为高等院校本科生及研究生的教材，也是从事有机光电子学领域研究工作者的重要参考书，将为我国有机半导体材料和器件研究领域的发展起促进作用。

朱道本

2010 年 11 月于北京

前　　言

有机分子材料与薄膜器件目前已经由基础研究走向产业化阶段，以有机电致发光材料和器件为代表，现不仅在数码相机、手机屏等得以应用，而且已开发出新一代薄膜大屏幕显示器件，如超薄型彩色电视，在固体照明方面也开始有产品出现。有机半导体材料在光伏电池、薄膜传感器、有机薄膜场效应二极管等器件方面也获得了突飞猛进的发展。这些成就使分子材料迅速成为新一代先进材料。与其相应，有机分子电子学已成为一门重要的研究领域，在国际上发展迅速，方兴未艾。有机薄膜器件具有超薄、轻、制备简单、价格低、效率高以及可以做成柔性和任意形状等其他材料无可比拟的优点，特别值得提出的是，如能将这些器件实现全有机化将是电子器件的一场深刻的革命，而且为开发新能源和解决环境污染也将起巨大的作用。同样，我国也开展了广泛研究工作。

本书全面系统地介绍了分子材料的特点以及实用的制备、纯化和表征方法，并以理论分析与试验相结合，阐明了分子材料在薄膜器件方面的应用，包括有机电致发光器件、有机光伏电池、有机场效应二极管、有机传感器等器件的制备及其发展前景。对于当前研究热点课题之一——碳纳米管和石墨烯也进行了系统和详细的论述和展望。

本书是作者根据所从事有机半导体材料和器件的研究经验体会，并结合在该领域的研究进展情况，加以整理编写而成的。目的是从化学和材料角度出发，对有机分子材料领域的研究现状、重要进展及其应用前景介绍给广大读者。第 1 章由白凤莲和蔺洪振编写，第 2 章由王成亮和胡文平编写，第 3 章由李荣金和胡文平编写，第 4 章由张亚杰和胡文平编写，第 5 章和第 6 章由贺庆国和白凤莲编写，第 7 章由贺庆国和付艳艳编写，第 8 章由王文龙编写。感谢刘伟为本书录入及绘图所做的无私奉献。

有机光电子材料和器件的研究发展迅猛，新概念及新成果层出不穷，因此编者所写的内容仍然会挂一漏万。希望本书能起到抛砖引玉的作用，能为广大从事分子材料和器件研究的科研人员，以及高校研究生提供参考。真切希望广大读者提出宝贵意见。

编者

2010 年 10 月

目　　录

第1章　分子材料电子过程导论 …… 1
1.1　导言 …… 1
1.2　分子材料的结构特点和性质 …… 2
1.2.1　分子材料的组成 …… 2
1.2.2　分子材料的构型 …… 2
1.2.3　分子材料的聚集态 …… 2
1.3　分子材料的电子过程 …… 3
1.3.1　有机分子的光物理过程 …… 3
1.3.2　激发态的电子能量转移 …… 7
1.4　薄膜器件中相关的基本光、电子性质 …… 9
1.4.1　共轭聚合物中的几种激发态形式 …… 10
1.4.2　共轭聚合物中的链间相互作用 …… 13
1.4.3　共轭聚合物与电子受体之间的光诱导电荷转移 …… 16
1.5　载流子的产生和迁移 …… 17
1.5.1　载流子 …… 17
1.5.2　载流子的迁移率 …… 18
1.5.3　影响迁移率的因素 …… 18
参考文献 …… 19
第2章　有机场效应半导体材料 …… 23
2.1　简介 …… 23
2.1.1　有机场效应半导体材料的发展概况 …… 23
2.1.2　表征有机场效应半导体材料性能的主要参数 …… 23
2.1.3　有机场效应半导体材料的特点 …… 23
2.1.4　有机场效应半导体材料的分类 …… 24
2.2　有机小分子半导体材料 …… 25
2.2.1　p型小分子半导体材料 …… 25
2.2.2　n型小分子半导体材料 …… 45
2.3　聚合物半导体材料 …… 53
2.3.1　p型聚合物半导体材料 …… 53
2.3.2　n型聚合物半导体材料 …… 56
2.4　有机半导体材料常用合成方法 …… 58
2.4.1　羟醛缩合反应 …… 58
2.4.2　Diels-Alder反应 …… 58
2.4.3　傅-克酰基化反应 …… 59
2.4.4　亲核取代反应 …… 59
2.4.5　氮杂环的成环反应 …… 60

2.4.6 Ullmann 反应 …… 60
2.4.7 Suzuki 反应 …… 60
2.4.8 Stille 反应 …… 61
2.4.9 Grinard 反应 …… 61
2.4.10 Sonogashira 反应 …… 62
2.4.11 Heck 反应 …… 62
2.4.12 Wittig 反应 …… 62
2.5 有机场效应材料的提纯与分离 …… 63
2.5.1 重结晶 …… 63
2.5.2 柱色谱 …… 63
2.5.3 物理气相沉积 …… 63
2.5.4 索氏提取法 …… 64
2.6 回顾和展望 …… 64
参考文献 …… 65
第 3 章 有机场效应晶体管 …… 84
3.1 简介 …… 84
3.1.1 有机半导体和无机半导体的不同 …… 84
3.1.2 有机场效应晶体管简介 …… 85
3.2 有机半导体中的载流子传输 …… 88
3.2.1 有机半导体的分子排列 …… 88
3.2.2 有机半导体中的载流子传输机制 …… 88
3.2.3 影响迁移率的材料结构因素 …… 90
3.3 有机场效应晶体管的电极 …… 91
3.4 有机场效应晶体管的绝缘层 …… 93
3.4.1 氧化物绝缘层 …… 93
3.4.2 聚合物绝缘层 …… 93
3.4.3 自组装单/多层膜绝缘层 …… 95
3.5 有机薄膜场效应晶体管 …… 96
3.5.1 聚合物薄膜晶体管 …… 96
3.5.2 小分子薄膜晶体管 …… 98
3.5.3 薄膜晶体管的溶液加工技术 …… 101
3.6 有机单晶场效应晶体管 …… 103
3.6.1 有机单晶场效应晶体管的研究意义 …… 103
3.6.2 有机半导体单晶的生长 …… 104
3.6.3 有机单晶场效应晶体管的构筑 …… 111
3.6.4 有机单晶场效应晶体管的性能 …… 115
3.6.5 有机单晶场效应晶体管中材料的结构-性能关系 …… 116
3.7 总结与展望 …… 116
参考文献 …… 117
第 4 章 有机电路 …… 124
4.1 基于有机场效应晶体管有机电路的构建方法 …… 124
4.1.1 真空蒸镀沉积有机半导体层 …… 124

4.1.2 溶液法制备有机半导体层 …… 125
4.1.3 喷墨式打印法 …… 126
4.1.4 热转移法和直接转移法 …… 127
4.2 有机电路 …… 129
4.2.1 有机逻辑电路 …… 129
4.2.2 有机显示器的驱动电路 …… 132
4.2.3 电子纸 …… 134
4.2.4 RFID 标签 …… 138
4.3 基于有机单晶场效应晶体管的有机电路 …… 141
4.4 展望 …… 147
参考文献 …… 148
第 5 章 有机太阳能电池 …… 153
5.1 导言 …… 153
5.2 有机太阳能电池器件 …… 154
5.2.1 器件结构 …… 154
5.2.2 器件结构的界面修饰 …… 156
5.3 有机光伏电池光电转换的基本过程及原理 …… 157
5.3.1 光电转换的基本过程 …… 157
5.3.2 电池器件表征的基本参数 …… 161
5.4 具有 π-共轭系统的有机材料的分子工程 …… 163
5.4.1 分子结构与带隙 …… 163
5.4.2 调控材料带隙的策略 …… 165
5.5 用于太阳能电池的聚合物材料 …… 169
5.5.1 聚噻吩类材料 …… 169
5.5.2 由给-受体单元构成的共聚物 …… 171
5.6 有机小分子光伏材料 …… 178
5.6.1 有机小分子光伏材料的特点 …… 178
5.6.2 有机小分子光伏材料分类及性质 …… 178
5.7 问题与展望 …… 187
参考文献 …… 190
第 6 章 有机电致发光材料与器件 …… 192
6.1 引言 …… 192
6.2 有机发光器件与材料基础 …… 193
6.2.1 有机电致发光器件 …… 193
6.2.2 有机发光材料分类 …… 198
6.3 有机发光材料的合成及性质 …… 200
6.3.1 有机金属（钯）催化的偶联反应 …… 200
6.3.2 常用偶联反应 …… 201
6.4 有机小分子发光材料 …… 205
6.4.1 有机小分子材料结构特点和分子设计 …… 205
6.4.2 螺环化合物 …… 206
6.4.3 含联二萘结构单元的发光材料 …… 214

6.4.4 多芳胺类材料 …… 222
6.4.5 四苯基甲烷类化合物 …… 226
6.4.6 树枝状化合物 …… 229
6.5 白光照明 …… 231
6.5.1 能量转移型主客体器件 …… 233
6.5.2 多层膜发光器件 …… 233
6.5.3 发光材料与高分子共混 …… 234
6.5.4 单一聚合物器件 …… 234
6.5.5 展望 …… 237
参考文献 …… 238
第7章 有机分子传感器材料与器件应用 …… 241
7.1 导言 …… 241
7.2 电化学传感器 …… 243
7.2.1 电化学传感器的设计原理 …… 243
7.2.2 电化学传感器的应用 …… 243
7.3 荧光传感器 …… 246
7.3.1 荧光化学传感器简介 …… 246
7.3.2 荧光传感器的检测机制 …… 247
7.3.3 荧光传感器的应用 …… 250
7.4 生色传感器 …… 259
7.4.1 生色传感器简介 …… 259
7.4.2 生色传感器的生色机理 …… 259
7.4.3 生色传感器的研究进展 …… 260
7.5 含有特殊结构的材料在化学传感器中的应用 …… 262
7.5.1 冠醚及其衍生物 …… 263
7.5.2 环糊精及其衍生物 …… 264
7.5.3 杯芳烃及其衍生物 …… 266
7.6 基于共轭聚合物的化学传感器 …… 267
7.6.1 共轭聚合物信号放大机理 …… 267
7.6.2 共轭聚合物的应用实例 …… 268
7.7 薄膜化学传感器 …… 273
7.8 展望 …… 275
参考文献 …… 276
第8章 全碳π-共轭体系：碳纳米管与石墨烯 …… 283
8.1 引言 …… 283
8.2 石墨烯卷曲形成纳米管：手性指数 …… 285
8.3 石墨烯与碳纳米管的电子能带结构 …… 287
8.4 碳纳米管与石墨烯的合成技术 …… 291
8.4.1 碳纳米管的制备方法 …… 291
8.4.2 石墨烯合成研究：“自上而下”与“自下而上” …… 294
8.5 基于碳纳米管与石墨烯的场效应晶体管研究略述 …… 297
参考文献 …… 301

第 1 章　分子材料电子过程导论

1.1　导言

有机分子材料又称为有机固体[1,2]，通常指具有 π-电子结构，具备特殊光、电、磁性质的有机光电子材料，包括共轭聚合物和小分子材料，俗称为有机半导体材料。在组成薄膜器件呈固态时，与无机半导体材料相比，分子间的作用力属于范德华力，因此分子间的相互作用很弱，材料表现出来的性质就主要取决于分子本身的性质，故称之为分子材料。

有机半导体材料的研究已有 50 多年的历史[3]，在这短短的五十年，有机半导体材料和器件已经从纯基础研究走向了实用阶段，显现出有机光电子材料的优良品质；如有机材料的分子结构可根据性能需要进行设计；将各种功能单元排列组合，可以合成出结构与性能变化无穷的分子材料。可以方便地制备薄膜器件，特别是可以制成轻且薄的柔性薄膜，甚至于是可以折叠的薄膜器件，因此有机半导体及其相关器件的研究又被称为“有机电子学”或“塑料电子学”的研究。1987 年，柯达公司的邓青云（C. W. Tang）等发现了以八羟基喹啉铝为发光材料的有机薄膜发光二极管[4]，为有机半导体材料的应用开辟了实用阶段的先河。特别是 2000 年诺贝尔化学奖授予了 Alan Heeger、Alan MacDiarmid 和 Hideki Shirakawa 三位科学家[5]，奖励他们在导电聚合物方面的伟大发现。此后，该领域的研究更加蓬勃发展，诸多有机半导体光电功能器件被陆续开发出来。有机光电子材料在器件应用方面走上了一个全新的时代。除有机发光二极管（OLED）在平板彩色显示的应用之外，如索尼公司已生产出厚度只有 3mm 的 47 英寸彩色电视机。另外，手机及数码相机的显示屏都已经用上了 OLED 产品[6,7]。OLED 在白光照明方面也取得了重大进展[8]。

除此之外，有机光伏打电池[9,10]、薄膜场效应管[11,12]、薄膜化学传感器[13,14]、有机激光器等[15]都已有实际应用的器件产品，正在向产业化迈进。

科学家们在不断研究改善器件工艺的同时，设计合成新型材料，以扩展有机光电材料的种类、调控材料的性质仍是提高器件性能的根本途径。作为新一代有机光电子材料，材料的制备是基础，研制出适合于器件性能需求的新材料是化学家和材料学家的责任。作者根据多年从事有机光电子材料的研究经验，将以深入浅出的方式介绍有机半导体材料的分子设计，合成制备方法及其在 OLED、薄膜场效应管、光伏打电池以及化学传感器等器件方面的研究进展；同时，还将介绍纯碳材料——碳纳米管及石墨烯方面的最新进展。

1.2 分子材料的结构特点和性质

自从发现芳香族化合物蒽有导电性以来，有机光电导材料、有机导体、有机电致发光材料、导电聚合物、有机光伏材料、碳纳米管、石墨烯等分子材料受到广泛的研究。与无机半导体材料相比，分子材料尽管结构可以千变万化，但其特点是分子中都具有 π-电子结构，即具有非定域电子，它的一切性质都来自于与 π-电子结构相关的电子过程，分子间的相互作用力是通过范德华力的弱相互作用而不是无极半导体的共价键作用实现的，这是作为分子材料或有机固体的最大特点。

1.2.1 分子材料的组成

从分子材料的结构组成，可以划分为芳香族化合物，如萘、蒽、并四苯、并五苯等，随苯环数目的增加，非定域的 π-电子数增加；石墨烯、C_{60}、碳纳米管也可以看成这类材料的扩展；另外，芳杂环类化合物也是一类重要的分子材料，如聚噻吩、聚吡咯等。

从分子材料的性质可以分为光电导材料，如酞菁类化合物、聚乙烯咔唑和三硝基芴酮的电荷转移复合物等；导电聚合物，如聚苯胺、聚乙炔、聚吡咯、聚噻吩等；电致发光材料及有机光伏材料等等。

通常还把有机半导体材料分为聚合物和有机小分子材料两大类。

借助于无机半导体概念，根据分子材料的电子性质还可以分为 p 型和 n 型材料，分别对应于空穴材料和电子材料。如带芳胺（三苯胺）的化合物一般是典型的空穴传输材料；八羟基喹啉铝是典型的电子传输材料；具有 π-共轭链的聚对亚苯基乙烯既具有空穴传输能力，又具有电子传输能力，所以它在器件中的作用取决于与之相配合的材料性质。

1.2.2 分子材料的构型

由分子构型还可以分为线性分子，如含碳-碳共轭链的线性分子聚乙炔；平面分子，如酞菁类化合物；或具有星形结构、树状结构及螺环结构的三维立体分子。这些化合物将在本书第 6 章有机发光材料中作详细介绍。

1.2.3 分子材料的聚集态

作为薄膜器件，分子材料在应用中大都为固体薄膜状态，因此必须考虑到在聚集态分子间的相互作用。在分子材料中，通常分子间的相互作用力为 π-π 重叠相互作用、氢键相互作用、静电力相互作用、疏水-亲水作用等等。所得到的聚集态有结构有序的晶体或结构无序的非晶态；这种聚集态的结构也会直接影响器件的电子性质，如迁移率的大小、发光效率等。

1.3 分子材料的电子过程

分子材料的器件应用都涉及其电子过程，即载流子的生成及传输过程；但是在器件应用中，该电子过程发生在薄膜状态下，在复杂的有机体系中，这不是一个简单的过程，除与分子的电子结构直接相关外，分子间的相互作用、电子-电子偶合、电子-声子偶合等也都会有影响。所以，从理论上讲是十分复杂的，有时致使化学家感到陌生和难以理解。在本书中我们将尽量避免深奥的理论物理概念和复杂的数学表达式，而是由从事有机半导体材料和化学研究的角度，深入理解其理论模型的由来及电子过程的本质，简单叙述有机半导体材料中电子过程的最基本的概念。

1.3.1 有机分子的光物理过程

首先，让我们来讨论分子分散情况下的有机分子的光物理性质。分子的激发态可以用简化的 Jablonski 图来表示（图 1-1），这是指在理想状态下，处于分子分散情况下有机分子的跃迁性质。在分子材料的激发态研究中，一般假定，在稀溶液中，若溶剂分子与溶质分子不存在特殊强相互作用的情况下，可以粗略认为是分子分散状态，分子的激发态可以用 Jablonski 图来表示。

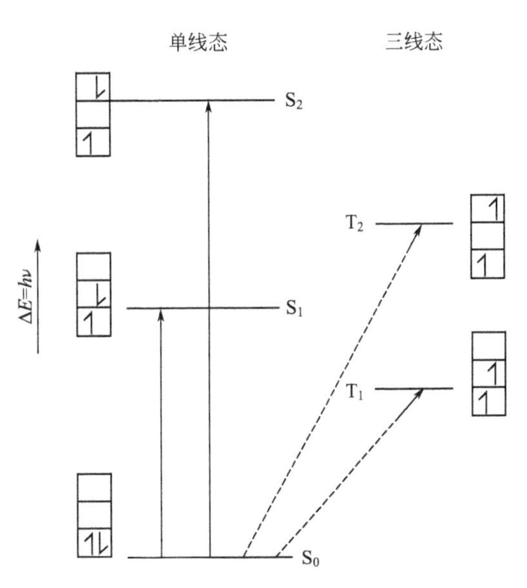

图 1-1　具有 π 电子的分子所具有的电子态示意图

有机固体材料的电子性质取决于分子内的电子态，电子跃迁决定光谱性质。例如一个含 π 键的有机分子，当分子处于基态时，处在分子轨道内的两个电子自旋方向相反，这种电子态称为单线态基态。当它吸收一个光子后，一个电子由最高占有轨道激发到最低空轨道，如果电子在这个激发过程中自旋方向保持不变，所形成的激发态叫做单线态。因为这个跃迁过程从量子力学来说是允许的，所以跃迁几率高且是一个快速的过程。如果在激发过程中这个电子的自旋方向发生了翻转，即自旋方向变为与原来的成对电子相同，那么这个新的激发态称为三线态。因为这个电子自旋方向翻转的过程从量子力学观点是属于禁忌的，所以其跃迁几率低。分子所有可能的电子态[16]如图 1-1 所示。

(1) 吉布郎斯基（Jiblonski）能级图　有机分子的电子能级和电子跃迁可用图 1-2 表示，即吉布郎斯基图[17]。图中 S_0 表示基态；S_1 表示第一激发单线态，S_2 表示高激发单线态，即第二激发单线态；T_1 表示最低激发三线态。

吸收光谱：当处在基态的电子吸收光子后，由基态跃迁到 S_1 或更高的激发态，这个跃迁是电子自旋允许的过程，对应于分子电子吸收光谱，该过程是很快的，一般发生在 10^{-15}s 量级内。分子材料的电子吸收光谱可由分光光度计来进行测量。

分子对光的吸收现象可用比尔（Beer）定律来表示。对于晶体或薄膜样品，有：

$$I = I_0 e^{-kx}$$

式中　I_0——入射光光强；

I——透射光光强；

x——样品厚度，cm；

k——吸收系数，L/cm。

如果试样为溶液，则有：

$$I = I_0 e^{-\varepsilon cl}$$

式中　ε——摩尔消光系数，L/(mol·cm)；

c——溶液的浓度，mol/L；

l——光所通过的溶液样品的光程长，cm。

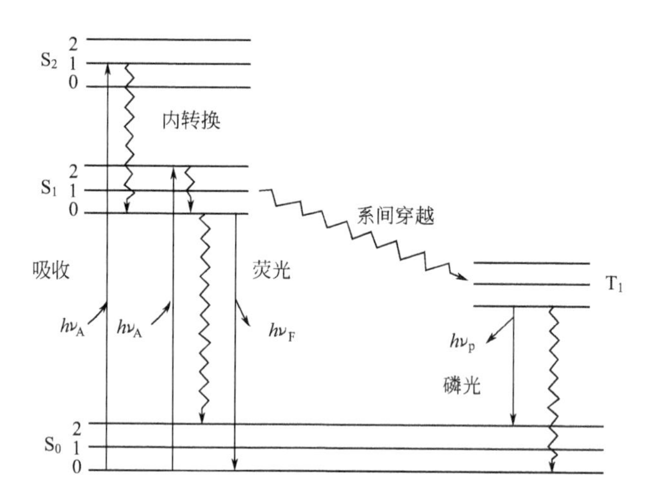

图 1-2　表示分子激发态跃迁的吉布郎斯基图

图中直线代表辐射跃迁过程；波浪线代表无辐射跃迁过程

(2) 荧光发射光谱　由激发单线态经过辐射跃迁回到相同线态的基态所发出的光称为荧光[17]，如由 S_1 回到 S_0 所发出的光。在这个过程中，电子自旋方向不变，回到基态后，成对电子具有不同的自旋方向。此过程也是电子自旋允许的，所以也是比较快的过程，一般荧光寿命在 $10^{-8} \sim 10^{-9}$ s 量级，取决于相应吸收的振子强度。荧光寿命是指处于激发态的分子停留时间的平均值。

荧光光谱包括激发光谱和发射光谱两种，激发光谱是对应于 $S_0 \rightarrow S_1$ 的跃迁，是与分子的吸收光谱相对应的，发射光谱是由 $S_1 \rightarrow S_0$ 的光谱，即与激发光谱相反的过程（图 1-2）。由 S_1 回到基态 S_0 可通过两种形式，即发出荧光（辐射跃迁）或放出热（非辐射跃迁）失去激发态能量回到基态。

① 非辐射跃迁　由吉布郎斯基图（图 1-2）还可以看到，处在高激发态能级的电子可以通过非辐射跃迁回到较低的激发态能级，如 $S_2 \rightarrow S_1$，这个过程称为内转换（internal conversion），通常是非常迅速的，小于 10^{-12} s，这个时间间隔与荧光寿命（约 10^{-8} s）相比，是可以忽略的。

由较高的振动能级回到低振动能级的过程称为振动弛豫，也是一个非辐射跃迁和快速（小于 10^{-10} s）过程。

② 系间窜越　由于从基态直接跃迁到三线态的过程是电子自旋禁阻的过程，所以一般情况下很难观察到 $S_0 \rightarrow T_1$ 的吸收光谱。三线态的形成通常是由激发单线态 S_1 经过自旋偶合或微扰等影响转变到三线态，即 $S_1 \rightarrow T_1$，叫做系间窜越。这个过程也是自旋禁阻的，所以是比较慢的过程，通常在 10^{-4} s 左右。

③ 普朗克-康登原理（Frank-Condon principle）　由简单的双原子分子的势能曲线（图 1-3）可见，由于电子跃迁所需时间相对于核间的相对运动来讲是可以忽略的，所以最大几率的振动跃迁不包括核间距离的改变，这就是普朗克-康登最大跃迁，即由势能曲线表示的是垂直跃迁。从量子力学的术语来讲，就是相应于基态的振动波函数 ϕ_{10} 和激发态的某振动能级的波函数 ϕ_{un} 处于最大交叠的情况。

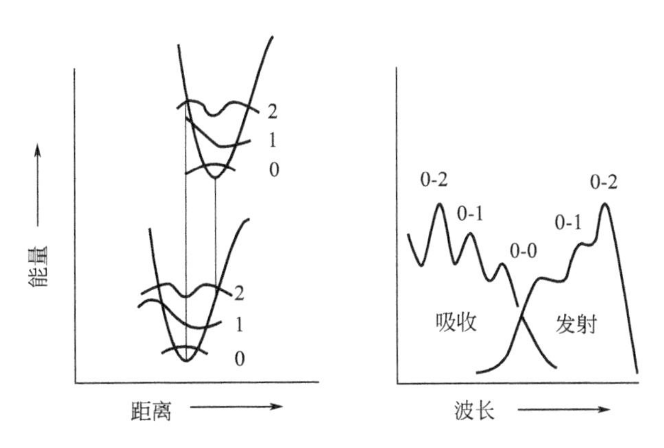

图 1-3　普朗克-康登原理及镜像对称规则示意图

④ 斯托克斯位移（Stokes shift）　比较发射光谱和吸收光谱可见，发射光谱的波长移向更长波长区，这是因为激发态的能量在辐射跃迁前通过振动弛豫

等现象损失了一部分能量，所以发射光谱的能量总是低于激发光谱的能量，由光谱中表现为对应于吸收光谱、发射光谱的红移，称之为斯托克斯位移（图1-3）。

⑤ 镜像对称规则（mirror image rule）　荧光发射光谱与吸收光谱相比较，不仅有斯托克斯位移现象，一般荧光发射谱与吸收光谱之间还存在着镜像对称关系（图1-3）。这个对称性是源于吸收和发射都来自相同能级的跃迁，在 S_0 和 S_1 的振动能级非常相似情况下才能观察到。当然，有些分子在激发态的电子分布由于分子结构重排或周围溶剂笼分子的强相互作用等改变了它的振动能级，就会失去镜像对称现象。

(3) 磷光光谱　由激发三线态 T_1 经过辐射跃迁回到基态 S_0 所发出光称为磷光光谱。同样，$T_1 \rightarrow S_0$ 也可以经过非辐射跃迁回到基态。因为 $T_1 \rightarrow S_0$ 是自旋禁阻的电子跃迁，所以跃迁几率比较小，而且磷光寿命都比较长，在 10^{-3}～1s 范围内。因此，磷光光谱在室温下通常是很弱的，很难观察到，如果要在室温下测定磷光，必须采用特殊技术进行，如在液氮温度下测定磷光光谱。为得到较强磷光发射的分子材料，通常采取在分子中引入重金属离子或重原子等方法，以提高 $S_1 \rightarrow T_1$ 的系间窜越概率。如有些重金属离子的配合物是良好的三线态发光材料。

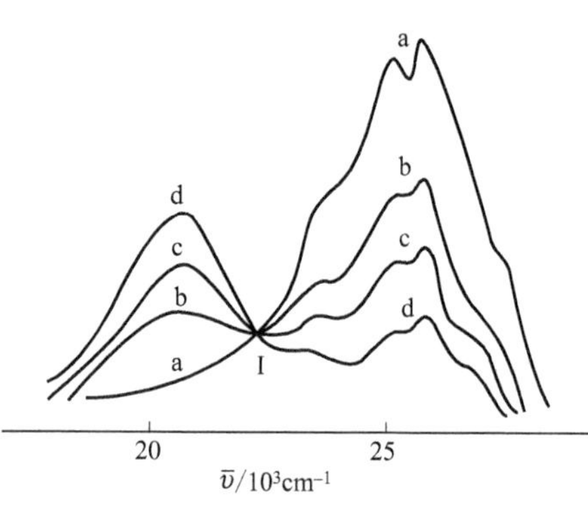

图 1-4　芘在正己烷溶液中的荧光发射光谱（20℃）
溶液浓度：a—5.0×10^{-5}mol/L；
b—1.8×10^{-4}mol/L；
c—3.1×10^{-4}mol/L；
d—7.0×10^{-4}mol/L

(4) 激基缔合物（excimer）与激基复合物（exciplex）荧光

① 激基缔合物　1954年，福斯特（Förster）在研究芘溶液的荧光现象时首先发现了[18]激基缔合物荧光，即在芘的溶液中随芘浓度的增加，单分子荧光出现浓度猝灭现象，同时在长波区出现一个宽而无结构的新谱带，如图1-4所示，这个新的谱带即激基缔合物荧光。

这个过程可简单表示为：

$A \rightarrow A^*$ 芘分子吸收光跃迁到激发态

$A^* \rightarrow A + h\nu_{FM}$　由激发态经辐射跃迁回到基态，发出荧光

$A + A^* \rightarrow (AA)^*$　一个基态的分子与一个激发态的分子相互作用形成激基缔合物

$(AA)^* \rightarrow A + A + h\nu_{FM}$　激基缔合物经辐射跃迁回到基态，发出激基缔合物荧光

$h\nu_{FM}$为单分子荧光，$h\nu_{FM}$为激基缔合物荧光。

这种只有在激发态下存在的，由一个处于激发态的分子和处于基态的同种分子相复合所形成的新的激发态下的二聚体称为激基缔合物[18]。

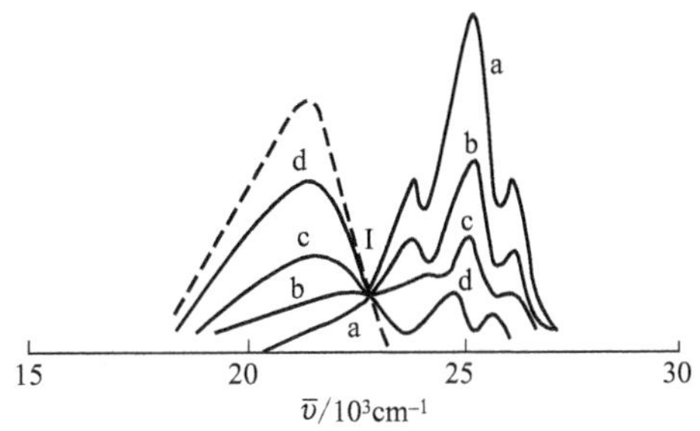

图 1-5　蒽的甲苯溶液加不同量的二乙基苯胺后的发射光谱

二乙基苯胺的浓度（mol/L）：a—0；b—0.005；c—0.025；d—0.100；……—外推到二乙基苯胺的极限浓度

② 激基复合物（exciplex）1963 年，威尔勒（Weller）在研究苯胺类分子对芳香化合物的荧光猝灭时发现了激基复合物的荧光光谱[19]，如图 1-5 所示，这个光物理过程可简单表达为：

$D+h\nu\rightarrow D^*$　给体分子 D 吸收光激发跃迁到激发态

$D^*\rightarrow D+h\nu_F$　激发态经辐射跃迁到基态，发出单分子荧光

$D^*+A\rightarrow(DA)^*$　激发态 D^* 与处于基态的受体分子 A 相互作用形成激基复合物

$(DA)^*\rightarrow D+A\ h\nu_{FE}$　激基复合物经辐射跃迁回到基态，发出激基复合物荧光所以，激基复合物也就是在激发态下形成的电荷转移复合物。

1.3.2 激发态的电子能量转移

激发态能量在其寿命期间，可以发生能量转移。激发态能量沿聚合物链的转移叫做能量迁移。发生在给-受体分子间或聚合物链间的则称为能量转移。激发态的能量转移主要有两种理论：福斯特（Förster）机理和戴克斯特（Dexter）机理[17]。

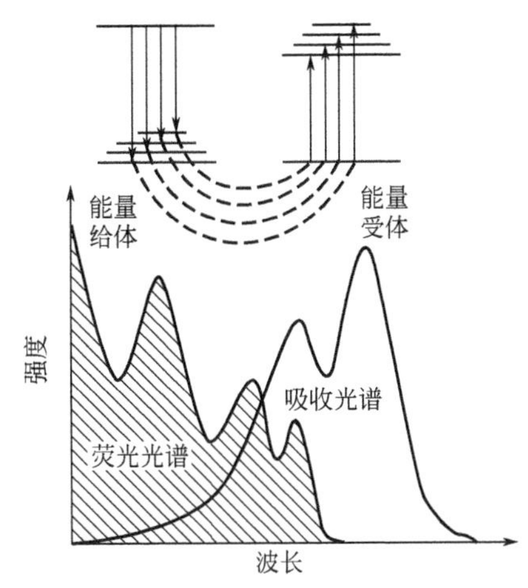

图 1-6　Förster 型长程共振能量转移机理示意图

（1）福斯特机理（Förster 机理）这种转移过程又叫长程能量转移，发生能量转移的给体分子 D 和受体 A 之间相距一定的距离 R(图 1-6)。

能量转移过程表示如下：

$D+h\nu\rightarrow D^*$　给体分子吸收光子跃迁至激发态

$D^*+A\rightarrow D+A^*$　给体激发态的能量转移到受体分子

这种能量转移速率和转移效率的表达式是由福斯特利用经典力学理论推导而来的，与发生能量转移分子间的距离

的六次方成反比。

能量转移速率：

$$k_{ET} \propto k_D \left(\frac{R_0}{R}\right)^6 = \frac{1}{\tau_D}\left(\frac{R_0}{R}\right)^6$$

$$\text{转移效率 } \phi_{ET} \propto \left(\frac{R_0}{R}\right)^6$$

式中 k_D——给体分子的辐射跃迁速率常数；

R_0——发生能量转移的给、受体之间的临界距离，定义为相距 R_0 时，共振能量转移概率是50%。

$$R_0^6 = \frac{9000(\ln 10)\kappa^2 \phi_d}{128\pi^4 N n^4} \int \frac{f_D(r)\varepsilon_A(r)}{r^4} dr$$

式中 κ^2——发生能量转移的给体与受体分子的取向因子，对于溶液中自由转动的分子取2/3；

N——阿伏加德罗常数；

$\int \frac{f_D(r)\varepsilon_A(r)}{r^4} dr$——给体的发射光谱与受体的吸收光谱的交叠积分（归一化）。

（2）交换机理（Dexter机理） 交换机理是1953年由戴克斯特（Dexter）提出的，这种能量交换类似于双分子化学反应，发生能量转移的两组分间的电子云在空间有所交叠，只有在电子云交叠的区域，才有可能发生电子交换，所以这种能量转移与福斯特机理比较，是一种近程能量转移。它是由量子理论处理推导出来的，电子云密度随核间距离的增大而指数下降，电子交换能量转移机理的表达式：

$$\kappa_{ET} = KJ\exp(-2R_{DA}/L)$$

式中 K——与发生转移的电子轨道作用有关的常数；

J——光谱交叠积分；

R_{DA}——发生能量转移的给、受体之间的距离；

L——D和A之间的范德华半径。

这种能量转移首先需要分子扩散，直到给-受体分子间发生碰撞，达到电子云相互交叠，才能发生能量转移，经过能量转移后，再解离成自由分子。这种能量交换的过程可简单表示如下：

$D^* + A$	→	$\overline{DA}$	→	$\overline{D^*A}$	→	$\overline{DA}$	→	$D + A^*$
自由分子		接触复合物		碰撞复合物		接触复合物		自由分子

研究激发态能量或电荷转移最简单和直接的方法就是荧光猝灭方法[17]。在有机分子材料领域内，也是研究分子间相互作用和载流子行为的一种重要方法[20]。以上讨论的是有机分子材料在接近理想状态下的电子过程。但在实际器件应用中，基本上是处于薄膜状态，以下将讨论与薄膜器件相关的一些基本光电

子性质。

图 1-7 是代表 Förster 和 Dexter 机理对于单线态-单线态能量转移的比较示意图。

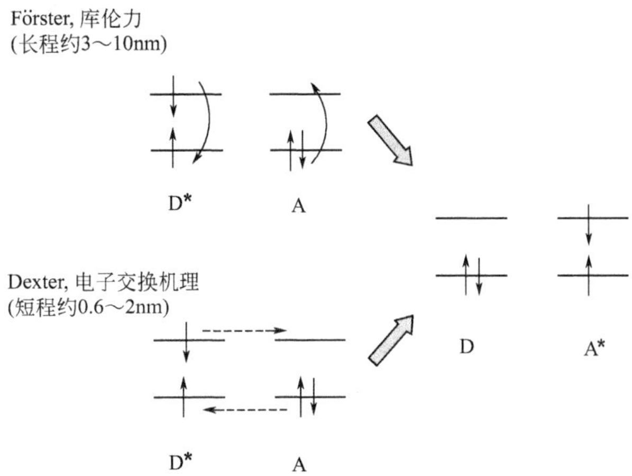

图 1-7　Förster 和 Dexter 机理对于单线态-单线态能量转移过程的比较示意图

1.4　薄膜器件中相关的基本光、电子性质

近年来，有机光电子材料和器件研究发展迅猛，已经成长为一个热门的研究领域。而所有器件应用都涉及材料的电子过程和基本光物理性质，掌握了这些基本性质，就可以更好地把握合成新材料的方向，帮助人们从大量的备选化合物中筛选出性能优良、适用于器件应用的材料。为此我们将从材料科学和化学合成的角度出发，对于和电子性质相关的物理概念进行解读，试图将这些比较难懂的物理概念使人容易理解和应用，对开展有机半导体材料的研究及其器件应用提供参考。在理论研究方面，科学家最初是借用了无机半导体的一些基本概念，如导带、价带、激子等术语，而具有共轭 π-电子重复单元结构的导电聚合物为构建理论概念提出了最简单的结构模型；因此，我们在此将以导电聚合物为分子模型，来理解这些基本概念，如孤子、极子、双极子、激子等半导体名词在有机分子体系中的由来和物理意义。

传统聚合物通常是很好的电绝缘体，聚合物链主体通常由饱和共价键组成，能隙较大。而共轭聚合物主链由具有共轭电子的单双键交替构成。通过掺杂（氧化失去电子或还原得到电子），可生成空穴或剩余电子。这些空穴或剩余电子沿聚合物链迁移，就形成了载流子。共轭聚合物具有优良的光学和电子学性质，同时具有聚合物所共有的良好的力学性能。对于导电聚合物的研究结果显示，最高电导率已接近于金属铜[21]，而力学性能已能达到接近于钢的程度[22]。由于其优良的性能，共轭聚合物已广泛应用于防静电、防辐射、防锈蚀[23]、分子导线[24]、发光二极管[25]、场效应管[26]、太阳能电池及光检测器[27]、非线性光学材料[28]、生物和化学传感器[29,30]等领域。

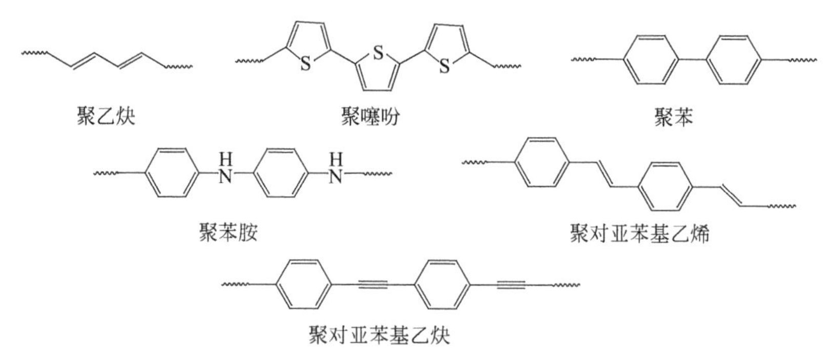

图 1-8　几种常见的共轭聚合物结构示意图

几种常见的共轭聚合物见图 1-8。最典型而且结构简单的共轭聚合物是聚乙炔。在聚乙炔中，每一个碳原子与相邻的两个碳原子以及一个氢原子通过 σ 键连接，使得每个碳原子上留有一个未配对电子，如果所有的 C—C 键长相同，π 能级处于半充满状态，分子将表现出准一维金属的性质。这种状态是不稳定的[31]，交替单双键的结构使得体系能量更低，与此相对应，则聚合物将表现出半导体而不是导体（金属）的性质（图 1-9）。

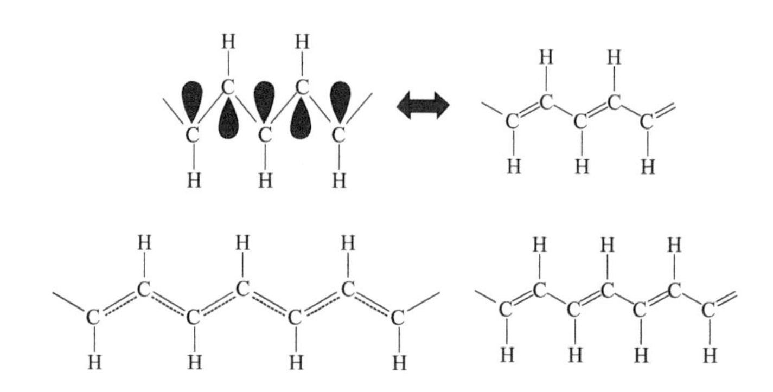

图 1-9　聚乙炔的轨道杂化结构，π 能级半充满状态及单双键交替状态

1.4.1　共轭聚合物中的几种激发态形式

共轭聚合物被激发时，根据结构和掺杂状态的不同，可能产生不同激发状态。几种常见的激发态形式包括孤子、极子、双极子、激子，以及链间相互作用形成的极子对、激基缔合物和聚集体等。以下分别予以介绍。

（1）孤子　在反式聚乙炔中含有奇数个碳原子，这导致了分子中出现自由基缺陷，称为孤子。每一个碳原子给出一个 p_z 轨道的电子。当这些 p_z 电子配对以后，由于碳原子个数为奇数，使得链上存在一个未配对的 p_z 电子，从而形成一个自由基。孤子作为节面将聚乙炔链分成两相，两相分别具有不同的单双键交替顺序（图 1-10）。孤子缺陷并不是定域在单个碳原子上，它可以离域到 14 个碳原子的范围。由于其两边的片断都是基态能量简并的（单双键完全互换时，能量不变），因此孤子可以在聚合物链上自由地移动。当向反式聚乙炔中掺杂带电荷物种时，则孤子带上电荷。带电荷的孤子是掺杂的聚乙炔具有高导电性的主要原因。这种机理只存在于基态简并的聚合物分子，即单双键的完全相互替换不改变分子的结构和基态能量的分子，聚乙炔是最理想的一个例子。

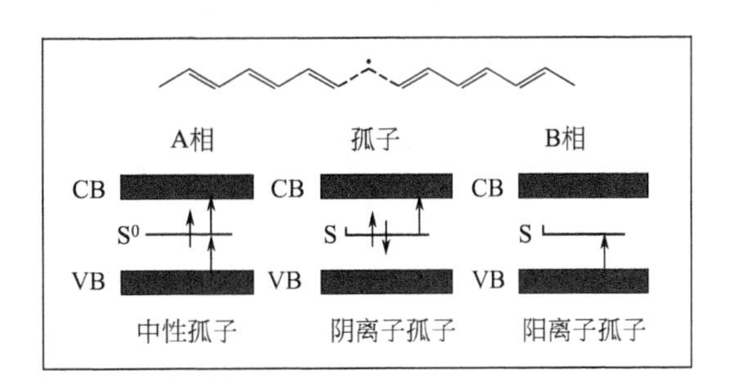

图 1-10　反式聚乙炔中的孤子及孤子的电子跃迁示意图

（2）极子　在基态非简并的共轭聚合物分子中，带正电或负电的极子是主要的带电荷激发态。极子可认为是与聚合物晶格变形具有强烈偶合作用的电子或空穴（阴离子自由基或阳离子自由基）。多余的电荷来自于光激发或化学掺杂。强烈的电子-声子偶合使多余电荷周围的晶格产生变形。图 1-11 所示为极子与其相应晶格变形的示意图，图中同时表示出了正极子与负极子的电子跃迁过程。晶格变形使分子在 HOMO-LUMO 能级之间形成定域激发态，称为极子态。其中 ω_1 为 g 对称（中心对称），而 ω_0 为 u 对称（中心反对称），因此在此两态之间的跃迁是允许的。从 ω_0 到 LUMO 的跃迁是对称禁阻的。极子可沿聚合物主链移动，直到遇到链中的共轭阻断点；它们还可以在相邻的链与链之间跳跃。极子跳跃的前提条件是给体链与受体链具有相似的晶格变形，否则此过程在能量上是不利的。共轭聚合物的电致发光机理是由电极注入的、带相反电荷的极子重新复合产生单线态激发态，而后此激发态通过辐射跃迁衰减，亦即发出光。

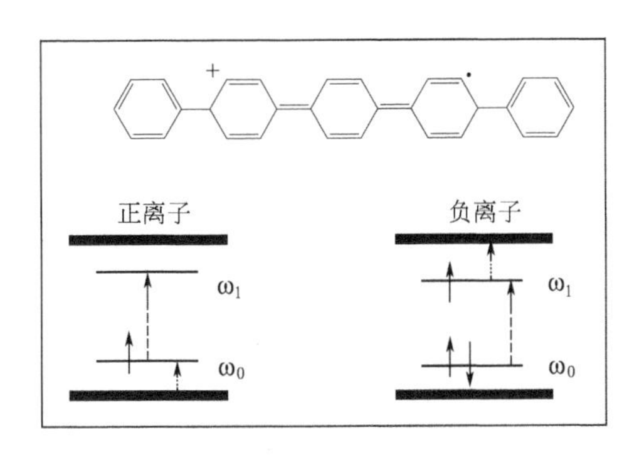

图 1-11　共轭聚合物中的正极子（以聚对苯为例）及负极子电子跃迁过程示意图

（3）双极子　双极子是与聚合物晶格变形相偶合的一对相同电荷（双阳离子或双阴离子），与带电荷的单极子类似。双极子的形成说明其与晶格变形的偶合作用大于两相同电荷相遇时的库仑排斥作用。两相同电荷周围的晶格变形实际上比单电荷要大，从而使定域的电子跃迁更加远离 HOMO 和 LUMO 能级（图 1-12）。与极子不同，由于轨道被充满，双极子态只有一种对称允许的光学跃迁过程，这使我们可以利用光学谱图很容易地区分极子和双极子。

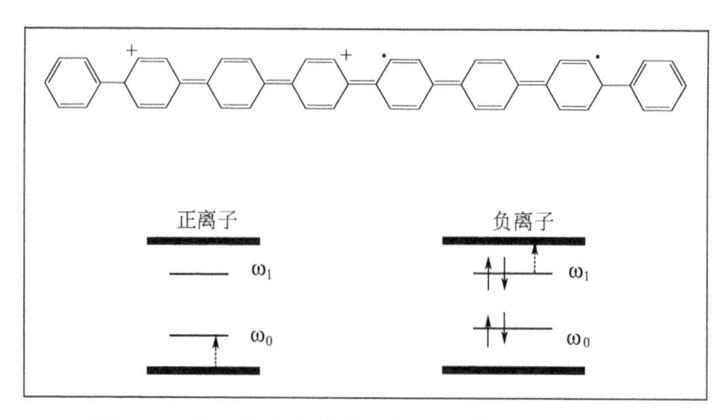

图 1-12 共轭聚合物中的双极子及其电子跃迁过程

(4) 激子 在有机分子体系中，激子是指光激发时所产生的中性电子-空穴对。激子又可以看作是可以移动的分子的激发态。激子又称为激子-极子，因为激子周围聚合物晶格变形的方式与极子十分类似，只是程度较小。激子相当于有机分子光物理中的单线或三线激发态，不同的是在共轭聚合物中，激子及其周围的晶格变形被作为准球体来处理。激子可通过辐射方式衰减，从而产生光致发光；同时也可以非辐射衰减，以振动能的方式释放能量。共轭聚合物中激子的寿命一般为几百皮秒[32]。

这里，有必要简单介绍一下描述共轭聚合物中激发态的两种不同模型：激子模型和价带模型。文献中，很多争论集中在使用怎样的模型来描述共轭聚合物中的激发态：一维单电子价带模型还是定域分子激子模型。两种模型机理的主要不同在于电子-电子关联作用的不同。价带模型认为，激子由弱束缚的电子-空穴对(Wannier 型激子) 组成，电子-空穴对经过自定域形成极子-激子，即由共享的晶格变形束缚在一起的中性双极子。根据这种模型，在光激发时，电子-空穴对将立即解离成电荷载流子（极子)。发光则是由于带相反电荷的极子重新复合形成可辐射衰减的激子。而激子模型则认为，光激发初始形成的激发态是由紧密束缚的电子-空穴对组成的中性激子。很显然，在两模型中，将激子分离形成非束缚的极子所需要的能量，即激子的束缚能，有很大的不同。根据价带模型计算的束缚能通常小于或等于 0.1eV，而在激子模型中，激子束缚能通常在 0.4～0.7eV 的范围。在 PPV 及其衍生物中，能够产生光导的激发光波长阈值（光生载流子产生的一个度量标准）与光吸收谱有很好的一致性，这一事实被认为是初始激发态为载流子的有力证明[33]。在聚丁二炔中，当以高于吸收阈值 0.5eV 的光激发样品时，就观察到了光电流，这也支持了价带模型理论[34]。而激子模型的支持者则认为，光导与吸收阈值的一致性（吸收边处产生的光电流）是由次效应产生的，而固有光导是在高于吸收边约 0.5eV 处开始的。然而，一些实验和理论研究表明，激子束缚能约为 0.4eV。现在，较为普遍被接受的观点是聚合物中的最低激发态是中性激子。

一个激子的离域程度决定于聚合物特定链段的共轭长度。共轭聚合物骨架中的扭转和扭曲或化学结构的改变破坏了聚合物的共轭，这也被称为聚合物的结构缺欠，是在聚合物合成中与之俱来的和不可避免的。一个聚合物单链可能含有多个共轭区域段。激发短共轭链段，则导致其向链内或相邻链间的长共轭链段（即能量较低的区域）的快速能量转移，这种发生在聚合物链内的能量转移叫做激发态能量迁移（migration）。HOMO-LUMO 能隙与共轭长度成反比。图 1-13 显示了聚苯中从三聚链段向六聚链段的能量转移过程。计算表明，PPV 及其衍生物中，平均共轭长度极限为 10 个亚苯基乙烯单元，即可以用 10 个共轭链单元来代表无限链中的共轭情况[35]。

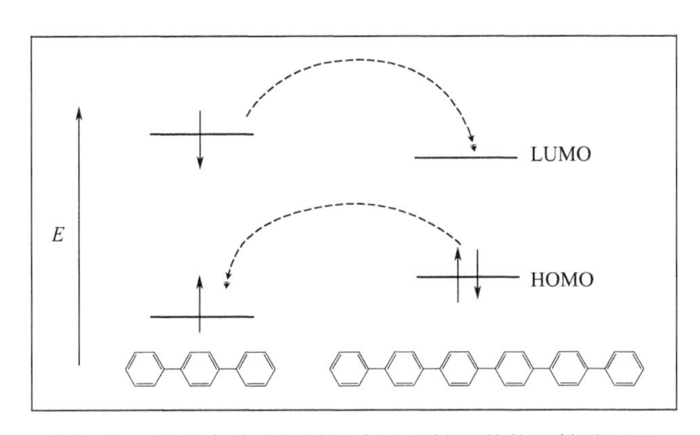

图 1-13　聚苯中从三聚链段向六聚链段的能量转移过程

在分子材料体系中，根据激子的性质可以分为 Frenkel 激子、电荷转移激子、Wannier-Mott 激子（图 1-14）。Wannier-Mott 激子主要在无机半导体材料中存在，即电子-空穴是非定域的；而在有机分子材料中，主要以 Frenkel 激子形成，即电子-空穴对是被束缚在同一分子上的。电荷转移激子可以认为是处于 Frenkel 和 Wannier-Mott 激子的中间状态，也可以认为是没有达到弛豫状态的，处于一定距离的正负极化子所形成的极化子对。Frenkel 激子和电荷转移激子是在有机分子晶体中激子存在的主要形式[3]。

1.4.2　共轭聚合物中的链间相互作用

在共轭聚合物固态中，也很容易形成激基缔合物，特别是含有平面刚性链段的共轭分子，在固态很容易发生 π-π 层叠，而且链间的偶合作用使得激发态能够被多个链共享。链间相互作用的证据来源于对共轭聚合物在纯净膜、混合稀释膜以及稀溶液中的光谱研究和比较。通常，在稀溶液和聚合物混合膜中，链间相互作用被抑制，其光致发光的效率明显高于在纯共轭聚合物膜中的情况。发光效率的降低通常来自于浓度猝灭作用，很多有机分子体系都存在这种现象。当然，采

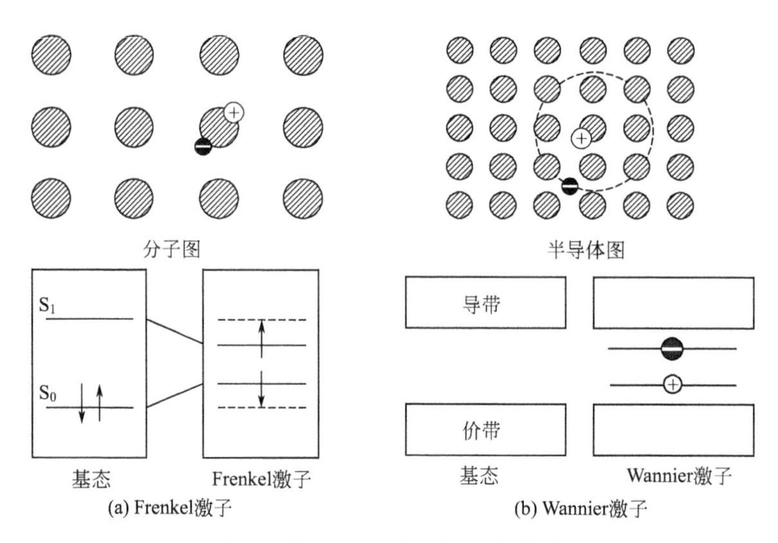

图 1-14 Frenkel、Wannier 激子的不同

用分子链扭曲、增加位阻等可以降低这种链间的相互作用力，从而减少形成激基缔合物形成的几率和浓度猝灭作用，在这方面，唐本忠实验室做了大量研究[36]。

(1) 极子对　极子对是由距离相近的聚合物链或同一链的相邻链段上的正电极子和负电极子相互静电吸引而形成的。如在研究 MEH-PPV 纯净膜的光诱导快速吸收（PA）实验中检测到一种瞬态物种，它既不符合单线态激子的受激发射动力学，也不能归属于三线态、极子或双极子中的任何一种，因此它被认为属于束缚的极子对[37]。在 MEH-PPV 的溶液及其与聚苯乙烯的混合物中都没有检测到相同的 PA 光谱。PA 检测到的束缚极子对是在亚皮秒时间范围内形成的，其寿命仅为几纳秒，并且不发光。通过比较单线态极子的受激发射与极子对对应的 PA 信号的衰减动力学过程，Yan 等人认为：PPV 吸收的光子中，90%转化为不发光的极子对，而 10%形成单线态激子[38]。而在类似的实验中，人们采用了与 Yan 等人不同的 PPV 样品（合成和处理方式不同），结果发现只有很少量的极子对形成[39]。对 PPV 拉伸取向膜的 X 射线衍射研究[40]发现，在其晶体结构中，晶畴中的聚合物链采用一种鱼骨式的排列，每两个链组成一个类似晶胞单元。当聚合物链呈鱼骨式排列时，相邻骨架之间几乎彼此垂直，因此 π 轨道间交叠很小；而晶格中的平移或错位使聚合物骨架几乎平行，有利于极子对和激基缔合物的形成。所以加入适当的具有顺式结构的连接单元可以破坏链间相互作用点，以阻止微晶的形成，因而能够提高 PPV 膜的发光量子产率[41]。这些结果有力地证明了共轭聚合物活性基团的微观排列方式对于极子对的形成起决定作用。

极子对能够复合形成激子，进而通过辐射或非辐射方式衰减。这可以认为是极子对发生电子回传而重新生成激子的过程。在此过程中，正极子和负极子分别处于不同或同一聚合物链中的两相邻链段，靠静电力束缚在一起形成极子对，两者重新复合，在其中一链段上形成单线态激子。与此对应的光致发光的寿命要比单线态激子直接发光的寿命长，而其量子产率则比后者低得多。

（2）聚集态中的激基缔合物　共轭聚合物中的激基缔合物与极子对有类似之处，它们都是由一个电子和空穴在两条链或两链段之间共享形成的。在有机分子光物理学中，激基缔合物的定义是：一个激发态的分子和一个基态分子足够接近（0.3～0.6nm）而产生 π 轨道交叠时，两者形成的激发态二聚体。如果两者分子相同，则称为激基缔合物；如果不同，则它们形成的是激基复合物。在共轭聚合物中，人们使用同样的定义，不同的是，“分子”的概念被聚合物中的结构单元“链段”所取代。由于能量、振动结构和寿命上的差异，激基缔合物的发射一般很容易与激子的发射区分开。相互作用的两分子间的电荷重新分布使激基缔合物得以稳定。根据分子轨道理论，两分子（链段）的相互作用将原 HOMO 能级裂分成两个新的能级，其中一个能量比原能级高，而另一个比原能级低；LUMO 能级也会发生类似的裂分。当其中一个分子处于激发态时，电子的重新分布使整个复合物得以稳定（图 1-15）。这种稳定作用使激基缔合物的荧光发射能量低于未耦合态链。由于从激基缔合物态到基态的跃迁是对称性禁阻的，其发射寿命通常比激子荧光寿命长。激基缔合物发射的另外一个特点是光谱中缺少振动带结构，原因是其基态结构是解离的。在共轭聚合物中要形成激基缔合物，两聚合物链中发生相互作用的生色团必须足够接近（0.3～0.6nm），以达到有效的 π 轨道交叠。

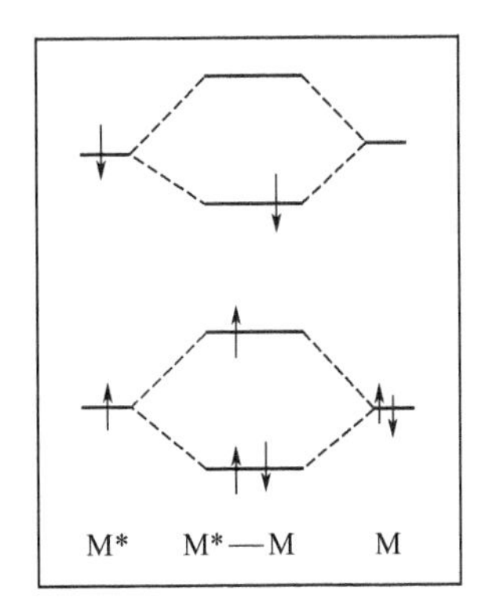

图 1-15　激基缔合物形成过程中的轨道相互作用

（3）聚集体　聚合物链在基态下形成的复合物称为聚集体，其具有和未聚集的聚合物不同的电子吸收谱。在聚集体中，激子不再属于单一聚合物链，而是分布到整个聚集体，而聚集体可能含有两个或更多的聚合物链。梯形聚对亚苯基（MLPPP）（图 1-16）由苯单元之间以芴基团桥联，因而分子具有很强的刚性，这种刚性使聚合物链能够在多个单体单元尺度内相互平行，因此很容易形成聚集体。由于激子分散于多个聚合物链，聚集体的荧光和吸收能量都比单体要低。对于 MLPPP，能够在膜中观察到额外的低能吸收带和一发黄光的组分，而在稀溶液中则不能。与此类似，在 PPV 骨架上，用一个氮原子取代亚苯基基团的一个碳，得到的聚（亚吡啶基乙烯）聚合物中，也形成了聚集体。氮原子较大的电负性可能有利于链间的偶合作用，并能使聚合物骨架靠得足够近，从而形成聚集体[42]。激基缔合物和聚集体的主要区别是前者没有特征的基态

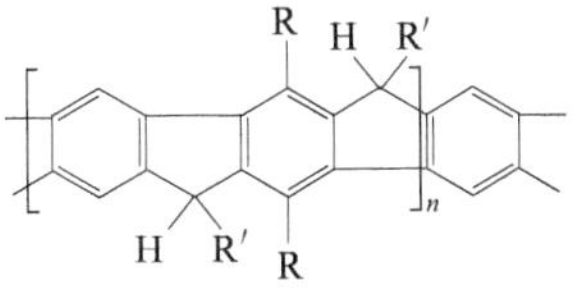

图 1-16　梯形聚对亚苯基 MLPPP 的结构示意图

吸收。

1.4.3　共轭聚合物与电子受体之间的光诱导电荷转移

未掺杂的半导体共轭聚合物受到光激发时，电子被推向反键 π^* 轨道，形成的激发态可作为电子给体。当将其与电子受体掺杂时，可发生光诱导电子转移（图 1-17）。光诱导电子转移发生后，留在共轭聚合物骨架上的阳离子自由基（正极子）处于高度离域化状态，因而得以稳定。

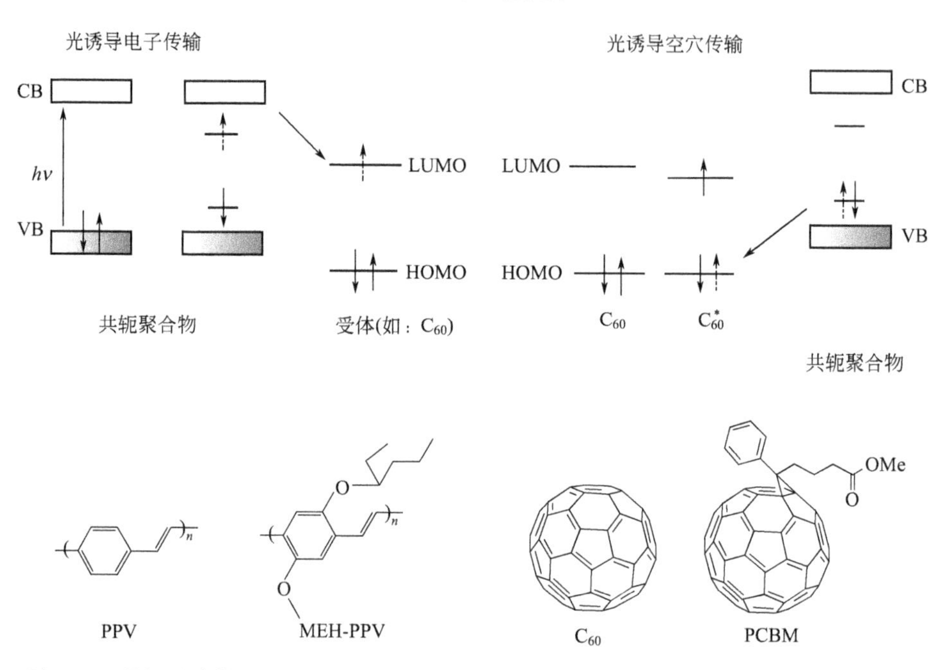

图 1-17　共轭聚合物（PPV 或 PVBM）与电子受体（C_{60}或 PCBM）之间的光诱导电子转移和空穴转移的能级以及 PPV、MEH-PPV、C_{60}、PCBM 分子结构图

C_{60}及其衍生物是很好的电子受体。1992 年，Saraciftci 等人[20]将共轭聚合物 MEH-PPV 与 C_{60}掺杂制备出两者的复合膜，发现其表现出很好的光伏性质，引起了人们的广泛兴趣，已经成为有机光伏电池最有代表性的研究体系。图 1-18 是典型的有机光伏打电池器件结构示意图：其中，涂有透明导电层的 ITO 玻璃为一电极，共轭聚合物与富勒烯等电子受体的复合物作为光活性层，金属电极为 ITO 的对电极。近年来，在利用半导体共轭聚合物和富勒烯等电子受体的复合物作为活性材料制备高效光伏打器件的研究中，已经取得了一系列重大进展。控制复合膜的形态使之呈互穿网络结构，器件的光电转换外效率显著提高[43]。伴随着现代光谱仪器手段的进步，对此类光伏器件中光物理过程的研究也得到了更深入的发展。同样原理，以小分子给-受体所形成的电荷转移复合物体系为活性材料也可以制作光伏器件，近年来也得到长足发展，本书将在有机太阳能电池一章中作详细介绍。在此，我们仅以此为例，简单介绍分子材料中光诱导电荷分

离的机理。

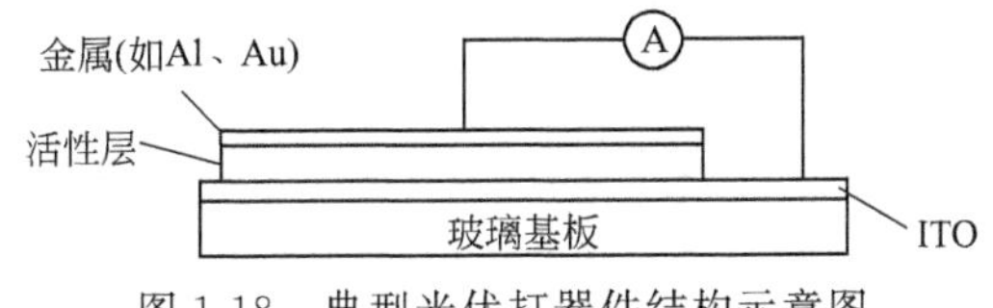

图 1-18　典型光伏打器件结构示意图

在有机光伏器件中，太阳能向电能的转化包括以下几个步骤，即光收集、激子扩散、电荷（电子与空穴）分离和电荷收集。光收集是活性材料吸收光子并与光子发生相互作用的过程，有效的光收集通常要求活性材料具有高的吸收系数，其吸收光谱和太阳光谱有较大的重叠，并且能够将吸收的光子有效地转化为可扩散的激子。激子扩散指光激发产生的激发态在共轭聚合物链内及链间的迁移过程，激子必须扩散到给体与受体相接触的界面上才能够发生进一步的电荷分离。电荷分离则是激子在给-受体界面上发生解离，变成自由的载流子，从而将电子转移给电子受体的过程，是光电转换的核心步骤。电荷收集是指电荷分离产生的空穴（位于给体即共轭聚合物上）和电子（位于受体即 C_{60} 上）分别向不同电极迁移并富集的过程，在此过程中，相互接近的空穴和电子还会重新复合（电子回传）而使能量转换效率降低，因此有效的电荷收集是提高器件效率的前提。

MEH-PPV 和 C_{60} 的掺杂体系是人们研究最早和最深入的体系之一。考察其复合膜的紫外-可见吸收光谱时人们发现，给体与受体在基态下没有电子波函数相互作用，复合物的吸收谱是各单独成分吸收谱的简单叠加。而 MEH-PPV 光致发光却能够被 C_{60} 有效猝灭，少量 C_{60} 的存在就可以使 MEH-PPV 的发光强度降低为原来的千分之一以下，同时发光寿命从约 550ps 下降到≪60ps。由此计算推得两者间光诱导电荷转移的速率远远高于与之相竞争的辐射跃迁和其他非辐射跃迁过程，因此电荷转移的量子效率接近 1。光诱导瞬态吸收谱（PIA）和光诱导电子自旋共振顺磁谱（LESR）研究表明，体系中生成了亚稳态的光诱导电荷分离态[44]。近年来，通过采用高时间分辨率的检测技术，发现此光诱导电荷转移过程发生的时间仅为约 100fs，这足以和共轭聚合物激发态的振动弛豫过程相竞争[45]。

1.5　载流子的产生和迁移

1.5.1　载流子

在有机光电子材料中，可以通过光激发、电激发或由正-负自由基复合等来产生载流子。我们可以以光电导材料为例，来理解载流子的产生过程：有机光受体在受到光照射后，产生激发态激子，激子扩散，进而产生电荷分离形成电子-空穴对，在电场等外力作用下，部分电子-空穴对解离成为自由的荷电载流子，即形成带正电荷的空穴载流子和带负电荷的电子载流子，进而向相反电极方向移动，收集而形成光电流。

一般说来，在由给-受体组成的有机分子材料中，载流子的生成效率可以很高，甚至接近100%，且可在瞬间完成，约100～1000fs的时间间隔。然而载流子的迁移与无机半导体材料不同，由于在有机材料中，分子间的作用是弱相互作用，不能形成能带结构，空穴和电子载流子实际上是分别相应于分子中的正离子和负离子自由基。所以，在无序体系中，如聚合物或分子分散体系中，源于跳跃机理（hopping），即电荷的转移是沿分子依次发生的氧化还原过程，这个电子过程受控于材料的迁移率。

1.5.2 载流子的迁移率

载流子迁移率可以定义为在单位电场作用下载流子的迁移速度（v），即 $\mu=v/F$，F 代表电场强度，亦即为 V/cm。迁移率的单位为 $cm^2/(V \cdot s)$，此处，V 是电压（伏特），s 是时间（秒），cm 为迁移距离。迁移率又叫漂移迁移率（drift mobility），是指载流子在电场作用下的迁移。

迁移率的测定：有机半导体材料的漂移迁移率实验测定方法有多种，其中最简单而直接的测定方法叫“渡越时间”法（time-of-flight，TOF）。其实验装置见图1-19，将有机半导体薄膜置于两电极之间，其中一个电极是由透明的电极材料组成的，如ITO玻璃，其相对的电极可以是金属电极。有机半导体材料可以由载流子的生成层和传输层组成，在光照下生成载流子，与此同时测定在电场作用下载流子发生迁移而形成的光电流，测定穿过有机半导体活性层的时间 τ，即 $\tau=d/v$，d 为有机层的厚度，v 为迁移速度，则漂移迁移率 $\mu=d^2/v\tau$。

在有序体系中，如有机分子单晶，瞬态光电流是收敛的［图1-19(a)］；而在无序体系中，如聚合物中，瞬态光电流是发散的［图1-19(b)］，所以渡越时间由光电流和时间的双指数来确定。

除此之外，载流子迁移率还可以由场效应管器件的电流-电压曲线来测定，利用发光二极管或光伏电池器件的电流-电压特征曲线，以及在高能电子束脉冲辐射下的时间分辨微波电导（TR-TRMC）等方法来测定[3]。

1.5.3 影响迁移率的因素

有效的载流子的迁移需要电荷在有机半导体材料中顺利地移动，而不会被陷阱俘获，而实际上，在有机光电子材料中是很难实现的；从理论上讲，没有缺陷的材料是很难做到的，因为缺陷会形成载流子的陷阱。因此，影响迁移率的因素除材料本身的组成成分以外，还有纯度、分子的堆砌方式、形貌、聚合物的分子量及分子量分布、结构缺陷，以及外部因素：温度、压力、电场强度等。而且，不同的测定方法所得出的迁移率数值也会有所不同。

由于有机分子材料分子间的弱相互作用，载流子的传输要克服分子间的势垒，所以一般说来，迁移率都比较小，聚乙烯咔唑的迁移率约为 $10^{-7}cm^2/(V \cdot s)$；如共轭聚合物材料聚芴、聚噻吩等属于p型有机半导体材料，空穴迁移率在

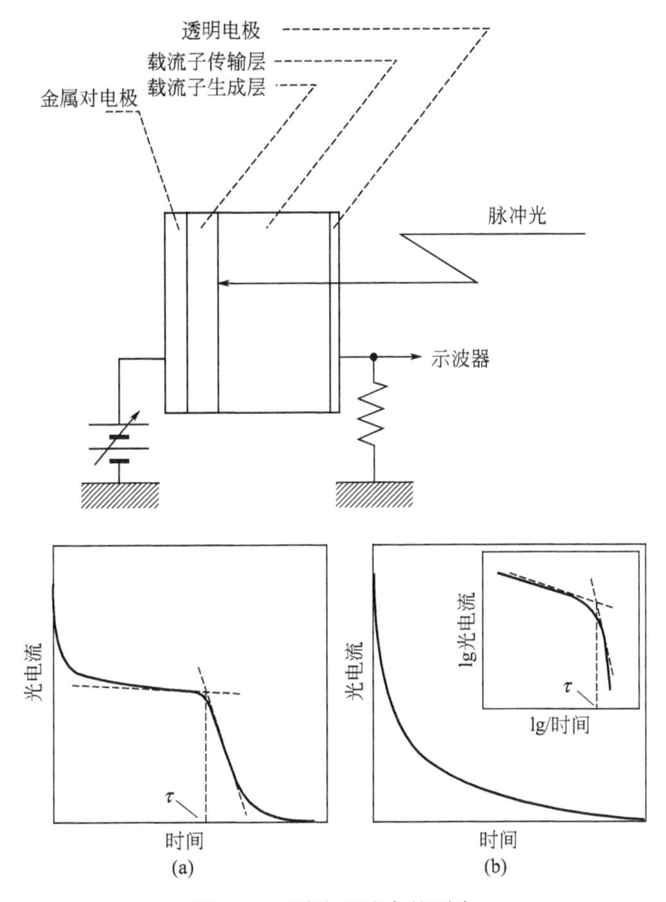

图 1-19　漂移迁移率的测定

$10^{-2}\sim10^{-3}cm^2/(V\cdot s)$ 范围之内。对于有机晶体蒽单晶，迁移率可达到 $1cm^2/(V\cdot s)$，取决于晶体的质量和杂质含量。即便是在单晶体系中，载流子迁移率也与测定方向有关，因为载流子的迁移在晶体中也是各向异性的，如在并五苯单晶中，因为测定方向的不同，迁移率在 $2.3\sim0.7cm^2/(V\cdot s)$ 变化。

另外，载流子迁移率还与测定温度、测定方法等因素有关。

参 考 文 献

[1] (a) 朱道本，王佛松．有机固体．上海：上海科学技术出版社，**1999**．(b) Farchioni R，Grosso G．(Eds.) Organic Electronic Materials Conjugated Polymers and Low Molecular Weight Organic Solids，Springer Series in Materials Science．Springer-verlag Berlin Heidelberg，**2001**．

[2] (a) [法] 西蒙，巴萝尔著．分子材料设计——超分子工程．杨小震等译．北京：化学工业出版社，**2006**．(b) Y．Shirota，H．Kageyama．Charge Carrier Transporting Molecular Materials and Their Applications in Devices．*Chem．Rev.*，**2007**，*107*：953-1010．

[3] V．Coropceanu，J．Cornil，D．A．da Silva，R．S．Olivier，J．L．Bredas．Charge Transport in Organic Semiconductors．*Chem．Rev.*，**2007**，*107* (4)：926-952．

[4] C. W. Tang, S. A. Van Slyke. Organic electroluminescent diodes. *Appl. Phys. Lett.*, **1987**, *51* (12): 913-918.

[5] H. Shirakawa, E. J. Louis, A. G. MacDiarmid, C. K. Chiang, A. J. Heeger. Synthesis of Electrically Conducting Organic Polymers: Halogen Derivatives of Polyacetylene, $(CH)_x$. *Chem. Commun.*, **1977**: 578.

[6] (a) M. A. Baldo, D. F. O' Brien, Y. You, A. Shoustikov, S. Sibley, M. E. Thompson, S. R. Forrest. Highly efficient phosphorescent emission from organic electroluminescent devices. *Nature*, **1998**, 395: 151. (b) S. K. Kim, B. Yang, Y. G. Ma, J. H. Lee, J. W. Park. Exceedingly efficient deep-blue electroluminescence from new anthracenes obtained using rational molecular design. *J. Mater. Chem.*, **2008**, *18*: 3376-3384.

[7] (a) D. O' Brien, A. Bleyer, D. G. Lidzey, D. D. C. Bradley, T. Tsutsui. Efficient multilayer electroluminescence devices with poly (m-phenylenevinylene-co-2,5-dioctyloxy-p-phenylenevinylene) as the emissive layer. *J. Appl. Phys.*, **1997**, 82: 2662. (b) V. Cleave, G. Yahioglu, P. Le Barny, R. H. Friend, N. Tessler. Harvesting Singlet and Triplet Energy in Polymer LEDs. *Adv. Mater.*, 1999, *11*: 285.

[8] K. T. Kamtekar, A. P. Monkman, M. R. Bryce. Recent. Advances in White Organic Light-Emitting Materials and Devices (WOLEDs). *Adv. Mater.*, **2010**, *22*: 572-582.

[9] S. Gnes, H. Neugebauer, N. S. Sariciftci. Conjugated Polymer-Based Organic Solar Cells. *Chem. Rev.*, **2007**, *107* (4): 1324-1338.

[10] (a) C. Winder, N. S. Sariciftci Low bandgap polymers for photon harvesting in bulk heterojunction solar cells. *J. Mater. Chem.*, **2004**, *14*: 1077-1086. (b) K. Kim, J. W. Liu, M. A. G Namboothiry, D. L. Carroll. Roles of donor and acceptor nanodomains in 6% efficient thermally annealed polymer photovoltaics. *Appl. Phys. Lett.*, **2007**, *90*: 163511.

[11] A. L. Briseno, S. C. B. Mannsfeld, M. M. Ling, S. H. Liu, R. J. Tseng, C. Reese, M. E. Roberts, Y. Yang, F. Wudl, Z. N. Bao. Patterning organic single-crystal transistor arrays. *Nature*, **2006**, *444*: 913-917.

[12] (a) M. Muccini. A bright future for organic field-effect transistors. *Nat. Mter.*, **2006**, *5*: 605. (b) S. R. Ferrest. *Chem. Rev.*, **1997**, *97*: 1793.

[13] J. H. Wosnick, C. M. Mello, T. M. Swager. *J. Am. Chem. Soc.*, **2005**, *127*: 3400-3405.

[14] L. B. Desmonts, D. N. Reinhoudt, M. C. Calama. Design of fluorescent materials for chemical sensing. *Chem. Soc. Rev.*, **2007**, *36*: 993-1017.

[15] (a) F. Hide, M. A. Diaz-Garcia, B. Schwartz, M. R. Anderson, Q. Pei, A. J. Heeger. Semiconducting Polymers: A New Class of Solid-State Laser Materials. *Science*, **1996**, *273*: 5283. (b) N. Tessler, G. J. Denton, R. H. Friend. Lasing from conjugated-polymer microcavities. *Nature*, **1996**, *382*: 695.

[16] J. H. Sharp. Photoconductivity in polmers, An interdisciplinary Aproach. Technomic Publishing Co., **1976**.

[17] (a) J. R. Lakowich. Principles of Fluorescence Spectroscopy. New York & London: Plenum Press, **1983**. (b) D. L. Dexter. A Theory of Sensitized Luminescence in Solids. *J. Chem. Phys.*, **1953**, *21*: 836.

[18] T. H. Förster. Excimers. *Angew. Chem., Int. Ed.*, **1969**, *8*: 333.

[19] T. H. Förster. The Exciplex (eds. Gorden M and Ware W. R.). New York: Academic Press, **1975**.

[20] N. S. Sariciftci, Smilowith, A. J. Heeger, F. Wudl. Photoinduced Electron Transfer from a Conducting Polymer to Buckminsterfullerene. *Science*, **1992**, *258*: 1474-1476.

[21] Y. Cao, P. Smith, A. J. Heeger. Mechanical and electrical properties of polyacetylene films oriented by tensile drawing. *Polymer*, **1991**, *32*: 1210.

[22] K. Akagi, M. Suezaki, H. Shirakawa, H. Kyotani, M. Shimamura, Y. Tanabe. Synthesis of polyacetylene films with high density and high mechanical strength. *Synth. Met.*, **1989**, *28*: D1-D10.

[23] J. He, V. J. Gelling, D. E. Tallman, G. P. Bierwagen, G. G. Wallace. Conducting Polymers and Corrosion Ⅲ. A Scanning Vibrating Electrode Study of Poly (3-octyl pyrrole) on Steel and Aluminum. *J. Electrochem. Soc.*, **2000**, *147* (10): 3667-3672.

[24] T. Shimomura, T. Akai, T. Abe, K. Ito. Atomic force microscopy observation of insulated molecular wire formed by conducting polymer and molecular nanotube. *J. Chem. Phys.*, **2002**, *116* (5): 1753-1756.

[25] J. H. Burroughes, D. D. C. Bradley, et al. Light-emitting diodes based on conjugated polymers. *Nature*, **1990**, *347*: 539.

[26] H. Sirringhaus, N. Tessler, R. H. Friend. Integrated Optoelectronic Devices Based on Conjugated Polymers. *Science*, **1998**, *280* (5370): 1741-1744.

[27] J. J. M. Halls, C. A. Walsh, N. C. Greenham, E. A. Marseglia, R. H. Friend, S. C. Moratti, A. B. Holmes. Efficient photodiodes from interpenetrating polymer networks. *Nature*, **1995**, *376* (6540): 498-500.

[28] P. D. Townsend, W. S. Fann, S. Etemad, G. L. Baker, Z. G. Soos, P. C. M. Mcwilliams. Non-linear optical spectroscopy of correlated π-electrons in a one-dimensional semiconductor. *Chem. Phys. Lett.*, **1991**, *180* (5): 485-489.

[29] D. H. Charych, J. O. Nagy, W. Spevak, M. D. Bednarski. Direct colorimetric detection of a receptor-ligand interaction by a polymerized bilayer assembly. *Science*, **1993**, *261* (5121): 585-588.

[30] D. T. McQuade, A. E. Pullen, T. M. Swager. Conjugated Polymer-Based Chemical Sensors. *Chem. Rev.*, **2000**, *100* (7): 2537-2574.

[31] R. E. Peierls. *Quantum Theory of Solids*. Oxford: Charendon, **1955**.

[32] I. D. W. Samuel, B. Crystall, G. Rumbles, P. L. Burn, A. B. Holmes, R. H. Friend. The efficiency and time-dependence of luminescence from poly (p-phenylene vinylene) and derivatives. *Chem. Phys. Lett.*, **1993**, *213*: 472.

[33] K. Pakbaz, C. H. Lee, A. J. Heeger, T. W. Hagler, D. McBranch Nature of the primary photoexcitations in poly (arylene-vinylenes). *Synth. Met.*, **1994**, *64*: 295.

[34] S. Huent. *J. Phys.*: Condens. Matter., **1992**, *49*: 341.

[35] S. Mukamel, T. Wagersreiter, V. Chernyak. Electronic Coherence and Collective Optical Excitations of Conjugated Molecules. *Science*, **1997**, *277*: 781.

[36] (a) Y. Hong, J. W. Y. Lam, B. Z. Tang. Aggregation-induced emission: phenomenon, mechanism and applications. *Chem. Comm.*, **2009**: 4332-4353. (b) J. Liu, J. W. Y. Lam, B. Z. Tang. Aggregation-induced Emission of Silole Molecules and Polymers: Fundamental and Applications. *J. Inorg. Organomet. P.*, **2009**, *19*: 249-285.

[37] M. Yan, L. J. Rothberg, E. W. Kwock, T. M. Miller. Interchain Excitations in Conjugated Polymers. *Phys. Rev. Lett.*, **1994**, *75*: 1992.

[38] M. Yan, L. J. Rothberg, F. Papadimitrakopoulos, M. E. Galvin, T. M. Miller. Spatially indirect excitons as primary photoexcitations in conjugated polymers. *Phys. Rev. Lett.*, **1994**, *72*: 1104.

[39] N. C. Greenham, et al. Measurement of absolute photoluminescence quantum efficiencies in conjugated polymers. *Chem. Phys. Lett.*, **1995**, *241*: 89.

[40] T. Granier, E. L. Thomas, D. R. Gagnon, F. E. Karasz. Structure Investigation of Poly (p-phenylene). *J. Polym. Sci.*, *Polym. Phys. Ed.*, **1986**, *24*: 2793.

[41] S. Son, A. Dodabalapur, A. J. Lovinger, M. E. Galvin. Luminescence Enhancement by the Introduction of Disorder into Poly (p-phenylene vinylene). *Science*, **1995**, *269*: 376.

[42] T. Q. Ngyugen, R. C. Kwong, M. E. Thompson, B. J. Schwartz. Improving the performance of conjugated polymer-based devices by control of interchain interactions and polymer film morphology. *Appl. Phys. Lett.*, **2000**, *76*: 2454.

[43] G. Yu, J. Gao, J. C. Hummelon, F. Wudl, A. J. Heeger. Polymer Photovoltaic Cells: Enhanced Efficiencies via a Network of Internal Donor-Acceptor Heterojunctions. *Science*, **1995**, *270*: 1789.

[44] N. S. Sariciftci, A. J. Heeger. // Nalwa HS (Ed.). *Handbook of Organic Conductive Molecules and Polymers*. Vol. 1. Hoboken: John Wiley & Sons Ltd, **1997**.

[45] C. J. Brabec, G. Zerza, G. Cerullo, S. D. Silvestri, S. Luzzati, J. C. Hummelen, N. S. Sariciftci. Tracing photoinduced electron transfer process in conjugated polymer/fullerene bulk heterojunctions in real time. *Chem. Phys. Lett.*, **2001**, *340*: 232.

第 2 章　有机场效应半导体材料

2.1　简介

2.1.1　有机场效应半导体材料的发展概况

自从 1986 年[1]第一个基于有机导电聚合物的场效应晶体管问世以来，有机场效应晶体管引起了人们广泛的兴趣。实际上，1948 年[2]有机材料就被发现具有半导体特性，并且金属-氧化物-半导体（metal-oxide-semiconductor，MOS）场效应管的概念也在 1960 年就被提出[3]。这之间隔了近 30 年的时间，但随后的短短二十年间，有机场效应晶体管的研究取得了突飞猛进的发展，花样繁多的分子材料如雨后春笋般被报道了其场效应性能。目前很多有机半导体材料的迁移率可以达到 $1cm^2/(V \cdot s)$ 之上，几乎可以与无定形硅相媲美，其中由并五苯[4]的多晶薄膜组成的晶体管，其迁移率可达到 $5cm^2/(V \cdot s)$，α-酞菁氧钛[5]的薄膜晶体管可达到 $10cm^2/(V \cdot s)$，而红荧烯[6]的单晶场效应晶体管已经达到了 $15.4cm^2/(V \cdot s)$，它们可谓是有机半导体材料的明星分子。

2.1.2　表征有机场效应半导体材料性能的主要参数

表征有机场效应性能好坏的主要参数有：迁移率、开关比、阈值电压和稳定性等。迁移率（μ）代表了载流子的传输速度，其定义为单位电场下载流子的漂移速度。迁移率直接决定了场效应晶体管的功率和工作频率，对有机场效应晶体管的应用起着至关重要的作用。开关比是指在一定栅压范围内，晶体管开态与关态电流的比值，它反映了晶体管开关性能的好坏。阈值电压定义为晶体管形成导电沟道的最小电压。低阈值电压是实现低功耗器件的必要条件。而器件的稳定性直接影响了场效应晶体管的使用寿命。高性能的场效应晶体管要求其载流子迁移率足够大，开关比足够高，阈值电压足够低，而使用寿命足够长。影响场效应晶体管性能的因素有很多，而从有机半导体材料的角度考虑，影响其性能的因素通常用两个参数来表述：转移积分和重组能，而这两个参数又与材料的化学结构及排列结构密切相关，所以本章主要介绍各种有机场效应半导体材料，并且在此基础上探讨材料的化学结构、堆积结构及性能间的关系。

2.1.3　有机场效应半导体材料的特点

与无机场效应晶体管相比，有机场效应晶体管与之最大的区别就是用有机半导体材料取代了无机半导体材料。有机半导体材料与无机半导体材料相比，突出的优势包括四个方面：①有机分子可以通过简单的化学修饰进行改性，得到人们所需要的材料和希望的功能；②有机半导体材料具有良好的柔性和韧性，利用柔性衬底[7]，可以制备全柔性器件，进而制备集成电路[8]、柔性显示[9]、电子纸[10]等可卷曲、可折叠产品；③通过简单的化学修饰，可以使有机半导体溶于常见的溶剂中，进而用溶液处理的方法代替传统的真空沉积方法来制备器件（喷墨打印[11]、旋涂、滴注、微接触印刷[12,13]等）[14]，大大简化了器件的处理工艺，节约成本，从而有利于制备大规模集成电路；④有机半导体材料无论从材料的合成以及器件的制备等方面都具有非常大的降低成本的潜力。

尽管存在如此多的优势，而且有机场效应材料的研究也取得了快速的进展，但有机场效应晶体管的实际应用仍然有一些挑战。虽然电荷在有机半导体中的传输机制仍然不是十分明确（将在下章有专门讨论），但毋庸置疑的是，其传输机制跟无机材料有明显区别，而且与其在薄膜中分子排列方式密切相关。有机分子在固态的排列方式通常有两种：面对面（face-to-face）和面对边（face-to-edge）两种（见图 2-1），分别以 π-π 堆积和“鱼骨状”（herringbone）堆积为代表。尽管有机半导体的明星分子并五苯采用了鱼骨状堆积（分子间作用力为 C—H…π 作用），其最高薄膜迁移率也可达 $5cm^2/(V \cdot s)$，但普遍的观点仍然认为最有效的电荷传输方式是沿 π-π 堆积方向的电荷传输。因此探索能得到 π-π 堆积的场效应材料一直是近年来设计合成的分子材料的一个热点课题。

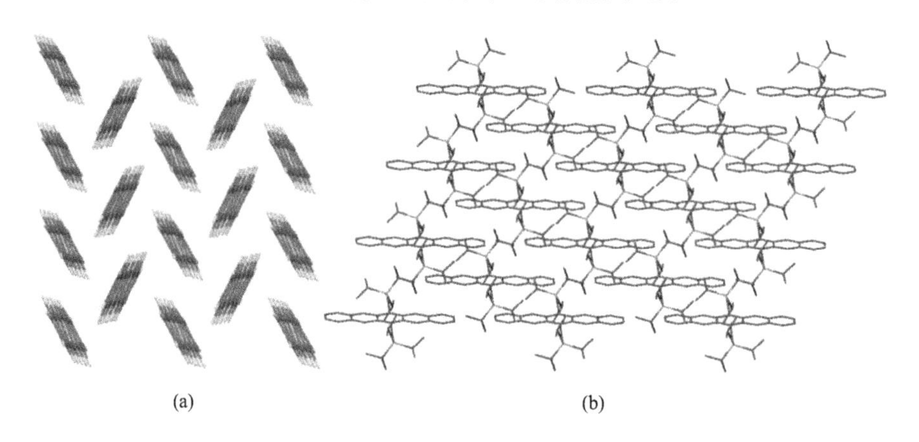

(a) (b)

图 2-1　有机场效应材料的常见分子堆积方式
(a) 鱼骨状（herringbone）堆积，分子间以 face-to-edge 方式排列（例：并五苯，**3a**）；
(b) π-π 堆积（层状 lamellar 堆积），分子间以 face-to-face 方式排列
［例：二（三异丙硅乙炔基）并五苯，**16b**］

2.1.4　有机场效应半导体材料的分类

按不同的分类标准，半导体材料可以有很多分类。按材料的分子量来分，可以分为小分子和聚合物半导体材料。按导电沟道中的载流子种类来分，有机半导体材料可以分为 p 型和 n 型半导体材料。按结构单元的化学组成可以分为含碳类

的、硫杂的、氮杂的、含氟的、含氰基的、酰胺类和富勒烯等等。有机场效应材料发展至今，关于其类别呈现几个特点和趋势：①虽然材料如此繁多，但仍都集中在上面所述的几个大类里面；②材料的研究不再单纯强调材料的迁移率，材料的稳定性也越来越得到兼顾；③几个大类中主要结构单元的综合应用越来越频繁，这对材料分类造成一定的困难，本章中的分类将主要以中心核为基准；④溶液制膜等低成本操作越来越引起大家的注意，因此溶解性较好、性能较高的材料尤其是聚合物的研究越来越多。

2.2　有机小分子半导体材料

尽管有机场效应晶体管的起源是导电聚合物在场效应晶体管中的应用，并且聚合物比小分子材料有更高的柔韧性和溶液处理特性（易通过溶液法得到薄膜），但是到目前为止研究最多的场效应材料仍然是小分子材料，而且得到的场效应性能最高的材料也依然是小分子。这可能是因为小分子很容易提纯（可以通过重结晶、柱层析以及气相传输等），而且小分子很容易得到单晶态的薄膜（单晶不仅可以用于揭示小分子的本征性能，还可以用于研究电荷的传输机制），而这种易得的有序性对于电荷传输是极为有利的。前面提到的并五苯、红荧烯以及酞菁氧钛等都是典型的小分子场效应材料。

2.2.1　p 型小分子半导体材料

2.2.1.1　碳族半导体材料

（1）并苯类半导体材料　如图 2-2 所示，并苯类及稠环芳香族材料因为具有很大的 π 共轭体系，结构与一个石墨单层（近年的另一个研究热点，通常被称为石墨烯[15]，具有优异的导电性能）非常类似，它们也理所当然地被发现具有良好的电荷传输特性，并显示出了良好的场效应性能。蒽（**1a**）是目前被报道的体系最小的并苯类场效应性能材料［单晶迁移率约 0.02$cm^2/(V \cdot s)$］[16]，但是是在温度较低的情况下得到的。在 300K 时，用飞行时间渡越法（TOF）测得了蒽单晶[17]的空穴迁移率可以达到 3$cm^2/(V \cdot s)$。Gundlach 等人[18]报道了并四苯（**2**）薄膜的电学特性，在十八烷基氯硅烷（ODTS）修饰的 SiO_2 基底上，其空穴迁移率达到 0.1$cm^2/(V \cdot s)$，开关比大于 10^6。其单晶[19]迁移率可达 1.3$cm^2/(V \cdot s)$，开关比高达 10^6。并五苯（**3a**）是并苯类化合物的一个佼佼者，也是报道最早的、研究最广泛的 p 型半导体材料之一。自从 1960 年并五苯被报道具有半导体特性以来，基于并五苯的有机场效应晶体管就引起了广泛的研究，近些年仅关于它的研究数以千计。1997 年，Lin 等人[20]报道的并五苯薄膜场效应晶体管的迁移率高达 1.5$cm^2/(V \cdot s)$，开关比超过 10^8，阈值电压接近 0V，亚阈值斜率小于 1.6V/decade。而基于并五苯的多晶薄膜[4]的迁移率已超过 5$cm^2/$

(V·s)，开关比大于 10^6。但是并五苯不稳定，在空气中极易被氧化生成 6,13-并五苯二醌。另一方面，6,13-并五苯二醌本身又是合成并五苯的原料，在产物中作为杂质也不易除去。Palstra 等人[21]利用这个特点，用 6,13-并五苯二醌为绝缘层，在并五苯的晶体上面构筑晶体管。类似的结构使半导体和绝缘层之间形成了良好的接触，并且尽可能地减小了电荷陷阱，该并五苯晶体管显示了高达 15～40cm^2/(V·s) 的迁移率，开关比达 10^6。芘（**3b**）[22]是并五苯的一个同分异构体，但因其具有比并五苯较大的带宽（3.3eV）和较高的离子势（5.5eV）而具有更高的稳定性。Okamoto 等人测试了并五苯异构体芘的场效应性能，其薄膜迁移率同样也高达 1.1cm^2/(V·s)。包含更多苯环的并苯类化合物也被合成了出来，但是，从蒽到并五苯，随着并苯类分子苯环数量的增多，分子的最高占有轨道（HOMO 能级）升高，虽然有利于电荷的注入、有利于 π 堆积和增加 π 重叠，并因此其场效应性能依次增加，但同时也带来了带宽变小、更容易被氧化、易形成二聚体以及溶解度变差等缺点。并五苯的溶解度和稳定性就很差，极易在 6,13-位被氧化形成醌（经过多次升华提纯的超纯并五苯仍然含有 0.028% 的 6,13-对并五苯醌杂质[23]），严重限制了其实际应用。而并六苯（**4**）和并七苯（**5**）的溶解度和稳定性更差，它们仅被合成了出来，在场效应晶体管方面的研究还没有被报道。

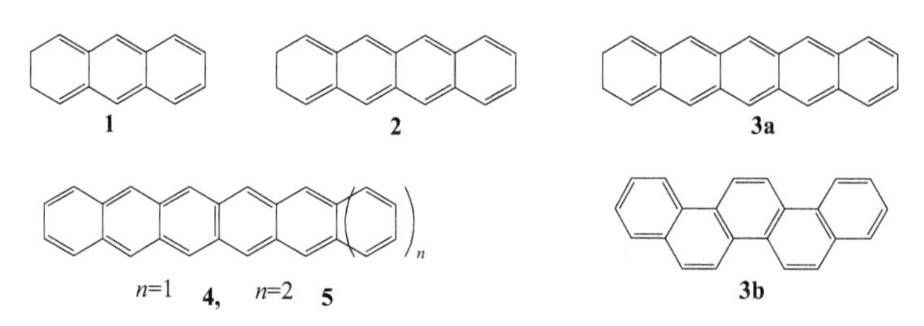

图 2-2 并苯类场效应材料

并苯类的衍生通常集中在并苯类分子的侧位与端位，关于侧位与端位的区别可以参看图 2-3 和表 2-1。其中以蒽和并五苯为中心核的研究较多，对于蒽的衍生物而言，因为其共轭体系较小，应用于场效应晶体管的衍生物通常需要增加其共轭度，而对于并五苯而言，其目的通常在于提高材料的稳定性和溶解度。

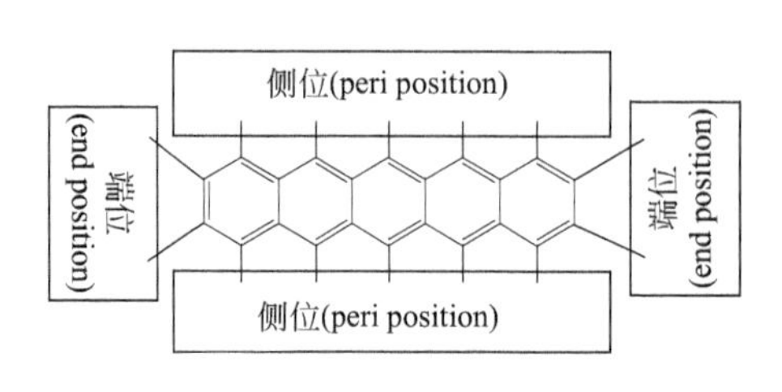

图 2-3 并苯类分子的端位和侧位

蒽的端位和侧位衍生物都得到了大量的研究，其原因是：随着并苯类化合物苯环数目的增多，其溶解度和稳定性逐渐变差，但场效应性能却有明显提高，因此一个有效的分子设计手段就是制得基于较小体系的并苯类

表 2-1　并苯类分子端位和侧位取代时的主要区别

取代基位置	扩展 π 体系	平面性	π-π 堆积	结晶性	稳定性
端位	有利于	有利于形成平面结构	影响不大	平面结构利于得到晶态薄膜	影响不大
侧位	有利于①	有利于形成平面结构a	阻止 C—H…π 作用的出现，利于 π-π 堆积，进而可能得到 lamellar 层状结构	强 π-π 作用利于得到单晶	消除活性中心

① 仅三键相连的衍生物才有利。

分子［如蒽（**1**）等］的低聚物。这种低聚物不但可以实现共轭体系的扩展，同时也保证了较高的稳定性和溶解度。如图 2-4 所示，蒽的 2,6-位取代衍生物因其保持了良好的线性并消除了空间位阻效应而被认为可以最大地扩展 π 体系，并保持最大程度的平面性，因此蒽的 2,6-位衍生物得到了广泛的研究。基于蒽的单键相连的低聚物（**6a**、**b**）[17,24]均显示了较高的薄膜迁移率，依次为 0.18cm^2/(V·s) 和 0.5cm^2/(V·s)。用双键连接的基于蒽 2,6-位取代的衍生物，显示了更高的场效应性能，例如，**7a(DPVAnt)**[25]和 **7b(DPPVAnt)**[26]的薄膜迁移率分别可达 1.3cm^2/(V·s) 和 1.28cm^2/(V·s)，而在同样条件下高纯并五苯得到的迁移率也仅仅 1.05cm^2/(V·s)。更重要的是，在大气条件下，器件在放置一个月后，并五苯的迁移率降到了 0.03cm^2/(V·s)，开关比降到了 10^2，而 20 个月后 **7b** 的迁移率仍然高达 0.95cm^2/(V·s)，开关比仍然高达 10^6。与单键相连的衍生物相比，迁移率也有明显提高，显示了双键在扩大 π 共轭体系及提高迁移率的巨大作用。并四苯的端位衍生物研究较少，可能原因在于端位并不是并四苯的反应活性位，而且对于并四苯的稳定性和结构排列也几乎无益。不过关于这方面的工作也有报道，比如 **8**[27]也显示了良好的场效应性能，迁移率可达 0.5cm^2/(V·s)。并五苯衍生物的研究则很多，可能源于并五苯本身较高的场效应性能。但在并五苯的端位引入的烷基取代基通常对于并五苯的稳定性没有明显的改善。如：2,3,9,10-四甲基并五苯（**9a**）[28]热稳定性比并五苯有所提高，但 HOMO 能级比并五苯上升了 0.2eV，也就是说抗氧化性有所降低。**9a** 的场效应晶体管迁移率可达 0.3cm^2/(V·s)，开关比仅 10^3。2,9-二甲基并五苯（**9b**）[29]，测得的最高迁移率高达 2.5cm^2/(V·s)，开关比为 10^6。而同样情况下的两个己基取代的 2,9-二己基并五苯（**9c**）则仅显示了 0.25cm^2/(V·s) 的薄膜迁移率。其他的 2,9-二烷基取代并五苯衍生物场效应性能一般都比二己基取代衍生物更低。为了提高材料的稳定性，端位被溴、氰基和三氟甲基取代的并五苯衍生物[30]得到了广泛的研究，其原因是拉电子基团的引入可以调控材料的 HOMO 能级，降低并五苯中心核的活性，进而提高并五苯的稳定性。其中最好的性能来自于 **10**，迁移率可达 0.22cm^2/(V·s)，开关比为 10^5，材料在置于大气中 80 天后没有明显的变化。

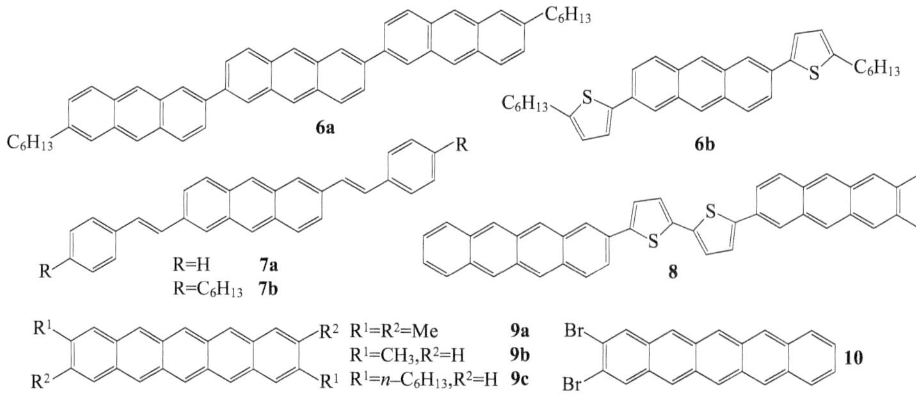

图 2-4 并苯类场效应材料的端位取代衍生物

研究表明，分子的侧位（peri-position 或者 side-position）被取代的化合物有利于阻止分子间 C—H…π 作用的生成［herringbone，见图 2-1(a)］，进而形成 π-π 堆积［lamellar，见图 2-1(b)］[31]，而 π-π 堆积对于电荷传输是极为有利的，如图 2-5 所示。Anthony 等人[31,32]给出了一定的预测（见图 2-6），他们推测，当并苯类体系的侧位取代基的长度约为其中心核长度的一半时，其堆积结构可能由 herringbone 鱼骨状堆积转变为二维 lamellar 层状 π-π 堆积；当取代基的长度小于或者大于中心核的一半时，其堆积结构可能为一维滑移 π 堆积（slipped π-stacking）；而当两者差距更大时，将采用 herringbone 鱼骨状堆积。对于蒽而言，9,10-位是蒽的活性中心，易于进行修饰，因此蒽的 9,10-位衍生物也得到了广泛的研究。其中单键、双键相连的蒽的 9,10-位衍生物，因其一般不具有良好的平面性［分子中两个苯环取代基与中心核蒽环的夹角[33]可达 67°（而前面所述的 2,6-位单键取代蒽则几乎都是平面结构[24]）］，在场效应方面的研究并不多。9,10-二苯基蒽（**DPA**，**11**）[33]的单晶用时间飞行渡越法得到了良好的场效应性能，计算得到的空穴迁移率达到 3.7cm^2/(V・s)，而电子迁移率可达 13cm^2/(V・s)。其单晶显示中心蒽环具有较大的 π-π 重叠，证明了侧链有利于 π-π 堆积的推测。但是因其非共平面结构，基于 **DPA** 的薄膜场效应器件并没有被报道［单晶纳米带[34]显示了 0.16cm^2/(V・s) 的迁移率］。中科院化学所的胡文平研究组[35]在 **DPA** 中引入了三键，得到了平面结构的蒽的衍生物 9,10-二苯乙炔基蒽（**BPEA**，**12**），而且分子间也存在着 π-π 强相互作用（约一个苯环的 π 重叠，π-π 平面间距为 3.4Å）。蒽的 1,4,5,8-位取代的衍生物作为场效应研究的并不多，可能主要是因为其不能最有效地扩展共轭体系，也不是其反应活性中心的缘故。香港中文大学的缪谦研究组[36]合成了基于蒽的 1,8-位取代衍生物（**13a**，**13b**），其单晶结构显示分子间也存在 π-π 相互作用，说明 1,8-位侧链取代同 9,10-位取代一样都有利于形成 π 重叠。制得的器件不但显示了良好的场效应，同时也显示了良好的光效应。

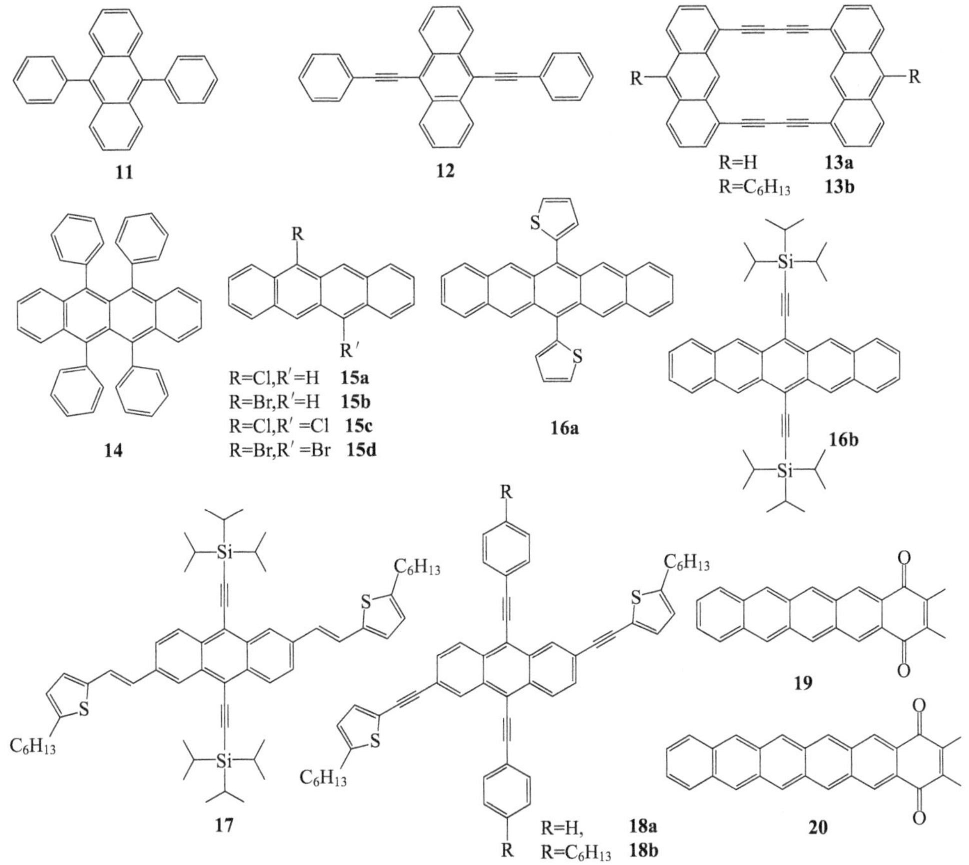

11
12
R
R
R=H　13a
R=C_6H_{13}　13b
14
R
R′
R=Cl,R′=H　15a
R=Br,R′=H　15b
R=Cl,R′ =Cl　15c
R=Br,R′ =Br　15d
S
S
16a
Si
Si
16b
Si
Si
S
S
C_6H_{13}
C_6H_{13}
17
R
R
S
S
C_6H_{13}
C_6H_{13}
R=H,　18a
R=C_6H_{13}　18b
O
O
19
O
O
20

图 2-5　并苯类场效应材料的侧位取代衍生物

R
R
R
R
R
R

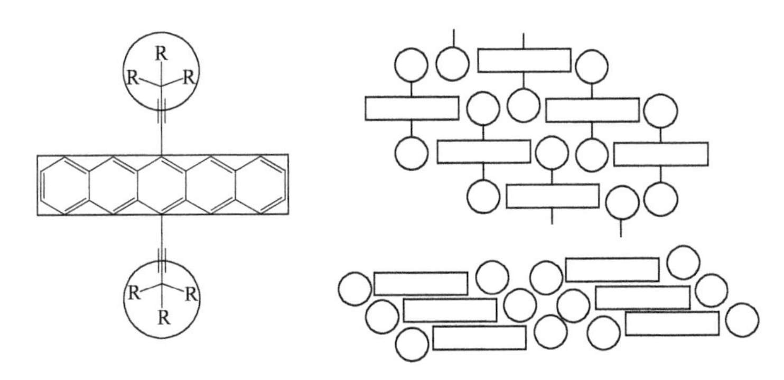

图 2-6　在并苯类分子中引入 π-π 堆积的一种策略：当侧基长度约为中心骨架的一半长度时，最有可能形成 π-π 堆积结构

红荧烯（**14**）是并四苯衍生物中的明星分子。尽管红荧烯分子的四个苯环取代基使整个分子并不是一个共平面体系，但是正如前面所提到的，四个侧位的苯

环取代基却使分子间形成了较大的 π-π 重叠（中心并四苯单元有一个半苯环的 π-π 重叠）。如此大的分子间 π-π 重叠对于电荷传输是非常有利的，因此关于红荧烯的研究就一直是场效应晶体管研究中的一个热点。2004 年 J. A. Rogers 在《科学》（science）杂志上发表的一篇文章[6]将红荧烯的场效应研究带到了一个巅峰，他们在聚合物 PDMS 衬底上沉积晶体管的电极，采用底接触模式制得的场效应器件显示红荧烯沿 b 轴的迁移率高达 $15.4cm^2/(V \cdot s)$，而沿 a 轴的迁移率高达 $4.4cm^2/(V \cdot s)$。但是由于其基非共平面结构，红荧烯的薄膜场效应晶体管的场效应性能却很低，通常仅能达到 $10^{-3}cm^2/(V \cdot s)$。当在红荧烯和绝缘层间引入一个并五苯缓冲层[37]后，红荧烯得到了晶态膜，其迁移率可达 $0.07cm^2/(V \cdot s)$；但用红荧烯作缓冲层制得了并五苯的薄膜，其迁移率则很低，源于红荧烯缓冲层并没有形成晶态膜。在红荧烯薄膜中加入了玻璃态添加剂和一个高分子聚合物，得到的晶态红荧烯薄膜[38]迁移率高达 $0.7cm^2/(V \cdot s)$，开关比 10^6。研究表明，卤素有利于分子间的 π 堆积（卤素可以引入卤素、卤素相互作用），而且侧位基团的引入同样有利于 π 堆积（正如前面所述）。鲍哲南等人[39]合成了一系列基于并四苯的卤代物（**15**），研究表明，卤素的数量与分子的堆积有密切关系，单个卤素取代的化合物 **15a**、**b** 呈现鱼骨状堆积，两个卤素取代的化合物 **15c**、**d** 呈现出滑移 π 堆积。基于 **15** 的场效应晶体管显示了较大范围的迁移率，其中 **15d** 的迁移率高达 $1.6cm^2/(V \cdot s)$，可能归因于其较大的 π 重叠。

侧位被烷基[40]、芳基[41]取代的并五苯和并四苯衍生物（**16**）显示了良好的稳定性，并且其中一些衍生物的堆积结构从鱼骨状转变为层状堆积（lamellar）。最好的场效应性能来自于 6,13-二噻吩基并五苯（**16a**），以之为半导体活性层的晶体管显示了高达 $0.1cm^2/(V \cdot s)$ 的场效应性能。而其中最突出的代表是形成二维 π 堆积的二（三异丙基硅乙炔基）并五苯（**16b**），其真空镀膜得到的晶体管[42]显示了高达 $0.4cm^2/(V \cdot s)$ 的场效应性能。而且由于在并五苯的活性中心引入了取代基，这些材料的稳定性和溶解度都得到了极大的提高。仍然以 **16b** 为例，溶液法制得的自组装一维单晶微米带[43]显示了高达 $1.42cm^2/(V \cdot s)$ 的场效应性能。

一些在蒽的端位和侧位同时取代的衍生物也得到了大量研究，端位取代实现了在维持共平面基础上扩大了分子的共轭度，而侧位取代基有利于分子间的 π-π 重叠，并且提高了材料的溶解度。例如 **TIPSAntHT(17)**[44]的溶解度都非常好，可以实现溶液成膜，另外晶体结构中它们采取层状堆积结构，具有较大面积的 π 重叠；而上面所述的蒽和仅 2,6-位取代的蒽均是鱼骨状结构（herringbone stacking），不存在 π-π 相互作用。类似的，基于旋涂的 **18a** 和 **18b** 薄膜显示了高达 $0.04cm^2/(V \cdot s)$ 和 $0.24cm^2/(V \cdot s)$ 的迁移率。

形成层状堆积的另一个有效途径是在分子内引入平衡 π-π 电子云排斥作用的极性基团。我们知道，有机半导体材料的一个主要特点就是大共轭体系，而具有大共轭体系的分子在固态堆积中分子间的作用是 π-π 吸引力和静电排斥力的平衡。这样造成的结果往往是分子间保持一定的扭转，即通常说的鱼骨状角。如果在分子中引进极性基团，则有可能使之与静电排斥力达成均衡，进而实现分子的排列从鱼骨状堆积转变为层状堆积（见图 2-7）。例如，由于其在固态中的层状堆积结构，并苯类的前体对苯二醌（**19**～**20**）[45]为半导体活性层的晶体管，显示了良好的场效应性能，其中最好的性能来自于 **20** [0.052cm²/(V・s)]，这种堆积结构可能源于分子的极性。

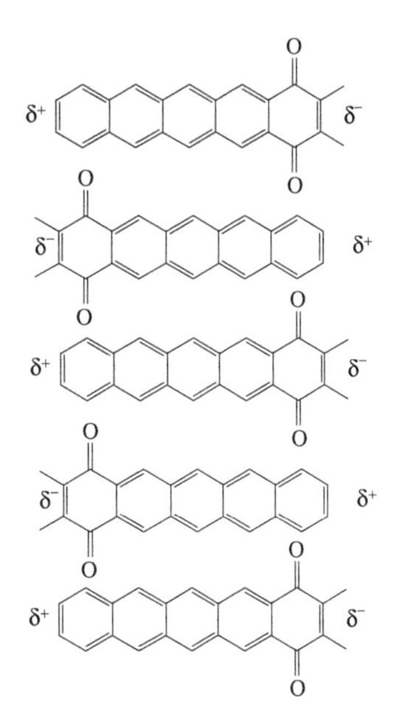

图 2-7　通过引入极性基团来获得层状 π 堆积结构，以 **19** 为例：极性、非极性交替排列

（2）稠环芳香烃　研究表明，降低分子中的 C/H 比也可以实现分子的层状 π 堆积，因此一些稠环化合物（如图 2-8 所示）也被大量研究。高纯的芘（**21**）[46]在室温下，显示了高达 1.2cm²/(V・s) 的空穴迁移率和 3cm²/(V・s) 的电子迁移率。中科院化学所的刘云圻研究组合成了四噻吩取代的芘（**22**）[47]，迁移率并不高，仅 10^{-3} cm²/(V・s)，可能源于其非平面的蝴蝶形结构。有机自由基很少被应用于场效应晶体管。中科院化学所的张德清研究组合成了以自由基形式稳定存在的芘衍生物：2-芘氧-4,4,5,5-四甲基咪唑啉-1-氧自由基（**23**），该自由基显示了良好的场效应性能[48]，迁移率高达 0.1cm²/(V・s)，开关比为5×10^4。苝（**24**）[49]的薄膜晶体管也显示了 p 型特性，迁移率大约为 10^{-3}～10^{-7}cm²/(V・s)。高纯的苝单晶[50]的迁移率高达 0.12cm²/(V・s)，与 TOF 方法测得的结果相当 [0.15～0.3cm²/(V・s)]。Muellen 等人对圆盘状的芳香稠环化合物六苯并晕苯及其衍生物[51]做了大量研究，他们认为这种大圆盘形的结构有可能使其形成二维柱状堆积（低 C/H 比）。其中二己基（**25a**）和四己基（**25b**）取代的 **HBC** 确实实现了二维柱状堆积。单晶结构[52]表明，**HBC** 的衍生物 **26** 分子自组装成柱状 π 堆积，基于 **26** 的旋涂薄膜显示了 0.02cm²/(V・s) 的迁移率和高达 10^6 的开关比。

（3）基于碳族的低聚物　正如前面所述，有机场效应晶体管因 20 世纪 80 年代末对聚噻吩的研究而激起了大家的研究兴趣。类似于低聚噻吩，低聚苯（即联苯）也被尝试应用于场效应晶体管。但是这种小共轭单元形成的低聚物通常具有较低的场效应性能，可能源于其扭转而造成的非平面结构。如图 2-9 所示，基于四联苯、五联苯和六联苯（**27**）[53]的场效应晶体管，显示了 10^{-2}～10^{-1} cm²/(V・s) 的迁移率，与低聚噻吩（如 α-6T，将在下节讨论）[54]相当。用双键相连苯环低聚物 **28**[55]迁移率可达 0.12cm²/(V・s)，用三键相连苯环低聚物 **29**[56]的

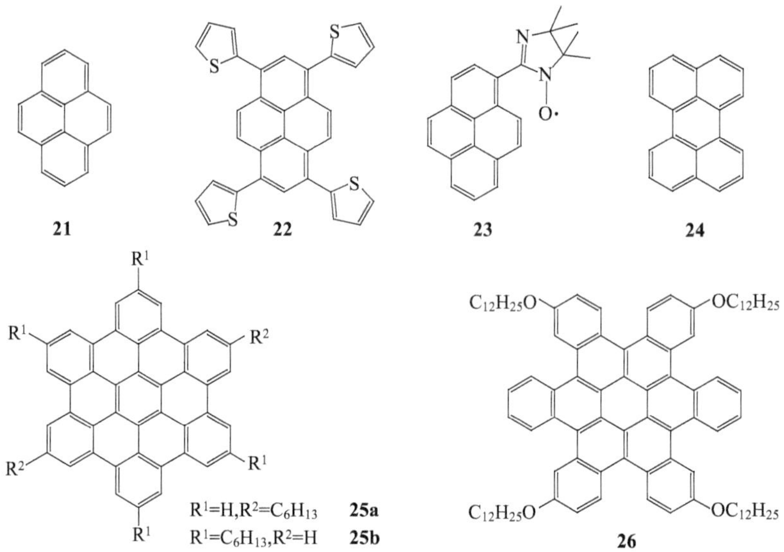

图 2-8 一些稠环芳香烃及其衍生物的化学结构式

迁移率也高达 0.3cm^2/(V·s)。尽管蒽及其衍生物的场效应性能被广泛研究，但基于菲衍生物的报道并不多。中科院长春应化所的耿延候报道了菲的衍生物**30a**[57]，显示了 0.067cm^2/(V·s) 的迁移率，开关比在 10^4。Bazan 等人[58]合成了 9,10-二氢菲的衍生物（**30b**），显示了高达 0.42cm^2/(V·s) 的迁移率。芴也被广泛地研究过，只不过大多集中在发光材料方面，如光发射二极管(OLED) 等。芴衍生物的场效应性能一般也不是很高。其中以环己基和正己基封端的**31a**、**b**[59,60]的最高迁移率分别为 0.17cm^2/(V·s) 和 0.12cm^2/(V·s)。而芴与苯环组合的低聚物[61]显示了较高的离子势（较低的 HOMO 能级，约为 −5.6～−5.7eV)，其中 **31c** 的最高迁移率可达 0.45cm^2/(V·s)。较高的离子势意味着这些材料有良好的稳定性，其中基于 **31c** 的器件放置 100 多天后，性能几乎没有变化，确实显示了良好的稳定性。芴的 9-位被烷基链取代的衍生物**31d**[62]的性能通常更低，其迁移率在 10^{-5}～10^{-3}cm^2/(V·s) 之间。稠环的**32**[63]场效应性能为 0.012cm^2/(V·s)。

2.2.1.2 硫族半导体材料

硫族半导体材料可谓是有机场效应材料的鼻祖，正如前面所述，有机场效应晶体管研究的起因正是源于 1986～1988 年发表的几篇基于聚噻吩材料的文章。而自从那时开始，不管是包含噻吩单元的聚合物 (polymer)、低聚物 (oligomer)，还是含有噻吩单元的稠环化合物，基于噻吩在场效应晶体管中的研究[64]就没有被停止过。噻吩和苯环一样，同样具有六 ($4n+2$) 电子体系，因此也具有芳香性。而与苯环所形成的化合物不同，噻吩独特的结构使之在形成单键相连的化合物时，仍然能保持共平面结构。另一方面，当噻吩环取代苯环应用在

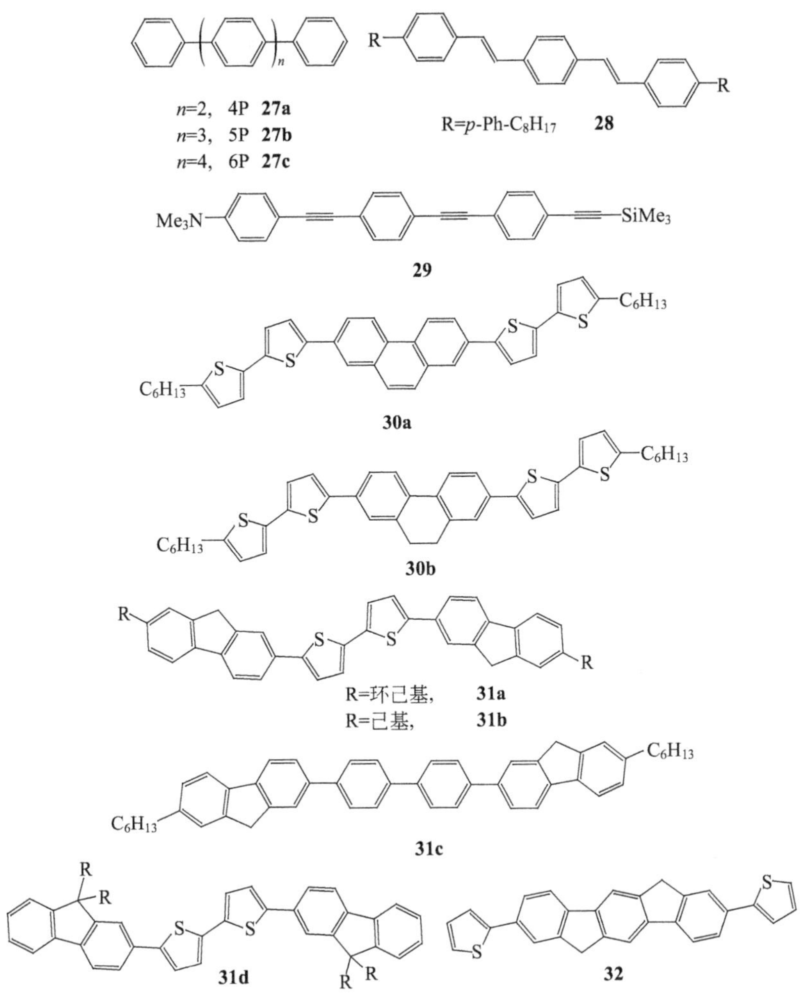

n=2, 4P **27a**
n=3, 5P **27b**
n=4, 6P **27c**
R=p-Ph-C8H17 **28**
Me3N
SiMe3
29
C6H13
30a
30b
R=环己基, **31a**
R=己基, **31b**
31c
31d
32

图 2-9　芴、菲等其他一些碳族为核的场效应材料

稠环体系中时，因为其缺少 Diels-Alder[4＋2] 加成活性中心，又显示了良好的抗氧化性并且不易发生加成形成二聚体或三聚体。此外，硫族原子的存在，可能使分子间引入 S…S、S…H 以及 S…π 相互作用，这些作用的出现增强了分子间相互作用，而较强的分子间相互作用对于电荷传输是有利的。因此，硫族半导体材料是场效应材料中的一个非常重要的组成部分。

(1) 硫杂并苯类半导体材料（图 2-10）　报道最早的硫杂并苯类材料是 Katz 等人[65]合成的蒽并二噻吩（**ADT**，**34**），**ADT** 显示了比并五苯更好的抗氧化性。但是因为合成的原因，**ADT** 里面显示了两种顺反异构体，而且两种异构体很难被分离，尽管如此，其迁移率仍然可达 0.09cm^2/(V·s)。中科院化学所的刘云圻研究组则进一步合成了并五苯的全部苯环被噻吩代替的并五噻吩（**PTA**，

33)[66]，其迁移率可达 0.045cm^2/(V·s)。**PTA** 的分子间存在较强的 S⋯S 相互作用，分子从并五苯的 herringbone 堆积转变成了滑移 π 堆积。因为 **34** 在制备的过程中经常会得到顺反异构体（相对于 S 原子）的混合物，因此仅一端被噻吩取代的丁省并噻吩（**TCT**，**35a**）[67,68]被合成了出来，它也显示了相对于并五苯更低的 HOMO 能级和更大的带宽，说明比并五苯具有更好的稳定性。**35a** 的薄膜显示了高达 0.47cm^2/(V·s) 的迁移率，与同样条件下的并五苯的迁移率[0.5cm^2/(V·s)] 相当。这类噻吩环封端的硫杂并苯类材料的衍生通常有两种，一种是在端位噻吩的 α 位，例如：**35a** 的溴代衍生物 **35b**[69] 迁移率可达 0.79cm^2/(V·s)，而并四噻吩的末端取代衍生物（**36**）[70]的场效应晶体管同样显示了高达 0.1cm^2/(V·s) 的迁移率。和并五苯类似，硫杂并苯类场效应材料的另一类衍生物也主要集中在骨架内部苯环上（硫杂并苯类的侧位）引入取代基（可以是烷基、芳基以及卤素等）：一方面可以提高材料的稳定性和溶解度；另一方面可以减少 C—H⋯π 作用，使之有利于形成 π-π 堆积。带有顺反异构体的硅乙炔基取代的衍生物 **43**[71] 呈现了二维层状 π 堆积，用溶液法制得的薄膜[32] 显示了高达 1.0cm^2/(V·s) 的迁移率。二氟代的蒽并二噻吩衍生物 **44**[72] 的单晶结构显示分子间存在明显的 F⋯F 和 F⋯S 相互作用。旋涂的 **44** 薄膜显示了更高的场效应性能，最高空穴迁移率可达 1.5cm^2/(V·s)，平均迁移率也在（0.7±0.15)cm^2/(V·s)。丁省并噻吩的硅乙炔基衍生物[73] 的单晶中，相邻分子间同样出现了一定程度的 π 重叠，其中 **45** 显示了二维层状 π 堆积，其薄膜晶体管显示了高达 1.25cm^2/(V·s) 的迁移率。丁省并噻吩的四氟代衍生物[74] 显示了双极性，其中 **46** 在惰性气体中的电子迁移率可达 0.37cm^2/(V·s)，而空穴迁移率为 0.065cm^2/(V·s)；当在空气中测试时，空穴迁移率提高到了 0.12cm^2/(V·s)，开关比也提高了两个量级，这可能是因为氧等掺杂而猝灭了器件中的电子导致的。

正如前面提到的，噻吩的反应活性比苯环要高，因此上面所述的端位噻吩未被取代的材料（**33**～**36**）仍显示出一定的不稳定性，为此中科院化学所的胡文平研究组[75]合成了二苯并并三噻吩（**DBTDT**，**37**），**37** 以苯环为终端消除了末端噻吩的活性位，结构中间为噻吩则消除了苯环在中心的活性位。**37** 的 HOMO 能级约为−5.6eV，比并五苯低了约 0.5eV；而带宽约为 3.46eV，几乎是并五苯的两倍，这些都说明了 **37** 良好的稳定性。基于 **37** 的场效应晶体管显示了高达 0.5cm^2/(V·s) 的迁移率，开关比可达 10^6。Takimiya 等人[76] 对苯环取代的二苯并并二噻吩衍生物（**38**）做了系统研究，在辛基三氯硅烷（OTS）修饰的 SiO_2/Si 衬底上真空升华所得的 **38b** 薄膜，显示了高达 2.0cm^2/(V·s) 的迁移率，开关比大于 10^7。他们[77] 又合成了一系列烷基取代的二苯并并二噻吩（**38a**），烷基链的碳原子数从 5～14，其中当碳原子数为 13，衬底为 SiO_2/Si 时得到的旋涂薄膜的最高迁移率可达 2.75cm^2/(V·s)，开关比为 10^7。而在十八

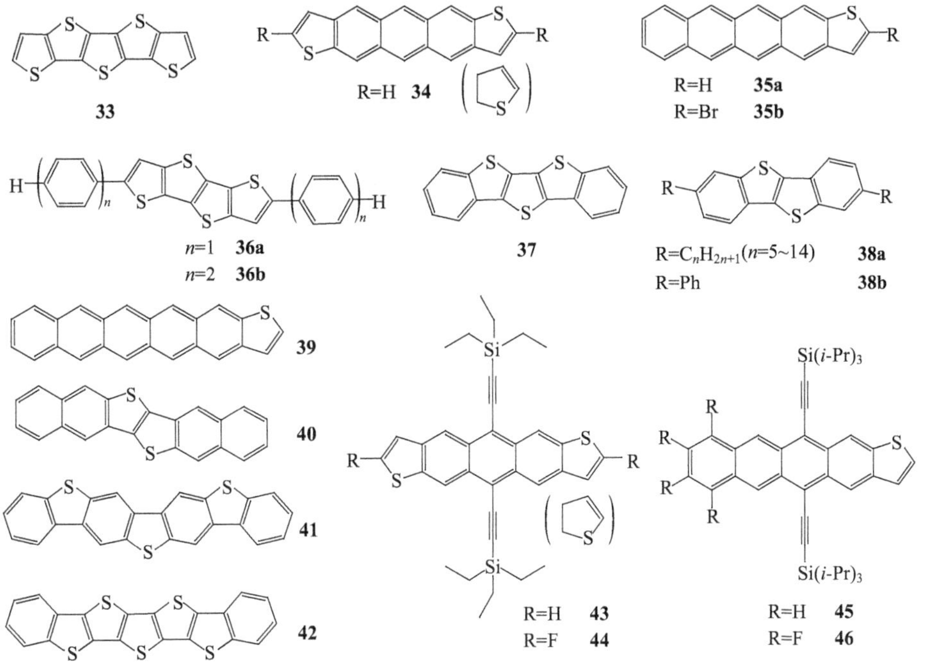

图 2-10　硫杂并苯类场效应材料及其衍生物

烷基三氯硅烷（ODTS）修饰的 SiO_2/Si 衬底上，碳原子数为 12 的化合物真空升华得到的薄膜[78]，最高迁移率可达 3.9cm^2/(V・s)。

当杂原子引入了并苯类体系后，材料的稳定性通常有明显的提高，因此一些含六、七个芳香环的材料也被测出了场效应性能，例如，并六苯的类似物并五苯并噻吩（**39**）[79]，与并六苯相比显示了较好的稳定性，基于 **39** 的场效应晶体管，最高迁移率可达 0.574cm^2/(V・s)。而两个苯环被噻吩环代替的并六苯类似物（**DNTT，40**）[80]，在辛基三氯硅烷修饰的 SiO_2/Si 衬底上的迁移率甚至高达 2.9cm^2/(V・s)，开关比为 10^7。在用氟聚合物（cytop）处理的 SiO_2 衬底上，用 Au/TTF-TCNQ 为顶电极的叠片结构的单晶晶体管[81]甚至显示了高达 8.3cm^2/(V・s) 的迁移率，开关比可达 10^9。第一个应用于场效应晶体管的并七苯类似物（**41**）是由 Sirringhaus 等人合成的[82]，分子中存在三种同分异构体。合理的调控升华条件，可以使升华的主要成分为 **41**，通过这种方法得到的薄膜，迁移率可以达到 0.15cm^2/(V・s)。并七苯类似物 **42**[83]也显示了良好的稳定性，其单晶场效应晶体管[84]显示了 0.5cm^2/(V・s) 的迁移率。

基于三个并环的硫杂小共轭体系的低聚物（图 2-11），主要包括萘并噻吩、并三噻吩、二噻吩并苯和二苯并噻吩等，下面分别给出几个例子。萘并噻吩二聚体（**BNT，47**）[85]在晶体结构中显示了典型的鱼骨状堆积，场效应性能测试显示，在十八烷基氯硅烷上显示了高达 0.67cm^2/(V・s) 的迁移率。并三噻吩的

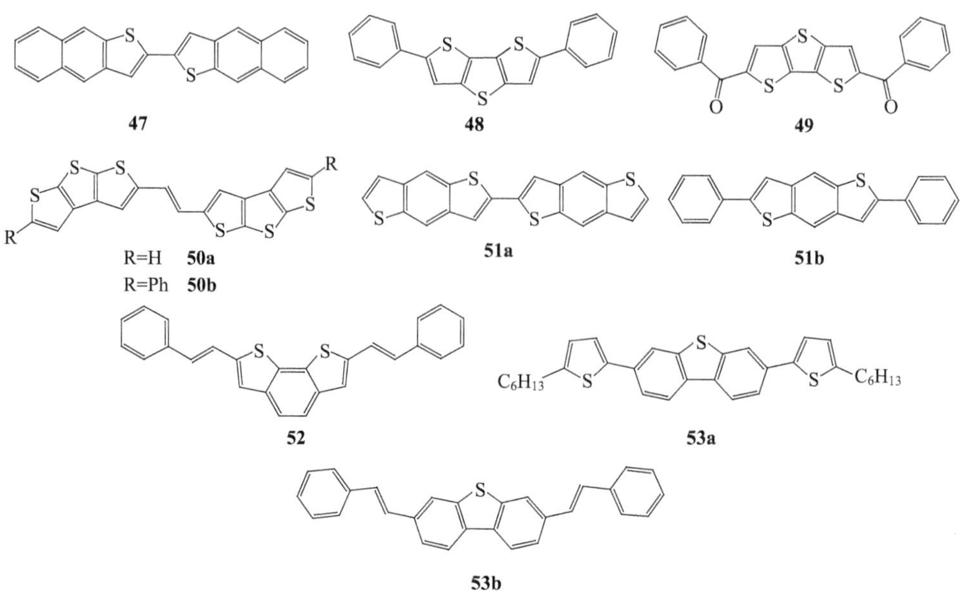

图 2-11 基于硫杂小共轭单元的低聚物

低聚物 **48**[86] 显示了高达 0.42cm^2/(V·s) 的迁移率，而利用羰基作联结键的并三噻吩衍生物（**49**）[87] 仍然显示了 p 型半导体特性，迁移率可达 0.01cm^2/(V·s)。顺式并三噻吩的衍生物也得到了大量研究。双键（**50**）相连的二聚体[88] **50a** 显示了高达 0.89cm^2/(V·s) 的迁移率，开关比为 10^7。终端被取代的二聚体 **50b**[89] 更是显示了高达 2.0cm^2/(V·s) 的迁移率，开关比为 10^8。研究人员把二噻吩并苯结构引入了场效应材料中，二噻吩并苯里面只包含一个苯环，可以通过前面的合成直接控制硫原子的位置进而限制分子的构象改变（防止类似 **34** 顺反异构体的出现），因此可以减少分子堆积中的长程无序。二噻吩并苯的二聚体 **51a**[90] 和二苯基取代的衍生物 **51b**[91] 迁移率分别为 0.04cm^2/(V·s) 和 0.081cm^2/(V·s)，与稠环的 **34** 相当。一种风筝形（kite）的顺（二噻吩并苯）衍生物（**52**）[92] 在 HMDS 修饰的 SiO_2 衬底上则显示了高达 0.1cm^2/(V·s) 的迁移率。二苯并噻吩也是一种三个环组成的小共轭体系，具有很高的离子势，因此具有良好的稳定性，将二苯并噻吩单元应用到有机半导体材料中有可能会改善材料的稳定性，但是这方面的研究并不多。研究表明[93]，二苯并噻吩的 3,7-位比 2,8-位取代衍生物更有利于 π 共轭体系的扩展（保持了良好的线性），场效应性能测试显示 **53a** 的迁移率高达 0.077cm^2/(V·s)，而 2,8-位取代衍生物的性能很低或测不出场效应性能。双键联结的衍生物 **53b**[94] 显示了更大的共轭度，场效应性能研究表明 **53b** 的迁移率高达 0.15cm^2/(V·s)，开关比为 10^8。

（2）硫杂稠环类半导体材料（图 2-12） 为了引进 S…S 作用，鲍哲南等人[95] 合成了六硫代并五苯（**HTP**，**54**），分子内显示了强 S…S 作用和 π-π 作用，

迁移率可达 $0.04cm^2/(V\cdot s)$，开关比为 10^5。值得一提的是，材料显示了良好的导电性，说明这两种强相互作用对电荷传输是极为有利的。萘并二噻吩(**55**)[96]与芘是等电子体系，但是由于骨架中凯库勒（Kekule）苯环的减少，芳香性下降，因此与芘相比，**55** 的 HOMO 能级升高而 LUMO 能级降低。**55** 的最高迁移率可达 $0.11cm^2/(V\cdot s)$。硫代苝（**PET**，**56**）[97]的单晶结构也显示分子内具有较强的 S…S 和 π-π 作用，其薄膜晶体管的迁移率为 $0.05cm^2/(V\cdot s)$，开关比为 10^5。北京大学的裴坚等人合成了一系列类似于 **57**[98]的化合物，中心核除了这种并四苯异构体外，还有蒽、并五苯类似物等，基于 **57** 的场效应晶体管显示了高达 $0.4cm^2/(V\cdot s)$ 的迁移率。而类似的苯并荧蒽的衍生物（**58**）[99]也显示了 $0.083cm^2/(V\cdot s)$ 的迁移率，开关比为 10^6，当噻吩上的取代基苯环变为烷氧基取代的苯环时，迁移率明显下降，仅为 $10^{-3}cm^2/(V\cdot s)$。星形材料被认为电荷可以沿三个方向传输而引起了广泛的兴趣。基于三噻吩并苯为核的星形分子（**59**）[100]中心核显示了良好的共平面结构，**59b** 显示了 $2\times10^{-3}cm^2/(V\cdot s)$ 的迁移率[101]。Nenajdenko 等人[102]合成了环形的并八噻吩（**60**），整个分子如同向日葵形。基于 **60** 的场效应晶体管[103]显示了 $9\times10^{-3}cm^2/(V\cdot s)$ 的迁移率。

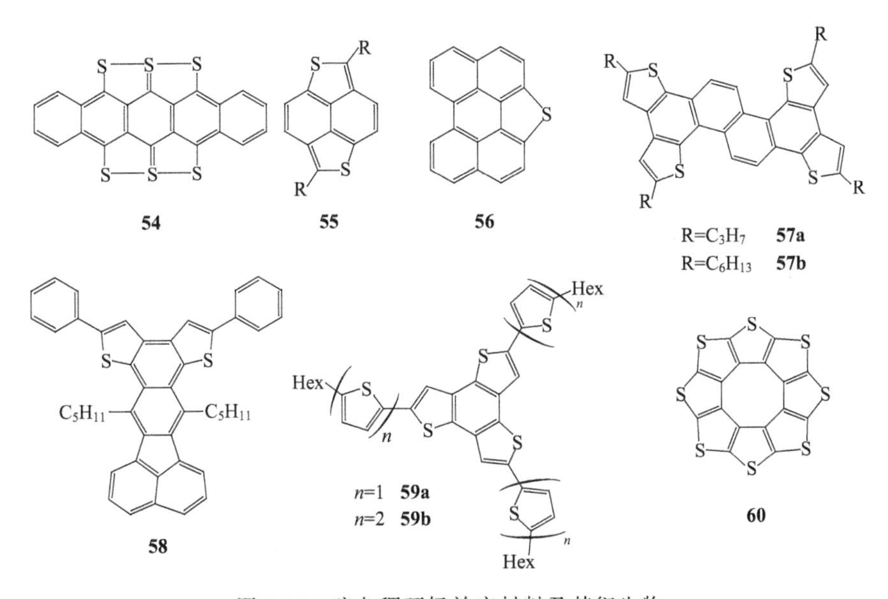

图 2-12　硫杂稠环场效应材料及其衍生物

(3) 四硫富瓦烯类半导体材料（图 2-13）　四硫富瓦烯（**TTF**，**61**）和它的衍生物作为电荷转移复合物被广泛地研究，主要应用于有机导体和超导体领域。自 1993 年[104]研究者们首次把 **TTF** 的衍生物应用到有机场效应晶体管的半导体层后，**TTF** 作为一类新型的半导体材料引起了大家广泛的兴趣。基于 **TTF-4SC18**（**62**）的有机场效应管[105]显示了高达 $0.08cm^2/(V\cdot s)$ 的迁移率，开关比为

10^4。Mas-Torrent 等人[106]合成了一系列四硫富瓦烯衍生物，分子间存在强的 S…S和 π-π 作用，其中**63a**(**DT-TTF**)[107]薄膜晶体管显示了 0.01～0.1$cm^2/(V \cdot s)$ 的迁移率，而其单晶的最高迁移率可达 1.4$cm^2/(V \cdot s)$。而基于**63b**（**DB-TTF**)[108]的单晶晶体管同样显示了高达 0.1～1$cm^2/(V \cdot s)$ 的迁移率。类似的化合物**63c**[109]在十八烷基氯硅烷修饰的 SiO_2 衬底上显示了高达 0.42$cm^2/(V \cdot s)$ 的迁移率，而**63d** 在 Al_2O_3 衬底上显示了 0.2$cm^2/(V \cdot s)$ 的迁移率。被两个氯和氟取代的类似物（**63e**、**f**)[110]也显示较高的空穴迁移率，其中**63e** 的迁移率为 0.2$cm^2/(V \cdot s)$，而**63f** 的最高迁移率可达 0.64$cm^2/(V \cdot s)$。苝四酰亚二胺和萘四酰亚二胺都是经典的 n 型传输材料。**DB-TTF**(**63d**) 的四酰亚二胺衍生物（**64**)[111]，则显示了良好的 p 型传输特性。其中正丁基取代的衍生物（**64a**）性能可达 0.094$cm^2/(V \cdot s)$，而正己基取代的衍生物（**64b**）的迁移率则高达 0.4$cm^2/(V \cdot s)$，开关比为 10^7～10^8。化合物**65** 的一个轴可以看作是被一个环己烷单元隔开的 TTF 结构，其单晶的 Hall 迁移率[112]可达 4$cm^2/(V \cdot s)$，通过优化沉积条件，在高真空下得到的薄膜[113]显示了高达 0.2$cm^2/(V \cdot s)$ 的迁移率，开关比为 10^8。为了合成 **TTF** 的衍生物而偶得的四硫杂并环戊二烯衍生物**66**[114]的迁移率最高可达 0.27$cm^2/(V \cdot s)$，开关比为 10^6。

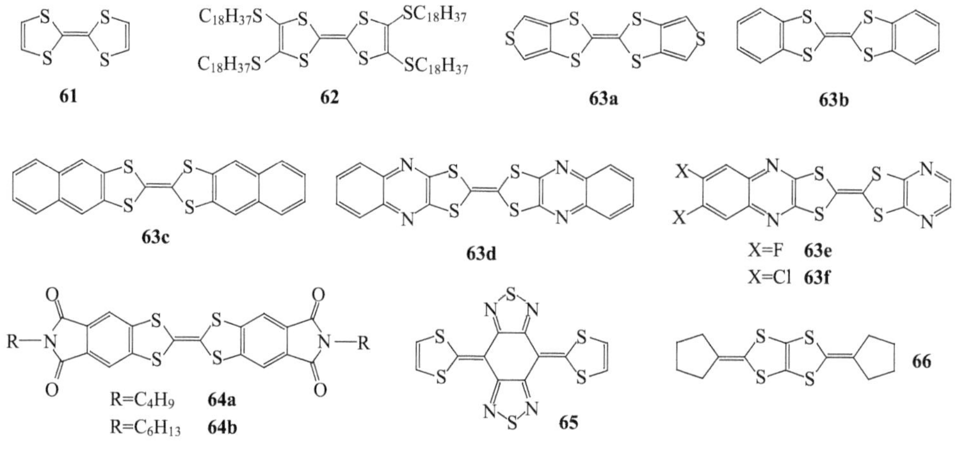

61　62　63a　63b　63c　63d　X=F 63e　X=Cl 63f　R=C_4H_9 64a　R=C_6H_{13} 64b　65　66

图 2-13　四硫富瓦烯及其衍生物

（4）低聚噻吩类半导体材料　前面曾经提到过，由于噻吩环的独特结构，噻吩环在形成低聚物时与苯环所形成的低聚物有明显不同，噻吩环发生扭转以硫原子方向依次相反方向排列形成共平面结构，而联苯需要在一定条件下才能形成平面结构。而且噻吩环比苯环更容易修饰，因此噻吩的低聚物（图 2-14）从一开始就吸引了大家的兴趣，值得一提的是引起有机场效应晶体管大量研究的导火索就是聚噻吩在晶体管中的应用研究。而报道的第一个打印有机晶体管即是用联六噻吩（**α-6T**，**67a**）作有机半导体层的，这个工作是由 Horowitz 和 Garnier 等人完成的。随后，基于联噻吩的研究就变得如火如荼，也取得了极大的进步，以联六噻吩为例[115]，迁移率从最初的 $10^{-4}cm^2/(V\cdot s)$ 已经提高到了 $0.1cm^2/(V\cdot s)$，而联八噻吩（**α-8T**，**67b**）[116]的最高迁移率则已经达到了 $0.28cm^2/(V\cdot s)$。众所周知，当低聚物的共轭长度变大时，材料的溶解度会变差，较差的溶解度对于材料的合成和提纯是不利的，另外溶液法制膜（滴注、旋涂以及喷墨打印等）可以大幅度降低有机半导体晶体管的成本并且可以制得大面积集成电路，因此引入烷基链来提高材料的溶解度显得异常重要。另外，研究表明，低聚噻吩的2-位被取代可以有效地提高材料的稳定性，因此一系列烷基取代的低聚噻吩衍生物[117]也被广泛研究。进一步的研究还表明，烷基可以很大程度上提高场效应迁移率，未取代低聚噻吩[118,119]的迁移率通常小于 $0.1cm^2/(V\cdot s)$，而大多数的烷基取代低聚噻吩都显示了大于 $0.1cm^2/(V\cdot s)$ 的迁移率[120]，其中**68c**、**d**甚至显示了高达 $1.1cm^2/(V\cdot s)$ 的迁移率[117]。除了上面的例子，同样的研究还有很多[54,121]。除了线形烷基链外，环烷基也被作为取代基应用到场效应材料中，如二环己基联四噻吩（**68b**）的迁移率 [$0.038cm^2/(V\cdot s)$][60] 比二己基（**68a**）[$0.02cm^2/(V\cdot s)$][122] 在同样的条件下稍高｛和上面提到的**31a** [$0.17cm^2/(V\cdot s)$] 和**31b** [$0.12cm^2/(V\cdot s)$] 的结果是一致的｝。扭曲的十字形低聚噻吩衍生物[123]的性能都不是很高，可能源于其扭曲结构并不利于分子在薄膜中的有序排列，其中最高的性能来自于两个二己基联五噻吩形成的十字形材料（**68e**），迁移率可达 $0.012cm^2/(V\cdot s)$。硅烷基、烷氧基以及烷基磷酸酯取代的联噻吩衍生物也被合成出来，不过这些材料的性能也都不高，最高的迁移率也仅 $0.033cm^2/(V\cdot s)$（**68f**）[124]。基于噻吩的双键（**69a**～**c**）[125,126]和**71**[127]以及三键（**70**）[128]低聚物也被合成出来。其中未取代和终端烷基取代的双键联结衍生物**69a**[125]和**69c**的薄膜分别显示了 $0.01cm^2/(V\cdot s)$ 和 $0.055cm^2/(V\cdot s)$ 的迁移率，比侧位取代的衍生物**69b**高了四个量级，这可能源于噻吩的3,4-位取代破坏了分子的π-堆积[126]。中科院北京化学所的朱道本研究组[127]合成了环状的类噻吩衍生物（**71**），分子几乎成共平面结构，基于其薄膜的晶体管显示了较高的迁移率，可达 $0.05cm^2/(V\cdot s)$。三键联结的衍生物**70**[128]显示了 $0.02cm^2/(V\cdot s)$ 的空穴迁移率。

噻吩与苯环所形成的低聚物（图2-15）也被大量报道。最高的性能是以联苯封端的联三（**72a**）噻吩衍生物[129]为活性层，迁移率可达 $0.17cm^2/(V\cdot s)$。而同样的联二噻吩衍生物（**72b**）[130]在KCl衬底上得到的单晶晶体管显示了高达 $0.66cm^2/(V\cdot s)$ 的迁移率。而噻吩封端，以及苯环和噻吩共混的低聚物[131,132]也取得了类似的场效应性能，最高的性能来自于癸烷基取代的**73a**和**73b**，迁移率分别为 $0.3cm^2/(V\cdot s)$ 和 $0.4cm^2/(V\cdot s)$。苯环与噻吩环通过双键相连的低聚物也包括苯环封端（**74a**）[133]和噻吩封端（**74b**）[134]两种。苯环封端的衍生物显示了较高的场效应性能，最高迁移率为 $0.1cm^2/(V\cdot s)$；而噻吩封端的衍生物显示了非常低的迁移率。胡文平研究组[135]合成了三键相连的衍生物（**75**），

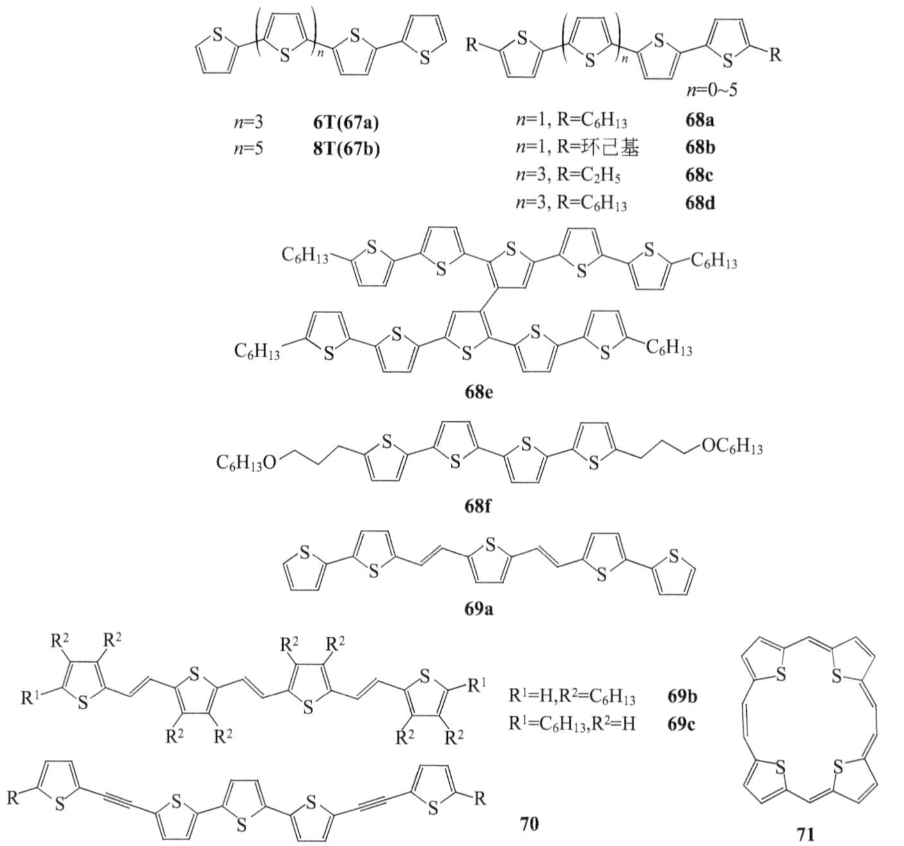

n=3 **6T(67a)**
n=5 **8T(67b)**

n=0~5
n=1, R=C_6H_{13} **68a**
n=1, R=环己基 **68b**
n=3, R=C_2H_5 **68c**
n=3, R=C_6H_{13} **68d**

68e

68f

69a

R^1=H, R^2=C_6H_{13} **69b**
R^1=C_6H_{13}, R^2=H **69c**

70

71

图 2-14 低聚噻吩及其衍生物

迁移率在 $10^{-2}cm^2/(V \cdot s)$ 量级。苯并噻吩与噻吩形成的低聚物（**76**）[136] 的迁移率也在 $10^{-2}cm^2/(V \cdot s)$ 量级，比同样条件下的联四噻吩高近 10 倍。基于苯环和噻吩的星形衍生物[101] 也被大量研究。以 **77** 为例，显示了 $2\times10^{-4}cm^2/(V \cdot s)$ 的迁移率。

（5）含氧、硒、碲类半导体材料（图 2-16） 噻吩衍生物在场效应晶体管中取得了如此巨大的成就，作为硫的同族元素，含硒、碲的噻吩类似物也引起了人们广泛的兴趣。例如，联四硒吩（**78**，**4S**）[137] 显示了 $3.6\times10^{-3}cm^2/(V \cdot s)$ 的迁移率，与联四噻吩的性能相当。二硒吩并苯衍生物（**79**）[91] 的迁移率可达 $0.17cm^2/(V \cdot s)$，几乎是其噻吩衍生物（**51b**）的两倍，开关比更是高了两个量级，可达 10^5。类似的二碲吩并苯衍生物（**87**）的迁移率为 $7.3\times10^{-3}cm^2/(V \cdot s)$，比其噻吩衍生物低了一个数量级。中心核共轭长度更大的衍生物 **80b**[76,138] 显示了高达 $0.31cm^2/(V \cdot s)$ 的迁移率，并且器件显示了良好的稳定性，在经过 3000 次循环测试和大气中放置一年时间后，器件性能几乎没有衰减。最近，Takimiya 等人[139] 对 **80a** 做了系统研究，他们合成了一系列烷基取代的衍生物。

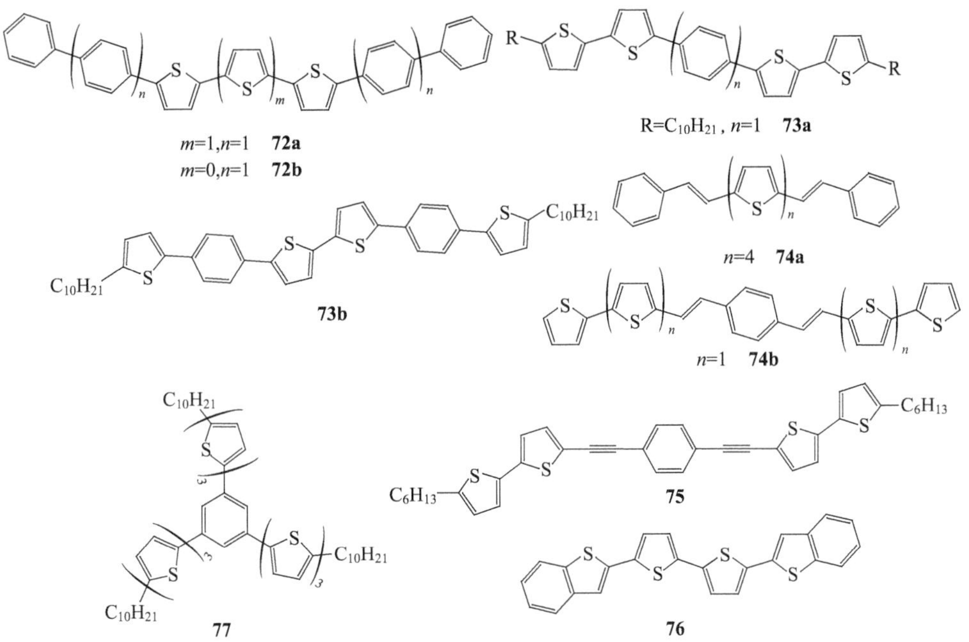

图 2-15　噻吩与苯环形成的低聚物

当烷基链为 10、12、14 时，迁移率依次为 0.18cm^2/(V・s)，0.23cm^2/(V・s) 和 0.16cm^2/(V・s)。而硒代的并五苯类似物（**81**）[140] 的场效应性能较低，仅 $10^{-3}$$cm^2$/(V・s)。硒代并六苯（**82**）和并七苯类似物（**83**）与其硫杂并苯类衍生物一样，也显示了良好的稳定性，它们的场效应性能也被报道，其中并六苯类似物[80] 显示了高达 1.9cm^2/(V・s) 的迁移率，与其硫代类似物［**40**，2.9cm^2/(V・s)］相当；而并七苯类似物[83,84] 的迁移率也可达 1.1cm^2/(V・s)，比全是硫杂的［**42**，0.5cm^2/(V・s)］类似物高了近两倍。苝的硒代衍生物（**84**）[141] 的微米带显示了高达 2.63cm^2/(V・s) 的迁移率，比其硫代衍生物（**57**）高了四倍。一些氧杂半导体也被进行了场效应性能研究。Kobayashi 等人[142] 合成的（**85a**、**b**），迁移率分别为 0.4cm^2/(V・s) 和 0.81cm^2/(V・s)，溶液处理的 **85b** 薄膜仍然显示了高达 0.43cm^2/(V・s) 的迁移率。Shukla 等人[143] 合成的 **86a**、**b** 在十八烷基氯硅烷修饰的 SiO_2 衬底上，则分别显示了 0.25cm^2/(V・s) 和 0.1cm^2/(V・s) 的迁移率。

2.2.1.3　氮族半导体材料

（1）酞菁、卟啉以及一些金属配合物（图 2-17）　提到氮杂场效应材料，不能不提酞菁类材料。酞菁（**Pc**，**88a**）也是最早应用于场效应晶体管的材料，是场效应材料的元老。酞菁分子是一个环形结构，类似于一个分子笼，各种金属原子可以进入与之配位。在场效应材料的研究中，酞菁铜（**CuPc**，**88b**）、酞菁氧

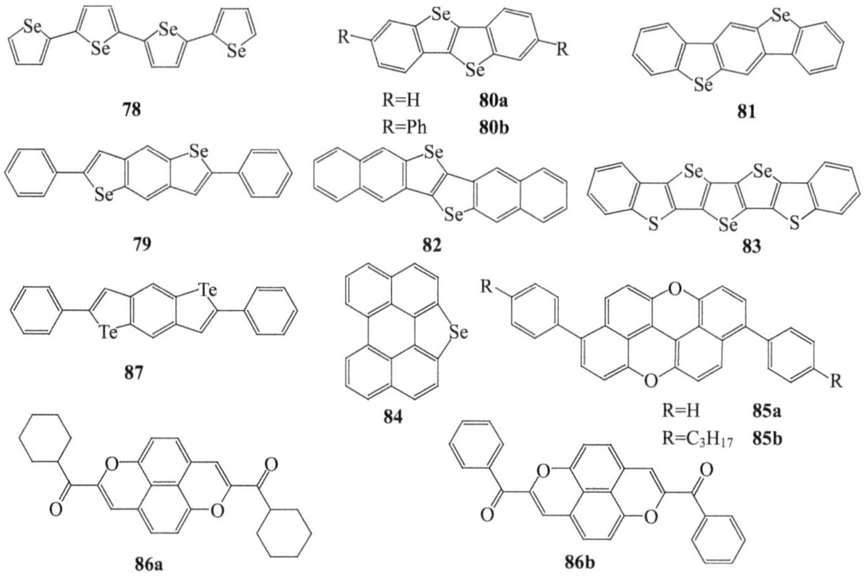

图 2-16 含氧、硒、碲的场效应材料

钛（**TiOPc**，**88c**）和酞菁氧钒（**VOPc**，**88d**）等都是其中的佼佼者。其中酞菁铜是研究最早也是研究最广泛的一个。最好的薄膜晶体管[144]的迁移率可达 $0.02cm^2/(V \cdot s)$，开关比为 10^5，其单晶晶体管[145]的迁移率更是高达 $1cm^2/(V \cdot s)$。最近胡文平研究组对酞菁铜的单晶晶体管[146,147]进行了系统的研究，并发展了一系列制备微/纳单晶器件的新方法，包括金丝掩模版技术用以构筑单晶微/纳米沟道以及不对称电极，构筑空气绝缘层技术以及微/纳单晶器件的原位生长及制备等。与酞菁铜不同，酞菁氧钛（**88c**，**TiOPc**）和酞菁氧钒（**88d**，**VOPc**）都是非平面结构。酞菁氧钛报道有三种相[148]，单斜晶系的相Ⅰ(β)、三斜晶系的相Ⅱ(α) 和相 Y。其中 α 相 **TiOPc** 是典型的 lamellar 层状堆积结构，分子间存在较大的 π 重叠，而另外两个相没有这种强强作用。胡文平研究组[5]利用改变沉积时基板温度的方法，实现了酞菁氧钛不同相的分离，得到了纯的 α 相。基于纯 α 相 **TiOPc** 的晶体管显示了较高的迁移率，90％的器件迁移率都大于 $1cm^2/(V \cdot s)$，最高的性能甚至高达 $10cm^2/(V \cdot s)$，可能是目前为止得到的薄膜晶体管性能最高的。阎东航等人对 **VOPc** 进行了系统的研究，他们把 **VOPc** 沉积到联六苯层[149]上，用以改善其非平面结构对器件造成的不良影响，最好的性能可以达到 $1.5cm^2/(V \cdot s)$。卟啉及其一些衍生物也被应用到了有机场效应晶体管中，但是相关的研究并不多。八乙基取代的卟啉铂（**89a**）[150]显示了 $10^{-4} cm^2/(V \cdot s)$ 的迁移率，而四苯基卟啉（**89b**）[151]的迁移率可达 $0.012cm^2/(V \cdot s)$。中科院化学所的朱道本研究组用 LB 技术制得 **90**[152]薄膜，显示了高达 $0.68cm^2/(V \cdot s)$ 的迁移率。除了金属酞菁和金属卟啉外，还有一些金属配合物也被应用到场效应晶体管中，这里也给出几个作为例子。Noro 等人[153]制备了一个镍的配合物（**91a**）的薄膜晶体管，显示了高达 0.038$cm^2/(V \cdot s)$ 的迁移率。Mori 等人[154]合成了另外两个镍的配合物（**91b、c**），其中 **91b** 是 **91a** 的二甲基衍生物，显示了高达 0.013$cm^2/(V \cdot s)$ 的迁移率。

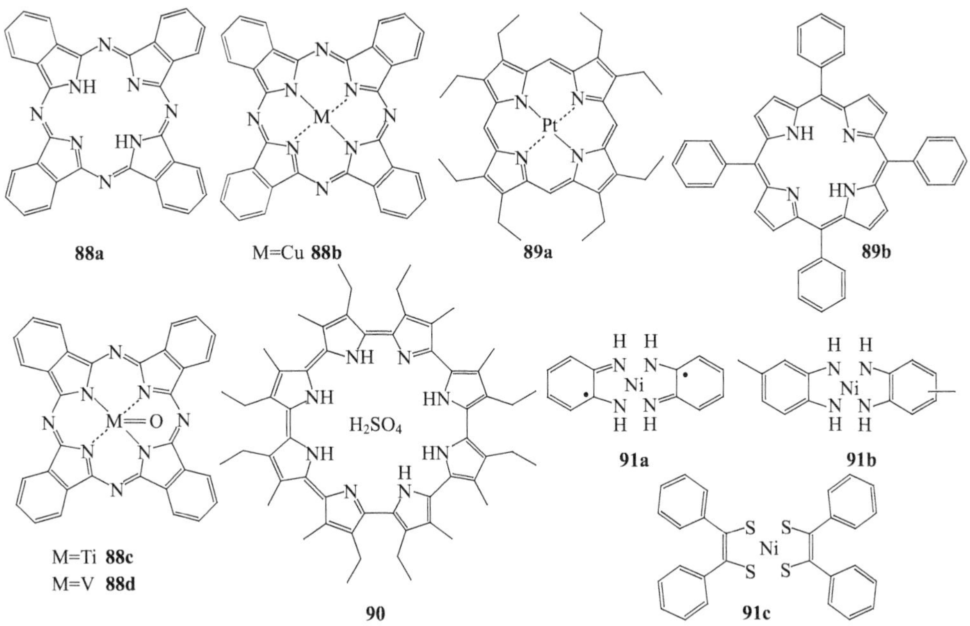

图 2-17　酞菁、卟啉以及一些金属配合物类有机场效应材料

（2）氮杂并苯类、咔唑及三苯胺等场效应材料（图 2-18）　为了避免并苯类材料的氧化和［4+2］加成，除了上节提到的用噻吩单元来代替苯环外，氮原子也被应用到这种并苯体系中来提高材料的稳定性[155]。氮原子的引入也可能引入新的分子间作用力，如氢键等。缪谦和 Nuckolls 等人[156]合成了一系列这种氮杂的并苯类类似物，通过提纯以及改变薄膜生长条件，其中 **92**（**DH-DAP**）的迁移率高达 0.45$cm^2/(V \cdot s)$。他们认为这是由于其薄膜生长时不同条件的层间间距不同造成的，层间距不同意味着薄膜属于不同的晶相。刘云圻研究组[157]合成了一系列四氮杂的并苯类衍生物，其中未取代和二烷基取代的衍生物（**93a、b**）分别显示了 0.02$cm^2/(V \cdot s)$ 和 0.01$cm^2/(V \cdot s)$ 的迁移率，而四烷基取代的衍生物的迁移率仅 $10^{-5}cm^2/(V \cdot s)$。Jenekhe 等人[158]合成了二氮杂的七并环化合物 **TPBIQ**(**94**)，单晶结构显示 **94** 具有 lamellar 层状堆积结构，具有较大的 π 重叠，基于 **94** 的单晶晶体管显示了高达 1.0$cm^2/(V \cdot s)$ 的迁移率。三氮杂的喹啉衍生物（**95**）[159]也显示了 p 型半导体特性，迁移率为 0.148$cm^2/(V \cdot s)$。

一系列吲哚咔唑类衍生物也被广泛研究。Leclerc 等人[160]合成了烷基取代

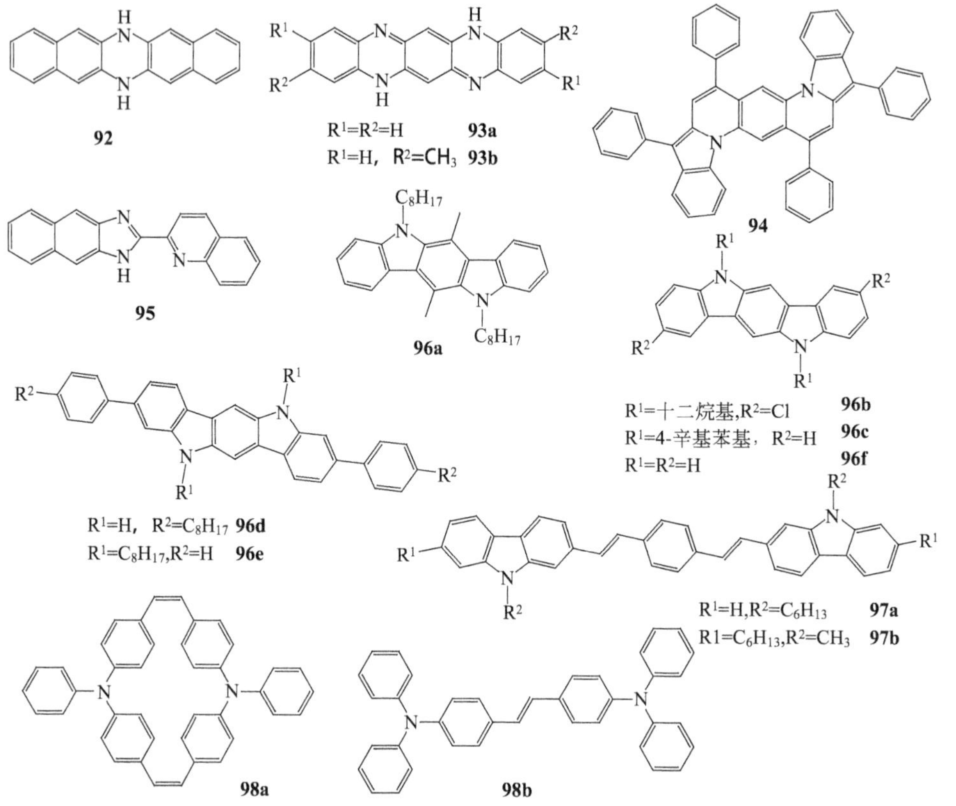

图 2-18 氮杂并苯类、咔唑及三苯胺等场效应材料

的吲哚咔唑（**96a**），**96a** 不仅氮上有取代基，中心苯环上也有两个取代基，消除了材料可能发生的氧化、加成等不稳定因素。而且前文曾经提到过，侧链的引入会增加材料的 π 堆积。**96a** 的单晶显示了 lamellar 层状堆积结构，基于 **96a** 的薄膜显示了 $10^{-3}cm^2/(V\cdot s)$ 的迁移率。其他类似的在氮原子以及端环上氮原子的间位和对位被烷基芳基取代的衍生物也被大量研究，Leclerc[161,162]、Beng S. Ong[163,164] 和山东大学的陶绪堂[165] 等人在这方面做了系统研究。其中最好的性能来自于 **96b～e**，迁移率约 $0.1\sim0.2cm^2/(V\cdot s)$。与并苯类等材料正好相反，吲哚咔唑的母体（**96f**）的场效应晶体管的获得要晚于其衍生物。主要原因可能在于传统的合成方法合成吲哚咔唑母体时经常混有异构体，而研究人员一直没有找到合适的方法进行分离。胡文平研究组通过选择合适的溶剂（DMF）培养单晶，得到了纯的母体，制得了其薄膜晶体管[166]，显示了高达 $0.1cm^2/(V\cdot s)$ 的迁移率。Leclerc 等人[167] 合成了一系列咔唑衍生物（**97**），性质最好的衍生物来自于终端未取代的 **CPC**（**97a**），迁移率可达 $0.3cm^2/(V\cdot s)$，开关比为 10^7，烷基取代的 **RCPCR**（**97b**）的迁移率为 $0.054cm^2/(V\cdot s)$。

三苯胺是一种非平面结构，所以仅有部分三苯胺分子被应用于场效应晶体管，而且也显示了较差的性能，基于三苯胺小分子的迁移率[168]大多仅 10^{-4} $cm^2/(V \cdot s)$。中科院化学所的朱道本研究组[169]合成了环形的三苯胺分子（**98a**），因为刚性结构使三苯胺呈现一定的平面性，迁移率可达 0.015$cm^2/(V \cdot s)$，而作为对比，非环状的二聚体（**98b**）则显示了 10^{-4} $cm^2/(V \cdot s)$ 的迁移率。

除了上面提到的一些 TTF 衍生物，同时含硫和氮的反式二（苯并噻吩）并吡咯 **99**[170]的薄膜显示了 0.012$cm^2/(V \cdot s)$ 的迁移率，而噻嗪衍生物 **100**[171]的薄膜显示了高达 0.34$cm^2/(V \cdot s)$ 的空穴迁移率。一些噻唑衍生物[172,173]也被应用到场效应晶体管中，例如：**101a** 和 **101b** 的迁移率分别为 0.02$cm^2/(V \cdot s)$ 和 0.011$cm^2/(V \cdot s)$。如图 2-19 所示。

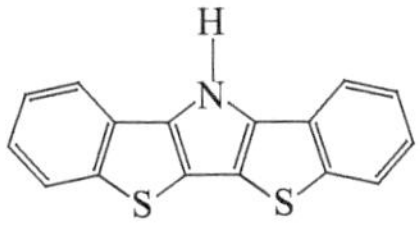

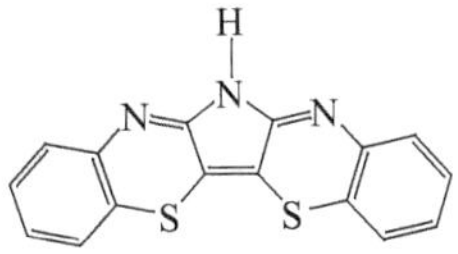

图 2-19　同时包含硫和氮的杂环场效应材料

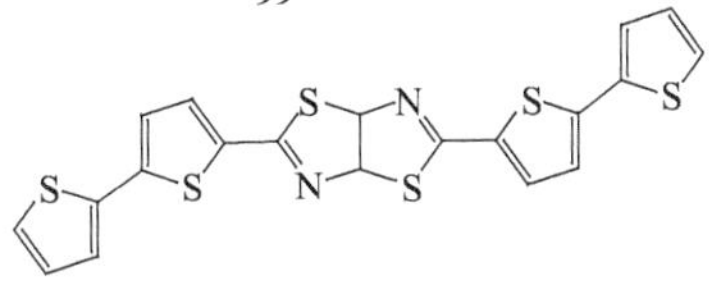

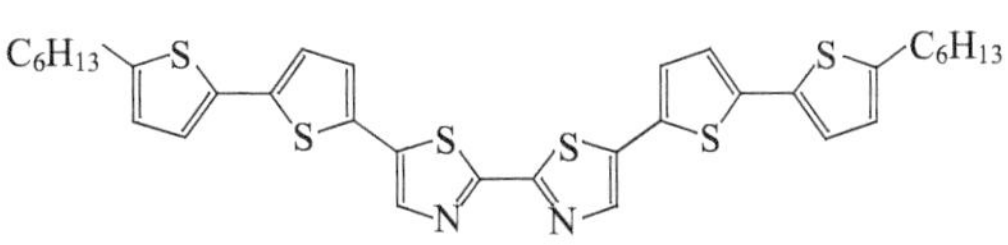

2.2.2　n 型小分子半导体材料

n 型半导体材料是构筑双极晶体管和逻辑互补电路不可缺少的组成部分，近年来 n 型材料的研究也获得了很大的关注。但是目前为止，性能良好的 n 型材料还很少，而且已得的 n 型材料也通常不稳定。良好的 n 型半导体材料要求其 LUMO 能级必须和源漏电极的功函接近，以利于电子从源极注入半导体并从漏极流出半导体。但是通常使用的电极（Au、Ag 等高功函材料）的功函有利于向半导体分子的 HOMO 中注入空穴而不利于向分子的 LUMO 注入电子。而能与半导体的 LUMO 能级匹配的低功函电极（Al、Ca、Mg 等）虽然电子注入势垒比较低，但很容易氧化，且易和半导体发生反应生成电荷转移复合物。为了降低材料的 LUMO 能级以和高功函电极（Au、Ag 等）进行匹配，通常采取引入吸电子基团的方法[174]。这些基团可以增加材料的电子亲和势[175]［de Leeuw 等[176]认为只有选择电子亲和势合适（一般大于 3eV）的材料，才有可能得到热力学稳定的 n 型器件］并且稳定材料的阴离子使电子可以注入半导体。吸电子基团同时可以提高材料阴离子（源于电子的注入）的稳定性。通常采用的吸电子基团有—F、—CN、羰基等。下面将逐一介绍。实际上，新型有机半导体材料的设计合成中可能会同时引入多种吸电子基团。

2.2.2.1 含卤素类半导体材料

因为氟有很强的拉电子作用，所以在有机分子中引入氟原子就有可能实现电荷传输从空穴变为电子[177]。如前面所述，并五苯是一个良好的p型材料，因此把并五苯中引入吸电子基团来得到n型材料引起了很大的兴趣。Suzuki等人[178]合成了全氟代的并五苯（**102**），场效应性能测试表明，全氟代并五苯显示了n型传输特性，最高迁移率可达0.11cm^2/(V·s)，而相同条件下的并五苯显示了p型特性，迁移率可达0.45cm^2/(V·s)。相似的迁移率使它们有可能用于逻辑互补电路。基于10nm的**102**和35nm的并五苯所形成的双层场效应晶体管显示了双极性，当**102**沉积在并五苯之上时，显示了较好的双极性，p型和n型迁移率分别为0.52cm^2/(V·s)和0.022cm^2/(V·s)。基于全氟代并五苯和并五苯所形成的反相器显示了高达100V的输出电压，和高达57的电压增益。而用全氟烷基取代的并五苯（**103**）显示了1.7×10^{-3} cm^2/(V·s)的迁移率。鲍哲南等人[179]制备了一系列全氟代金属酞菁的晶体管，这些金属酞菁都具有良好的空气稳定性。其中研究最多、最广泛的全氟酞菁铜（**104a**）显示了高达0.03cm^2/(V·s)的电子迁移率。胡文平研究组用物理气相传输的方法制备了全氟酞菁铜的单晶态纳米带，并对此进行了系统研究。基于此单晶纳米带的场效应晶体管[180]显示了高达0.2cm^2/(V·s)的迁移率，开关比为6×10^4，而利用空气绝缘层的晶体管[181]则显示了高达0.35cm^2/(V·s)的电子迁移率，开关比可达3×10^5。在锡上有两个氯配位的二氯代酞菁锡（Ⅳ）(**104b**)[182]显示了高达0.3cm^2/(V·s)的迁移率和高达10^6的开关比。如此高的场效应性能可能源于其与酞菁氧钛（**88c**）类似的致密的π-堆积结构。用全氟代烷基和全氟代苯基取代的衍生物被大量研究应用于n型场效应晶体管。例如，噻吩和苯环形成的全氟烷基取代低聚物**105a**[183]和**105b**[184]同样显示了n型传输特性，迁移率可达0.18cm^2/(V·s)，0.048cm^2/(V·s)[进一步的优化可达0.22cm^2/(V·s)[185]]。全氟代烷基在低聚噻吩链侧位取代的衍生物（**106**）[185,186]则显示了较低的迁移率。在全氟己基取代的基础上，羰基也被引入了这样的体系中[187]，这些材料显示了更好的稳定性和更高的电荷传输性能。其中**107b**显示了高达0.6cm^2/(V·s)的电子迁移率。并且**107a**、**b**都显示了双极性，其中**107a**的电子/空穴迁移率分别为0.1cm^2/(V·s)、0.01cm^2/(V·s)。二氟亚甲基桥联的噻吩衍生物**108**[188]的迁移率可达0.018cm^2/(V·s)。基于噻唑的三氟甲基取代衍生物**109c**[189]显示了二维层状堆积（lamellar排列），分子间存在较大的π重叠，电子迁移率可达1.83cm^2/(V·s)，可能是目前为止迁移率最高的含氟类n型有机半导体传输材料。基于并二噻唑的三氟甲基取代衍生物（**109a**、**b**）[183]也显示了良好的场效应性能，**109a**和**109b**分别显示了0.3cm^2/(V·s)和0.18cm^2/(V·s)的迁移率[用十八烷基氯硅烷自组装单层[190]处理的衬底可得1.2cm^2/(V·s)的迁移率]。但是这些材料通常具有较高的阈值电压（大于60V），因此更多的噻唑单元被引入到分子中以进一步降低分子的 LUMO 能级，得到的化合物 **109d**[191] 的阈值电压可降低到 20V 左右，迁移率高达 0.64cm^2/(V·s)。T. J. Marks 等人[192,193] 合成了一系列含全氟苯基的衍生物，**110** 显示了高达 0.5cm^2/(V·s) 的迁移率，而全氟苯基在分子中间的衍生物和上面提到的全氟烷基链在中间的 **106** 一样，仅显示了较弱的 p 型特性。带羰基的全氟苯基衍生物 **111**[194] 也被合成出来，其中升华沉积的薄膜显示了高达 0.51cm^2/(V·s) 的电子迁移率，滴注的薄膜同样显示了高达 0.25cm^2/(V·s) 的迁移率。如图 2-20 所示。

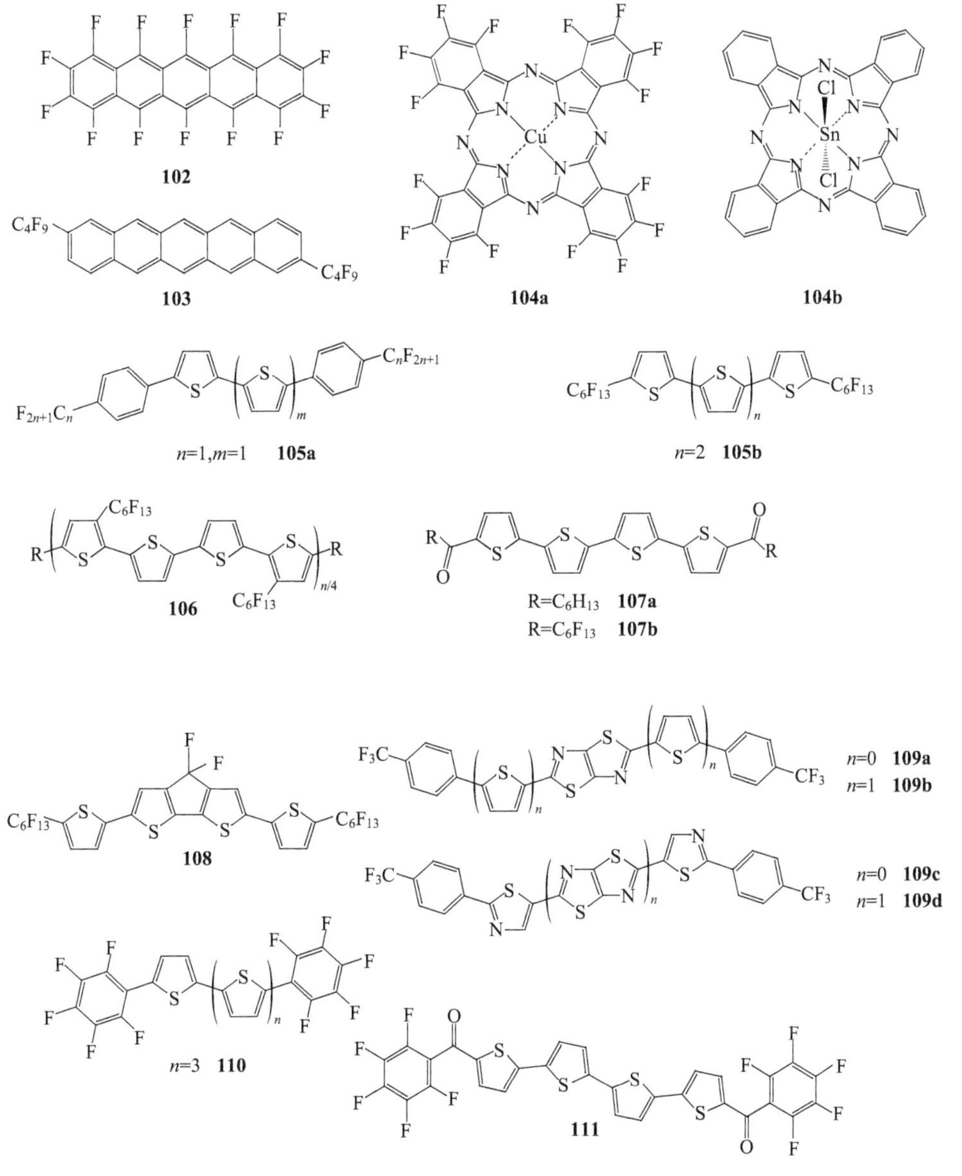

图 2-20　含卤素类 n 型半导体材料

2.2.2.2 含氰基类半导体材料

氰基也是一种拉电子基团，但到目前为止，报道的含氰基的n型半导体材料并不多。**TCNQ**（**112**）是一种电子受体，能与TTF形成电荷转移复合物。研究表明，**TCNQ**[195]具有n-型场效应性能，电子迁移率约$10^{-5}cm^2/(V\cdot s)$。共轭体系稍大的**TCNNQ(113)**也呈现了n型传输特性，迁移率为$10^{-3}cm^2/(V\cdot s)$。Yamashita等人[196]合成了一系列二氰基取代的四氮杂衍生物（**114**），仅显示了$10^{-8}\sim10^{-6}cm^2/(V\cdot s)$的迁移率。除了**TCNQ**，含氰基的另一个明星分子是四氰基取代的噻吩衍生物（**DCMT**，**115a**），基于滴注的**115a**薄膜[197]显示了$0.002cm^2/(V\cdot s)$的迁移率，而经过器件优化，升华的薄膜[198]显示了高达$0.2cm^2/(V\cdot s)$的迁移率。结构类似的化合物**115b**[199]是一个空气稳定并且可以溶液处理的材料，旋涂的**115b**薄膜在150℃退火后显示了高达$0.16cm^2/(V\cdot s)$的电子迁移率。硒吩类似物（**115c～f**）[200]也被引入了这样的体系中，显示了比噻吩类似物稍好的场效应性能。如图2-21所示。

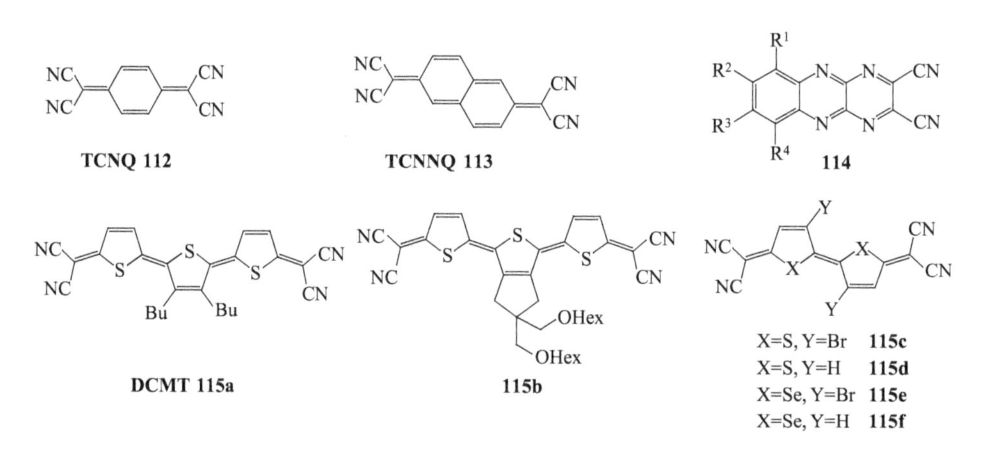

图2-21 含氰基的n型半导体材料

2.2.2.3 酰胺类半导体材料

含有羰基的酰胺材料，因为羰基的拉电子作用也被发现具有n型场效应性能。只含有羰基的化合物除了上面提到的**107a**，被报道有n型场效应特性的并不多。苝四酰亚二胺和萘四酰亚二胺因为具有四个羰基，显示了良好的场效应性能。并且因其稠环体系（C/H比较低）和侧位取代，它们经常具有π-π堆积结构。它们也是除了含氟材料外，研究最广泛的n型半导体材料。主要包括苝四酰亚二胺和萘四酰亚二胺，以及蒽、苯四酰亚二胺等，下面将逐一介绍。

（1）萘四酰亚二胺类场效应材料　萘四酰亚二胺是酰胺类中一种比较重要的n型半导体材料。萘四酸二酐（**NTCDA**，**116a**）[201]也显示了n型传输特性，最高迁移率可达$3\times10^{-3}cm^2/(V\cdot s)$，而未取代的萘四酰亚二胺（**NTCDI**，**116b**）也同样具有n型传输特性，电子迁移率为$10^{-4}cm^2/(V\cdot s)$。当被烷基取代后，萘四酰亚二胺[202,203]显示了较高的迁移率，其中辛基取代的衍生物（**116c**）显示了高达 0.16cm^2/(V·s) 的迁移率。而基于环己基取代的 **NTCDI** 衍生物（**116d**）[204]的晶体管显示了高达 6.2cm^2/(V·s) 的电子迁移率，如果在干燥氩气中测试，迁移率甚至可达 7.5cm^2/(V·s)，这可能是目前为止所得到的最高电子迁移率。在类似的条件下，己基取代的衍生物（**116e**）显示了 0.16cm^2/(V·s) 的迁移率，当采用较高的升华速率时，迁移率可达 0.7cm^2/(V·s)。尽管这些材料在真空中测试时已经显示了较高的电子迁移率，但大多数在大气中测试时仍不显示场效应性能。当取代基中同时引入氟后，材料可以在大气中呈现场效应性能，如 **116f**、**g** 在大气中测得的电子迁移率为 0.01cm^2/(V·s)。而全氟代（**116h**）[205]的衍生物电子迁移率可达 0.31cm^2/(V·s)，其柔性器件在空气中仍然显示了高达 0.23cm^2/(V·s) 的迁移率。类似的[206]氟代烷基苯基取代的 **NTCDI** 衍生物（**116i**、**j**），在空气中的迁移率均大于 0.1cm^2/(V·s)，其中 **116i** 显示了高达 0.57cm^2/(V·s) 的电子迁移率。在烷基取代的 **NTCDI** 衍生物的中心苯环引入氰基的化合物[207]也有所研究，二氰基取代的衍生物 **116k** 迁移率可达 0.15cm^2/(V·s)。与未氰基取代的 **116c** 相比，性能没有明显变化，但当在空气中测试时，**116k** 仍然能保持高达 0.11cm^2/(V·s) 的迁移率，显示了较高的空气稳定性。如图 2-22 所示。

(2) 苝四酰亚二胺类场效应材料　和萘四酸二酐一样，苝四酸二酐（**PTCDA**，**117a**）也被报道具有 n 型场效应性能，在真空或干燥气氛中显示了 10^{-4} cm^2/(V·s) 的电子迁移率[208]，当处于干燥氧气中时，场效应性能不发生变化；而当处于潮湿的氮气中时，不显示场效应性能，而且当把潮湿气氛中测试过的器件重新置于真空中时，器件性能恢复，这些说明水汽对器件性能有不良影响，而氧气的作用不明显。基于 **PTCDA** 的单晶[209]显示了 5×10^{-3}cm^2/(V·s) 的迁移率，比其真空中的薄膜高了一个量级。很长一段时间，报道的苝四酰亚二胺类衍生物最高的迁移率一直局限在 1.7cm^2/(V·s)。其半导体层选用的是辛基取代的苝四酰亚二胺衍生物（**117c**）[210]。而戊基（**117b**）[211]和十二烷基（**117d**）取代的衍生物的迁移率也可达 0.1cm^2/(V·s) 和 0.52cm^2/(V·s)。基于十三烷基取代的 **PTCDI** 衍生物（**117e**）[212]显示了相当的迁移率，0.58cm^2/(V·s) [经过进一步的优化，晶态膜[213]显示了高达 2.1cm^2/(V·s) 的迁移率]。同 **NTCDI** 衍生物一样，氟化的取代基也被引用到了 **PTCDI** 衍生物中，这些材料显示了较高的迁移率和稳定性。其中 **117f**、**117g**（**DFPP**）和 **117h**[214,215]的迁移率高达 0.72cm^2/(V·s)、0.068cm^2/(V·s) 和 0.33cm^2/(V·s)。随着氟原子的引入，这些材料的稳定性和迁移率都有不同程度的增加，**117g** 在大气中放置至少 72 天后，器件性能没有明显改变，显示了良好的稳定性。苝四酰亚二胺的中心苝核被卤素、氰基取代的产物显示良好的溶解度和空气稳定性。苝环上被两个卤素取代的衍生物性能最高的是 **118a**[215]，电子迁移率高达 0.36cm^2/

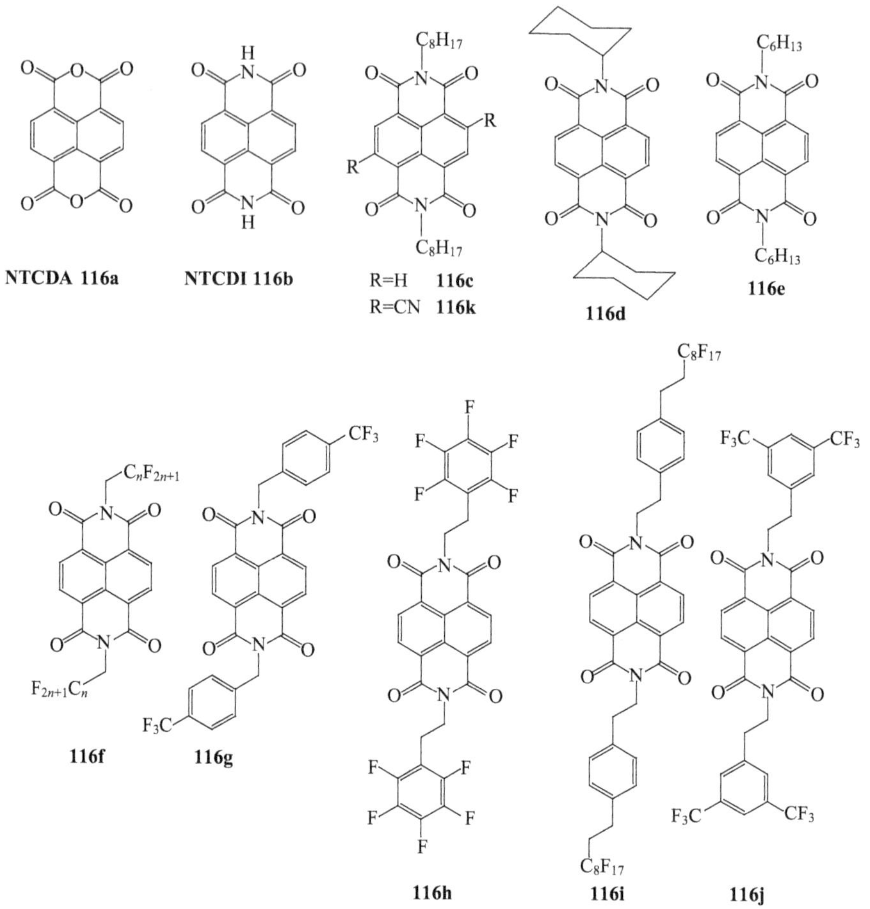

NTCDA 116a　NTCDI 116b　R=H 116c　R=CN 116k　116d　116e

116f　116g　116h　116i　116j

图 2-22 萘四酰亚二胺类场效应材料

(V·s)，而被四个卤素取代的衍生物通常迁移率较低，可能源于其结构的扭转造成中心核非共平面，尽管如此，**118e**[216]仍然显示了高达 0.11cm^2/(V·s) 的迁移率。而苝环上被氰基取代的衍生物的空气稳定性也显著提高。其中环己基取代的 **118b** 和 **118c**（**PDI-FCN$_2$**）[217] 的迁移率分别为 0.1cm^2/(V·s) 和 0.64cm^2/(V·s)，值得提出的是，这些材料都是在大气中测试的，显示了良好的空气稳定性。辛基取代 **118d**[218] 的类似衍生物的迁移率为 0.14cm^2/(V·s)。其他类似的氟代烷基或芳基取代的衍生物的性能则都不高。最近 Molinari 等人[219]测试了 **118c** 单晶的场效应性能，在真空下，迁移率可达 6cm^2/(V·s)，即使是在大气氛围中，迁移率也可达 3cm^2/(V·s)。如图 2-23 所示。

(3) 其他酰亚二胺类场效应材料　Facchetti 和 Marks 等人[220]合成了一系列蒽四酰亚二胺衍生物（**119**）。几个材料均显示了 0.01～0.03cm^2/(V·s) 的电子迁移率，开关比高达 10^6～10^7。Katz 等人[221]合成了一系列中心芳香环最

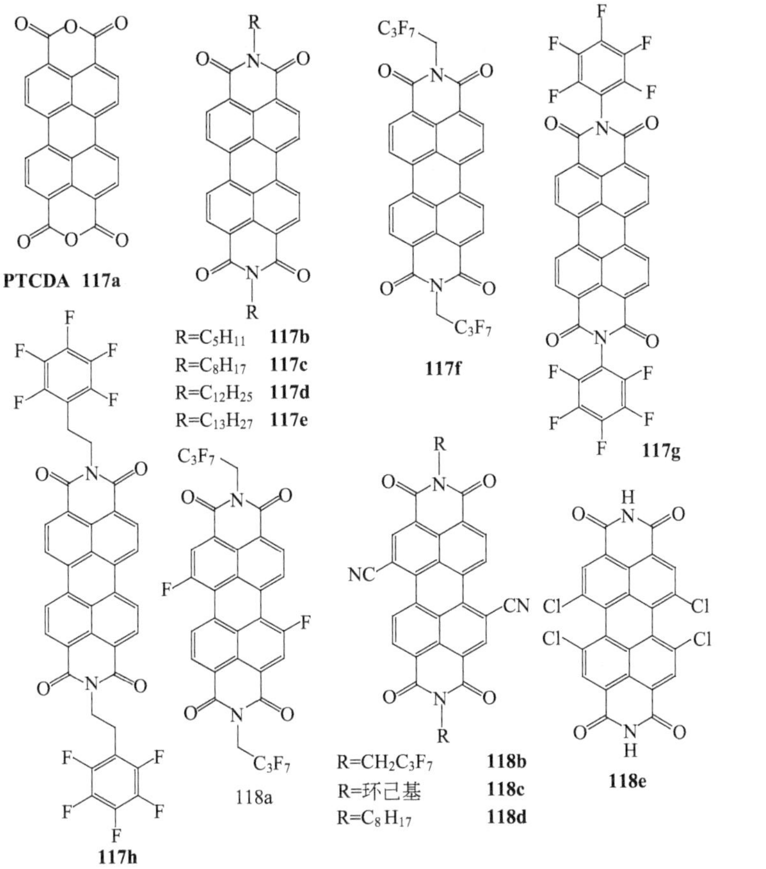

图 2-23 苝四酰亚二胺类场效应材料

少的苯四酰亚二胺的衍生物（**120**），几个材料都显示了良好的 n 型传输特性，迁移率分别为 0.074cm²/(V・s)（**120a**）、0.079cm²/(V・s)（**120b**）、0.03cm²/(V・s)（**120c**），开关比 10^4～10^5。几个材料都显示了良好的稳定性，在空气中放置至少放置 15～30min，性能没有明显变化。如图 2-24 所示。

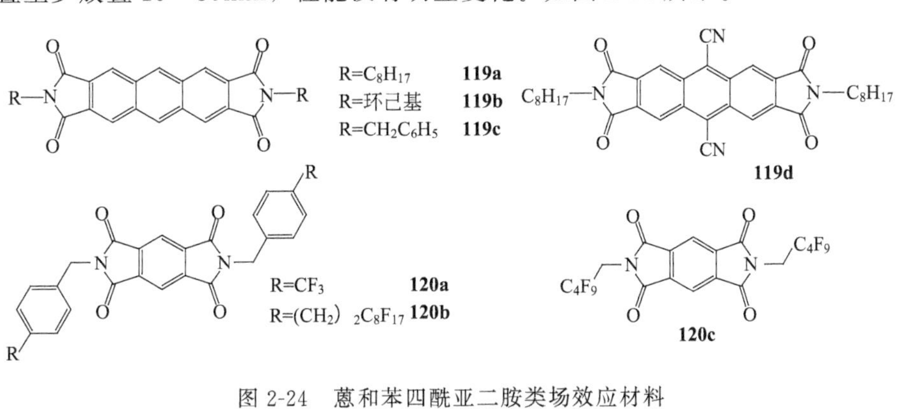

图 2-24 蒽和苯四酰亚二胺类场效应材料

2.2.2.4 富勒烯类半导体材料

富勒烯及其衍生物是最早被用于有机场效应晶体管的几种材料之一，富勒烯因为其球形结构并不利于形成晶态的薄膜，但也正因为这种结构，富勒烯可能在薄膜中呈现各向同性。C_{60}（**121a**）和 C_{70}（**121j**）的混合物（比例为 9∶1）[222] 被检测到 n 型场效应性能，迁移率为 $5\times10^{-4}cm^2/(V\cdot s)$。基于 C_{60} 单晶的时间飞行渡越法（TOF）测试[223] 显示，其迁移率可达 $(0.5\pm0.2)cm^2/(V\cdot s)$。Itaka 等人[224] 在 C_{60} 半导体层下蒸镀一层并五苯单层，并五苯良好的成膜性在 C_{60} 和绝缘层 Al_2O_3 之间形成了一个过渡层，润湿了绝缘体表面。经过这种处理后制得的 C_{60} 器件显示了高达 $2.0\sim4.9cm^2/(V\cdot s)$ 的迁移率，并且显示了明显的双极性。基于 C_{60} 的晶体管显示的最高迁移率[225,226] 可达 $6cm^2/(V\cdot s)$，所用的绝缘层为聚合物。

溶解性较好的 C_{60} 衍生物 **PCBM**（**121b**）是一个缺电子体系，经常在有机太阳能电池中用作电子受体。良好的电荷传输性能使之有可能用作场效应晶体管的半导体层。Waldauf 等人[227] 用 Ca 作源漏电极材料，**PCBM** 为半导体层，测得的电子迁移率可达 $10^{-3}cm^2/(V\cdot s)$。而 Singh 等人[228] 采用旋涂的聚合物作绝缘层，良好的界面接触使 **PCBM** 的迁移率有了极大的提高，可达 $0.05\sim0.2cm^2/(V\cdot s)$。类似结构的 **F［5,6］PCBM**（**121c**）[229] 与 **PCBM** 的差别在于衍生的位置分别在五元环与六元环之间和两个六元环之间，用 **F［5,6］PCBM** 为半导体层的器件也显示了几乎一样的迁移率，当用 Au 作源漏电极时迁移率都可达 $0.025cm^2/(V\cdot s)$，当用 Ca 作电极时，可达 $0.1cm^2/(V\cdot s)$。旋涂的 C_{60} 衍生物 **C60MC12**（**121d**）[230] 薄膜显示了高达 $0.067cm^2/(V\cdot s)$ 的迁移率，而

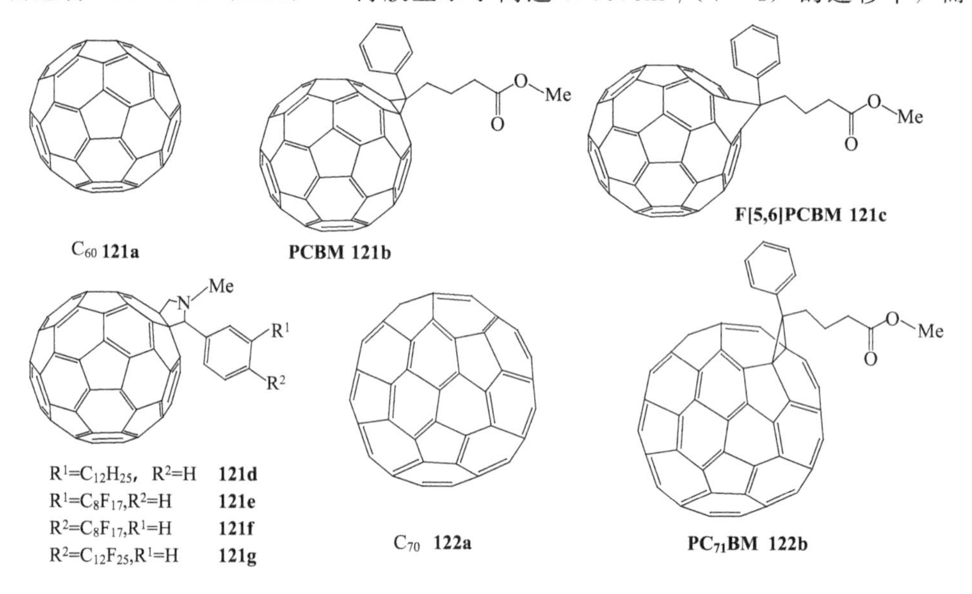

图 2-25 富勒烯类半导体材料

相同条件下的 **PCBM** 的迁移率为 0.023cm²/(V·s)，说明 **121d** 显示了比 **PCBM** 更好的电荷传输性能。但是这几个材料的稳定性都不高，在空气中将不显示场效应性能。为此氟代的取代基被引入到这样的体系中，Chikamatsu 等人[231]合成了一系列氟代的 **C60MC12** 类似物（**121e～g**）。其中全氟代十二烷基衍生物显示了高达 0.25cm²/(V·s) 的迁移率，并且器件显示了良好的稳定性，器件在空气中暴露 144h 后仍然显示了良好的性能。基于 C_{70} 的场效应晶体管[232]显示了 2×10^{-3}cm²/(V·s) 的迁移率，当暴露在空气中时，显示了比 C_{60} 稍好的稳定性。C_{70} 的衍生物 **PC$_{71}$BM**（**122b**）[233]也被测试了场效应性能。相同的测试条件和 **PCBM** 显示了相似的迁移率，最高迁移率[234]均在 0.1～0.21cm²/(V·s) 之间。如图 2-25 所示。

2.3 聚合物半导体材料

聚合物因为其较高的黏性和良好的成膜性被认为是半导体溶液处理方法的一种良好材料，又因其良好的柔韧性被认为是最有潜力实现大面积柔性器件的材料。前面我们已经提到，有机场效应晶体管之所以又引发了人们的兴趣，就是因为 20 世纪 80 年代末关于导电聚合物的一系列研究，充分体现了聚合物在有机场效应晶体管中的作用。较早应用于场效应管的聚合物是电化学聚合方法直接成膜的聚噻吩，但膜的质量不好。后来用化学修饰提高了聚合物的溶解度，实现了溶液处理（滴注、旋涂或喷墨打印等），很好地解决了这个问题。但面临新的问题是聚合物因其过大的分子量和复杂的分子结构，很难实现有序排列。而我们前面提到过分子的有序排列对于电荷传输是至关重要的。化学家通过恰当的合成方法，实现了区域有序的化合物，可以保证分子的有序度在 99%以上。另外通过恰当地调控分子结构，实现了聚合物的有序排列。但问题总是一环套着一环，通过引入烷基链，聚合物的溶解度确实有了很大的改善，材料的稳定性却下降了。研究人员又通过改变聚合物单体的结构单元实现了稳定性的提高，历史证明，世上的所有事物都是这样一步步前进的。而几乎所有的小分子场效应材料都被尝试着用于聚合物半导体的结构单元中，因为可以作为聚合物场效应晶体管的半导体层的聚合物不计其数，下面仅举一些代表性的例子。

2.3.1 p型聚合物半导体材料

第一个有机场效应晶体管就是利用聚噻吩作半导体层的，而到目前为止，在聚合物中应用最多的结构单元仍然是噻吩基团。最初的聚噻吩材料（**123**）[1]是不带侧链取代的，通过电化学聚合的方法制得的聚合物薄膜，薄膜的质量不好，迁移率在 10^{-5}cm²/(V·s) 量级。为了改善薄膜的质量，用溶液处理等工艺来制备薄膜就显得非常必要，为此侧位取代基被引入到聚合物骨架中。但起初合成的聚噻吩是非局域有序的，烷基链可以在噻吩的3-位或4-位取代，烷基链相对位置的不同将导致三种头对头（head-to-head，HH）、尾对尾（tail-to-tail，TT）和头对尾（head-to-tail，HT）排列结构。当分子中只有头对尾排列时，分子将呈现有序结构（如**124a**）。这可以通过合理的化学合成方法实现，目前很多聚合物研究都可以实现HT结构在分子中占99%之上。这些聚噻吩[235]体系中，研究最多的是已基取代的聚噻吩（**P3HT**）。区域无序[236]的**P3HT**迁移率仅10^{-4} $cm^2/(V \cdot s)$，而区域有序[237,238]的**P3HT**有利于在薄膜中将呈现lamellar层状堆积，迁移率可达0.05～0.2$cm^2/(V \cdot s)$。

聚合物材料一般稳定性较差，这些材料的电离势（IP）通常较低，基于聚合物的场效应晶体管稳定性一般也不好。因此近些年，聚合物的另一个研究重点是提高材料的稳定性。这主要有三个途径：第一个途径是减少烷基链，烷基链的减少会在一定程度上降低材料的HOMO能级，另一方面烷基链的减少可能造成噻吩环的旋转更加自由进而降低了分子的共轭度。Ong等人[239]合成了聚噻吩中一半噻吩环不含烷基链的**PQT**(**124b**)，其**HOMO**能级比**P3HT**低了0.1eV，迁移率高达0.14$cm^2/(V \cdot s)$，未加保护处理的器件在暗处放置一个月时，其性能只有很小下降。但是这个途径经常会降低材料的溶解度。第二个途径是直接通过增加聚合物骨架的扭转来降低材料IP，但这种方法往往以牺牲材料的场效应性能为代价。**124c**[240]的HOMO能级分别比**P3HT**分别低了0.2eV，显示了良好的稳定性。其迁移率可达0.03$cm^2/(V \cdot s)$，与同样条件下的**P3HT**［0.02$cm^2/(V \cdot s)$］相当。第三个途径是在聚合物骨架中引入稍大共轭单元或者电离势较大的结构单元。电子从这种稍大的共轭单元或电离势较大的单元进入聚合物链的可能性要小于单个噻吩环，因此可以降低电子在骨架中的离域，进而造成较低的HOMO能级[241]。McCulloch等人[241,242]在聚合物单元中引入了并二噻吩得到的聚合物**124d**，HOMO能级比**P3HT**低了0.3eV，显示了高达0.7$cm^2/(V \cdot s)$的迁移率［十四烷基取代衍生物，用高功函的Pt作源漏电极材料，迁移率可达1$cm^2/(V \cdot s)$］。而顺式的并二噻吩的聚合物（**124e**）[243]的迁移率为0.15$cm^2/(V \cdot s)$（癸烷取代衍生物）。基于并三噻吩的聚合物（**124f**）[244]迁移率可达0.3$cm^2/(V \cdot s)$，基于并四噻吩的聚合物（**124g**）[245]迁移率与**124f**相当，为0.33$cm^2/(V \cdot s)$，基于二噻吩并苯的聚合物**124h**[246]和**124i**[247]分别显示了0.012$cm^2/(V \cdot s)$和0.15$cm^2/(V \cdot s)$的迁移率。Kowalewski等人合成了一系列并二噻唑与噻吩的共聚物（**PTzQTs**，**124j**）[248]。尽管早前的研究表明，并二噻唑单元是一种可能形成n型传输材料的结构单元[183,191]，并没有得到**PTzQTs**的n型传输特性，已基、十二烷基和十四烷基衍生物[249]分别显示了0.05$cm^2/(V \cdot s)$、0.23$cm^2/(V \cdot s)$和0.3$cm^2/(V \cdot s)$的空穴迁移率。如图2-26所示。

基于芴的聚合物也是有机场效应材料中的一类主要聚合物材料。其中研究最多的是9,9-二辛基芴和联二噻吩形成的共聚物**F8T2**（**125a**），**F8T2**因为电离势

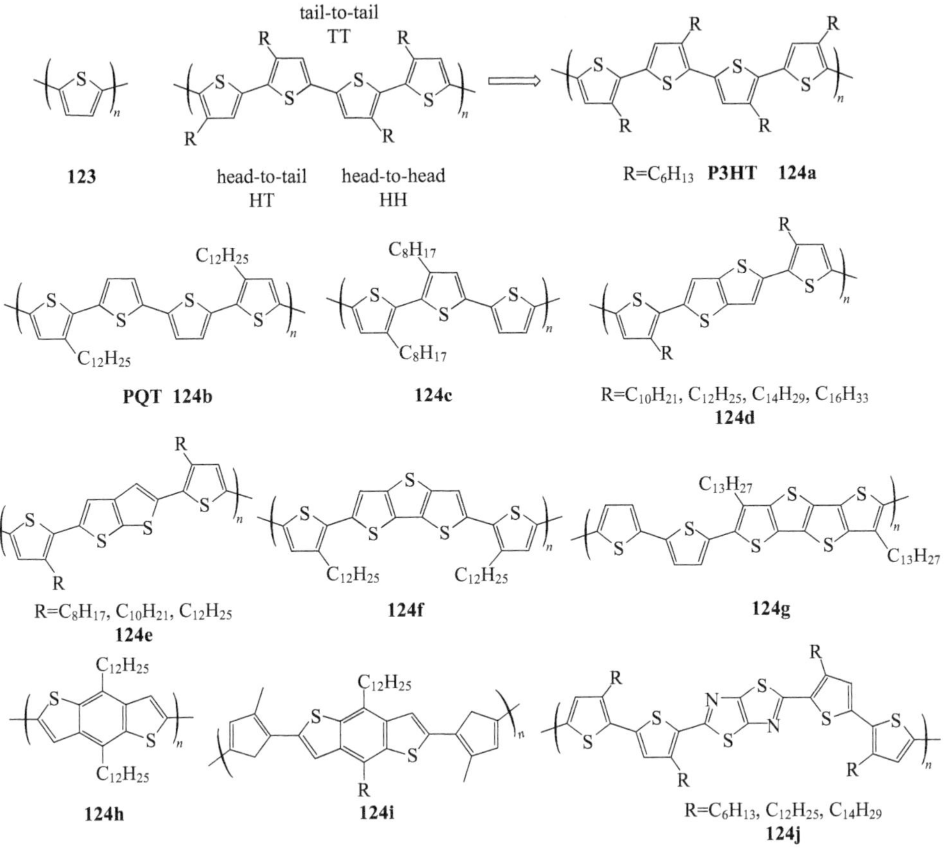

tail-to-tail TT

head-to-tail HT　head-to-head HH

123

$R=C_6H_{13}$ **P3HT　124a**

PQT　124b　**124c**

$R=C_{10}H_{21}, C_{12}H_{25}, C_{14}H_{29}, C_{16}H_{33}$ **124d**

$R=C_8H_{17}, C_{10}H_{21}, C_{12}H_{25}$ **124e**

124f　**124g**

124h　**124i**

$R=C_6H_{13}, C_{12}H_{25}, C_{14}H_{29}$ **124j**

图 2-26　聚噻吩

比较高，与 **P3HT** 相比具有良好的稳定性。**F8T2** 在温度高于 265℃时存在液晶相，Sirringhaus 等人[250]把 **F8T2** 在液晶相下退火，使之保持有序的结构，得到的迁移率高达 0.01～0.02$cm^2/(V \cdot s)$。在用十八烷基氯硅烷修饰的 SiO_2 衬底上，直接旋涂的薄膜（非液晶相）迁移率[251]也可达 0.01～0.02$cm^2/(V \cdot s)$。芴与硒吩的共聚物（**F8Se2，125b**）[252]迁移率和与噻吩的聚合物相当，为 0.012$cm^2/(V \cdot s)$。Chen 等人[253]报道的 **125c** 的迁移率也与之近似，可达 0.03$cm^2/(V \cdot s)$，其余芴的共聚物等性质则一般都不高。Facchetti 和 Marks 等人[254]合成了一系列硅杂的聚合物（**125d**），其中 **125d** 的迁移率可达 0.06$cm^2/(V \cdot s)$。Müllen 等人[255]合成了苯并噻唑（**BTZ**）和环五二烯并二噻吩（**CDT**）的共聚物（**125e**），当采用 10mg/mL 的 1,2,4-三氯苯溶液滴注薄膜时，饱和区迁移率可达 0.17$cm^2/(V \cdot s)$，开关比 10^5。经过多次提纯的聚合反应前体得到的更高分子量的聚合物[256]显示了高达 0.67$cm^2/(V \cdot s)$ 的迁移率。如果采用津涂法代替旋涂法，沿着津涂方向的迁移率甚至高达 1.0～1.4$cm^2/$

(V·s)，而垂直于津涂方向的迁移率也在 0.5～0.9$cm^2/(V·s)$ 的范围内。Ong 等人[257]合成了聚吲哚咔唑（**125f**、**g**），迁移率可达 0.02$cm^2/(V·s)$。聚三苯胺类（**PTAA**，**126**）[258]材料是一种稳定聚合物半导体材料，器件在空气中显示了良好的稳定性，迁移率在 10^{-3}～$10^{-2}$$cm^2/(V·s)$ 左右，而且它们多成无定形状态，这样的迁移率对于无定形材料来说可以说是比较高的。利用 Donor-Acceptor（D-A）分子这种推拉体系是合成聚合物的另一个策略，Wudl 等人[259]合成了一系列 D-A 分子（**127**），**127a** 和 **127b** 的迁移率分别为 $7.8\times10^{-3}$$cm^2/(V·s)$ 和 $2.26\times10^{-2}$$cm^2/(V·s)$，开关比在 10^5～10^6。其他如聚对亚苯基乙烯（**PPV**）、聚对亚苯基乙炔（**PPE**）等也都有报道，不过迁移率通常都较低。如图 2-27 所示。

图 2-27 聚芴等其他 p 型聚合物场效应材料

2.3.2 n 型聚合物半导体材料

和前面 n 型小分子场效应材料一样，n 型聚合物材料的报道也不多。Babel 和 Jenekhe 等人[260～262]报道了一个梯形聚合物（**BBL**，**128a**），显示了良好的稳定性，玻璃化转变温度在 500℃之上。**BBL** 的溶解度比较差，可以用其甲磺酸或路易斯（Lewis）酸与硝基甲烷的混合溶液滴注或旋涂。相比于它的类似非梯形聚合物（**BBB**，**128b**），**BBL** 的迁移率有几个量级的提高，最高迁移率可达 0.1$cm^2/(V·s)$，而 **BBB** 的迁移率仅 $10^{-6}$$cm^2/(V·s)$。Donley 等人[263]报道了基于 **F8BT**（**129**）的场效应晶体管，和其类似物 **125e** 不同，**129** 显示 n 型传输性能，迁移率可达 $4.8\times10^{-3}$$cm^2/(V·s)$。Facchetti 和 Marks 等人[194]

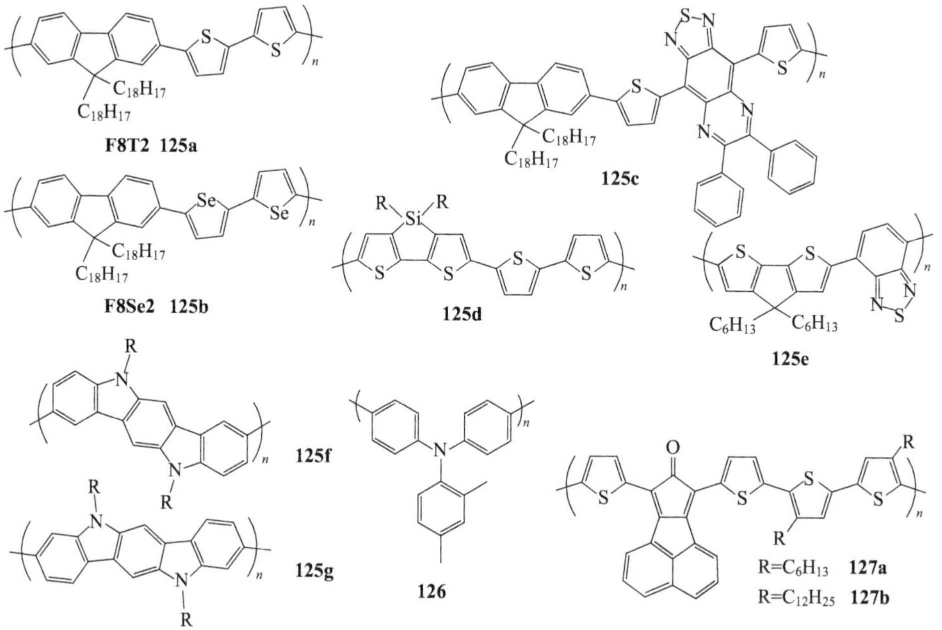

合成了一个基于噻吩和氟代苯的共聚物（**130**），旋涂得薄膜迁移率可达 0.01cm^2/(V·s)。占肖卫等人[264]合成了一个基于苝四酰亚二胺和并三噻吩的共聚物（**131a**），显示了良好的场效应性能，电子迁移率可达 0.013cm^2/(V·s)。基于萘四酰亚二胺和联二噻吩的共聚物 **131b**[265]显示了较高的稳定性和较高的迁移率，可达 0.06cm^2/(V·s)，14 周后仍然可达 0.01cm^2/(V·s)。随后他们[266]改变绝缘层，使用聚合物绝缘层，迁移率竟然可达 0.45～0.85cm^2/(V·s)，是目前报道的 n 型聚合物迁移率最高的。联二噻吩的二酰亚胺聚合物（**132**）[267]也被合成了出来，其中均聚物 **132a** 显示了高达 0.01cm^2/(V·s) 的电子迁移率，而 **132b** 显示了 0.01cm^2/(V·s) 的空穴迁移率。如图 2-28 所示。

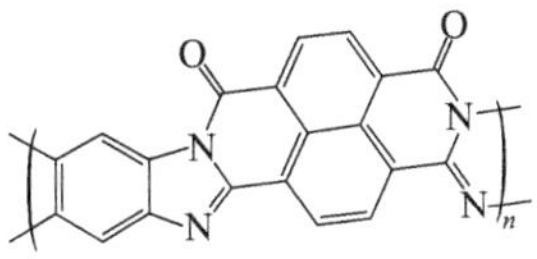

BBL 128a

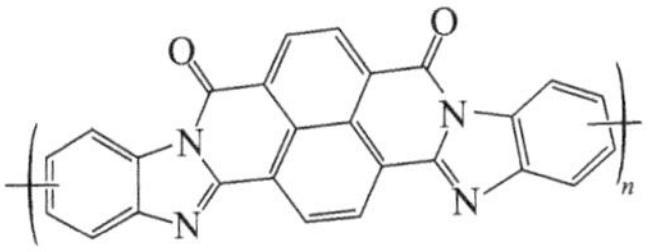

BBB 128b

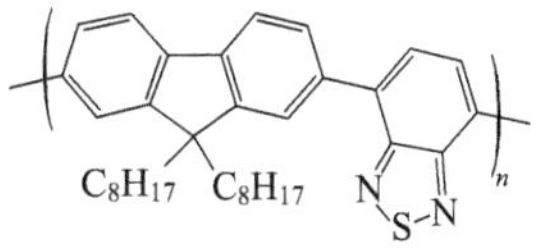

F8BT 129

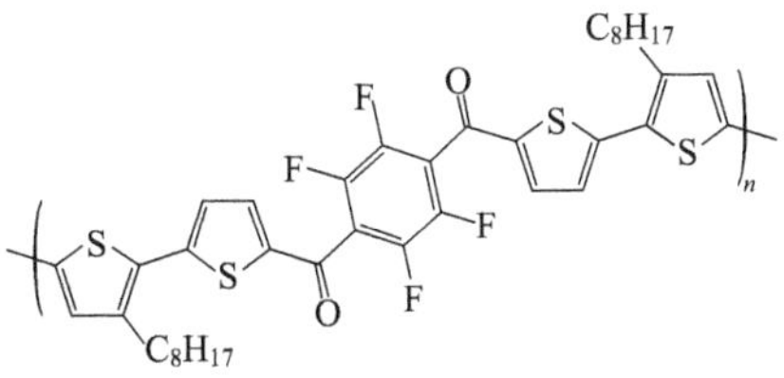

130

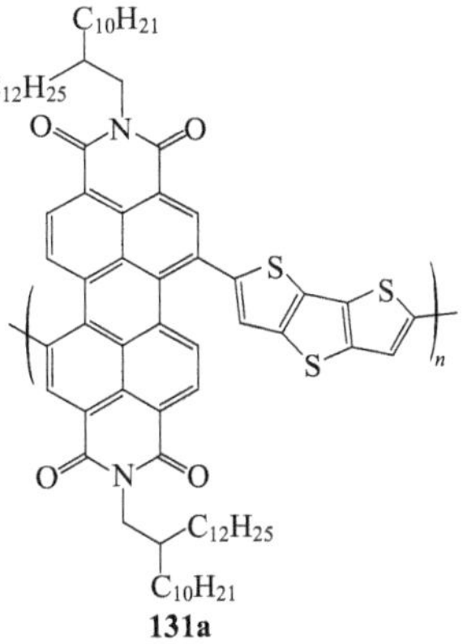

131a

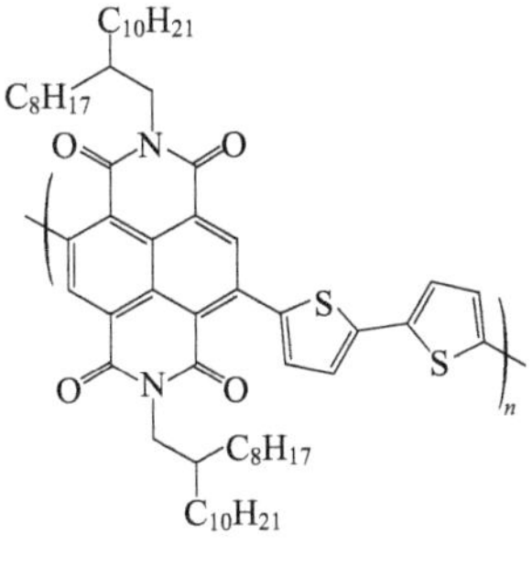

131b

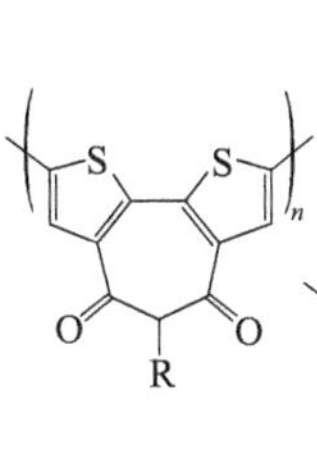

132a

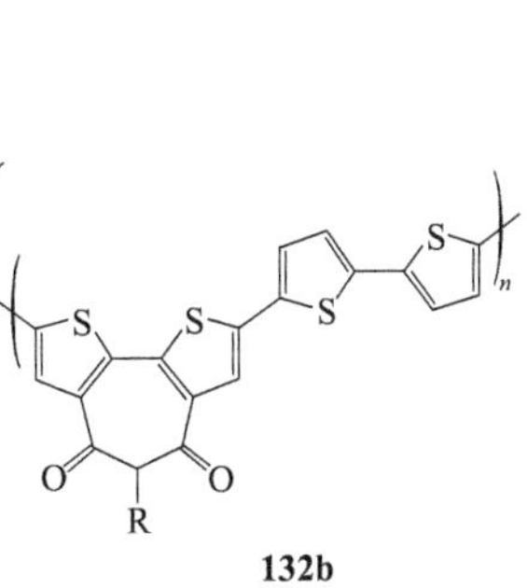

132b

图 2-28　n 型聚合物场效应材料

2.4 有机半导体材料常用合成方法

2.4.1 羟醛缩合反应

常见的并苯类及硫杂并苯类分子的合成中最常用的一个反应就是羟醛缩合，具有α-H的醛，在碱催化下生成碳负离子，然后碳负离子作为亲核试剂对醛酮进行亲核加成，生成β-羟基醛，β-羟基醛受热脱水成不饱和醛。以并五苯(**3a**)[268]和丁省并噻吩(**35a**)[68]为例：

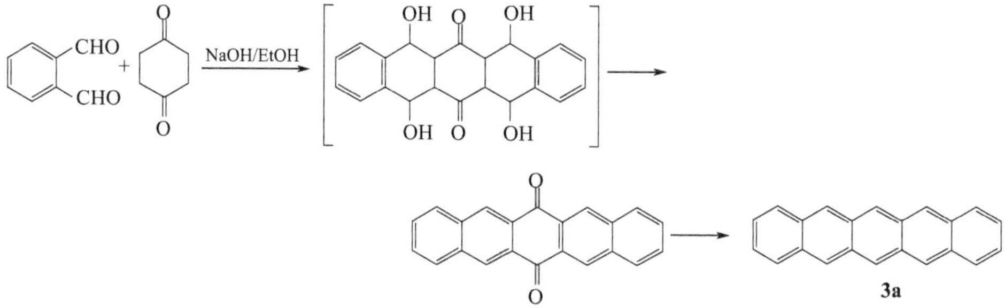

CHO CHO + O O NaOH/EtOH OH O OH OH O OH

O O

3a

OH OH + OHC S OHC 吡啶 O S O S

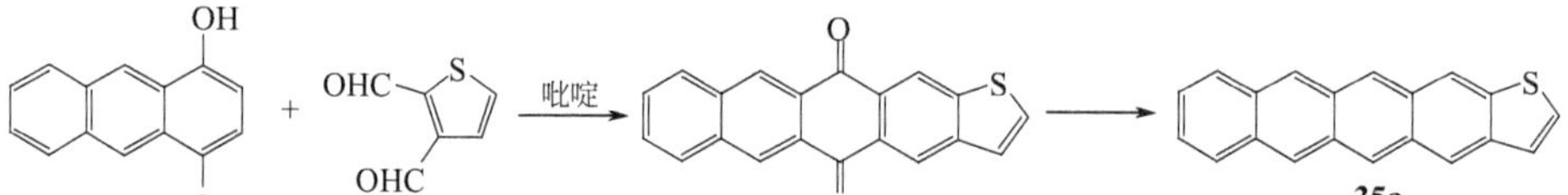

35a

2.4.2 Diels-Alder 反应

Diels-Alder反应又名双烯加成，由共轭双烯与烯烃或炔烃反应生成六元环的反应，是有机化学合成反应中非常重要的碳碳键形成的手段之一，也是现代有机合成里常用的反应之一。研究人员也把这种反应应用于有机半导体材料的合成中。例如红荧烯(**14**)[269]的合成，鲍哲南等人[67,270]合成丁省并噻吩(**35a**)，以及**PCBM**的衍生物[271]的合成等。

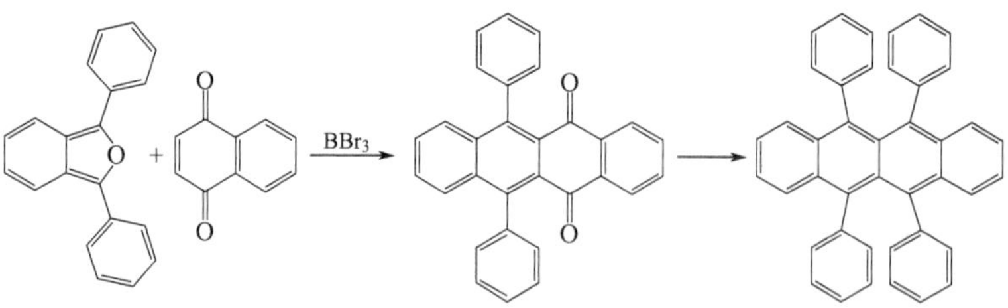

O + O O BBr_3 O O

14

$IMe_3\overset{\ominus\ \oplus}{N}$ S Me_3Si S O O O S O S

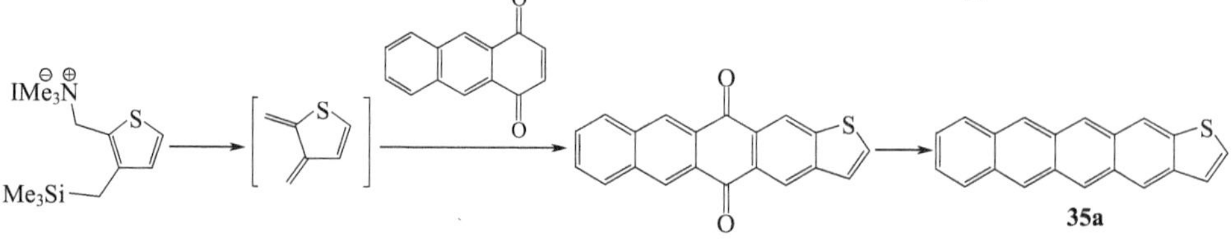

35a

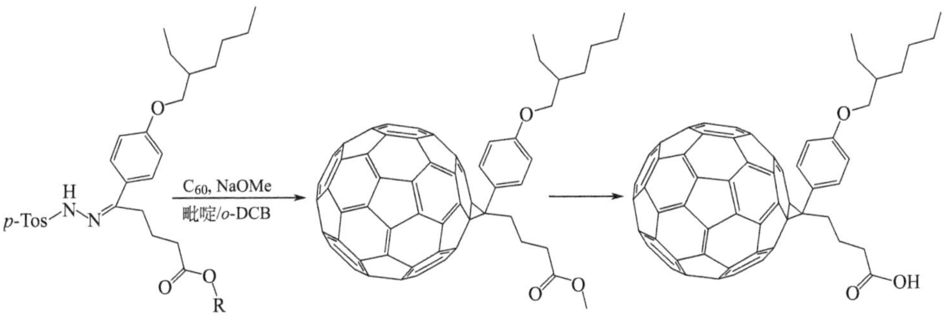

H
N
p-Tos
N
C60, NaOMe
吡啶/o-DCB
O
O
O
R
O
O
O
O
O
OH

2.4.3　傅-克酰基化反应

傅-克（Friedel-Crafts）酰基化反应是制备有机芳香化合物的一种重要反应，在路易斯酸催化下，酰氯或酸酐等与芳烃反应，芳环上的氢原子被酰基所取代，是得到芳香酮的一种常用反应。反应时，酰基化试剂首先与路易斯酸形成配合物，因此需要的催化剂量较多。当酰基化试剂中存在两个相邻的酰基时，就可以通过两步酰基化得到环二酮，进而通过还原即可形成增加一个或更多苯环的衍生物。蒽并噻吩[272]的合成等都包含了傅-克酰基化反应：

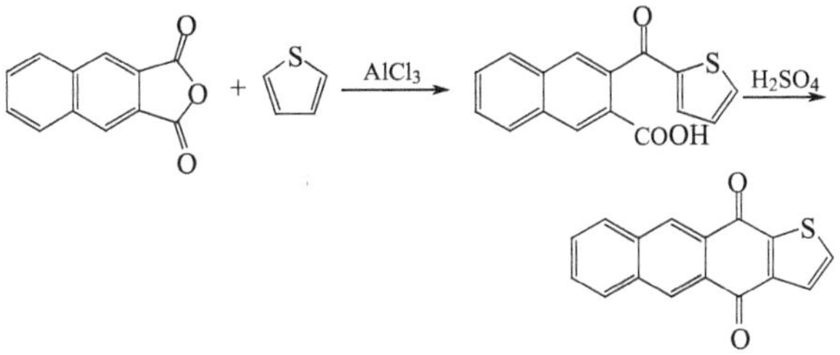

O
O
O
S
AlCl3
O
S
COOH
H2SO4
O
S
O
S

2.4.4　亲核取代反应

亲核取代反应在有机合成中是一种应用很广泛的反应，并不仅仅用于下面所述的成环反应，还经常用于形成低聚物等反应中。亲核试剂带着一对孤对电子进攻具有缺电子中心的底物，离去基团离去，发生取代。卤代烃通常是一种带着离去基团的底物，但当加入丁基锂等强碱时，卤素脱去，形成芳基锂，反而变成一种亲核试剂。胡文平课题组合成二（苯并噻吩）并噻吩（**37**）[75]就用到了这种反应。

Br
Br
S
Br
Br
S
S
BuLi
⊕Li
Li⊕
S
S
(C6H5SO2)2S
S
S
S

37

聚合物 **125d** 单体[254]的合成：

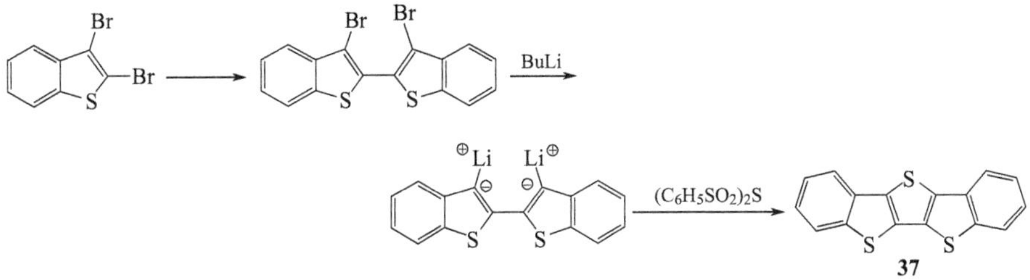

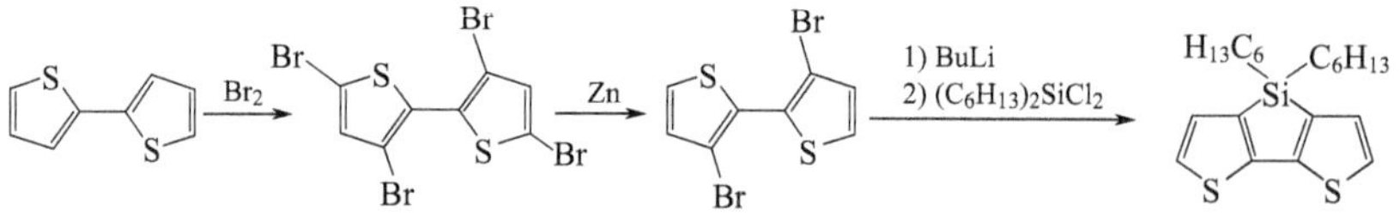

前面三种反应都是为了引入苯环的常用反应，这里给出的两个例子都是为了引入杂环所用到的，当然引入杂原子环的反应种类其实有很多种。

2.4.5 氮杂环的成环反应

氮杂环的成环反应也有很多种类，下面仅举两个例子，如 **96a** 的合成（Cadogan 反应）[160,273]和 **96f** 的合成（Fischer indolization）[166]：

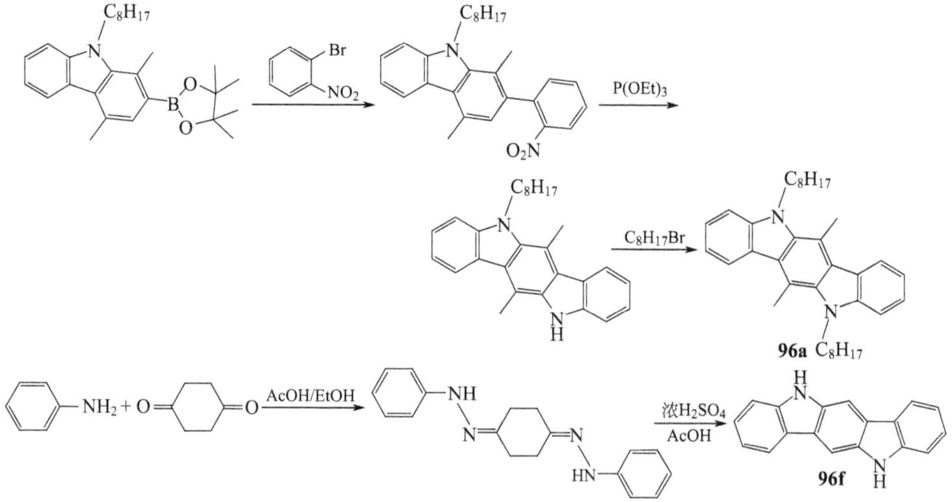

2.4.6 Ullmann 反应

经典的 Ullmann（乌尔曼）反应，是指芳香卤化物与铜共热发生偶联反应，得到联芳烃。以二（顺并三噻吩）[88]为例：

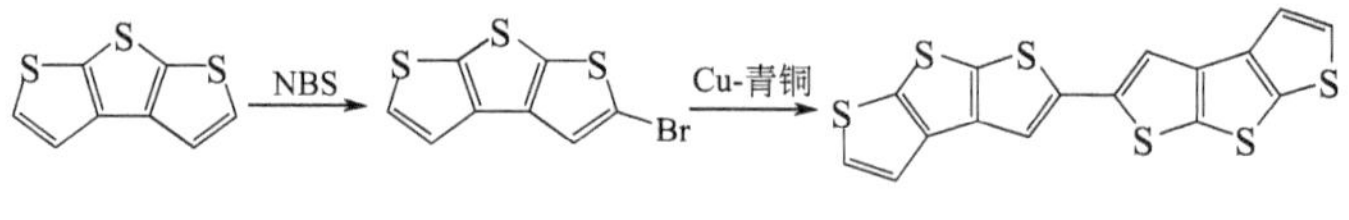

2.4.7 Suzuki 反应

Suzuki 反应，也称为 Suzuki 偶联反应、Suzuki-Miyaura 反应，是指在零价钯配合物催化下，芳基或烯基硼酸或硼酸酯与氯、溴、碘代芳烃或烯烃发生交叉偶联。Suzuki 反应中通常使用的催化剂是四（三苯基磷）钯（0），常用的碱为碳酸钠，加入氟离子（如四丁基氟化铵等）会与芳基硼酸形成氟硼酸盐负离子，可以使反应速率加快。通常用于合成单键或双键连接的化合物。典型的例子包括 Suzuki 用该反应制备蒽的单键相连（**6a**）[17]和孟鸿等用该反应制备双键相连（**7a-b**）[26]的 2,6-位低聚物等。

Br + B–B [PdCl$_2$(dppf)] KOAc,DMSO

B Br [Pd(PPh$_3$)$_4$],Na$_2$CO$_3$ H$_2$O,甲苯

C$_5$H$_{11}$ B Br + Br [Pd(PPh$_3$)$_4$] Na$_2$CO$_3$,甲苯

C$_5$H$_{11}$ C$_5$H$_{11}$ **7b**

2.4.8　Stille反应

Stille反应，也称Stille偶联反应、Stille偶合反应，是有机锡化合物和卤代烃（或三氟甲磺酸酯）在钯催化下发生的交叉偶联反应。烃基三丁基锡是常用的有机锡原料，而四（三苯基磷）钯（0）是常用的催化剂。Miller等人[274]研究发现，二（三苯基磷）氯化钯（Ⅱ）和零价的钯对产率没有明显影响，但二价钯使产物的处理更容易。Stille反应通常用于单键相连的化合物的合成，低聚噻吩[59,93,131]、聚噻吩[243]的合成中最常用的一种方法就是Stille偶合反应。以环已基取代的联四噻吩（**68b**）[60]为例

S 1)BuLi 2)Sn(Bu)Cl S Sn(Bu)$_3$ Br S S Br Pd(PPh$_3$)$_4$

S S S S **68b**

2.4.9　Grinard反应

卤代烃和金属镁作用生成烷基卤化镁（RMgX），这种有机镁化合物被称作格氏试剂（Grignard reagent）。格氏试剂可以与醛、酮等化合物发生加成反应，经水解后生成醇，这类反应被称作格氏反应（Grignard reaction）。后来的研究表明，格氏试剂可以用于许多反应，应用范围极广，因而很快成为有机合成中最常用的试剂之一。格氏试剂的发明极大地促进了有机合成的发展，Grignard也因此而获得1912年诺贝尔化学奖。格氏试剂和卤代烃反应，即可得到单键相连的

衍生物。低聚噻吩有时就多次采用这种反应，得到较长共轭度的低聚物。通常加入 Ni(dppp)Cl_2 等为催化剂，以噻吩与苯环形成的低聚物（**73a**）[132] 为例：

1) BuLi 2) $MgBr_2$; MBS, Mg ; $C_{10}H_{21}$; MgBr ; Br, Br ; Pd(dppf)Cl_2 ; **73a**

类似的，有机锌（RZnX）[118] 等与卤代烃的反应也被经常使用。

2.4.10 Sonogashira 反应

Sonogashira 反应是指碘代乙烯或芳香烃与端炔之间经催化形成炔基化合物的反应。反应催化剂为钯配合物和碘化亚铜，常用的钯配合物为二（三苯基磷）氯化钯（Ⅱ）。以 9,10-二苯基蒽[35] 为例：

Br ; Br ; + ; Pd$(PPh_3)_2Cl_2$,CuI

2.4.11 Heck 反应

Heck 反应也被叫做 Mizoroki-Heck 反应，和 Sonogashiya 反应类似，是由一个不饱和卤代烃（或三氟甲磺酸盐）和一个烯烃在强碱和钯催化下生成取代烯烃的反应，催化剂主要有氯化钯、醋酸钯（Ⅱ）、三苯基膦钯等。载体主要有三苯基膦、BINAP 等。所用的碱主要有三乙胺、碳酸钾、醋酸钠等。反应中催化剂醋酸钯先被三苯基磷还原为零价钯。以 3,7-二（苯乙烯基）二苯并噻吩（**53b**）[94] 为例：

Br ; S ; Br + ; Pd$(Ac)_2$,Et_3N ; **53b**

2.4.12 Wittig 反应

Wittig 反应（维蒂希反应）是指醛或酮与三苯基磷叶立德（维蒂希试剂）作用生成烯烃和三苯基氧膦的一类有机化学反应，以发明人德国化学家格奥尔格·维蒂希的姓氏命名。由于应用性广泛，维蒂希反应已经成为烯烃合成的重要方法。以 **74b**[134] 为例：

O ; $BrPh_3P$; PPh_3Br ; **74b**

除此之外，常见的有机反应只要有利于形成共轭体系，甚至是一些固相反应等，几乎都被应用到了半导体材料的合成中，而这正是有机半导体材料与无机半导体材料相比最大的优势，就是可以随意地根据需要调控分子的结构。

2.5　有机场效应材料的提纯与分离

研究表明，有机半导体材料掺杂后对半导体层的形貌、电荷传输，进而对有机场效应晶体管的性能有非常重要的影响。因此在制作场效应晶体管器件之前，必须对有机分子材料进行有效的提纯。在这里仅作简单介绍。

2.5.1　重结晶

重结晶（recrystallization）是指将样品溶于溶剂或熔融以后，又重新从溶液或熔体中结晶的过程，又称再结晶，是纯化有机分子材料简单而有效的方法。重结晶可以使不纯净的物质获得纯化，或使混合在一起的化合物彼此分离。重结晶常用于溶解度较好的大量样品中，并且要求化合物容易结晶得到晶体。因此在重结晶时，选择合适的溶剂或混合溶剂显得相当必要。当产物中的杂质不易用柱色谱提纯时（样品量过大或者不能有效分离等），重结晶就是一种很好的方法。例如，前面已经提到的化合物 **96f**，很长一段时间 **96f** 的场效应性能都未见报道，主要原因就在于没有得到较纯的产物，因为 **96f** 在常用的溶剂中溶解度都不是很好，而且混合的异构体用柱色谱等手段也不易分离。胡文平研究组[166]通过多次尝试，选用 DMF 作溶剂，得到了 **96f** 的单晶，有效的提纯方法使 **96f** 的场效应制作成为可能。

2.5.2　柱色谱

柱色谱（column chromatography）的分离原理是根据物质在填充剂上的吸附力不同而得到分离，常用的填充剂包括硅胶和氧化铝等。以硅胶为例，一般情况下极性较大的物质易被硅胶吸附，极性较弱的物质不易被硅胶吸附，整个色谱分离过程即是吸附、解吸、再吸附、再解吸过程。最后极性较小的物质优先被洗脱剂淋洗下来，进而达到分离的目的。根据样品量的多少和分离样品的难易程度选择合适的色谱柱及填充剂高度是关键。另外，选择合适的洗脱剂也非常重要，洗脱剂在使用时，通常采用逐渐增加极性的方法。

2.5.3　物理气相沉积

物理气相沉积（physical vapor deposition，PVD；或 physical vapor transport，PVT）是指通过载气将高温区升华的有机材料带到低温沉积区，使其重新结晶纯化的过程。其原理是不同材料的蒸气压不同，进而造成在不同的低温区沉积。通常适用于难溶但易于升华的样品，要求样品的升华点低于其分解点，最好也低于其熔点。常用的载气包括氩气、氮气等。主要影响因素为高温升华区和低温沉积区的温度及温度梯度、真空度、载气的流速等。

2.5.4 索氏提取法

由于聚合物一般溶解度较小，不宜用重结晶、柱色谱和真空升华等方式提纯，所以通常采用萃取洗涤等方法。最经典的莫过于索氏提取法。索氏提取是从固体混合样品中通过溶剂萃取化合物的一种常用方法，单纯用溶剂将固体长期浸泡提取花费时间长、溶剂用量大而且效率不高。而如果采用索氏提取器来提取，就可以利用溶剂的回流和虹吸原理，当提取筒中回流的溶剂液面超过索氏提取器的虹吸管（回流管）时，提取筒中（即样品滤纸筒）的溶剂流回烧瓶内，即发生虹吸，随温度升高，再次回流开始，固体物质将连续不断地被纯溶剂萃取，既节约溶剂，萃取效率也高。

由于有机场效应晶体管对于材料的纯度要求较高，通常有机半导体材料的提纯可能是以上几种方法结合进行。另外，萃取、蒸馏、分馏、过滤等多种方法在有机半导体材料的合成中也常使用，而另外一些如高效液相色谱等微量分离手段在这里并不适用。这里不再赘述。

2.6 回顾和展望

从 20 世纪 80 年代后期第一个真正的有机场效应晶体管器件被制作出来以后，基于有机场效应晶体管的研究就层出不穷。仙童半导体公司、英特尔（Intel）公司的创始人之一莫尔（Gordon Moore）在 1964 年的一次演讲中曾经预言："每隔 18 个月新芯片的晶体管容量要比先前的增加一倍，同时性能也会提升一倍。"这就是著名的莫尔定律（Moore's law）。后来的发展，竟验证了他的预言，场效应晶体管的发展几乎以时间的级数速度增长。而从第一个有机场效应管被报道时，由场效应性能测出的迁移率仅有 $10^{-5}cm^2/(V\cdot s)$，但是如今有机小分子材料的最高迁移率已经达到了 $15\sim40cm^2/(V\cdot s)$，许多分子的迁移率都超过了无定形硅 [$1cm^2/(V\cdot s)$]。并且基于有机场效应晶体管的 RFID 卡、柔性显示器、电子纸张等产品已经被制作出来。

尽管已经取得了如此巨大的成就，但是有机场效应晶体管离实际应用可能还有很长的距离，因为有机场效应晶体管的电荷传输速度与无机材料相比还有很大差距，而且有机物的稳定性比较差。另一方面，有机场效应晶体管的电荷传输机制到目前为止仍然不是非常明确，分子结构、堆积方式、分子间相互作用以及材料的性能之间的关系也并非一目了然，这些都为研究人员在设计分子结构和预测材料性能方面造成了很大的困难。更重要的是，虽然有机场效应晶体管的研究人员一再强调有机物的成本要低于无机物，但实际上，目前的有机晶体管综合成本仍然要高于无机晶体管，因为它不像无机晶体管那样，发展至今已经有非常成熟完善的制备工艺。另外，为了避开有机物稳定性差的问题，人们可以把有机场效应管用于一次性产品，但如此一来，就势必增加了成本。因此，人们在有机场效应晶体管迈向实际应用的道路上还有很长的路要走，还得继续探索更多新的具有更高性能、更高稳定性以及更易于加工的有机分子材料。本章我们主要讨论的有机场效应材料，实际上在有机场效应晶体管的运行过程中，绝缘层材料以及电极材料的选择都是至关重要的，同样需要进行关注，它们同半导体材料一样必不可少。然而，挑战和机遇并存，有机场效应管及其材料的发展正在突飞猛进，向着光明的前途大步迈进。

参 考 文 献

[1] A. Tsumura, H. Koezuka, T. Ando. Macromolecular electronic device: field-effect transistor with a polythiophene thin film. *Appl. Phys. Lett.*, **1986**, *49*: 1210-1212.

[2] A. T. Vartanyan. Semiconductor properties of organic dyes. I. Phthalocyanines. *Zh. Fiz. Khim.*, **1948**, *22*: 769.

[3] D. Kahng, M. M. Atalla. Silicon-silicon dioxide field induced surface devices. *IRE Solid-State Devices Research Conference*. *Pittsburgh*, *PA*, **1960**.

[4] T. W. Kelley, D. V. Muyres, P. F. Baude, T. P. Smith, T. D. Jones. High performance organic thin film transistors. *Mater. Res. Soc. Symp. Proc.*, **2003**, *771*: 169-179.

[5] L. Q. Li, Q. X. Tang, H. X. Li, X. D. Yang, W. P. Hu, Y. B. Song, Z. G. Shuai, W. Xu, Y. Q. Liu, D. B. Zhu. An ultra closely pi-stacked organic semiconductor for high performance field-effect transistors. *Adv. Mater.*, **2007**, *19*: 2613-2617.

[6] V. C. Sundar, J. Zaumseil, V. Podzorov, E. Menard, R. L. Willett, T. Someya, M. E. Gershenson, J. A. Rogers. Elastomeric transistor stamps: Reversible probing of charge transport in organic crystals. *Science*, **2004**, *303*: 1644-1646.

[7] F. Garnier, R. Hajlaoui, A. Yassar, P. Srivastava. All-polymer field-effect transistor realized by printing techniques. *Science*, **1994**, *265*: 1684-1686.

[8] C. J. Drury, C. M. J. Mutsaers, C. M. Hart, M. Matters, D. M. de Leeuw. Low-cost all-polymer integrated circuits. *Appl. Phys. Lett.*, **1998**, *73*: 108-110.

[9] R. Wisnieff. Display technology-Printing screens. *Nature*, **1998**, *394*: 225.

[10] B. Comiskey, J. D. Albert, H. Yoshizawa, J. Jacobson. An electrophoretic ink for all-printed reflective electronic displays. *Nature*, **1998**, *394*: 253-255.

[11] H. Sirringhaus, T. Kawase, R. H. Friend, T. Shimoda, M. Inbasekaran, W. Wu, E. P. Woo. High-resolution inkjet printing of all-polymer transistor circuits. *Science*, **2000**, *290*: 2123-2126.

[12] B. D. Gates, Q. B. Xu, M. Stewart, D. Ryan, C. G. Willson, G. M. Whitesides. New approaches to nanofabrication: Molding, printing, and other techniques. *Chem. Rev.*, **2005**, *105*: 1171-1196.

[13] Y. Xia, G. M. Whitesides. Soft lithography. *Angew. Chem. Int. Ed.*, **1998**, *37*: 551-575.

[14] Z. N. Bao, J. A. Rogers, H. E. Katz. Printable organic and polymeric semiconducting materials and devices. *J. Mater. Chem.*, **1999**, *9*: 1895-1904.

[15] M. J. Allen, V. C. Tung, R. B. Kaner. Honeycomb Carbon: A Review of Graphene. *Chemical Reviews*, **2010**, *110*: 132-145.

[16] A. N. Aleshin, J. Y. Lee, S. W. Chu, J. S. Kim, Y. W. Park. Mobility studies of field-effect transistor structures based on anthracene single crystals. *Appl. Phys. Lett.*, **2004**, *84*: 5383-5385.

[17] K. Ito, T. Suzuki, Y. Sakamoto, D. Kubota, Y. Inoue, F. Sato, S. Tokito. Oligo (2,6-anthrylene) s: acene-oligomer approach for organic field-effect transistors. *Angew. Chem. Int. Ed.*, **2003**, *42*: 1159-1162.

[18] D. J. Gundlach, J. A. Nichols, L. Zhou, T. N. Jackson. Thin-film transistors based on well-ordered thermally evaporated naphthacene films. *Appl. Phys. Lett.*, **2002**, *80*: 2925-2927.

[19] C. Goldmann, S. Haas, C. Krellner, K. P. Pernstich, D. J. Gundlach, B. Batlogg. Hole mobility in organic single crystals measured by a "flip-crystal" field-effect technique. *J. Appl. Phys.*, **2004**, *96*: 2080-2086.

[20] Y. Y. Lin, D. J. Gundlach, S. F. Nelson, T. N. Jackson. Stacked pentacene layer organic thin-film transistors with improved characteristics. *IEEE Electron Device Lett.*, **1997**, *18*: 606-608.

[21] O. D. Jurchescu, M. Popinciuc, B. J. V. Wees, T. T. M. Palstra. Interface-controlled, high-mobility organic transistors. *Adv. Mater.*, **2007**, *19*: 688-692.

[22] H. Okamoto, N. Kawasaki, Y. Kaji, Y. Kubozono, A. Fujiwara, M. Yamaji. Air-assisted high-performance field-effect transistor with thin films of picene. *J. Am. Chem. Soc.*, **2008**, *130*: 10470-10471.

[23] O. D. Jurchescu, J. Baas, T. T. M. Palstra. Effect of impurities on the mobility of single crystal pentacene. *Appl. Phys. Lett.*, **2004**, *84*: 3061-3063.

[24] H. Meng, F. P. Sun, M. B. Goldfinger, G. D. Jaycox, Z. G. Li, W. J. Marshall, G. S. Blackman. High-performance, stable organic thin-film field-effect transistors based on bis-5′-alkylthiophen-2′-yl-2,6-anthracene semiconductors. *J. Am. Chem. Soc.*, **2005**, *127*: 2406-2407.

[25] H. Klauk, U. Zschieschang, R. T. Weitz, H. Meng, F. Sun, G. Nunes, D. E. Keys, C. R. Fincher, Z. Xiang. Organic transistors based on di (phenylvinyl) anthracene: performance and stability. *Adv. Mater.*, **2007**, *19*: 3882-3887.

[26] H. Meng, F. P. Sun, M. B. Goldfinger, F. Gao, D. J. Londono, W. J. Marshal, G. S. Blackman, K. D. Dobbs, D. E. Keys. 2,6-bis[2-(4-pentylphenyl) vinyl] anthracene: A stable and high charge mobility organic semiconductor with densely packed crystal structure. *J. Am. Chem. Soc.*, **2006**, *128*: 9304-9305.

[27] J. A. Merlo, C. R. Newman, C. P. Gerlach, T. W. Kelley, D. V. Muyres, S. E. Fritz, M. F. Toney, C. D. Frisbie. p-Channel organic semiconductors based on hybrid acene-thiophene molecules for thin-film transistor applications. *J. Am. Chem. Soc.*, **2005**, *127*: 3997-4009.

[28] H. Meng, M. Bendikov, G. Mitchell, R. Helgeson, F. Wudl, Z. Bao, T. Siegrist, C. Kloc, C. H. Chen. Tetramethylpentacene: Remarkable absence of steric effect on field effect mobility. *Adv. Mater.*, **2003**, *15*: 1090-1093.

[29] T. W. Kelley, L. D. Boardman, T. D. Dunbar, D. V. Muyres, M. J. Pellerite, T. Y. P. Smith. High-performance OTFTs using surface-modified alumina dielectrics. *J. Phys. Chem. B*, **2003**, *107*: 5877-5881.

[30] T. Okamoto, M. L. Senatore, M. M. Ling, A. B. Mallik, M. L. Tang, Z. N. Bao. Synthesis, characterization, and field-effect transistor performance of pentacene derivatives. *Adv. Mater.*, **2007**, *19*: 3381-3384.

[31] J. E. Anthony, D. L. Eaton, S. R. Parkin. A road map to stable, soluble, easily crystallized pentacene derivatives. *Org. Lett.*, **2002**, *4*: 15-18.

[32] J. E. Anthony. Functionalized acenes and heteroacenes for organic electronics. *Chem. Rev.*, **2006**, *106*: 5028-5048.

[33] A. K. Tripathi, M. Heinrich, T. Siegrist, J. Pflaum. Growth and electronic transport in 9,10-diphenylanthracene single crystals-An organic semiconductor of high electron and hole mobility. *Adv. Mater.*, **2007**, *19*: 2097-2101.

[34] X. Zhang, G. Yuan, Q. Li, B. Wang, X. Zhang, R. Zhang, J. C. Chang, C. S. Lee, S. T. Lee. Single-Crystal 9,10-Diphenylanthracene Nanoribbons and Nanorods. *Chem. Mater.*, **2008**, *20*: 6945-6950.

[35] C. Wang, Y. Liu, Z. Ji, E. Wang, R. Li, H. Jiang, Q. Tang, H. Li, W. Hu. Cruciforms: assembling single crystal micro- and nanostructures from one to three dimensions and their applications in organic field-effect transistors. *Chem. Mater.*, **2009**, *21*: 2840-2845.

[36] W. Zhao, Q. Tang, H. S. Chan, J. B. Xu, K. Y. Lo, Q. Miao, Transistors from a conjugated macrocycle molecule: field and photo effects. *Chem. Commun.*, **2008**, 4324-4326.

[37] J. H. Seo, D. S. Park, S. W. Cho, C. Y. Kim, W. C. Jang, C. N. Whang, K. H. Yoo, G. S. Chang, T. Pedersen, A. Moewes, K. H. Chae, S. J. Cho. Buffer layer effect on the structural and electrical properties of rubrene-based organic thin-film transistors. *Appl. Phys. Lett.*, **2006**, *89*: 163505.

[38] N. Stingelin-Stutzmann, E. Smits, H. Wondergem, C. Tanase, P. Blom, P. Smith, D. De Leeuw. Organic thin-film electronics from vitreous solution-processed rubrene hypereutectics. *Nature, Mater.* **2005**, *4*: 601-606.

[39] H. Moon, R. Zeis, E. J. Borkent, C. Besnard, A. J. Lovinger, T. Siegrist, C. Kloc, Z. N. Bao. Synthesis, crystal structure, and transistor performance of tetracene derivatives. *J. Am. Chem. Soc.*, **2004**, *126*: 15322-15323.

[40] T. Takahashi, S. Li, W. Y. Huang, F. Z. Kong, K. Nakajima, B. J. Shen, T. Ohe, K. Kanno. Homologation method for preparation of substituted pentacenes and naphthacenes. *J. Org. Chem.*, **2006**, *71*: 7967-7977.

[41] Q. Miao, X. Chi, S. Xiao, R. Zeis, M. Lefenfeld, T. Siegrist, M. L. Steigerwald, C. Nuckolls. Organization of acenes with a cruciform assembly motif. *J. Am. Chem. Soc.*, **2006**, *128*: 1340-1345.

[42] C. D. Sheraw, T. N. Jackson, D. L. Eaton, J. E. Anthony. Functionalized pentacene active layer organic thin-film transistors. *Adv. Mater.*, **2003**, *15*: 2009-2011.

[43] D. H. Kim, D. Y. Lee, H. S. Lee, W. H. Lee, Y. H. Kim, J. I. Han, K. Cho. High-mobility organic transistors based on single-crystalline microribbons of triisopropylisilylethynl pentacene via solution-phase self-assembly. *Adv. Mater.*, **2007**, *19*: 678-682.

[44] J. H. Park, D. S. Chung, J. W. Park, T. Ahn, H. Kong, Y. K. Jung, J. Lee, M. H. Yi, C. E. Park, S. K. Kwon, H. K. Shim. Soluble and easily crystallized anthracene derivatives: precursors of solution-processable semiconducting molecules. *Org. Lett.*, **2007**, *9*: 2573-2576.

[45] Q. Miao, M. Lefenfeld, T. Q. Nguyen, T. Siegrist, C. Kloc, C. Nuckolls. Self-assembly and electronics of dipolar linear acenes. *Adv. Mater.*, **2005**, *17*: 407-412.

[46] K. Ohki, H. Inokuchi, Y. Maruyama. Charge mobility in pyrene crystals. *Bull. Chem. Soc. Jpn*, **1963**, *36*: 1512-1515.

[47] H. J. Zhang, Y. Wang, K. Z. Shao, Y. Q. Liu, S. Y. Chen, W. F. Qiu, X. B. Sun, T. Qi, Y. Q. Ma, G. Yu, Z. M. Su, D. B. Zhu. Novel butterfly pyrene-based organic semiconductors for field effect transistors. *Chem. Commun.*, **2006**: 755-757.

[48] Y. Wang, H. Wang, Y. Liu, C. a. Di, Y. Sun, W. Wu, G. Yu, D. Zhang, D. Zhu. 1-Imino nitroxide pyrene for high performance organic field-effect transistors with low operating voltage. *J. Am. Chem. Soc.*, **2006**, *128*: 13058-13059.

[49] T. Ohta, T. Nagano, K. Ochi, Y. Kubozono, A. Fujiwara. Field-effect transistors with thin films of perylene on SiO_2 and polyimide gate insulators. *Appl. Phys. Lett.*, **2006**, *88*: 103506.

[50] M. Kotani, K. Kakinuma, M. Yoshimura, K. Ishii, S. Yamazaki, T. Kobori, H. Okuyama, H. Kobayashi, H. Tada. Charge carrier transport in high purity perylene single crystal studied by time-of-flight measurements and through field effect transistor characteristics. *Chem. Phys.*, **2006**, *325*: 160-169.

[51] W. Pisula, A. Menon, M. Stepputat, I. Lieberwinth, U. Kolb, A. Tracz, H. Sirringhaus, T. Pakula, K. Muellen. A zone-Casting Technique for Device Fabrication of Field-Effect Transistors Based on Discotic Hexa-peri-hexaben zocoronene. *Adv. Mater.* **2005**, 17: 684-689.

[52] S. X. Xiao, M. Myers, Q. Miao, S. Sanaur, K. L. Pang, M. L. Steigerwald, C. Nuckolls. Molecular wires from contorted aromatic compounds. *Angew. Chem. Int. Ed.*, **2005**, *44*: 7390-7394.

[53] D. J. Gundlach, Y. Y. Lin, T. N. Jackson, D. G. Schlom. Oligophenyl-based organic thin film transistors. *Appl. Phys. Lett.*, **1997**, *71*: 3853-3855.

[54] F. Garnier, A. Yassar, R. Hajlaoui, G. Horowitz, F. Deloffre, B. Servet, S. Ries, P. Alnot. Molecular engineering of organic semiconductors-design of self-assembly properties in conjugated thiophene oligomers. *J. Am. Chem. Soc.*, **1993**, *115*: 8716-8721.

[55] T. C. Gorjanc, I. Levesque, M. D'Iorio. Organic field effect transistors based on modified oligo-p-phenylevinylenes. *Appl. Phys. Lett.*, **2004**, *84*: 930-932.

[56] V. A. L. Roy, Y. G. Zhi, Z. X. Xu, S. C. Yu, P. W. H. Chan, C. M. Che. Functionalized arylacetylene oligomers for organic thin-film transistors (OTFTs). *Adv. Mater.*, **2005**, *17*: 1258-1261.

[57] H. K. Tian, J. Wang, J. W. Shi, D. H. Yan, L. X. Wang, Y. H. Geng, F. Wang. Novel thiophene-aryl co-oligomers for organic thin film transistors. *J. Mater. Chem.*, **2005**, *15*: 3026-3033.

[58] N. S. Cho, S. Cho, M. Elbing, J. K. Lee, R. Yang, J. H. Seo, K. Lee, G. C. Bazan, A. J. Heeger. Organic thin-film transistors based on α,ω-dihexyldithienyl-dihydrophenanthrene. *Chem. Mater.*, **2008**, *20*: 6289-6291.

[59] H. Meng, J. Zheng, A. J. Lovinger, B. C. Wang, P. G. Van Patten, Z. Bao. Oligofluorene-thiophene derivatives as high-performance semiconductors for organic thin film transistors. *Chem. Mater.*, **2003**, *15*: 1778-1787.

[60] J. Locklin, D. W. Li, S. C. B. Mannsfeld, E. J. Borkent, H. Meng, R. Advincula, Z. Bao. Organic thin film transistors based on cyclohexyl-substituted organic semiconductors. *Chem. Mater.*, **2005**, *17*: 3366-3374.

[61] J. Locklin, M. M. Ling, A. Sung, M. E. Roberts, Z. N. Bao. High-performance organic semiconductors based on fluorene-phenylene oligomers with high ionization potentials. *Adv. Mater.*, **2006**, *18*: 2989-2992.

[62] K. L. Woon, M. P. Aldred, P. Vlachos, G. H. Mehl, T. Stirner, S. M. Kelly, M. O′ Neill. Electronic charge transport in extended nematic liquid crystals. *Chem. Mater.*, **2006**, *18*: 2311-2317.

[63] C. Py, T. C. Gorjanc, T. Hadizad, J. Zhang, Z. Y. Wang. Hole mobility and electroluminescence properties of a dithiophene indenofluorene. *J. Vac. Sci. Technol. A*, **2006**, *24*: 654-656.

[64] A. Mishra, C. Q. Ma, P. Bauerle. Functional oligothiophenes: molecular design for multidimensional nanoarchitectures and their applications. *Chem. Rev.*, **2009**, *109*: 1141-1276.

[65] J. G. Laquindanum, H. E. Katz, A. J. Lovinger. Synthesis, morphology, and field-effect mobility of anthradithiophenes. *J. Am. Chem. Soc.*, **1998**, *120*: 664-672.

[66] K. Xiao, Y. Q. Liu, T. Qi, W. Zhang, F. Wang, J. H. Gao, W. F. Qiu, Y. Q. Ma, G. L. Cui, S. Y. Chen, X. W. Zhan, G. Yu, J. G. Qin, W. P. Hu, D. B. Zhu. A highly pi-stacked organic semiconductor for field-effect transistors based on linearly condensed pentathienoacene. *J. Am. Chem. Soc.*, **2005**, *127*: 13281-13286.

[67] M. L. Tang, T. Okamoto, Z. N. Bao. High-performance organic semiconductors: Asymmetric linear acenes containing sulphur. *J. Am. Chem. Soc.*, **2006**, *128*: 16002-16003.

[68] F. Valiyev, W. S. Hu, H. Y. Chen, M. Y. Kuo, I. Chao, Y. T. Tao. Synthesis and characterization of anthra [2,3-b] thiophene and tetraceno [2,3-b] thiophenes for organic field-effect transistor applications. *Chem. Mater.*, **2007**, *19*: 3018-3026.

[69] M. L. Tang, A. D. Reichardt, T. Okamoto, N. Miyaki, Z. Bao. Functionalized asymmetric linear acenes for high-performance organic semiconductors. *Adv. Funct. Mater.*, **2008**, *18*: 1579-1585.

[70] Y. Liu, Y. Wang, W. P. Wu, Y. Q. Liu, H. X. Xi, L. M. Wang, W. F. Qiu, K. Lu, C. Y. Du, G. Yu. Synthesis, characterization, and field-effect transistor performance of thieno [3,2-b] thieno [2′,3′: 4, 5] thieno [2,3-d] thiophene derivatives. *Adv. Funct. Mater.*, **2009**, *19*: 772-778.

[71] M. M. Payne, S. R. Parkin, J. E. Anthony, C. C. Kuo, T. N. Jackson. Organic field-effect transistors from solution-deposited functionalized acenes with mobilities as high as 1 cm^2/Vs. *J. Am. Chem. Soc.*, **2005**, *127*: 4986-4987.

[72] S. Subramanian, S. K. Park, S. R. Parkin, V. Podzorov, T. N. Jackson, J. E. Anthony. Chromophore fluorination enhances crystallization and stability of soluble anthradithiophene semiconductors. *J. Am. Chem. Soc.*, **2008**, *130*: 2706-2707.

[73] M. L. Tang, A. D. Reichardt, T. Siegrist, S. C. B. Mannsfeld, Z. Bao. Trialkylsilylethynyl-Functionalized Tetraceno [2,3-b] thiophene and Anthra [2,3-b] thiophene Organic Transistors. *Chem. Mater.*, **2008**, *20*: 4669-4676.

[74] M. L. Tang, A. D. Reichardt, N. Miyaki, R. M. Stoltenberg, Z. Bao. Ambipolar, high performance, acene-based organic thin film transistors. *J. Am. Chem. Soc.*, **2008**, *130*: 6064-6065.

[75] J. Gao, R. Li, L. Li, Q. Meng, H. Jiang, H. Li, W. Hu. High-performance field-effect transistor based on dibenzo [d,d′] thieno [3,2-b; 4,5b′] dithiophene, an easily synthesized semiconductor with high ionization potential. *Adv. Mater.*, **2007**, *19*: 3008-3011.

[76] K. Takimiya, H. Ebata, K. Sakamoto, T. Izawa, T. Otsubo, Y. Kunugi. 2,7-Diphenyl [1] benzothieno [3,2-b] benzothiophene, a new organic semiconductor for air-stable organic field-effect transistors with mobilities up to 2.0cm^2 V^{-1} s^{-1}. *J. Am. Chem. Soc.*, **2006**, *128*: 12604-12605.

[77] H. Ebata, T. Izawa, E. Miyazaki, K. Takimiya, M. Ikeda, H. Kuwabara, T. Yui. Highly soluble [1] benzothieno [3, 2-b] benzothiophene (BTBT) derivatives for high-performance, solution-processed organic field-effect transistors. *J. Am. Chem. Soc.*, **2007**, *129*: 15732-15733.

[78] T. Izawa, E. Miyazaki, K. Takimiya. Molecular ordering of high-performance soluble molecular semiconductors and re-evaluation of their field-effect transistor characteristics. *Adv. Mater.*, **2008**, *20*: 3388-3392.

[79] M. L. Tang, S. C. B. Mannsfeld, Y. S. Sun, H. A. Becerril, Z. Bao. Pentaceno [2,3-b] thiophene, a hexacene analogue for organic thin film transistors. *J. Am. Chem. Soc.*, **2009**, *131*: 882-883.

[80] T. Yamamoto, K. Takimiya. Facile synthesis of highly pi-extended heteroarenes, dinaphtho [2,3-b : 2′,3′-f] chalcogenopheno [3,2-b] chalcogenophenes, and their application to field-effect transistors. *J. Am. Chem. Soc.*, **2007**, *129*: 2224-2225.

[81] S. Haas, Y. Takahashi, K. Takimiya, T. Hasegawa. High-performance dinaphtho-thieno-thiophene single crystal field-effect transistors. *Appl. Phys. Lett.*, **2009**, *95*: 022111.

[82] H. Sirringhaus, R. H. Friend, C. Wang, J. Leuninger, K. Mullen. Dibenzothienobisbenzothiophene-a novel fused-ring oligomer with high field-effect mobility. *J. Mater. Chem.*, **1999**, *9*: 2095-2101.

[83] T. Okamoto, K. Kudoh, A. Wakamiya, S. Yamaguchi. General synthesis of thiophene and selenophene-based heteroacenes. *Org. Lett.*, **2005**, *7*: 5301-5304.

[84] K. Yamada, T. Okamoto, K. Kudoh, A. Wakamiya, S. Yamaguchi, J. Takeya. Single-crystal field-effect transistors of benzoannulated fused oligothiophenes and oligoselenophenes. *Appl. Phys. Lett.*, **2007**, *90*: 072102.

[85] M. Mamada, J. I. Nishida, D. Kumaki, S. Tokito, Y. Yamashita. High performance organic field-effect transistors based on [2,2′] bi [naphtho [2,3-b] thiophenyl] with a simple structure. *J. Mater. Chem.*, **2008**, *18*: 3442-3447.

[86] Y. M. Sun, Y. W. Ma, Y. Q. Liu, Y. Y. Lin, Z. Y. Wang, Y. Wang, C. G. Di, K. Xiao, X. M. Chen, W. F. Qiu, B. Zhang, G. Yu, W. P. Hu, D. B. Zhu. High-performance and stable organic thin-film transistors based on fused thiophenes. *Adv. Funct. Mater.*, **2006**, *16*: 426-432.

[87] M. C. Chen, Y. J. Chiang, C. Kim, Y. J. Guo, S. Y. Chen, Y. J. Liang, Y. W. Huang, T. S. Hu, G. H. Lee, A. Facchetti, T. J. Marks. One-pot [1+1+1] synthesis of dithieno [2,3-b: 3′,2′-d] thiophene (DTT) and their functionalized derivatives for organic thin-film transistors. *Chem. Commun.*, **2009**: 1846-1848.

[88] L. Tan, L. Zhang, X. Jiang, X. D. Yang, L. J. Wang, Z. Wang, L. Q. Li, W. P. Hu, Z. G. Shuai, L. Li, D. B. Zhu. A densely and uniformly packed organic semiconductor based on annelated beta-trithiophenes for high-performance thin film transistors. *Adv. Funct. Mater.*, **2009**, *19*: 272-276.

[89] L. Zhang, L. Tan, Z. Wang, W. Hu, D. Zhu. High-performance, stable organic field-effect transistors based on trans-1,2- (Dithieno [2,3-b: 3′,2′-d] thiophene) ethene. *Chem. Mater.*, **2009**, *21*: 1993-1999.

[90] J. G. Laquindanum, H. E. Katz, A. J. Lovinger, A. Dodabalapur. Benzodithiophene rings as semiconductor building blocks. *Adv. Mater.*, **1997**, *9*: 36-39.

[91] K. Takimiya, Y. Kunugi, Y. Konda, N. Niihara, T. Otsubo. 2,6-diphenylbenzo [1,2-b : 4,5-b '] dichalcogenophenes: a new class of high-performance semiconductors for organic field-effect transistors. *J. Am. Chem. Soc.*, **2004**, *126*: 5084-5085.

[92] Y. Didane, G. H. Mehl, A. Kumagai, N. Yoshimoto, C. Videlot-Ackermann, H. Brisset. A "kite" shaped styryl end-capped benzo [2,1-b: 3,4-b'] dithiophene with high electrical performances in organic thin film transistors. *J. Am. Chem. Soc.*, **2008**, *130*: 17681-17683.

[93] J. H. Gao, L. Q. Li, Q. Meng, R. J. Li, H. Jiang, H. X. Li, W. P. Hu. Dibenzothiophene derivatives as new prototype semiconductors for organic field-effect transistors. *J. Mater. Chem.*, **2007**, *17*: 1421-1426.

[94] C. Wang, Z. Wei, Q. Meng, H. Zhao, W. Xu, H. Li, W. Hu. Dibenzothiophene derivatives with carbon-carbon unsaturated bonds for high performance field-effect transistors. *Org. Electron.*, **2009**, DOI: 10.1016/j. orgel. 2009. 12. 011.

[95] A. L. Briseno, Q. Miao, M. M. Ling, C. Reese, H. Meng, Z. N. Bao, F. Wudl. Hexathiapentacene: Structure, molecular packing, and thin-film transistors. *J. Am. Chem. Soc.*, **2006**, *128*: 15576-15577.

[96] K. Takimiya, Y. Kunugi, Y. Toyoshima, T. Otsubo. 2,6-diarylnaphtho [1,8-bc : 5,4-b 'c '] dithiophenes as new high-performance semiconductors for organic field-effect transistors. *J. Am. Chem. Soc.*, **2005**, *127*: 3605-3612.

[97] Y. M. Sun, L. Tan, S. D. Jiang, H. L. Qian, Z. H. Wang, D. W. Yan, C. G. Di, Y. Wang, W. P. Wu, G. Yu, S. K. Yan, C. R. Wang, W. P. Hu, Y. Q. Liu, D. B. Zhu. High-performance transistor based on individual single-crystalline micrometer wire of perylo [1, 12-b, c, d] thiophene. *J. Am. Chem. Soc.*, **2007**, *129*: 1882-1883.

[98] J. Y. Wang, Y. Zhou, J. Yan, L. Ding, Y. Ma, Y. Cao, J. Wang, J. Pei. New fused heteroarenes for high-performance field-effect transistors. *Chem. Mater.*, **2009**, *21*: 2595-2597.

[99] Q. Yan, Y. Zhou, B. B. Ni, Y. Ma, J. Wang, J. Pei, Y. Cao. Organic semiconducting materials from sulfur-hetero benzo [k] fluoranthene derivatives: Synthesis, photophysical properties, and thin film transistor fabrication. *J. Org. Chem.*, **2008**, *73*: 5328-5339.

[100] Y. Nicolas, P. Blanchard, E. Levillain, M. Allain, N. Mercier, J. Roncali. Planarized star-shaped oligothiophenes with enhanced π-electron delocalization. *Org. Lett.*, **2003**, *6*: 273-276.

[101] J. Roncali, P. Leriche, A. Cravino. From one- to three-dimensional organic semiconductors: In search of the organic silicon? *Adv. Mater.*, **2007**, *19*: 2045-2060.

[102] K. Y. Chernichenko, V. V. Sumerin, R. V. Shpanchenko, E. S. Balenkova, V. G. Nenajdenko. "sulflower": A new form of carbon sulfide. *Angew. Chem. Int. Ed.*, **2006**, *45*: 7367-7370.

[103] A. Dadvand, F. Cicoira, K. Y. Chernichenko, E. S. Balenkova, R. M. Osuna, F. Rosei, V. G. Nenajdenko, D. F. Perepichka. Heterocirculenes as a new class of organic semiconductors. *Chem. Commun.*, **2008**: 5354-5356.

[104] J. P. Bourgoin, M. Vandevyver, A. Barraud, G. Tremblay, P. Hesto. Field-effect transistor based on conducting Langmuir-Blodgett films of EDTTTF derivatives. *Mol. Engin.*, **1993**, *2*: 309-314.

[105] P. Miskiewicz, M. Mas-Torrent, J. Jung, S. Kotarba, I. Glowacki, E. Gomar-Nadal, D. B. Amabilino, J. Veciana, B. Krause, D. Carbone, C. Rovira, J. Ulanski. Efficient high area OFETs by solution based processing of a π-electron rich donor. *Chem. Mater.*, **2006**, *18*: 4724-4729.

[106] M. Mas-Torrent, P. Hadley, S. T. Bromley, X. Ribas, J. Tarres, M. Mas, E. Molins, J. Veciana, C. Rovira. Correlation between crystal structure and mobility in organic field-effect transistors based on single crystals of tetrathiafulvalene derivatives. *J. Am. Chem. Soc.*, **2004**, *126*: 8546-8553.

[107] M. Mas-Torrent, M. Durkut, P. Hadley, X. Ribas, C. Rovira. High mobility of dithiophene-tetrathiafulvalene single-crystal organic field effect transistors. *J. Am. Chem. Soc.*, **2004**, *126*: 984-985.

[108] M. Mas-Torrent, P. Hadley, S. T. Bromley, N. Crivillers, J. Veciana, C. Rovira. Single-crystal organic field-effect transistors based on dibenzo-tetrathiafulvalene. *Appl. Phys. Lett.*, **2005**, *86*: 012110.

[109] Naraso, J. I. Nishida, S. Ando, J. Yamaguchi, K. Itaka, H. Koinuma, H. Tada, S. Tokito, Y. Yamashita. High-performance organic field-effect transistors based on π-extended tetrathiafulvalene derivatives. *J. Am. Chem. Soc.*, **2005**, *127*: 10142-10143.

[110] Naraso, J. I. Nishida, D. Kumaki, S. Tokito, Y. Yamashita. High performance n- and p-type field-effect transistors based on tetrathiafulvalene derivatives. *J. Am. Chem. Soc.*, **2006**, *128*: 9598-9599.

[111] X. Gao, Y. Wang, X. Yang, Y. Liu, W. Qiu, W. Wu, H. Zhang, T. Qi, Y. Liu, K. Lu, C. Du, Z. Shuai, G. Yu, D. Zhu. Dibenzotetrathiafulvalene bisimides: New building blocks for organic electronic materials. *Adv. Mater.*, **2007**, *19*: 3037-3042.

[112] K. Imaeda, Y. Yamashita, Y. F. Li, T. Mori, H. Inokuchi, M. Sano. Hall-effect ovservation in the new organic semiconductor bis (1,2,5-thiadiazolo) -p-quinobis (1,3-dithiole) (BTQBT). *J. Mater. Chem.*, **1992**, *2*: 115-118.

[113] M. Takada, H. Graaf, Y. Yamashita, H. Tada. BTQBT (bis-(1,2,5-thiadiazolo)-p-quinobis (1,3-dithiole)) thin films: A promising candidate for high mobility organic transistors. *Jpn. J. Appl. Phys.*, *Part 2*, **2002**, *41*: L4-L6.

[114] Y. Bando, T. Shirahata, K. Shibata, H. Wada, T. Mori, T. Imakubo. Organic field-effect transistors based on alkyl-terminated tetrathiapentalene (TTP) derivatives. *Chem. Mater.*, **2008**, *20*: 5119-5121.

[115] F. Garnier, G. Horowitz, X. Z. Peng, D. Fichou. Structural basis for high carrier mobility in conjugated oligomers. *Synth. Met.*, **1991**, *45*: 163-171.

[116] G. Horowitz, M. E. Hajlaoui. Mobility in polycrystalline oligothiophene field-effect transistors dependent on grain size. *Adv. Mater.*, **2000**, *12*: 1046-1050.

[117] M. Halik, H. Klauk, U. Zschieschang, G. Schmid, S. Ponomarenko, S. Kirchmeyer, W. Weber. Relationship between molecular structure and electrical performance of oligothiophene organic thin film transistors. *Adv. Mater.*, **2003**, *15*: 917-922.

[118] R. Hajlaoui, D. Fichou, G. Horowitz, B. Nessakh, M. Constant, F. Garnier. Organic transistors using alpha-octithiophene and alpha, omega-dihexyl-alpha-octithiophene: Influence of oligomer length versus molecular ordering on mobility. *Adv. Mater.*, **1997**, *9*: 557-561.

[119] H. E. Katz, L. Torsi, A. Dodabalapur. Synthesis, material properties, and transistor performance of highly pure thiophene oligomers. *Chem. Mater.*, **1995**, *7*: 2235-2237.

[120] M. Halik, H. Klauk, U. Zschieschang, G. Schmid, W. Radlik, S. Ponomarenko, S. Kirchmeyer, W. Weber. High-mobility organic thin-film transistors based on α, α′-didecyloligothiophenes. *J. Appl. Phys.*, **2003**, *93*: 2977-2981.

[121] A. Dodabalapur, L. Torsi, H. E. Katz. Organic transistors-2-dimensional transport and improved electrical characteristics. *Science*, **1995**, *268*: 270-271.

[122] T. Someya, H. E. Katz, A. Gelperin, A. J. Lovinger, A. Dodabalapur. Vapor sensing with alpha, omega-dihexylquarterthiophene field-effect transistors: The role of grain boundaries. *Appl. Phys. Lett.*, **2002**, *81*: 3079-3081.

[123] A. Zen, A. Bilge, F. Galbrecht, R. Alle, K. Meerholz, J. Grenzer, D. Neher, U. Scherf, T. Farrell. Solution processable organic field-effect transistors utilizing an alpha, alpha '-dihexylpentathiophene-based swivel cruciform. *J. Am. Chem. Soc.*, **2006**, *128*: 3914-3915.

[124] H. E. Katz, J. G. Laquindanum, A. J. Lovinger. Synthesis, solubility, and field-effect mobility of elongated and oxa-substituted alpha, omega-dialkyl thiophene oligomers. Extension of "polar intermediate" synthetic strategy and solution deposition on transistor substrates. *Chem. Mater.*, **1998**, *10*: 633-638.

[125] C. D. Dimitrakopoulos, A. AfzaliArdakani, B. Furman, J. Kymissis, S. Purushothaman. trans-trans-2,5-bis-[2-{5-(2,2′-bithienyl)} ethenyl] thiophene: synthesis, characterization, thin film deposition and fabrication of organic field-effect transistors. *Synth. Met.*, **1997**, *89*: 193-197.

[126] C. Videlot, J. Ackermann, P. Blanchard, J. M. Raimundo, P. Frere, M. Allain, R. de Bettignies, E. Levillain, J. Roncali. Field-effect transistors based on oligothienylenevinylenes: From solution pi-dimers to high-mobility organic semiconductors. *Adv. Mater.*, **2003**, *15*: 306-310.

[127] T. Y. Zhao, Z. M. Wei, Y. B. Song, W. Xu, W. P. Hu, D. B. Zhu. Tetrathia [22] annulene [2,1,2,1]: physical properties, crystal structure and application in organic field-effect transistors. *J. Mater. Chem.*, **2007**, *17*: 4377-4381.

[128] A. van Breemen, P. T. Herwig, C. H. T. Chlon, J. Sweelssen, H. F. M. Schoo, S. Setayesh, W. M. Hardeman, C. A. Martin, D. M. de Leeuw, J. J. P. Valeton, C. W. M. Bastiaansen, D. J. Broer, A. R. Popa-Merticaru, S. C. J. Meskers. Large area liquid crystal monodomain field-effect transistors. *J. Am. Chem. Soc.*, **2006**, *128*: 2336-2345.

[129] H. Yanagi, Y. Araki, T. Ohara, S. Hotta, M. Ichikawa, Y. Taniguchi. Comparative carrier transport characteristics in organic field-effect transistors with vapor-deposited thin films and epitaxially grown crystals of biphenyl-capped thiophene oligomers. *Adv. Funct. Mater.*, **2003**, *13*: 767-773.

[130] M. Ichikawa, H. Yanagi, Y. Shimizu, S. Hotta, N. Suganuma, T. Koyama, Y. Taniguchi. Organic field-effect transistors made of epitaxially grown crystals of a thiophene/phenylene co-oligomer. *Adv. Mater.*, **2002**, *14*: 1272-1275.

[131] M. Mushrush, A. Facchetti, M. Lefenfeld, H. E. Katz, T. J. Marks. Easily processable phenylene-thiophene-based organic field-effect transistors and solution-fabricated nonvolatile transistor memory elements. *J. Am. Chem. Soc.*, **2003**, *125*: 9414-9423.

[132] S. A. Ponomarenko, S. Kirchmeyer, A. Elschner, N. M. Alpatova, M. Halik, H. Klauk, U. Zschieschang, G. Schmid. Decyl-end-capped thiophene-phenylene oligomers as organic semiconducting materials with improved oxidation stability. *Chem. Mater.*, **2006**, *18*: 579-586.

[133] C. Videlot-Ackermann, J. Ackermann, H. Brisset, K. Kawamura, N. Yoshimoto, P. Raynal, A. El Kassmi, F. Fages. α,ω-Distyryl oligothiophenes: high mobility semiconductors for environmentally stable organic thin film transistors. *J. Am. Chem. Soc.*, **2005**, *127*: 16346-16347.

[134] C. Videlot-Ackermann, J. Ackermann, K. Kawamura, N. Yoshimoto, H. Brisset, P. Raynal, A. El Kassmi, F. Fages. Environmentally stable organic thin-films transistors: Terminal styryl vs central divinyl benzene building blocks for p-type oligothiophene semiconductors. *Org. Electron.*, **2006**, *7*: 465-473.

[135] Q. Meng, J. H. Gao, R. J. Li, L. Jiang, C. L. Wang, H. P. Zhao, C. M. Liu, H. X. Li, W. P. Hu. New type of organic semiconductors for field-effect transistors with carbon-carbon triple bonds. *J. Mater. Chem.*, **2009**, *19*: 1477-1482.

[136] A. L. Deman, J. Tardy, Y. Nicolas, P. Blanchard, J. Roncali. Structural effects on the characteristics of organic field effect transistors based on new oligothiophene derivatives. *Synth. Met.*, **2004**, *146*: 365-371.

[137] Y. Kunugi, K. Takimiya, K. Yamane, K. Yamashita, Y. Aso, T. Otsubo. Organic field-effect transistor using oligoselenophene as an active layer. *Chem. Mater.*, **2003**, *15*: 6-7.

[138] K. Takimiya, Y. Kunugi, Y. Konda, H. Ebata, Y. Toyoshima, T. Otsubo. 2,7-Diphenyl [1] benzoselenopheno [3,2-b] [1] benzoselenophene as a stable organic semiconductor for a high-performance field-effect transistor. *J. Am. Chem. Soc.*, **2006**, *128*: 3044-3050.

[139] T. Izawa, E. Miyazaki, K. Takimiya. Solution-processible organic semiconductors based on selenophene-containing heteroarenes, 2,7-dialkyl [1] benzoselenopheno [3,2-b][1] benzoselenophenes (Cn-BSBSs): Syntheses, properties, molecular arrangements, and field-effect transistor characteristics. *Chem. Mater.*, **2009**, *21*: 903-912.

[140] H. Ebata, E. Miyazaki, T. Yamamoto, K. Takimiya. Synthesis, properties, and structures of benzo [1,2-b: 4,5-b′] bis [b] benzothiophene and benzo [1,2-b: 4,5-b′] bis [b] benzoselenophene. *Org. Lett.*, **2007**, *9*: 4499-4502.

[141] L. Tan, W. Jiang, L. Jiang, S. Jiang, Z. Wang, S. Yan, W. Hu. Single crystalline microribbons of perylo [1,12-b,c,d] selenophene for high performance transistors. *Appl. Phys. Lett.*, **2009**, *94*: 153306.

[142] N. Kobayashi, M. Sasaki, K. Nomoto. Stable peri-xanthenoxanthene thin-film transistors with efficient carrier injection. *Chem. Mater.*, **2009**, *21*: 552-556.

[143] D. Shukla, T. R. Welter, D. R. Robello, D. J. Giesen, J. R. Lenhard, W. G. Ahearn, D. M. Meyer, M. Rajeswaran. Dioxapyrene-based organic semiconductors for organic field effect transistors. *J. Phys. Chem. C*, **2009**, *113*: 14482-14486.

[144] Z. Bao, A. J. Lovinger, A. Dodabalapur. Organic field-effect transistors with high mobility based on copper phthalocyanine. *Appl. Phys. Lett.*, **1996**, *69*: 3066-3068.

[145] R. Zeis, T. Siegrist, C. Kloc. Single-crystal field-effect transistors based on copper phthalocyanine. *Appl. Phys. Lett.*, **2005**, *86*: 022103.

[146] Q. X. Tang, H. X. Li, M. He, W. P. Hu, C. M. Liu, K. Q. Chen, C. Wang, Y. Q. Liu, D. B. Zhu. Low threshold voltage transistors based on individual single-crystalline sub-micrometer-sized ribbons of copper phthalocyanine. *Adv. Mater.*, **2006**, *18*: 65-68.

[147] Q. X. Tang, H. X. Li, Y. B. Song, W. Xu, W. P. Hu, L. Jiang, Y. Q. Liu, X. K. Wang, D. B. Zhu, In situ patterning of organic single-crystalline nanoribbons on a SiO_2 surface for the fabrication of various architectures and high-quality transistors. *Adv. Mater.*, **2006**, *18*: 3010-3014.

[148] J. Mizuguchi, G. Rihs, H. R. Karfunkel. Solid-State Spectra of Titanylphthalocyanine As Viewed from Molecular Distortion. *J. Phys. Chem.*, **1995**, *99*: 16217-16227.

[149] H. Wang, D. Song, J. Yang, B. Yu, Y. Geng, D. Yan. High mobility vanadyl-phthalocyanine polycrystalline films for organic field-effect transistors. *Appl. Phys. Lett.*, **2007**, *90*: 253510.

[150] Y. Y. Noh, J. J. Kim, Y. Yoshida, K. Yase. Effect of molecular orientation of epitaxially grown platinum (Ⅱ) octaethyl porphyrin films on the performance of field-effect transistors. *Adv. Mater.*, **2003**, *15*: 699-702.

[151] P. Checcoli, G. Conte, S. Salvatori, R. Paolesse, A. Bolognesi, A. Berliocchi, F. Brunetti, A. D'Amico, A. Di Carlo, P. Lugli. Tetra-phenyl porphyrin based thin film transistors. *Synth. Met.*, **2003**, *138*: 261-266.

[152] H. Xu, G. Yu, W. Xu, Y. Xu, G. L. Cui, D. Q. Zhang, Y. Q. Liu, D. B. Zhu. High-performance field-effect transistors based on Langmuir-Blodgett films of cyclo [8] pyrrole. *Langmuir*, **2005**, *21*: 5391-5395.

[153] S. I. Noro, H. C. Chang, T. Takenobu, Y. Murayama, T. Kanbara, T. Aoyama, T. Sassa, T. Wada, D. Tanaka, S. Kitagawa, Y. Iwasa, T. Akutagawa, T. Nakamura. Metal-organic thin-film transistor (MOTFT) based on a bis (o-diiminobenzosemiquinonate) nickel (Ⅱ) complex. *J. Am. Chem. Soc.*, **2005**, *127*: 10012-10013.

[154] T. Taguchi, H. Wada, T. Kambayashi, B. Noda, M. Goto, T. Mori, K. Ishikawa, H. Takezoe. Comparison of p-type and n-type organic field-effect transistors using nickel coordination compounds. *Chem. Phys. Lett.*, **2006**, *421*: 395-398.

[155] S. Miao, S. M. Brombosz, P. V. R. Schleyer, J. I. Wu, S. Barlow, S. R. Marder, K. I. Hardcastle, U. H. F. Bunz. Are N, N-Dihydrodiazatetracene Derivatives Antiaromatic? *J. Am. Chem. Soc.*, **2008**, *130*: 7339-7344.

[156] Q. Tang, D. Zhang, S. Wang, N. Ke, J. Xu, J. C. Yu, Q. Miao. A meaningful analogue of pentacene: Charge transport, polymorphs, and electronic structures of dihydrodiazapentacene. *Chem. Mater.*, **2009**, *21*: 1400-1405.

[157] Y. Q. Ma, Y. M. Sun, Y. Q. Liu, J. H. Gao, S. Y. Chen, X. B. Sun, W. F. Qiu, G. Yu, G. L. Cui, W. P. Hu, D. B. Zhu. Organic thin film transistors based on stable amorphous ladder tetraazapentacenes semiconductors. *J. Mater. Chem.*, **2005**, *15*: 4894-4898.

[158] E. Ahmed, A. L. Briseno, Y. Xia, S. A. Jenekhe. High mobility single-crystal field-effect transistors from bisindoloquinoline semiconductors. *J. Am. Chem. Soc.*, **2008**, *130*: 1118-1119.

[159] T. R. Chen, A. C. Yeh, J. D. Chen. A new imidazolylquinoline for organic thin film transistor. *Tetrahedron Lett.*, **2005**, *46*: 1569-1571.

[160] S. Wakim, J. Bouchard, M. Simard, N. Drolet, Y. Tao, M. Leclerc. Organic microelectronics: Design, synthesis, and characterization of 6,12-dimethylindolo [3,2-b] carbazoles. *Chem. Mater.*, **2004**, *16*: 4386-4388.

[161] P. L. T. Boudreault, S. Wakim, N. Blouin, M. Simard, C. Tessier, Y. Tao, M. Leclerc. Synthesis, characterization, and application of indolo [3, 2-b] carbazole semiconductors. *J. Am. Chem. Soc.*, **2007**, *129*: 9125-9136.

[162] P. L. T. Boudreault, S. Wakim, M. L. Tang, Y. Tao, Z. A. Bao, M. Leclerc. New indolo [3, 2-b] carbazole derivatives for field-effect transistor applications. *J. Mater. Chem.*, **2009**, *19*: 2921-2928.

[163] Y. L. Wu, Y. N. Li, S. Gardner, B. S. Ong. Indolo [3, 2-b] carbazole-based thin-film transistors with high mobility and stability. *J. Am. Chem. Soc.*, **2005**, *127*: 614-618.
[164] Y. N. Li, Y. L. Wu, S. Gardner, B. S. Ong. Novel peripherally substituted indolo [3, 2-b] carbazoles for high-mobility organic thin-film transistors. *Adv. Mater.*, **2005**, *17*: 849-853.
[165] Y. L. Guo, H. P. Zhao, G. Yu, C. A. Di, W. Liu, S. D. Jiang, S. K. Yan, C. R. Wang, H. L. Zhang, X. N. Sun, X. Tao, Y. Q. Liu. Single-crystal microribbons of an indolo [3, 2-b] carbazole derivative by solution-phase self-assembly with novel mechanical, electrical, and optical properties. *Adv. Mater.*, **2008**, *20*: 4835-4839.
[166] H. Zhao, L. Jiang, H. Dong, H. Li, W. Hu, B. S. Ong. Influence of intermolecular N-H ···π interactions on molecular packing and field-effect performance of organic semiconductors. *Chem Phys Chem*, **2009**, *10*: 2345-2348.
[167] N. Drolet, J. F. Morin, N. Leclerc, S. Wakim, Y. Tao, M. Leclerc. 2,7-carbazolenevinylene-based oligomer thin-film transistors: High mobility through structural ordering. *Adv. Funct. Mater.*, **2005**, *15*: 1671-1682.
[168] M. Sonntag, K. Kreger, D. Hanft, P. Strohriegl, S. Setayesh, D. de Leeuw. Novel star-shaped triphenylamine-based molecular glasses and their use in OFETs. *Chem. Mater.*, **2005**, *17*: 3031-3039.
[169] Y. Song, C. A. Di, X. Yang, S. Li, W. Xu, Y. Liu, L. Yang, Z. Shuai, D. Zhang, D. Zhu. A cyclic triphenylamine dimer for organic field-effect transistors with high performance. *J. Am. Chem. Soc.*, **2006**, *128*: 15940-15941.
[170] T. Qi, Y. L. Guo, Y. Q. Liu, H. X. Xi, H. J. Zhang, X. K. Gao, Y. Liu, K. Lu, C. Y. Du, G. Yu, D. B. Zhu. Synthesis and properties of the anti and syn isomers of dibenzothieno [b, d] pyrrole. *Chem. Commun.*, **2008**: 6227-6229.
[171] W. Hong, Z. M. Wei, H. X. Xi, W. Xu, W. P. Hu, Q. R. Wang, D. B. Zhu. 6H-pyrrolo [3,2-b : 4,5-b′] bis [1,4] benzothiazines: facilely synthesized semiconductors for organic field-effect transistors. *J. Mater. Chem.*, **2008**, *18*: 4814-4820.
[172] W. J. Li, H. E. Katz, A. J. Lovinger, J. G. Laquindanum. Field-effect transistors based on thiophene hexamer analogues with diminished electron donor strength. *Chem. Mater.*, **1999**, *11*: 458-465.
[173] S. Ando, J. Nishida, Y. Inoue, S. Tokito, Y. Yamashita. Synthesis, physical properties, and field-effect transistors of novel thiophene/thiazolothiazole co-oligomers. *J. Mater. Chem.*, **2004**, *14*: 1787-1790.
[174] C. R. Newman, C. D. Frisbie, D. A. da Silva Filho, J. L. Bredas, P. C. Ewbank, K. R. Mann. Introduction to organic thin film transistors and design of n-channel organic semiconductors. *Chem. Mater.*, **2004**, *16*: 4436-4451.
[175] L. L. Chua, J. Zaumseil, J. F. Chang, E. C. W. Ou, P. K. H. Ho, H. Sirringhaus, R. H. Friend. General observation of n-type field-effect behaviour in organic semiconductors. *Nature*, **2005**, *434*: 194-199.
[176] D. M. de Leeuw, M. M. J. Simenon, A. R. Brown, R. E. F. Einerhand, Stability of n-type doped conducting polymers and consequences for polymeric microelectronic devices. *Synth. Met.*, **1997**, *87*: 53-59.
[177] S. B. Heidenhain, Y. Sakamoto, T. Suzuki, A. Miura, H. Fujikawa, T. Mori, S. Tokito, Y. Taga. Perfluorinated oligo (p-phenylene) s: Efficient n-type semiconductors for organic light-emitting diodes. *J. Am. Chem. Soc.*, **2000**, *122*: 10240-10241.

[178] Y. Sakamoto, T. Suzuki, M. Kobayashi, Y. Gao, Y. Fukai, Y. Inoue, F. Sato, S. Tokito. Perfluoropentacene: High-performance p-n junctions and complementary circuits with pentacene. *J. Am. Chem. Soc.*, **2004**, *126*: 8138-8140.

[179] Z. Bao, A. J. Lovinger, J. Brown. New air-stable n-channel organic thin film transistors. *J. Am. Chem. Soc.*, **1998**, *120*: 207-208.

[180] Q. X. Tang, H. X. Li, Y. L. Liu, W. P. Hu. High-performance air-stable n-type transistors with an asymmetrical device configuration based on organic single-crystalline submicrometer/nanometer ribbons. *J. Am. Chem. Soc.*, **2006**, *128*: 14634-14639.

[181] Q. X. Tang, Y. H. Tong, H. X. Li, W. P. Hu. Air/vacuum dielectric organic single crystalline transistors of copper-hexadecafluorophthlaocyanine ribbons. *Appl. Phys. Lett.*, **2008**, *92*: 083309.

[182] D. Song, H. B. Wang, F. Zhu, J. L. Yang, H. K. Tian, Y. H. Geng, D. H. Yan. Phthalocyanato tin (Ⅳ) dichloride: An air-stable, high-performance, n-type organic semiconductor with a high field-effect electron mobility. *Adv. Mater.*, **2008**, *20*: 2142-2144.

[183] S. Ando, J. I. Nishida, H. Tada, Y. Inoue, S. Tokito, Y. Yamashita. High performance n-type organic field-effect transistors based on π-electronic systems with trifluoromethylphenyl groups. *J. Am. Chem. Soc.*, **2005**, *127*: 5336-5337.

[184] A. Facchetti, M. Mushrush, H. E. Katz, T. J. Marks. n-type building blocks for organic electronics: A homologous family of fluorocarbon-substituted thiophene oligomers with high carrier mobility. *Adv. Mater.*, **2003**, *15*: 33-38.

[185] A. Facchetti, M. Mushrush, M. H. Yoon, G. R. Hutchison, M. A. Ratner, T. J. Marks. Building blocks for n-type molecular and polymeric electronics. Perfluoroalkyl-versus alkyl-functionalized oligothiophenes (nT; n=2-6). Systematics of thin film microstructure, semiconductor performance, and modeling of majority charge injection in field-effect transistors. *J. Am. Chem. Soc.*, **2004**, *126*: 13859-13874.

[186] A. Facchetti, M. H. Yoon, C. L. Stern, G. R. Hutchison, M. A. Ratner, T. J. Marks. Building blocks for N-type molecular and polymeric electronics. Perfluoroalkyl- versus alkyl-functionalized ligothiophenes (nTs; n = 2-6). Systematic synthesis, spectroscopy, electrochemistry, and solid-state organization. *J. Am. Chem. Soc.*, **2004**, *126*: 13480-13501.

[187] M. H. Yoon, S. A. DiBenedetto, A. Facchetti, T. J. Marks. Organic thin-film transistors based on carbonyl-functionalized quaterthiophenes: High mobility n-channel semiconductors and ambipolar transport. *J. Am. Chem. Soc.*, **2005**, *127*: 1348-1349.

[188] Y. Ie, M. Nitani, M. Ishikawa, K. I. Nakayama, H. Tada, T. Kaneda, Y. Aso. Electronegative oligothiophenes for n-type semiconductors: difluoromethylene-bridged bithiophene and its oligomers. *Org. Lett.*, **2007**, *9*: 2115-2118.

[189] S. Ando, R. Murakami, J. Nishida, H. Tada, Y. Inoue, S. Tokito, Y. Yamashita. n-Type organic field-effect transistors with very high electron mobility based on thiazole oligomers with trifluoromethylphenyl groups. *J. Am. Chem. Soc.*, **2005**, *127*: 14996-14997.

[190] D. Kumaki, S. Ando, S. Shimono, Y. Yamashita, T. Umeda, S. Tokito. Significant improvement of electron mobility in organic thin-film transistors based on thiazolothiazole derivative by employing self-assembled monolayer. *Appl. Phys. Lett.*, **2007**, *90*: 053506.

[191] M. Mamada, J. I. Nishida, D. Kumaki, S. Tokito, Y. Yamashita. n-Type organic field-effect transistors with high electron mobilities based on thiazole-thiazolothiazole conjugated molecules. *Chem. Mater.*, **2007**, *19*: 5404-5409.

[192] A. Facchetti, M. H. Yoon, C. L. Stern, H. E. Katz, T. J. Marks. Building blocks for n-type organic electronics: Regiochemically modulated inversion of majority carrier sign in perfluoroarene-modified polythiophene Semiconductors. *Angew. Chem. Int. Ed.*, **2003**, *42*: 3900-3903.

[193] M. H. Yoon, A. Facchetti, C. E. Stern, T. J. Marks. Fluorocarbon-modified organic semiconductors: Molecular architecture, electronic, and crystal structure tuning of arene-versus fluoroarene-thiophene oligomer thin-film properties. *J. Am. Chem. Soc.*, **2006**, *128*: 5792-5801.

[194] J. A. Letizia, A. Facchetti, C. L. Stern, M. A. Ratner, T. J. Marks. High electron mobility in solution-cast and vapor-deposited phenacyl-quaterthiophene-based field-effect transistors: Toward n-type polythiophenes. *J. Am. Chem. Soc.*, **2005**, *127*: 13476-13477.

[195] A. R. Brown, D. M. Deleeuw, E. J. Lous, E. E. Havinga. Organic n-type field-effect transistor. *Synth. Met.*, **1994**, *66*: 257-261.

[196] J. I. Nishida, Naraso, S. Murai, E. Fujiwara, H. Tada, M. Tomura, Y. Yamashita. Preparation, characterization, and FET properties of novel dicyanopyrazinoquinoxaline derivatives. *Org. Lett.*, **2004**, *6*: 2007-2010.

[197] T. M. Pappenfus, R. J. Chesterfield, C. D. Frisbie, K. R. Mann, J. Casado, J. D. Raff, L. L. Miller. A pi-stacking terthiophene-based quinodimethane is an n-channel conductor in a thin film transistor. *J. Am. Chem. Soc.*, **2002**, *124*: 4184-4185.

[198] R. J. Chesterfield, C. R. Newman, T. M. Pappenfus, P. C. Ewbank, M. H. Haukaas, K. R. Mann, L. L. Miller, C. D. Frisbie. High electron mobility and ambipolar transport in organic thin-film transistors based on a pi-stacking quinoidal terthiophene. *Adv. Mater.*, **2003**, *15*: 1278-1282.

[199] S. Handa, E. Miyazaki, K. Takimiya, Y. Kunugi. Solution-processible n-channel organic field-effect transistors based on dicyanomethylene-substituted terthienoquinoid derivative. *J. Am. Chem. Soc.*, **2007**, *129*: 11684-11685.

[200] Y. Kunugi, K. Takimiya, Y. Toyoshima, K. Yamashita, Y. Aso, T. Otsubo. Vapour deposited films of quinoidal biselenophene and bithiophene derivatives as active layers of n-channel organic field-effect transistors. *J. Mater. Chem.*, **2004**, *14*: 1367-1369.

[201] J. G. Laquindanum, H. E. Katz, A. Dodabalapur, A. J. Lovinger. n-channel organic transistor materials based on naphthalene frameworks. *J. Am. Chem. Soc.*, **1996**, *118*: 11331-11332.

[202] H. E. Katz, A. J. Lovinger, J. Johnson, C. Kloc, T. Siegrist, W. Li, Y. Y. Lin, A. Dodabalapur. A soluble and air-stable organic semiconductor with high electron mobility. *Nature*, **2000**, *404*: 478-481.

[203] H. E. Katz, J. Johnson, A. J. Lovinger, W. J. Li. Naphthalenetetracarboxylic diimide-based n-channel transistor semiconductors: Structural variation and thiol-enhanced gold contacts. *J. Am. Chem. Soc.*, **2000**, *122*: 7787-7792.

[204] D. Shukla, S. F. Nelson, D. C. Freeman, M. Rajeswaran, W. G. Ahearn, D. M. Meyer, J. T. Carey. Thin-film morphology control in naphthalene-diimide-based semiconductors: High mobility n-type semiconductor for organic thin-film transistors. *Chem. Mater.*, **2008**, *20*: 7486-7491.

[205] B. J. Jung, J. Sun, T. Lee, A. Sarjeant, H. E. Katz. Low-temperature-processible, transparent, and air-operable n-channel fluorinated phenylethylated naphthalenetetracarboxylic diimide semiconductors applied to flexible transistors. *Chem. Mater.*, **2009**, *21*: 94-101.

[206] K. C. See, C. Landis, A. Sarjeant, H. E. Katz. Easily synthesized naphthalene tetracarboxylic diimide semiconductors with high electron mobility in air. *Chem. Mater.*, **2008**, *20*: 3609-3616.

[207] B. A. Jones, A. Facchetti, T. J. Marks, M. R. Wasielewski. Cyanonaphthalene diimide semiconductors for air-stable, flexible, and optically transparent n-channel field-effect transistors. *Chem. Mater.*, **2007**, *19*: 2703-2705.

[208] J. R. Ostrick, A. Dodabalapur, L. Torsi, A. J. Lovinger, E. W. Kwock, T. M. Miller, M. Galvin, M. Berggren, H. E. Katz. Conductivity-type anisotropy in molecular solids. *J. Appl. Phys.*, **1997**, *81*: 6804-6808.

[209] K. Yamada, J. Takeya, T. Takenobu, Y. Iwasa. Effects of gate dielectrics and metal electrodes on air-stable n-channel perylene tetracarboxylic dianhydride single-crystal field-effect transistors. *Appl. Phys. Lett.*, **2008**, *92*: 253311.

[210] R. J. Chesterfield, J. C. McKeen, C. R. Newman, P. C. Ewbank, D. A. da Silva Filho, J. L. Bredas, L. L. Miller, K. R. Mann, C. D. Frisbie. Organic thin film transistors based on N-alkyl perylene diimides: Charge transport kinetics as a function of gate voltage and temperature. *J. Phys. Chem. B*, **2004**, *108*: 19281-19292.

[211] R. J. Chesterfield, J. C. McKeen, C. R. Newman, C. D. Frisbie, P. C. Ewbank, K. R. Mann, L. L. Miller. Variable temperature film and contact resistance measurements on operating n-channel organic thin film transistors. *J. Appl. Phys.*, **2004**, *95*: 6396-6405.

[212] D. J. Gundlach, K. P. Pernstich, G. Wilckens, M. Gruter, S. Haas, B. Batlogg. High mobility n-channel organic thin-film transistors and complementary inverters. *J. Appl. Phys.*, **2005**, *98*: 064502.

[213] S. Tatemichi, M. Ichikawa, T. Koyama, Y. Taniguchi. High mobility n-type thin-film transistors based on N, N′-ditridecyl perylene diimide with thermal treatments. *Appl. Phys. Lett.*, **2006**, *89*: 112108.

[214] H. Z. Chen, M. M. Ling, X. Mo, M. M. Shi, M. Wang, Z. Bao. Air stable n-channel organic semiconductors for thin film transistors based on fluorinated derivatives of perylene diimides. *Chem. Mater.*, **2007**, *19*: 816-824.

[215] R. Schmidt, J. H. Oh, Y. S. Sun, M. Deppisch, A. M. Krause, K. Radacki, H. Braunschweig, M. Konemann, P. Erk, Z. Bao, F. Wurthner. High-performance air-stable n-channel organic thin film transistors based on halogenated perylene bisimide semiconductors. *J. Am. Chem. Soc.*, **2009**, *131*: 6215-6228.

[216] M. M. Ling, P. Erk, M. Gomez, M. Koenemann, J. Locklin, Z. N. Bao. Air-stable n-channel organic semiconductors based on perylene diimide derivatives without strong electron withdrawing groups. *Adv. Mater.*, **2007**, *19*: 1123-1127.

[217] B. A. Jones, M. J. Ahrens, M. H. Yoon, A. Facchetti, T. J. Marks, M. R. Wasielewski. High-mobility air-stable n-type semiconductors with processing versatility: Dicyanoperylene-3,4: 9,10-bis (dicarboximides). *Angew. Chem. Int. Ed.*, **2004**, *43*: 6363-6366.

[218] B. Yoo, T. Jung, D. Basu, A. Dodabalapur, B. A. Jones, A. Facchetti, M. R. Wasielewski, T. J. Marks. High-mobility bottom-contact n-channel organic transistors and their use in complementary ring oscillators. *Appl. Phys. Lett.*, **2006**, *88*: 082104.

[219] A. S. Molinari, H. Alves, Z. Chen, A. Facchetti, A. F. Morpurgo. High electron mobility in vacuum and ambient for PDIF-CN_2 single-crystal transistors. *J. Am. Chem. Soc.*, **2009**, *131*: 2462-2463.

[220] Z. Wang, C. Kim, A. Facchetti, T. J. Marks. Anthracenedicarboximides as air-stable n-channel semiconductors for thin-film transistors with remarkable current on-off ratios. *J. Am. Chem. Soc.*, **2007**, *129*: 13362-13363.

[221] Q. D. Zheng, J. Huang, A. Sarjeant, H. E. Katz. Pyromellitic diimides: Minimal cores for high mobility n-channel transistor semiconductors. *J. Am. Chem. Soc.*, **2008**, *130*: 14410-14411.

[222] J. Paloheimo, H. Isotalo, J. Kastner, H. Kuzmany. Conduction mechanisms in undoped thin films of C60 and C60/70. *Synth. Met.*, **1993**, *56*: 3185-3190.

[223] E. Frankevich, Y. Maruyama, H. Ogata. Mobility of charge carriers in vapor-phase grown C60 single crystal. *Chem. Phys. Lett.*, **1993**, *214*: 39-44.

[224] K. Itaka, M. Yamashiro, J. Yamaguchi, M. Haemori, S. Yaginuma, Y. Matsumoto, M. Kondo, H. Koinuma. High-mobility C60 field-effect transistors fabricated on molecular-wetting controlled substrates. *Adv. Mater.*, **2006**, *18*: 1713-1716.

[225] T. D. Anthopoulos, B. Singh, N. Marjanovic, N. S. Sariciftci, A. M. Ramil, H. Sitter, M. Colle, D. M. D. Leeuw. High performance n-channel organic field-effect transistors and ring oscillators based on C60 fullerene films. *Appl. Phys. Lett.*, **2006**, *89*: 213504.

[226] M. Kitamura, S. Aomori, J. H. Na, Y. Arakawa. Bottom-contact fullerene C-60 thin-film transistors with high field-effect mobilities. *Appl. Phys. Lett.*, **2008**, *93*: 033313.

[227] C. Waldauf, P. Schilinsky, M. Perisutti, J. Hauch, C. J. Brabec. Solution-processed organic n-type thin-film transistors. *Adv. Mater.*, **2003**, *15*: 2084-2088.

[228] T. B. Singh, N. Marjanovic, P. Stadler, M. Auinger, G. J. Matt, S. Gunes, N. S. Sariciftci, R. Schwodiauer, S. Bauer. Fabrication and characterization of solution-processed methanofullerene-based organic field-effect transistors. *J. Appl. Phys.*, **2005**, *97*: 083714.

[229] T. W. Lee, Y. Byun, B. W. Koo, I. N. Kang, Y. Y. Lyu, C. H. Lee. L. Pu, S. Y. Lee. All-solution-processed n-type organic transistors using a spinning metal process. *Adv. Mater.*, **2005**, *17*: 2180-2184.

[230] M. Chikamatsu, S. Nagamatsu, Y. Yoshida, K. Saito, K. Yase, K. Kikuchi. Solution-processed n-type organic thin-film transistors with high field-effect mobility. *Appl. Phys. Lett.*, **2005**, *87*: 203504.

[231] M. Chikamatsu, A. Itakura, Y. Yoshida, R. Azumi, K. Yase. High-performance n-type organic thin-film transistors based on solution-processable perfluoroalkyl-substituted C-60 derivatives. *Chem. Mater.*, **2008**, *20*: 7365-7367.

[232] R. C. Haddon. C70 thin film transistors. *J. Am. Chem. Soc.*, **1996**, *118*: 3041-3042.

[233] S. Cho, J. H. Seo, K. Lee, A. J. Heeger. Enhanced performance of fullerene n-channel field-effect transistors with titanium sub-oxide injection layer. *Adv. Funct. Mater.*, **2009**, *19*: 1459-1464.

[234] P. H. Wokenberg, D. D. C. Bradley, D. Kronholm, J. C. Hummelen, D. M. de Leeuw, M. Cole, T. D. Anthopoulos. High mobility n-channel organic field-effect transistors based on soluble C60 and C70 fullerene derivatives. *Synth. Met.*, **2008**, *158*: 468-472.

[235] Z. Bao, A. J. Lovinger. Soluble regioregular polythiophene derivatives as semiconducting materials for field-effect transistors. *Chem. Mater.*, **1999**, *11*: 2607-2612.

[236] A. Assadi, C. Svensson, M. Willander, O. Inganas. Field-effect mobility of poly (3-hexylthiophene). *Appl. Phys. Lett.*, **1988**, *53*: 195-197.

[237] G. M. Wang, J. Swensen, D. Moses, A. J. Heeger. Increased mobility from regioregular poly (3-hexylthiophene) field-effect transistors. *J. Appl. Phys.*, **2003**, *93*: 6137-6141.

[238] H. Sirringhaus, P. J. Brown, R. H. Friend, M. M. Nielsen, K. Bechgaard, B. M. W. Langeveld-Voss, A. J. H. Spiering, R. A. J. Janssen, E. W. Meijer, P. Herwig, D. M. de Leeuw. Two-dimensional charge transport in self-organized, high-mobility conjugated polymers. *Nature*, **1999**, *401*: 685-688.

[239] B. S. Ong, Y. Wu, P. Liu, S. Gardner. High-performance semiconducting polythiophenes for organic thin-film transistors. *J. Am. Chem. Soc.*, **2004**, *126*: 3378-3379.

[240] I. McCulloch, C. Bailey, M. Giles, M. Heeney, I. Love, M. Shkunov, D. Sparrowe, S. Tierney. Influence of molecular design on the field-effect transistor characteristics of terthiophene polymers. *Chem. Mater.*, **2005**, *17*: 1381-1385.

[241] I. McCulloch, M. Heeney, C. Bailey, K. Genevicius, I. MacDonald, M. Shkunov, D. Sparrowe, S. Tierney, R. Wagner, W. Zhang, M. L. Chabinyc, R. J. Kline, M. D. McGehee, M. F. Toney. Liquid-crystalline semiconducting polymers with high charge-carrier mobility. *Nature Mater.*, **2006**, *5*: 328-333.

[242] B. H. Hamadani, D. J. Gundlach, I. McCulloch, M. Heeney. Undoped polythiophene field-effect transistors with mobility of $1cm^2\ V^{-1}\ s^{-1}$. *Appl. Phys. Lett.*, **2007**, *91*: 243512.

[243] M. Heeney, C. Bailey, K. Genevicius, M. Shkunov, D. Sparrowe, S. Tierney, I. McCulloch. Stable polythiophene semiconductors incorporating thieno [2,3-b] thiophene. *J. Am. Chem. Soc.*, **2005**, *127*: 1078-1079.

[244] J. Li, F. Qin, C. M. Li, Q. L. Bao, M. B. Chan-Park, W. Zhang, J. G. Qin, B. S. Ong. High-performance thin-film transistors from solution-processed dithienothiophene polymer semiconductor nanoparticles. *Chem. Mater.*, **2008**, *20*: 2057-2059.

[245] H. H. Fong, V. A. Pozdin, A. Amassian, G. G. Malliaras, D. M. Smilgies, M. He, S. Gasper, F. Zhang, M. Sorensen. Tetrathienoacene copolymers as high mobility, soluble organic semiconductors. *J. Am. Chem. Soc.*, **2008**, *130*: 13202-13203.

[246] H. Pan, Y. Li, Y. Wu, P. Liu, B. S. Ong, S. Zhu, G. Xu. Synthesis and thin-film transistor performance of poly (4,8-didodecylbenzo [1,2-b: 4,5-b′] dithiophene). *Chem. Mater.*, **2006**, *18*: 3237-3241.

[247] H. Pan, Y. Wu, Y. Li, P. Liu, B. S. Ong, S. Zhu, G. Xu. Benzodithiophene copolymer-A low-temperature, solution-processed high-performance semiconductor for thin-film transistors. *Adv. Funct. Mater.*, **2007**, *17*: 3574-3579.

[248] I. Osaka, G. Sauve, R. Zhang, T. Kowalewski, R. D. McCullough. Novel thiophene-thiazolothiazole copolymers for organic field-effect transistors. *Adv. Mater.*, **2007**, *19*: 4160-4165.

[249] I. Osaka, R. Zhang, G. Sauve, D. M. Smilgies, T. Kowalewski, R. D. McCullough. High-lamellar ordering and amorphous-like pi-network in short-chain thiazolothiazole-thiophene copolymers lead to high mobilities. *J. Am. Chem. Soc.*, **2009**, *131*: 2521-2529.

[250] H. Sirringhaus, R. J. Wilson, R. H. Friend, M. Inbasekaran, W. Wu, E. P. Woo, M. Grell, D. D. C. Bradley. Mobility enhancement in conjugated polymer field-effect transistors through chain alignment in a liquid-crystalline phase. *Appl. Phys. Lett.*, **2000**, *77*: 406-408.

[251] A. Salleo, M. L. Chabinyc, M. S. Yang, R. A. Street. Polymer thin-film transistors with chemically modified dielectric interfaces. *Appl. Phys. Lett.*, **2002**, *81*: 4383-4385.

[252] Y. M. Kim, E. Lim, I. N. Kang, B. J. Jung, J. Lee, B. W. Koo, L. M. Do, H. K. Shim. Solution-processable field-effect transistor using a fluorene- and selenophene-based copolymer as an active layer. *Macromolecules*, **2006**, *39*: 4081-4085.

[253] M. Chen, X. Crispin, E. Perzon, M. R. Andersson, T. Pullerits, M. Andersson, O. Inganas, M. Berggren. High carrier mobility in low band gap polymer-based field-effect transistors. *Appl. Phys. Lett.*, **2005**, *87*: 252105.

[254] H. Usta, G. Lu, A. Facchetti, T. J. Marks. Dithienosilole- and dibenzosilole-thiophene copolymers as semiconductors for organic thin-film transistors. *J. Am. Chem. Soc.*, **2006**, *128*: 9034-9035.

[255] M. Zhang, H. N. Tsao, W. Pisula, C. Yang, A. K. Mishra, K. Mullen. Field-effect transistors based on a benzothiadiazole-cyclopentadithiophene copolymer. *J. Am. Chem. Soc.*, **2007**, *129*: 3472-3473.

[256] H. N. Tsao, D. Cho, J. W. Andreasen, A. Rouhanipour, D. W. Breiby, W. Pisula, K. Mullen. The influence of morphology on high-performance polymer field-effect transistors. *Adv. Mater.*, **2009**, *21*: 209-212.

[257] Y. Li, Y. Wu, B. S. Ong. Polyindolo [3,2-b] carbazoles: A new class of p-channel semiconductor polymers for organic thin-film transistors. *Macromolecules*, **2006**, *39*: 6521-6527.

[258] J. Veres, S. Ogier, G. Lloyd, D. de Leeuw. Gate insulators in organic field-effect transistors. *Chem. Mater.*, **2004**, *16*: 4543-4555.

[259] C. Yang, S. Cho, R. C. Chiechi, W. Walker, N. E. Coates, D. Moses, A. J. Heeger, F. Wudl. Visible-near infrared absorbing dithienylcyclopentadienone-thiophene copolymers for organic thin-film transistors. *J. Am. Chem. Soc.*, **2008**, *130*: 16524-16526.

[260] A. Babel, S. A. Jenekhe. Electron transport in thin-film transistors from an n-type conjugated polymer. *Adv. Mater.*, **2002**, *14*: 371-374.

[261] A. Babel, S. A. Jenekhe. High electron mobility in ladder polymer field-effect transistors. *J. Am. Chem. Soc.*, **2003**, *125*: 13656-13657.

[262] X. L. Chen, Z. N. Bao, J. H. Schon, A. J. Lovinger, Y. Y. Lin, B. Crone, A. Dodabalapur, B. Batlogg. Ion-modulated ambipolar electrical conduction in thin-film transistors based on amorphous conjugated polymers. *Appl. Phys. Lett.*, **2001**, *78*: 228-230.

[263] C. L. Donley, J. Zaumseil, J. W. Andreasen, M. M. Nielsen, H. Sirringhaus, R. H. Friend, J. S. Kim. Effects of packing structure on the optoelectronic and charge transport properties in poly (9,9-di-n-octylfluorene-alt-benzothiadiazole). *J. Am. Chem. Soc.*, **2005**, *127*: 12890-12899.

[264] X. Zhan, Z. A. Tan, B. Domercq, Z. An, X. Zhang, S. Barlow, Y. Li, D. Zhu, B. Kippelen, S. R. Marder. A high-mobility electron-transport polymer with broad absorption and its use in field-effect transistors and all-polymer solar cells. *J. Am. Chem. Soc.*, **2007**, *129*: 7246-7247.

[265] Z. C. Chen, Y. Zheng, H. Yan, A. Facchetti. Naphthalenedicarboximide- vs perylenedicarboximide-based copolymers. Synthesis and semiconducting properties in bottom-gate n-channel organic transistors. *J. Am. Chem. Soc.*, **2009**, *131*: 8-9.

[266] H. Yan, Z. H. Chen, Y. Zheng, C. Newman, J. R. Quinn, F. Dotz, M. Kastler, A. Facchetti. A high-mobility electron-transporting polymer for printed transistors. *Nature*, **2009**, *457*: 679-687.

[267] J. A. Letizia, M. R. Salata, C. M. Tribout, A. Facchetti, M. A. Ratner, T. J. Marks. n-channel polymers by design: Optimizing the interplay of solubilizing substituents, crystal packing, and field-effect transistor characteristics in polymeric bithiophene-imide semiconductors. *J. Am. Chem. Soc.*, **2008**, *130*: 9679-9694.

[268] J. E. Anthony. The larger acenes: Versatile organic semiconductors. *Angew. Chem. Int. Ed.*, **2008**, *47*: 452-483.

[269] J. A. Dodge, J. D. Bain, A. R. Chamberlin. Regioselective synthesis of substituted rubrenes. *J. Org. Chem.*, **2002**, *55*: 4190-4198.

[270] D. Dijkstra, N. Rodenhuis, E. S. Vermeulen, T. A. Pugsley, L. D. Wise, H. V. Wikstrom. Further characterization of structural requirements for ligands at the dopamine D-2 and D-3 receptor: Exploring the thiophene moiety. *J. Med. Chem*, **2002**, *45*: 3022-3031.

[271] C. Yang, J. Y. Kim, S. Cho, J. K. Lee, A. J. Heeger, F. Wudl. Functionalized methanofullerenes used as n-type materials in bulk-heterojunction polymer solar eells and in field-effect transistors. *J. Am. Chem. Soc.*, **2008**, *130*: 6444-6450.

[272] W. A. Lindley, D. W. H. Macdowell, J. L. Petersen. Synthesis and Diels-Alder reactions of anthra [2,3-b] thiophene. *J. Org. Chem.*, **1983**, *48*: 4419-4421.

[273] J. F. Morin, N. Drolet, Y. Tao, M. Leclerc. Syntheses and characterization of electroactive and photoactive 2,7-carbazolenevinylene-based conjugated oligomers and polymers. *Chem. Mater.*, **2004**, *16*: 4619-4626.

[274] L. L. Miller, Y. Yu. Synthesis of β-Methoxy, Methyl-Capped α-Oligothiophenes. *J. Org. Chem.*, **1995**, *60*: 6813-6819.

第3章　有机场效应晶体管

3.1　简介

自从第一个有机聚合物和小分子场效应晶体管报道以来，人们对有机场效晶体管的研究倾注了巨大的热情。与无机半导体材料相比，有机半导体可用溶液法加工，因此，许多非传统的器件加工技术比如丝网印刷、喷墨打印、微接触打印、印章等可用于器件制作，从而有可能大面积制作并降低成本。

有机场效应晶体管是未来柔性电路中的主要构成单元，可广泛应用于射频识别标签、柔性显示等。同时，有机半导体中的载流子传输机制和无机半导体有很大的区别，其研究可拓宽人们对物质世界的认识。因此，有机场效应晶体管的研究具有重要的技术价值和科学意义。

3.1.1　有机半导体和无机半导体的不同

有机半导体和无机半导体在性质上有很大的不同。通常有机半导体都是宽带隙材料，带隙一般在2～3eV，而无机半导体，如Ge、Si和GaAs的禁带宽度在室温下分别只有0.66eV、1.12eV和1.42eV。无机半导体的导电性可通过掺杂提高，可用高温（热）扩散、离子注入等手段实现，工艺成熟，应用广泛。而有机半导体的可控掺杂至今没有完善的方法，成功掺杂的案例非常少，见于报道的有机半导体绝大多数都是非掺杂的。

目前，有机半导体大都表现出空穴传输性质，即在负栅压下发生空穴积累；而当栅压为正时，电子积累很少被观察到。基于此，借鉴无机半导体的概念，人们把空穴传输材料称为p型-半导体（p-type organic semiconductor），而相应的电子传输材料称为n型有机半导体（n-type organic semiconductor）。无机半导体通常既能在价带中传导空穴，又能在导带中传导电子。p型和n型的差别完全取决于掺杂状态：即掺杂剂在价带中诱导出空穴还是在导带中诱导出电子。然而在有机半导体中，p型或n型的概念不能完全反映材料的本质。近来，人们认识到器件中的有机半导体层不是决定载流子类型的唯一因素。器件结构、加工过程、测试环境、电极、绝缘层等都有可能影响载流子的产生和传输。因此，简单地称一个有机半导体材料是p型或n型是不合适的，而称一个器件是p沟道（p-channel）或n沟道（n-channel）可能更能反映器件的本质。

3.1.2　有机场效应晶体管简介

有机场效应晶体管是测量有机材料电性能的有力工具。它有着和无机晶体管不同的结构。

3.1.2.1　有机场效应晶体管的结构

一个典型的有机场效应晶体管通常由以下几部分组成：半导体层、绝缘层、栅电极和源漏电极（源漏电极的宽 W 为沟道宽，之间的距离 L 为沟道长）。栅电极和半导体层被栅绝缘层隔开，源漏电极和半导体层相连。半导体层可以是薄膜（蒸镀、旋涂、滴注等方法制作），也可以是单晶。栅电极可以是金属或导电聚合物。栅绝缘层可以是无机物，如 SiO_2、Al_2O_3、Si_3N_4，也可以是聚合物，如聚甲基丙烯酸甲酯（PMMA）或聚乙烯苯酚（PVP）。有机场效应晶体管的导电沟道位于半导体层和绝缘层的界面上，因此绝缘层对器件的性能有重大影响。源漏电极的作用是向半导体层中注入载流子，通常使用的是高功函的金属，如最常用的 Au（此外还有 Pd、Pt、Ag 等）。导电聚合物也可用来做电极，见于报道的如聚 3,4-乙烯二氧噻吩/聚苯乙烯磺酸（PEDOT：PSS）、聚苯胺（PANI）等。

根据电极相对于半导体层和栅绝缘层的位置，有机场效应晶体管可以分为底栅/底电极、底栅/顶电极和顶栅/底电极三种结构（图 3-1）。在不同的器件结中，电极和栅极的相对位置不同，进而电荷注入方式也不同。在底栅/底电极结构中［图 3-1(a)］，电荷可由源、漏电极边缘直接注入位于半导体层和绝缘层界面处的导电沟道；在底栅/顶电极和顶栅/底电极结构中［图 3-1(b) 和 (c)］，源、漏电极和导电沟道被半导体层隔开，从电极注入的载流子在到达导电沟道前要穿过半导体层，可能会引入接触电阻（如在半导体层较厚时）而降低载流子注入效率。然而，底栅/顶电极和顶栅/底电极［图 3-1(b) 和 (c)］结构中的有效注入面积（此时为电极和栅极重叠的区域）要比底栅/底电极［图 3-1(a)］结构（电极边缘）大得多，因此接触电阻反而较小（有机层很薄的前提下），容易获得较高的器件性能。

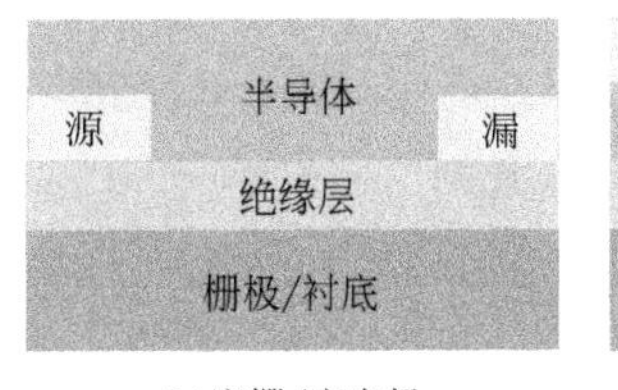

(a)底栅/底电极

源　漏
半导体
绝缘层
栅极/衬底

(b)底栅/顶电极

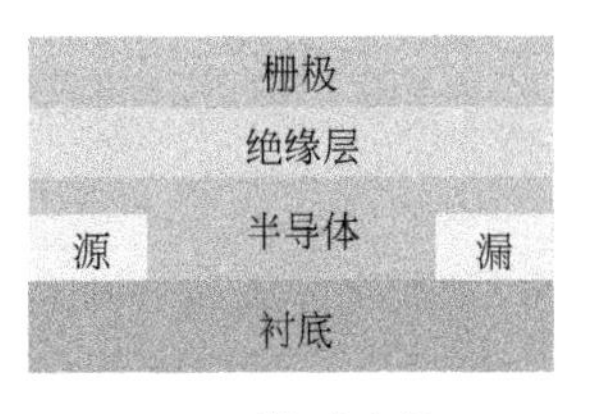

(c)顶栅/底电极

图 3-1　有机场效应晶体管常用的三种结构

3.1.2.2　有机场效应晶体管的工作原理

晶体管工作时，电压施加在栅极（U_G）和漏极（U_D）上。源极是空穴或电子注入的电极，栅极的作用是在半导体层和栅绝缘层界面附近诱导出电荷。在漏电压为零的情况下，正的栅压会在半导体/绝缘层界面处诱导出电子而负的栅压会诱导出空穴。诱导出电荷的多少正比于栅压（U_G）和栅绝缘层的电容（C_i）的大小。实际情况下，不是所有诱导出的电荷都能自由移动。一些电荷被深能级陷阱束缚，不能自由移动。只有等深能级陷阱全部被填充后，再诱导出的电荷才会对源漏电流有贡献。也就是说，栅压必须大于某个值（U_{th}）后电流才会快速增加（此时有效栅压为U_G-U_{th}）。

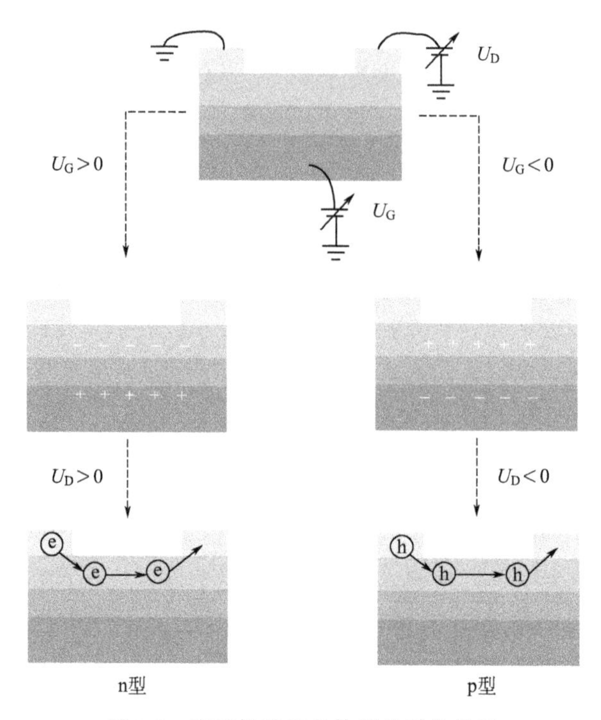

图 3-2 有机场效应晶体管的操作机理

源漏电流为零时，导电沟道中的载流子密度是均匀的。当源漏电压较小时（$U_D<U_G$），电荷密度从源极到漏极线性减小。这对应于晶体管的线性区，此时源漏之间的电流大小（I_D）正比于源漏电压的大小（U_D）。沟道中的电势$U(x)$从零（源极处，$x=0$）线性增加到U_D（漏极处，$x=L$）。当源漏电压进一步增加时，此时将存在一点使$U_D=U_G-U_{th}$，此时沟道被夹断（pinch off），靠近漏极的位置出现耗尽区（depletion region）。如果继续增加源漏电压，电流将达到饱和（$I_{D,sat}$），耗尽区的位置会向源极移动而变宽。

为简化分析，人们提出了渐变沟道近似（gradual channel approximation）：假设从源极到漏极沿导电沟道电势逐渐变化，同时假设在垂直于导电沟道方向的栅压产生的电场强度相对于源漏电极之间的电场强度足够大，这对长沟道晶体管来说是满足的（沟道长大于绝缘层厚度的 10 倍以上，否则将会出现窄沟道效应）。

在给定的栅压（$U_G>U_{th}$）下，源极附近单位面积诱导出的自由载流子Q_{mob}

和 U_G 成正比：

$$Q_{mob}=C_i(U_G-U_{th}) \tag{3-1}$$

式中　C_i——绝缘层单位面积的电容（比电容）。

考虑沟道电势，式(3-1) 为：

$$Q_{mob}=C_i[U_G-U_{th}-V(x)] \tag{3-2}$$

忽略载流子扩散，诱导的源漏电流 (I_D) 为：

$$I_D=W\mu Q_{mob}E_x \tag{3-3}$$

式中　W——沟道宽；

μ——迁移率；

E_x——在 x 处的电场强度。

由于 $E_x=dU/dx$，把式(3-2) 代如式(3-3) 得：

$$I_D dx=W\mu C_i[U_G-U_{th}-V(x)]dU \tag{3-4}$$

由于假设沟道电势从源极的0渐变到漏极的 U_D（渐变沟道近似），将式(3-4) 从 $x=0$ 到 L 积分（假设迁移率不随载流子密度和栅压变化）：

$$I_D=\frac{W}{L}\mu C_i\left[(U_G-U_{th})U_D-\frac{1}{2}U_D^2\right] \tag{3-5}$$

在线性区，$U_D \ll U_G$，式(3-5) 可简化为：

$$I_D=\frac{W}{L}\mu_{lin}C_i(U_G-U_{th})U_D \tag{3-6}$$

由式(3-6) 可知，漏电流和栅电压成正比。线性区的迁移率 (μ_{lin}) 可用 I_D 对 U_G 作图的斜率（固定 U_D）得到（也适用于迁移率随栅压变化的情况）：

$$\mu_{lin}=\frac{\partial I_D}{\partial U_G}\times\frac{L}{WC_iU_D} \tag{3-7}$$

如前所述，当 $U_D=U_G-U_{th}$，沟道被夹断，源漏电流将不会大幅增大而是达到饱和。此时式(3-7) 失效。忽略由于耗尽区的出现造成的沟道变短，饱和电流可通过用 U_G-U_{th} 取代 U_{DS} 得到，即

$$I_{D,sat}=\frac{W}{2L}\mu_{sat}C_i(U_G-U_{th})^2 \tag{3-8}$$

在饱和区，饱和电流和饱和 U_D 无关，电流的平方根和栅压成正比（假设迁移率和栅压无关），用电流的平方根对栅压作图可得饱和区迁移率。大多数文献报道的迁移率是饱和区迁移率，一般低于线性区迁移率。

除了迁移率，另外一个重要参数是阈值电压。它也可以通过式(3-8) 作图得到。影响阈值电压的因素较多，如内建偶极矩、杂质、界面态等[1]。增加栅绝缘层的电容可减小阈值电压。阈值电压对一个器件来说也不是固定的，随着测试次数的增多，阈值电压可能会增加[2,3]。阈值电压的变化会导致电流滞环（current hysteresis）现象：正向扫描的源漏电流大于反向扫描的。但是电流滞环现象也不全是坏处，如大且稳定的阈值电压的变化（比如铁电材料栅绝缘层的极化

引起的）可用来做有机存储材料。

材料的开关比（on/off ration）也是一个重要参数。它是源漏电流在开态和关态的比值（I_{on}/I_{off}）。开关比越大越好。对于显示器等应用领域，开关比尤为重要。在不考虑接触电阻的情况下，开态电流主要取决于材料的迁移率和绝缘层的比电容。关态电流的大小取决于绝缘层的漏电流（gate leakage current）和半导体层的导电性等。如果半导体层被掺杂，则有可能出现漏电流增加。

3.2 有机半导体中的载流子传输

3.2.1 有机半导体的分子排列

要理解有机半导体中的载流子传输，首先需要了解其固态分子的堆积模式。无机半导体中分子间靠共价键连接，相互作用力强，形成能带结构，载流子迁移率很高。而无机半导体分子间靠范德华力连接，比共价键弱得多，迁移率也相对较低。

用于场效应器件的有机半导体材料多具有大 π 结构，根据其单晶中的分子排列方式可以分为鱼骨状排列（herringbone）和 π-π 堆积两种典型结构（图 3-3）。鱼骨状结构的特点是最相邻分子成边对面取向［图 3-3(a)］，π-π 堆积结构中的分子面对面平行排列［图 3-3(b)］。显然，鱼骨状结构排列会减小分子间 π 轨道的重叠，而 π-π 堆积结构有可能得到大的 π 轨道重叠。目前，一般认为大的 π 轨道重叠会得到高的迁移率，因此，相当一部分研究者致力于紧密堆积的具有 π-π 堆积结构分子的设计和合成。

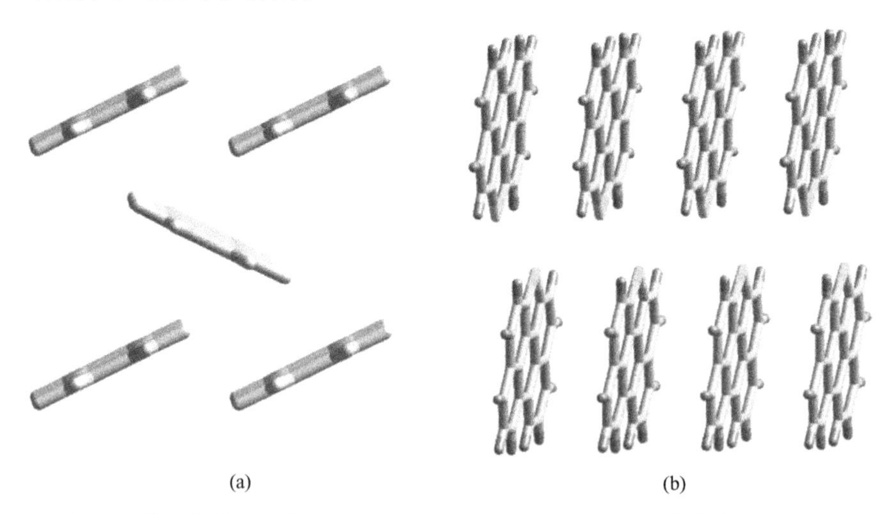

图 3-3 并五苯的鱼骨状排列（a）和一种苝的衍生物的 π-π 堆积排列（b）[42]

3.2.2 有机半导体中的载流子传输机制

有机半导体中的载流子传输机制目前仍不完全清楚。在金属和无机半导体中，载流子传输发生在非局域态（delocalized states），且受声子散射限制。在有机半导体中，载流子的平均自由程（mean free path）小于平均原子间距，经典的能带理论已经不再适用。人们认为，在有机半导体中，载流子通过在局域态跳跃（hopping）传输[4,5]。非局域态和局域态传输的主要区别是前者受声子散射而后者受声子辅助。因此，在无机半导体中，迁移率随温度升高而降低，而在绝大多数有机半导体中迁移率随温度升高而升高（较高温度时）。

然而，在高度有序的结构，比如红荧烯或并五苯等的单晶器件中，跳跃模式似乎并不适合。利用场效应晶体管[6,7]和其他测试方法[8,9]人们发现，在这些高纯晶体中的载流子迁移率比较高（可高达几十平方厘米每伏秒），且发现迁移率随温度降低而升高的现象。这说明传输模式可能是带状，而不是跳跃模式。然而高温时（大于约 150K）载流子的平均自由程和晶格参数接近，这又和带状传输不符[10]。近期，理论研究显示，由于有机单晶中的分子间作用力较弱，分子热运动可以改变分子间的电子偶合（转移积分），这会导致载流子局域化。也就是说，即使在高度有序的单晶中也存在电荷局域化现象[11,12]。

关于有机半导体中载流子传输模型的论述众说纷纭，现简单介绍一下讨论较多的小极化子跳跃模型和多重俘获与释放模型。

3.2.2.1　小极化子跳跃模型

极化子来源于传导电荷引起的共轭链的畸变，而畸变会束缚电荷的传输。也就是说，共轭体系中的电荷传输过程是自束缚的。这种自束缚机制通常通过在价带和导带的带隙中产生局域态来实现。

Holstein 提出的小极化子模型被用来描述有机半导体中的电荷传输[13]。它是一种一维单电子模型（电子-电子相互作用被忽略）。系统的总能量包括三部分。第一部分晶格能 E_L 是 N 个频率为 ω_0 的谐振子的能量总和：

$$E_L = \sum_{n=1}^{N} \frac{1}{2M}\left(\frac{\hbar}{i} \times \frac{\partial}{\partial u_n}\right)^2 + \frac{1}{2}M\omega_0^2 u_n^2 \tag{3-9}$$

式中　u_n——第 n 个分子相对于其平衡位置的位移；

　　M——分子的约化质量。

电子体系用紧束缚近似描述（将在一个原子附近的电子看作受该原子势场的作用为主，其他原子势场的作用看作微扰），此时，电子的能量（第二部分能量）可用式(3-10) 描述：

$$E_k = E_0 - 2J\cos(ka) \tag{3-10}$$

式中　J——电子转移积分；

　　a——晶格常数。

第三部分能量为电子-晶格偶合能：

$$\varepsilon_n = -Au_n \tag{3-11}$$

式中　A——常数。

极化子结合能 E_b 是一个重要参数，它被定义为一个以无限慢的速度运动的载流子由于晶格极化和畸变而获得的能量。在 Holstein 模型中，$E_b = A^2/(2M\omega_0)^2$。所谓的小极化子是指电子带宽（$2J$）小于极化子结合能。此时，总哈密顿量中的电子项可被看作是微扰，小极化子的迁移率可通过解含时薛定谔方程得到。高温时（$T>\Theta$，Θ 为德拜温度）迁移率可由式(3-12）得到。

$$\mu=\sqrt{\frac{\pi}{2}}\times\frac{ea^2}{\hbar}\times\frac{J^2}{\sqrt{E_b}}(kT)^{-3/2}\exp\left(-\frac{E_b}{2kT}\right) \tag{3-12}$$

3.2.2.2 多重俘获与释放模型

多重俘获与释放模型（multiple trapping and release model，MTR）认为窄的离域能带中存在高密度的局域态能级[14]。在传输过程中，这些局域态陷阱能够俘获载流子，并通过热激发而释放。通常做如下假设：首先，到达陷阱的载流子会立即被俘获，几率接近 1；其次，被俘获载流子的释放是热激发过程。漂移迁移率（drift mobility，μ_D）和非局域态迁移率 μ_0 的关系如式(3-13）所示。

$$\mu_D=\mu_0\alpha\exp\left(-\frac{E_t}{kT}\right) \tag{3-13}$$

在只有一个陷阱能级的情况下，E_t 相当于陷阱能级和非局域态带边的距离，α 是非局域态带边的有效态密度（effective density of states）与陷阱密度的比值。在陷阱能级分布较复杂的情况下，E_t 和 α 的有效数值需通过计算得到。MTR 模型也被广泛地使用以解释无定形硅中的电荷传输。

3.2.3 影响迁移率的材料结构因素

目前，影响材料迁移率的因素还不完全清楚，对场效应迁移率的理论预测仍是一个亟待解决的难题。理论上通常把有机半导体中的载流子传输看作电子转移反应（electron transfer reaction），即电荷传输的过程相当于电子或空穴从一个分子转移到相邻分子的过程[15]。决定载流子迁移率的关键参数有两个[16~18]：重组能（reorganization energy）和相邻分子间的电子偶合（转移积分，transfer integral)。高迁移率要求重组能要小，同时转移积分要大。重组能由内外两部分组成。内（分子间）重组能来源于给体和受体的平衡几何构型在电子转移过程中的变化；外重组能来源于电子和原子核引起的周围介质的极化或弛豫。通常分子刚性越强，含有的 π 电子个数越多，重组能就越小，越有利于载流子迁移。而分子间的转移积分则同时取决于分子结构和晶体中的分子堆积方式，它代表相邻分子的轨道重叠程度，所以同时与分子本身及分子排列有着复杂的关系。通常认为平面刚性分子完全面对面的平行堆积最有利于 π 轨道重叠，从而有利于载流子在分子间转移。

根据上述理论，具有 π-π 堆积结构的分子应该具有较高的迁移率。然而实际情况是具有最高迁移率的材料，如红荧烯和并五苯，均为鱼骨状结构。这说明目前人们对影响迁移率的因素了解得还不够透彻，有机半导体的电荷传导理论有待进一步发展。

3.3　有机场效应晶体管的电极

与无机半导体不同，有机半导体的可控掺杂仍是一个挑战。由于掺杂剂在有机半导体中可能发生扩散转移而导致器件不稳定，有机半导体的掺杂目前仍没有完善的解决方案。因此，与无机晶体管不同，有机场效应晶体管的电极和非掺杂的半导体层直接接触，形成金属/半导体结。

在有机场效应晶体管中，电极的作用是向半导体层注入电荷。对 p 沟道器件来说，是向半导体的 HOMO 中注入空穴；对 n 沟道器件来说，是向半导体的 LUMO 中注入电子。合适的电极要求注入势垒尽可能低。高的注入势垒相当于引入了一个额外的电阻，因此被称为接触电阻。接触电阻可以用 Kelvin 探针 (Kelvin probe)[19]、四探针法[20]或转移曲线法 (transfer line method)[21]测量。受材料的迁移率、沟道长度和栅压大小的影响，接触电阻可能会比较大（甚至和沟道电阻大小相当）从而降低器件性能[22~24]。在低的源漏电压下，高接触电阻会导致器件在输出曲线的线性区发生弯曲[25]。

判断接触电阻是否存在的一个简单的原则是 Mott-Schottky 法则，即比较金属的功函（φ）和材料的电离势（IP）与电子亲和势（EA）（或 HOMO/LUMO 能级）的差别[26]。根据此法则，一旦知道了金属的功函和有机材料的能级，空穴和电子注入势垒（分别为 ϕ_h 和 ϕ_e）就可以确定：ϕ_h 等于金属功函和材料电离势的差，而 ϕ_e 等于金属功函和材料电子亲和势的差 [图 3-4(a)]。φ 的大小越接近 ϕ_h 或 ϕ_e，越有利于电荷注入。例如，Bürgi 等研究发现，金电极（φ=5.1eV）和 P3HT 的 HOMO 能级匹配（4.8eV），接触电阻很小，铜电极（φ=4.7eV）会导致接触电阻有数个量级的增加，而从 Al 电极（φ=4.0eV）几乎不能注入电荷[19]。

Mott-Schottky 法则适用的前提是金属和半导体之间的相互作用力较弱。然而金属/有机半导体界面要远比金属/无机半导体界面复杂，可能存在强的相互作用，导致 Mott-Schottky 法则失效。不同的加工方法，甚至同种方法仅仅制作顺序不同，如金属镀在有机膜表面或有机膜镀在金属表面，都有可能导致界面形貌和物理结构的巨大差异。前者可能会导致金属渗进松散的有机半导体层，进而发生电荷转移反应，形成界面态，从而影响能电荷注入。这些影响可用界面偶极（Δ）来描述 [图 3-4(b)]。根据界面偶极的方向，它可能会有利于电荷注入，也可能妨碍电荷注入[27]。界面偶极的来源比较复杂（图 3-5）[26]，但有时也可以用于在电极表面修饰自组装单层膜，降低注入势垒。

Mott-Schottky 法则可以给电极的选择提供指导，但它不涉及电荷注入的机制。目前，用来描述电荷注入的主要理论有热辅助隧穿机制、极化子能级隧穿机

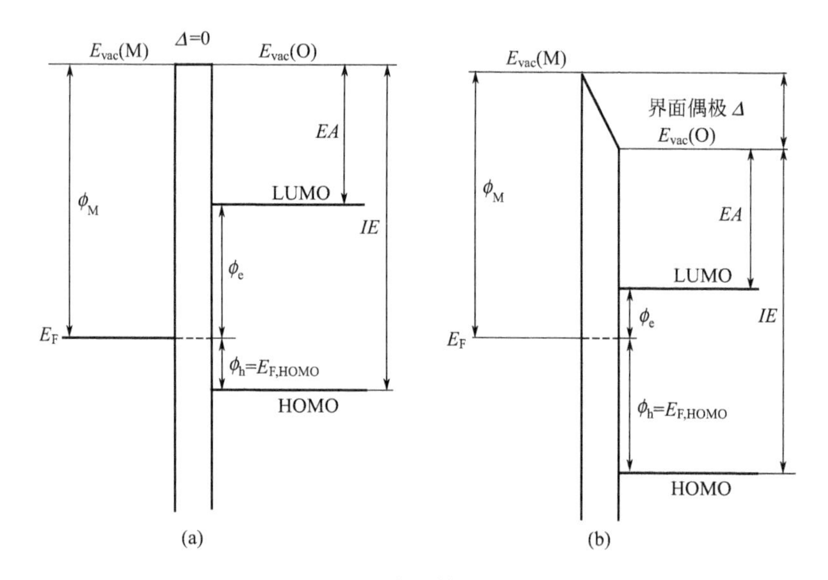

图 3-4 金属半导体界面能级图

(a) 不存在界面偶极的理想情况；(b) 存在界面偶极的情况

E_{vac}(O) 和 E_{vac}(M) 分别是半导体和金属的真空能级

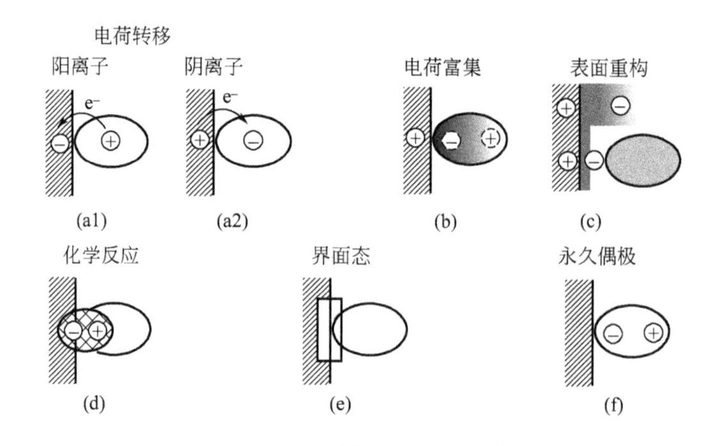

图 3-5 界面偶极的形成原因

(a1) 和 (a2) 界面电荷转移；(b) 电荷富集；(c) 金属电极表面电子云重构；(d) 化学反应；(e) 形成界面态；(f) 极性有机分子和金属形成永久偶极

制、扩散限制的热电子发射等模型。有机半导体的注入机制仍需要深入研究。

另外，接触电阻不仅仅与电极和半导体材料及制作方法有关，还和器件结构有密切关系。比如，用相同的金属和半导体材料，顶电极和底电极器件的接触电阻会不同。如前所述，在底栅/顶电极和顶栅/底电极结构的器件［图 3-1(b) 和 (c)］中，电荷注入的有效面积比底栅/底电极结构的器件［图 3-1(b) 和 (c)］大得多，从而有可能降低注入势垒。

3.4　有机场效应晶体管的绝缘层

由于有机场效应晶体管的电荷传输发生在绝缘层和半导体层的界面附近仅几个分子层厚度的范围内[28,29]，因此，绝缘层的性质对整个器件的性质来讲至关重要，一系列器件性能参数，比如迁移率、开关比、阈值电压、亚阈斜率等都和绝缘层的物理化学性质密切相关，故绝缘层的研究对器件物理性能至关重要。

要想获得良好的器件性能，有机场效应晶体管的绝缘层必须符合一定的要求。它必须有高的击穿电压，低的陷阱密度和良好的物理、化学稳定性。此外，为发挥有机器件的优势，它最好具有柔韧性，并可以在低温下采用溶液法加工。另外一个重要参数是介电常数（κ）。介电常数决定了绝缘层电容（C_i）的大小$C_i=\kappa\varepsilon_0/d$（$d$是绝缘层的厚度），进而决定了栅极诱导出电荷的多少（固定栅压下）。为了诱导出更多的电荷，可以降低绝缘层的厚度，也可以使用高介电常数的材料。

3.4.1　氧化物绝缘层

目前，科研方面使用最多的绝缘层材料是热氧化的 SiO_2（$\kappa=3.9$）。因为带有 SiO_2 绝缘层的硅片比较容易获得，且 SiO_2 表面平整度较高，可给出重复性较好的结果。另外，SiO_2 表面容易做修饰［如十八烷基三氯硅烷（OTS）或六甲基硅氧烷（HMDS)］。通过修饰可以改变附着在其上面的半导体薄膜的形貌，提高半导体薄膜取向性，减小陷阱密度及偶极，从而有可能提高器件性能。其他高介电常数的氧化物如 Al_2O_3（$\kappa=10$）、Ta_2O_5（$\kappa=25$）等也被尝试用来做绝缘层。

氧化物绝缘层的优点是介电常数较高，有成熟的加工方法。但缺点是柔韧性差，不适用于溶液加工的方法，因而不能充分发挥有机场效应晶体管的优势。另外一个致命缺点是使用无机绝缘层的器件的操作电压较高。虽然有些有机半导体的迁移率已经接近或超过了无定形硅，但这是在非常高的源漏电压和/或栅压下得到的。这在实际应用中会导致大的额外能量耗费。为了克服这些缺点，人们尝试了其他绝缘层材料，比如聚合物绝缘层和自组装单层膜绝缘层。

3.4.2　聚合物绝缘层

聚合物绝缘层的优点是柔韧性好，且可用溶液法加工，这都有利于发挥有机晶体管的优势，是有机晶体管领域具有潜在应用价值的一类材料。聚合物的另一个优点是其结构具有多样性，可以通过分子设计调节其物理化学性能（图 3-6)[30]，以适应作为绝缘材料的需求。

1990 年，Peng 等详细研究了不同聚合物绝缘层对器件性能的影响。将聚合物 CYEPL、PVA、PVC、PMMA 和 PS 的溶液滴在衬底上形成绝缘层膜。有机半导体层是蒸镀的连六噻吩（6T），器件结构为 Au 做电极，顶接触/底栅。实验发现，用 PS 和 PMMA 做绝缘层的器件无栅响应，PVC 做绝缘层的器件性能很

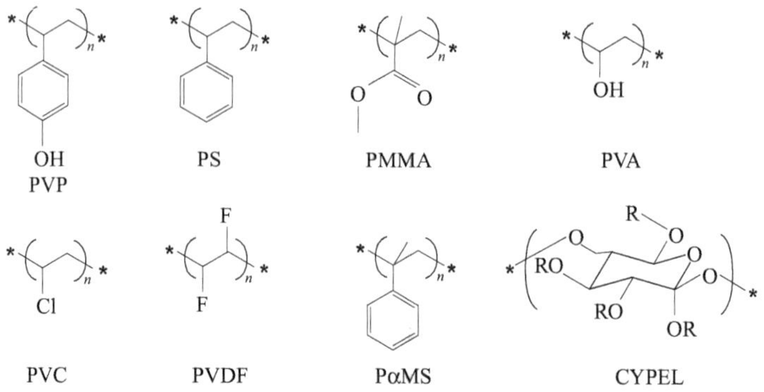

OH
PVP
PS
PMMA
PVA
PVC
PVDF
PαMS
CYPEL

图 3-6 几种用来做聚合物绝缘层材料的化学结构

差，而采用 PVA 和 CYEPL 做绝缘层的器件表现出了良好的场效应性能，迁移率超过了用 SiO_2 做绝缘层的器件[31]。随后，Klauk 等也发现，使用聚合物绝缘层可提高迁移率。他们用交联的 PVP 和一种 PVP 共聚物做绝缘层，真空蒸镀并五苯做活性层。研究发现，这两种聚合物均具有良好的绝缘性能，交联 PVP 的绝缘性能最好，在 5V 偏压下漏极漏电流（gate leakage current）仅为 5×10^{-8} A/cm^2［图 3-7(a)，厚 310nm］。基于二者的晶体管也表现出了良好的性能，交联 PVP 器件迁移率达 $3.0cm^2/(V\cdot s)$，而基于 SiO_2/OTS 基底的器件的迁移率只有 $1.0cm^2/(V\cdot s)$［图 3-7(b)］。但同时研究者发现，器件有明显的电流滞环现象[32]。为了充分发挥聚合物的优势，也可用两层聚合物做绝缘层。和半导体接触的较薄的绝缘层（如 PVP）起到更好的诱导电荷的作用，而另一层较厚的绝缘层起到绝缘的作用。报道显示，此结构的器件表现出了良好的场效应性能，同时具有很小的电流滞环现象[33]。随后的研究表明，PVP 绝缘层引起的电流滞环现象和 PVP 链中的羟基密度有关。羟基密度大会导致电子陷阱密度增加，进

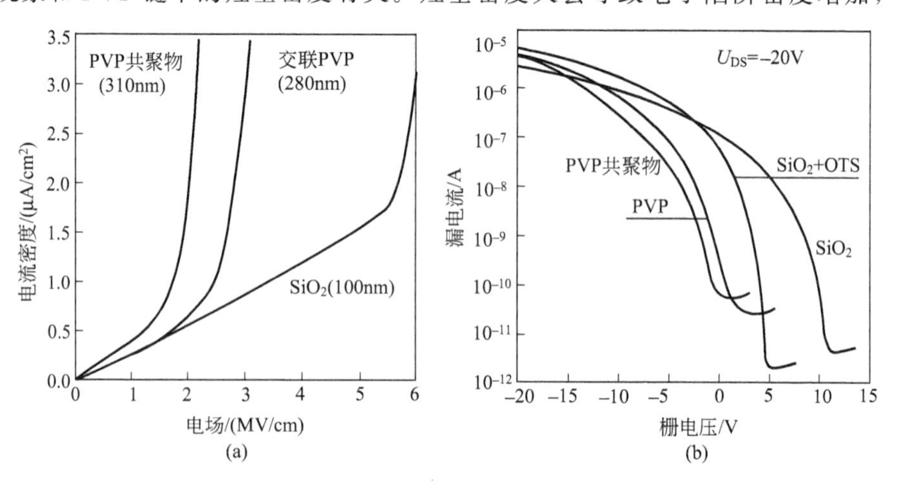

图 3-7 聚合物绝缘层的器件漏电流（a）和转移（b）曲线

而导致电流滞环现象加重[34]。Chua 等报道，用一种不含羟基的绝缘层，可使大多数聚合物表现出 n 沟道性质[35]。

3.4.3 自组装单/多层膜绝缘层

为减小栅极漏电流，聚合物绝缘层一般较厚，这不利于场效应晶体管的工作。自组装单层膜（SAM）绝缘层可以很好地解决这个问题。1993 年 Fontaine 等报道了 OTS 单层膜（2.8nm）的绝缘层。实验中 OTS 被接枝到带有 1.0～1.5nm 自然氧化层的 p 掺杂 Si 衬底上。实验表明，此结构具有相当好的绝缘性

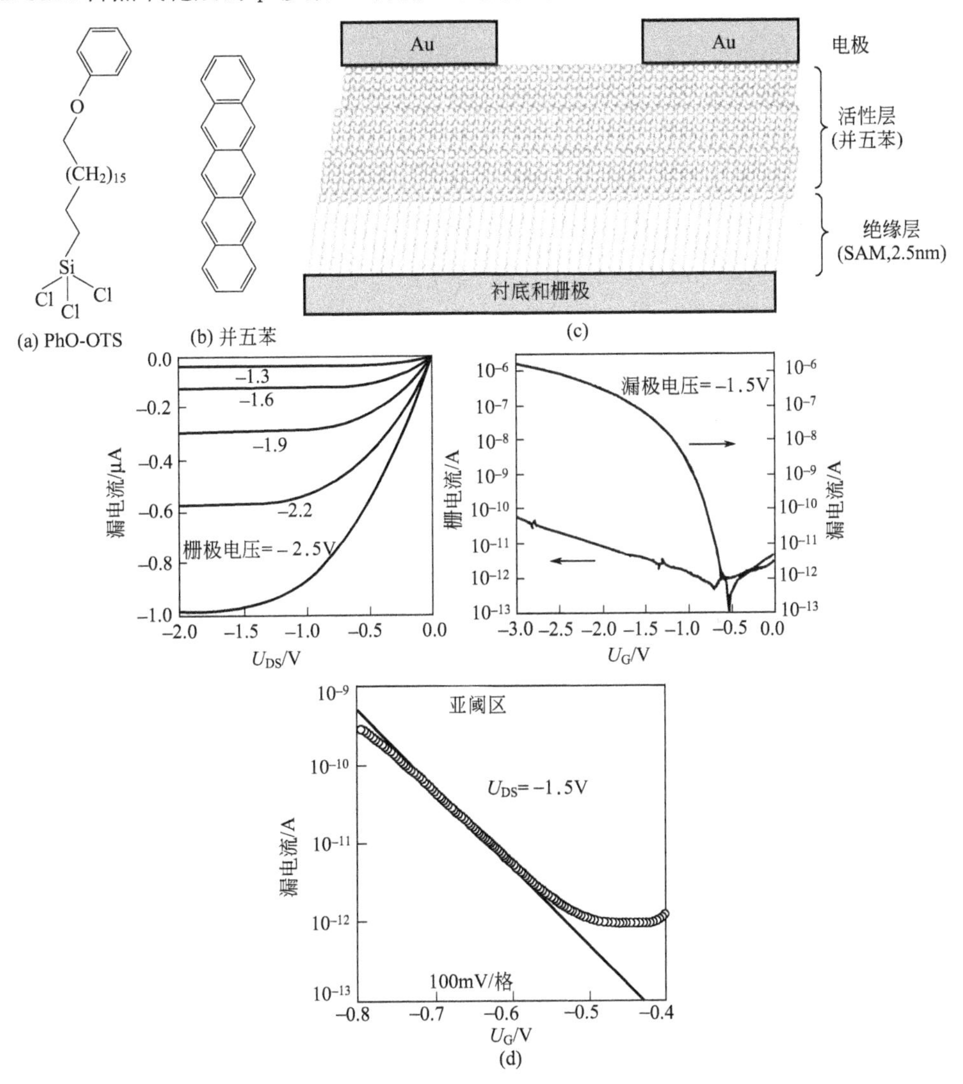

图 3-8　带有芳香环端基的硅氧烷化合物的结构（a）；活性层并五苯（b）；自组装单层膜做绝缘层的器件的界面结构示意图（c）；低操作电压晶体管的性能曲线（d）

能，在电场强度为 5.8MV/cm 时漏电流为 10^{-8} A/cm^2，比未接枝的 Si 片低了 5 个量级。这说明 SAM 的存在可显著增加绝缘性能。但研究者发现，如果 OTS-SAM 排列得不足够紧密就有可能导致栅极漏电流过大而影响器件性能[36]。这个缺点可以通过使用带有芳基端基的硅氧烷化合物代替直链的硅氧烷化合物［如 PhO-OTS，图 3-8(a)］来克服。PhO-OTS 端基芳香环的 π-π 相互作用可促使其 SAM 排列得更为紧密，从而降低栅极漏电流。SAM 的厚度只有 2.5nm，提供的比电容可高达约 1μF/cm^2。器件表现出了低于 2V 的操作电压［图 3-8(d)］，击穿电场高达 14MV/cm，栅极漏电流只有 10^{-9} A/cm^2。其中并五苯器件表现出了高的开关比（10^5）、低的阈值电压（约－2.5V）和小的亚阈斜率（100mV）。这些优异的结果说明，SAM 单层膜在有机晶体管领域具有潜在的应用价值，同时也说明高操作电压不是有机晶体管的本征性能，它可以通过薄的绝缘层加以降低[37]。Marks 组报道了自组装多层膜（self-assembled multilayers，SAMTs）在有机晶体管领域的应用。这些三维交联的绝缘层同样表现出了优异的绝缘性能和高的击穿电场，器件可在低操作电压下工作[38]。

3.5 有机薄膜场效应晶体管

有机薄膜场效应晶体管最诱人的优点是可以通过溶液加工技术制作器件，如可以通过打印的方法构筑器件。从性能来看，其迁移率可大于 1cm^2/(V·s)，已经超过了无定形硅。目前来看，绝大多数有机半导体材料表现出 p 沟道性质，n 沟道材料的研究是目前的热点之一。从材料结构来分，用于薄膜晶体管的材料包括聚合物和小分子两大类。聚噻吩可作为聚合物的代表，小分子的代表无疑是并五苯。

3.5.1 聚合物薄膜晶体管

聚合物薄膜晶体管的代表是聚噻吩类化合物。第一个有机场效应晶体管就是利用聚噻吩作活性层设计的。其中聚 3-烷基噻吩（P3HT）类化合物由于良好的溶解性、稳定性和自组装性能而成为人们研究的焦点[39]。其中最引人瞩目的是 HT-P3HT，即区域规整的聚 3-己基噻吩。区域规整指骨架上所有的取代基均在 3 位（HT，见图 3-9 上左），而非区域规整的取代基可在 3 或 4 位（见图 3-9 上右）[40]。非区域规整的 P3HT 形成的膜的有序性较差，迁移率约在10^{-7}～10^{-4} cm^2/(V·s) 之间[41]。而 HT-P3HT 的迁移率可超过 0.1cm^2/

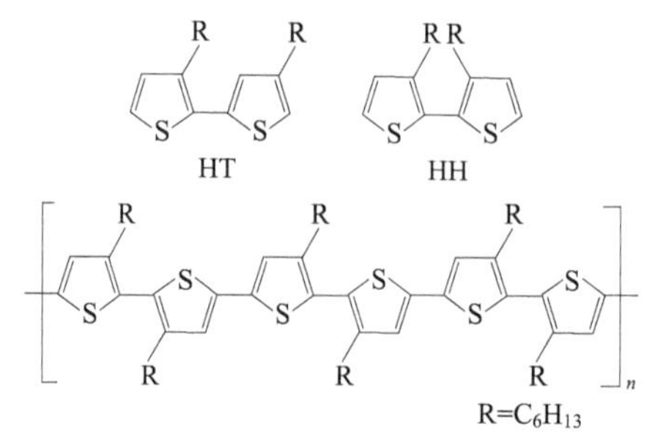

图 3-9 P3HT 的结构

(V·s)，开关比大于 10^6，性能接近非晶硅器件[42,43]。

HT-P3HT 中相邻的聚合物分子链的骨架（即棒状聚噻吩单元）之间存在强的 π-π 相互作用，在溶液中可通过自组装形成高度有序的层状结构，且层状结构的分子平面垂直于衬底。这种结构有利于载流子沿 π-π 堆积的方向传输，因而迁移率较高（图 3-10）。P3HT 中层状结构的间距 a 约为 1.6nm，约为烷基链长度的 2 倍，因此，其烷基链在自组装薄膜中几乎没有重叠。

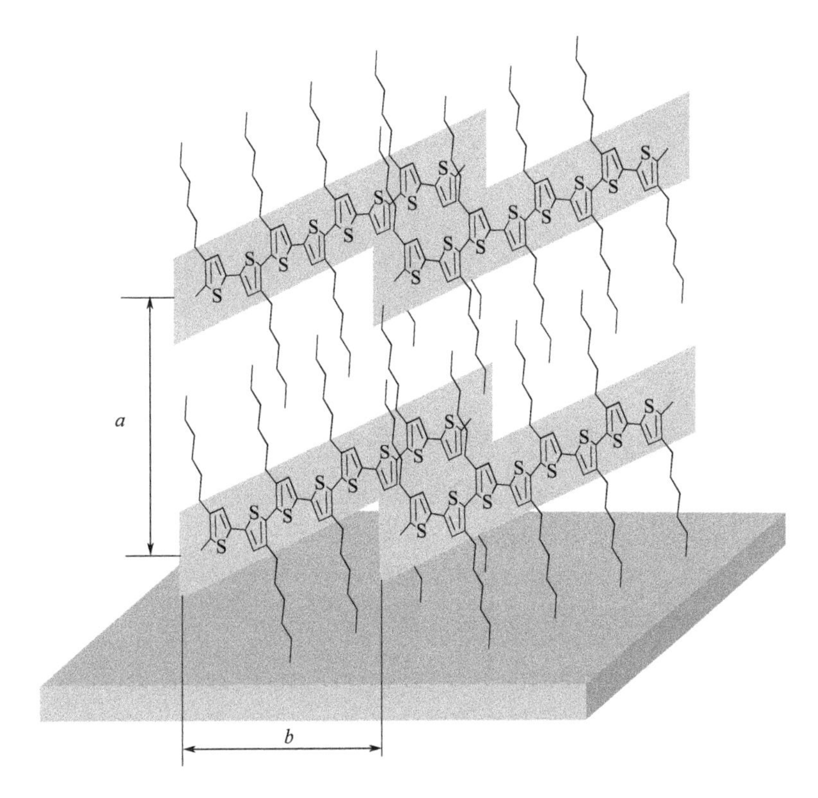

图 3-10　通过自组装 P3HT 在薄膜中形成高度有序的层状结构的示意图

为了得到堆积更为紧密的结构，人们合成了聚四噻吩［poly（quaterthiophene)，PQT，图 3-11 上］[44]。PQT 在溶液中也可通过 π-π 相互作用自组装为类似于 P3HT 的高度有序的层状结构。但由于其烷基的密度比 P3HT 少了一半，大的空隙使其烷基链有部分交叉，层状结构的间距要小于烷基链的长度的 2 倍。这种交叉结构可能进一步促进了 PQT 的有序自组装。退火后，薄膜中晶畴（crystalline domain）的大小可达 10～15nm（图 3-11 下）。更紧密的堆积导致 PQT-12($R=n\text{-}C_{12}H_{25}$）的迁移率可高达 $0.2cm^2/(V\cdot s)$。同时，由于烷基链的减少，使聚合物的噻吩骨架获得了更大的自由度，PQT 的离子化势也比 P3HT 有所升高（提高 0.1eV），因此 PQT 具有更好的抗氧化稳定性。

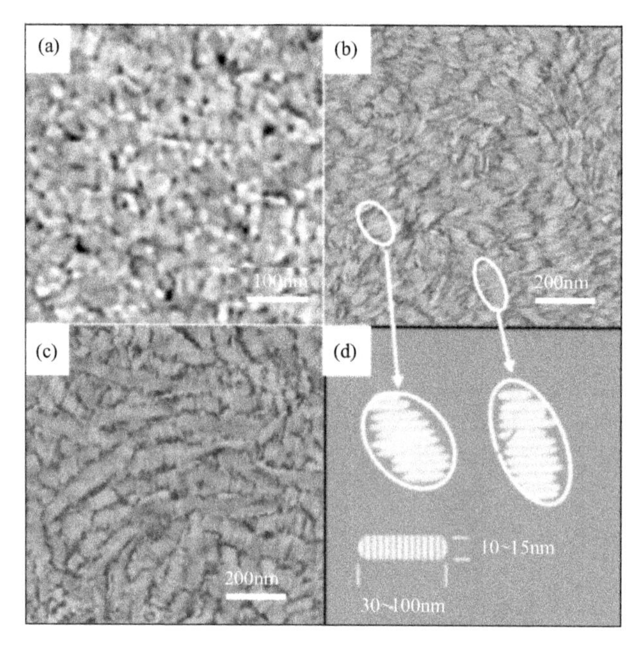

图 3-11 PQT 的结构（上）及薄膜的 AFM 图片（下）

(a) 退火前；(b)、(c) 退火后；(d) 晶畴示意图

进而，人们将 PQT 结构单体中的两个连噻吩换为并噻吩，合成得到分子 PBTTT（图 3-12 上）。此系列的化合物的电离势比 P3HT 高约 0.3eV，说明它们更稳定。原子力隧道扫描显微镜研究结果表明，PBTTT 退火后形成了类似真空蒸镀薄膜一样的多晶结构，晶粒大小可达 200nm。这和 P3HT 及 PQT 的棒状晶畴不同。XRD 分析表明，薄膜中 π 堆积结构的距离和 P3HT 及 PQT 相近（3.72Å）。由 FET 测试结果表明，PBTTT 的迁移率高达 0.7$cm^2/(V \cdot s)$[45]。

除了聚合物骨架外，还有其他很多因素影响材料的性能，比如分子量、侧链的大小、成膜过程中使用的溶剂等。

除了聚噻吩外，人们还发现了其他许多聚合物表现出场效应性能，如聚芴类聚合物等。高性能、高稳定性的新材料的探索仍在进行中。

3.5.2 小分子薄膜晶体管

与聚合物比较，小分子场效应材料种类更加繁多，且迁移率相对较高。其中研究较多的是并苯类化合物。它们多具有低的 HOMO 能级和较强的分子间相互作用。并苯类研究最多的是并五苯。并五苯溶解性很差，通常用真空蒸镀的方法制备其薄膜器件。蒸镀在 OTS 修饰的 SiO_2 上的薄膜一般为树枝状多晶［图 3-13

(a)]，晶粒大小可达 1～5μm。随着晶粒的增大，其迁移率也增大，可达 1～3cm²/(V・s)[46]。在薄膜中，并五苯采取长轴垂直于基底的排列方式，这有利于载流子传输 [图 3-13(b)][47]。

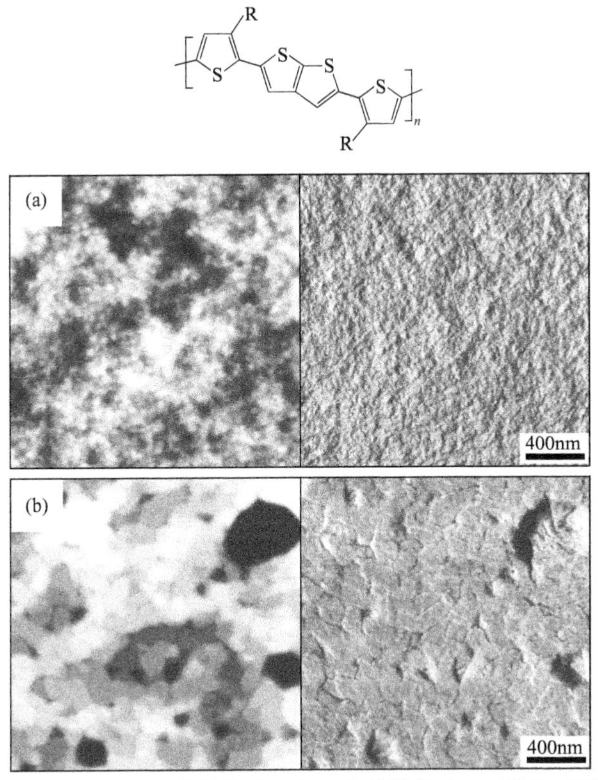

图 3-12　PBTTT 的结构式（上）和薄膜的 AFM 图片（下）
(a) 退火前；(b) 退火后；左边是形貌图，右边是相图

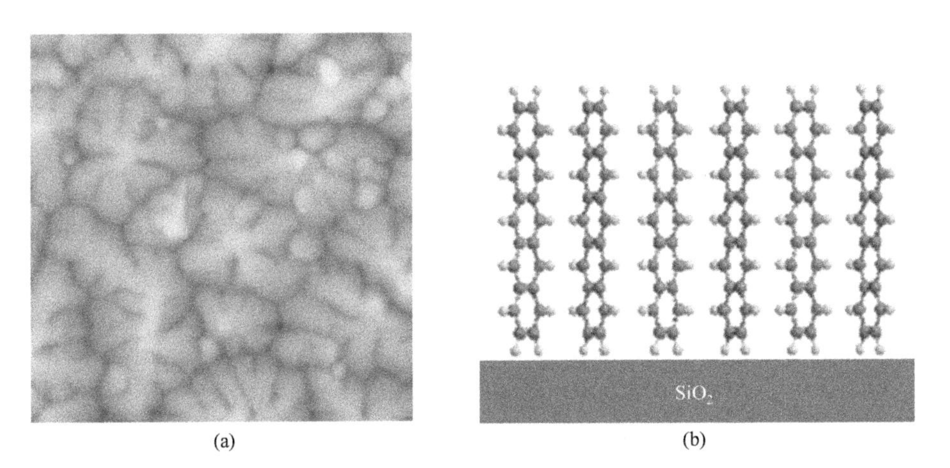

图 3-13　并五苯真空蒸镀薄膜的形貌图
(2.5μm×2.5μm) (a) 和薄膜中分子垂直于基板的排列方式示意图 (b)

Dimitrakopoulos等详细研究了并五苯分子束外延薄膜的形貌、结构和性能的关系（图3-14）。发现在较低温度（-196℃）下得到的是无定形态膜，电导率很低；在室温（27℃）得到的是单一相的并五苯薄膜；进一步升高温度（55℃）得到的是混合相（热力学稳定的单晶相和动力学产物薄膜相）薄膜。混合相薄膜中由于缺陷较多，所以迁移率比单一相的要低[48]。这说明沉积条件的控制对于小分子薄膜晶体管至关重要。

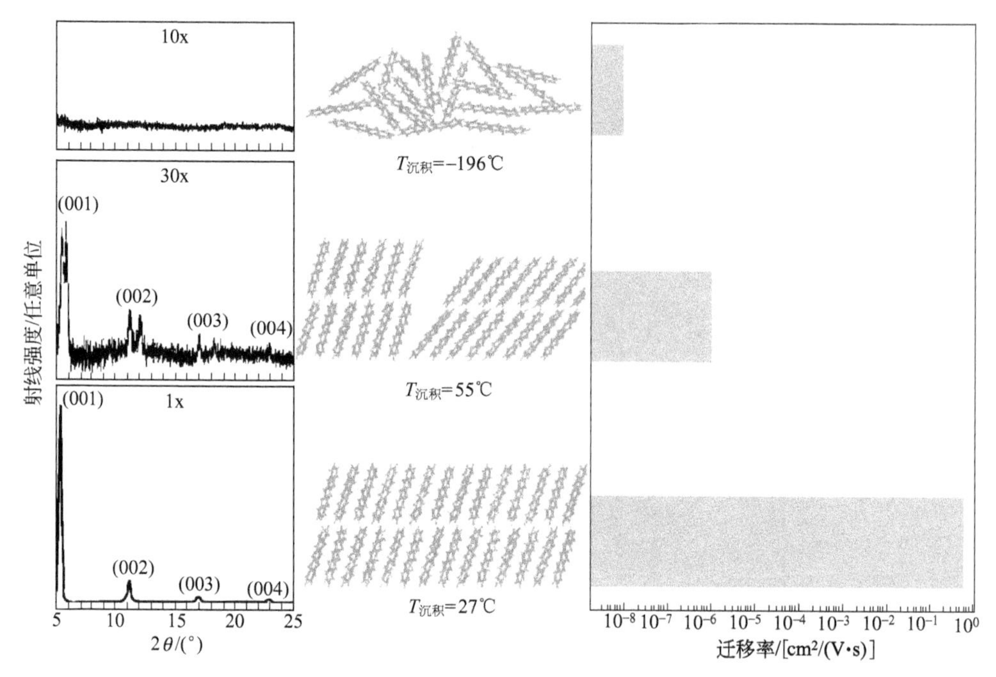

图3-14 三种代表性并五苯薄膜的XRD图谱、分子排列有序度及性能

尽管并五苯的迁移率较高，超过了a-Si，已经满足显示器件驱动的需要。但并五苯有两个缺点限制了其商业应用：①它难溶于常见的有机溶剂，因此，有机晶体管制作的优势之一溶液加工方法不适用；②并五苯不稳定，对光和空气敏感，容易发生氧化变质[49]。人们希望能通过分子设计来克服这两个缺点。

研究者试图通过结构改造来合成可溶的化合物。通常，可以通过在分子中添加支链来提高溶解性。例如，Anthony等在并五苯化学活泼的9和13位添加大空间位阻的基团，可得到可溶的并五苯衍生物[50]，如TIPS-PEN（图3-15）[51]。TIPS-PEN可通过溶液法得到均匀的高质量的薄膜，器件迁移率高达$1.0cm^2/(V \cdot s)$。不同于并五苯的鱼骨状分子堆积，TIPS-PEN采取的是π-π堆积的分子排列模式，这可能是其高迁移率的来源。

另一个研究方向是提高并五苯的稳定性。并五苯不稳定的重要原因是其HOMO能级较高（5.07eV）且光带系较窄（1.85eV）[52]。高建华等通过引入高离子化势的苯并噻吩单元得到了分子DBTDT（图3-15），它具有低的HOMO能级（5.60eV）和宽的带隙（3.46eV）。因此，它的溶液和薄膜都很稳定。真空蒸镀的薄膜器件迁移率高于 0.5cm²/(V·s)，显示出潜在的应用价值[53]。

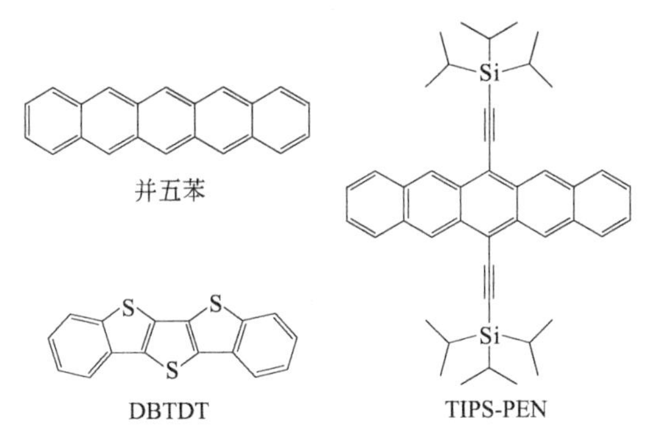

图 3-15　并五苯及其两种代表性衍生物的结构

上述材料均表现为 p 沟道性质。p 沟道器件种类繁多，除了并苯外还有连噻吩类、酞菁类、四硫富瓦烯（TTF）类等[54]。

相比于 p 沟道器件，n 沟道材料要少得多，主要有苝或萘酰亚胺类、全氟取代的金属酞菁类、含氟取代基的连噻吩类等等[54]。可以看出，其多为含有强吸电子基团的材料，这可使材料的 LUMO 能级升高，从而有利于电子通过 Ag 等金属电极的注入。需要说明的是，大部分报道的 n 沟道器件是在真空或惰性气氛中测量的，一旦转移到空气中，它们的性能会大幅下降甚至消失。这主要是由于空气中的水或氧与活性层作用形成了电子陷阱，从而使器件性质降低或消失。n 沟道材料仍需要大量的研究来提高其稳定性。

3.5.3　薄膜晶体管的溶液加工技术

在电子工业中，无机半导体的加工普遍采用传统的光刻（photolithography）、电子束刻蚀（electron beam lithography）、离子束刻蚀（ion beam lithography）等能量束刻蚀技术实现高精度的图案加工和电子器件组装。这类方法涉及涂胶、曝光、显影、去胶等复杂步骤，从抗蚀层到图案化层的图案传递过程可能导致有机半导体材料性能的下降甚至破坏。另外该类技术需要昂贵的设备和苛刻的环境，造价较高。基于以上原因，针对有机半导体的特点，人们发展了许多非传统的图案化加工方法，其中主要包括丝网印刷（screen printing）、喷墨打印（ink-jet printing）、微接触打印（microcontact printing）、激光热传递打印（thermal laser printing）等技术。这些方法能充分发挥有机半导体的优点，并可以借用现成的打印技术，因而有利于低成本大量生产。

现就研究较多的丝网印刷和喷墨打印技术给予简单介绍。

3.5.3.1　丝网印刷

在丝网印刷技术中，印刷油墨在刮墨刀的挤压下透过丝网印版上图文部分的网孔漏印到承印材料上形成印刷图案。这种方法的特征尺寸较大，通常为几十微米。

1994 年，Garnier 等第一个通过丝网印刷的方法制作有机场效应晶体管[55]。在他们的器件中，只有源、漏和栅极被打印在作为绝缘层的聚合物薄膜上。而有机半导体层仍然是通过真空蒸镀制作的。实际应用要求晶体管的所有部分，包括半导体层，都要通过打印的方法得到。

此后，1997 年，Bao 等展示了各主要部分均使用利用丝网印刷技术制作的高性能晶体管。镀有 ITO 的塑料衬底用做基底和栅极。首先，一层聚酰亚胺薄膜被通过掩膜打印在 ITO 表面，随后，P3HT 的氯仿溶液被旋涂、滴注或打印在聚酰亚胺薄膜上，最后，源漏电极被通过另一个掩膜打印在 P3HT 薄膜上。利用这种方法可以大量制备具有不同结构的器件。器件的迁移率为 0.01～0.06$cm^2/(V \cdot s)$，这与 SiO_2 衬底、光刻 Au 电极的 RR-P3HT 器件的性能相当。

丝网印刷的特征尺寸偏大，这不利于器件的高度集成。另外，丝网印刷需要高黏度的墨水。因低黏度的墨水在衬底上会随意流动，从而降低精确度。因此，丝网打印适合于分辨率要求不太高的场合下用高黏度的聚合物溶液打印。

3.5.3.2　喷墨打印

喷墨打印法是通过喷嘴将墨水喷在衬底上形成图案的方法。喷墨打印技术的墨水只打印在需要的地方，环保又经济。为了提高效率，可以使用多个喷嘴。然而，墨水喷到衬底上以后会不可控地流动，这就降低了分辨率。同时，墨水的黏度及其和衬底的浸润情况也影响分辨率。因此尽管喷嘴可以很小，喷墨打印的特征尺寸仍比较大（约 150μm）。

Sirringhaus 及合作者在喷墨打印方面做了一系列开创性的工作[56～59]。2000 年他们首先报道了采用喷墨打印的方法制作的聚合物薄膜晶体管。他们利用亲水-疏水效应，通过巧妙的实验设计获得了窄沟道器件。实验通过光刻技术和氧等离子刻蚀技术结合，在亲水衬底上得到了疏水的窄条区域。用自制的喷墨打印设备沿此疏水区成功打印了导电聚合物 PEDOT：PSS（亲水）电极。控制条件可得到沟道长度小于 5μm 的源漏电极。随后在电极上旋涂聚合物半导体层和绝缘层，然后再次通过喷墨打印 PEDOT：PSS 栅极完成器件制作。采用此方法得到的器件的开关电流比可达 10^5，迁移率达 0.02$cm^2/(V \cdot s)$[56]。为了进一步提高喷墨打印图案化精度，Sirringhaus 等将喷墨打印技术与表面能辅助反浸润法结合，将晶体管的沟道长度缩小至 250～500nm[59,60]。之后他们采用自对准方法则可实现低于 100nm 宽度 PEDOT：PSS 导电沟道的加工[61]。

目前喷墨打印技术在晶体管领域尚未获得商业应用。除了分辨率，还有其他一些挑战急需解决，例如薄膜厚度的均匀性还有待提高，如何控制喷墨液滴的形状和大小，如何避免打印薄膜针孔的形成等。

有机晶体管的打印加工是大势所趋，但目前仍局限于实验室阶段，大规模的商业应用还需要进一步的研究和探索。

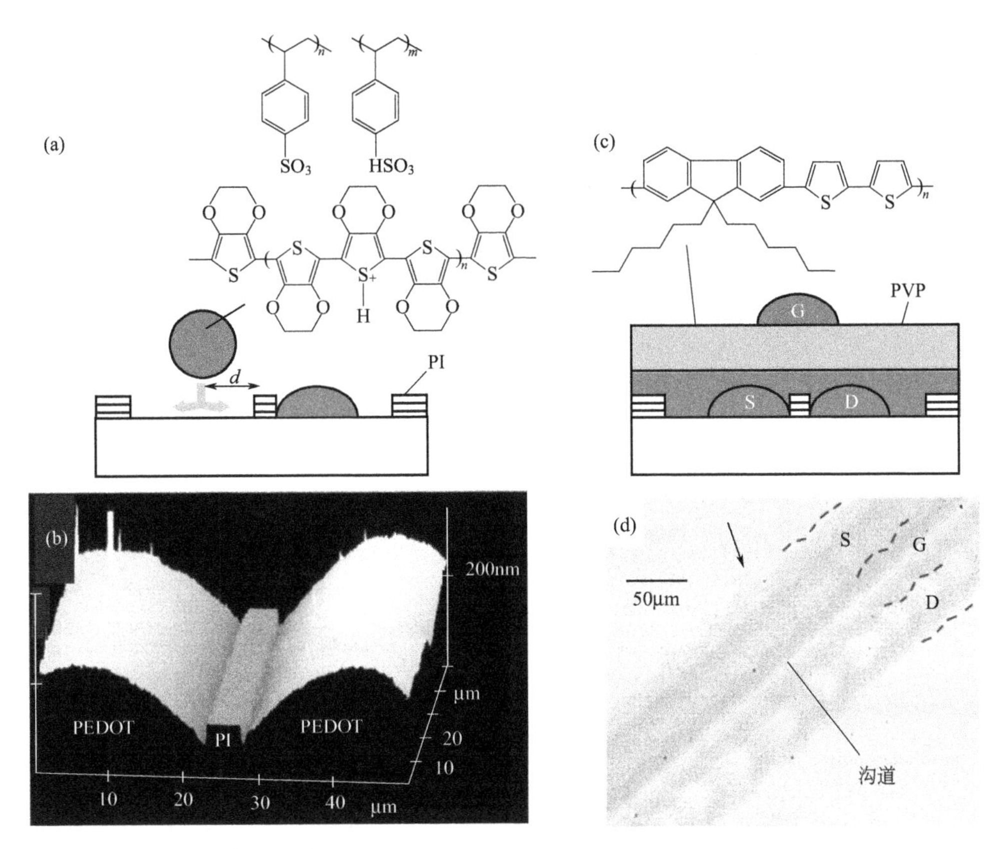

图 3-16　在表面亲/疏水处理过的基底上进行喷墨打印的示意图（a）；喷墨打印的 PEDOT 电极被疏水的聚酰亚胺隔开了约 5μm，形成导电沟道（b）；用 F8T2 做活性层的器件结构示意图（S—源电极；D—漏电极；G—栅电极）（c）；薄膜晶体管的光学照片（d）

3.6　有机单晶场效应晶体管

3.6.1　有机单晶场效应晶体管的研究意义

目前，有关有机场效应晶体管的研究大都集中于薄膜器件。薄膜晶体管的活性层以多晶或无定形态存在，其中存在大量的晶界，会妨碍载流子传输，降低迁移率。另外，随制备条件的不同，薄膜的形态和结构可能有较大的变化。这也是同种材料不同实验室报道的迁移率相差较大的主要原因。薄膜晶体管的这些特点也决定了其不适合用来研究材料的结构-性能关系。与薄膜器件中的多晶薄膜不同，单晶晶体管的活性层是有机单晶。单晶晶体管具有以下特点：①单晶中的分子呈长程有序排列，不存在晶界；②单晶的结构确定，一旦生长完成就不随器件制备条件的改变而改变；③单晶具有极高的纯度，杂质含量少。因此有机单晶晶体管是研究有机半导体结构-性能关系的理想工具[62]。

另外，同种材料基于单晶的器件往往比薄膜器件表现出高的迁移率。而高迁移率的器件可以用来构筑性能更为优异的电路。因此，单晶器件的研究还具有重要的实际意义。近几年来，有机单晶晶体管的发展很快，在单晶生长、器件制备、结构性能关系研究等方面取得了较大的进展。

3.6.2 有机半导体单晶的生长

无机单晶多从固溶体中生长得到。如单晶硅的制法通常是先制得多晶硅或无定形硅，然后用直拉法或悬浮区熔法从熔体中生长出棒状单晶硅。有机物结构上的特点决定了它们具有和无机单晶不同的生长方法。有机单晶升华点低，因此可以采用气相法生长。另外有些有机半导体具有良好的溶解性，因而可以在溶液中生长。下面简单介绍这两种方法。

3.6.2.1 气相法

气相法适于生长不溶或难溶的有机材料（当然也可以用来生长可溶的材料）。在应用于场效应晶体管的半导体材料中，有相当一部分为稠环化合物，溶解性较差，它们的单晶一般是在气相中得到的。目前，迁移率最高的红荧烯单晶就是从气相中生长的。

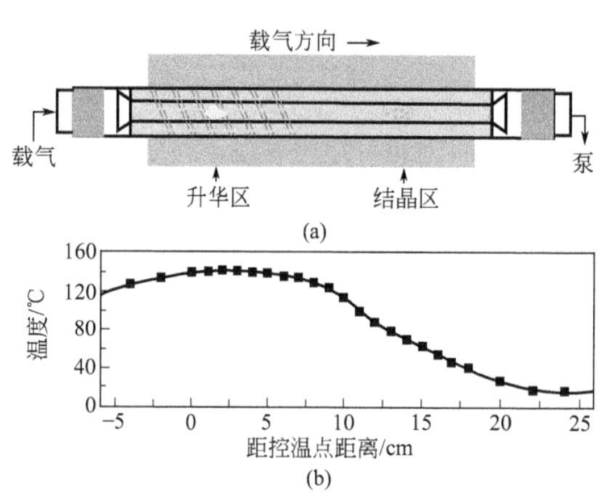

图 3-17 PVT 管式炉的结构示意图（a）及温区分布曲线（b）

从气相中生长单晶的常用方法是物理气相传输法（PVT）[63,64]，其装置（管式炉）如图 3-17(a) 所示。它包括炉膛、控温仪、真空泵等部分。典型炉体的温度分布如图 3-17(b) 所示，它有两个温区，一个是高温的升华区，温度由控温仪控制，可升高至想要的温度并保持恒定；升华区下方是结晶区（顺着载气的方向），离控温点越远，温度越低。生长单晶时，起始原料（通常是粉末）放在升华区并将温度恒定在材料的升华温度以上，单晶就会在低温区一个合适的温度范围内生长。

影响 PVT 法单晶质量高低的因素很多，要想获得高质量的单晶，需要严格地控制实验条件。已知如下因素可能影响晶体质量。

① 升华区温度　应尽可能接近原料的升华温度，即晶体的生长速度要足够慢。Podzorov 等报道，最高质量的红荧烯单晶的生长温度接近于其升华温度[65]。

② 温度梯度　小的温度梯度可得到缺陷较少的单晶，同时有利于杂质分离从而得到高纯的单晶。通常温度梯度在2～5℃/cm。

③ 载气种类　PVT所用的载气都是高纯气体，常见的有氩气、氮气、氢气等。见于报道的最高质量的红荧烯等单晶用的是高纯氢气做载气。目前人们还不清楚不同的载气是如何影响晶体质量的。

④ 载气流速　载气流速的大小会影响沉积区的位置和体系的真空度，应结合所用沉积体系的大小，并根据得到的晶体的形貌和质量调节合适的流速，使沉积区位于合适的位置。

⑤ 真空度　体系需保持合适的真空度。其他条件比如震动、光照等也有可能影响晶体质量。理想条件下，管式炉应该放在无震动的平台上并要避光。

另一个影响晶体质量的因素是材料的纯度。PVT过程可以把不同升华点的材料沿管壁分开，因此它本身伴随着提纯过程。把前一次的产物作为第二次的起始原料进行再纯化是一个有效的提高材料纯度的方法（彩图1）。对于纯度较低的材料，可能需要三次或更多次反复纯化。

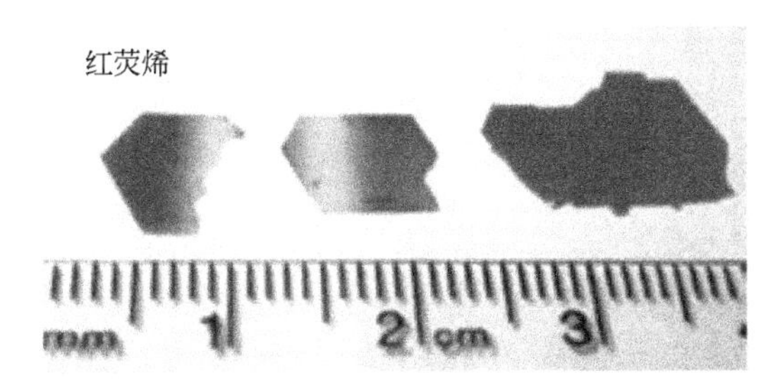

图3-18　PVT法生长的红荧烯单晶

Podzorov等详细研究了红荧烯单晶在气相中的生长。他们通过测试所得到的每一批单晶的迁移率和X射线摇摆曲线（X-ray rocking curves）的峰宽来确定晶体的质量。他们发现，影响晶体质量高低的一个关键因素是结晶区温度和升华区温度的温差（相当于过饱和度）。得到高质量单晶的一个重要前提是要控制升华温度和材料的升华点接近。采用这种条件得到的晶体具有平滑的表面和低的生长台阶密度（图3-18）。实验设定升华温度为300℃，氢气流速为100cm^3/min，内管直径为20mm。在此条件下，升华300mg起始材料需要大约50h。由此所得的晶体的场效应迁移率高达8cm^2/(V·s)[65]。

Roberson等通过研究并五苯单晶生长指出，通过调控升华温度和结晶温度可以控制所得单晶的形貌。比如，在升华温度为265～285℃，结晶温度为165℃时会得到针状晶体；而在升华温度为310℃或更高，结晶温度为185℃时会得到大的片状晶体[66]。尽管并五苯有多个相，研究者发现，这些针状和片状的单晶属于同一个相（d_{001}=14.1Å）[66]。这说明可以通过温度调节来控制晶体的形貌。

由于有机单晶中的分子间由弱的范德华力连接，有机单晶的分子排列和形状很容易受生长条件的影响，同质多晶现象（polymorphism）很常见。例如，随生长温度的变化，噻吩低聚物有高温相和低温相两种结构[67]。Tong等详细研究了几种金属酞菁（包括CuPc、CoPc、NiPc、FePc、ZnPc）和全氟酞菁铜（F_{16}CuPc）在PVT系统中的生长规律[68]。研究者发现，晶体结构和尺寸与生长衬底温度（即结晶温度）有强的依赖关系。例如，对于 CuPc，升华区温度恒定为 383℃，结晶温度在 293℃变化到 119℃时，晶体的形貌会发生变化（图 3-19）。在较高的生长温度时（如 293℃），晶体主要呈现带状（ribbon），长度约 30～80μm，宽约 150～350nm，高约 50～200nm。其中有部分大晶体（宽 1～3μm）出现。生长温度降低时（如 240℃），晶体的尺寸减小，晶体长度为 10～15μm，宽度 90～190nm。进一步降低温度会得到更短的纳米线（nanowire）。在生长区末端，最短的晶体长度约为 1μm，宽度和高度相近且均低于约 100nm。随温度改变的不仅仅是尺寸大小，形貌也随之发生变化。在生长区温度低于 200℃时，除了得到直的纳米带和纳米线外，还得到了扭曲的纳米线［twisted nanoribbons，图 3-19(d)～(f)］。并且发现这些扭曲纳米线的生成和衬底无关。进一步研究发现，结晶温度的变化改变了晶体的结构。衬底温度高于 200℃时得到的直的纳米带或纳米线属于 β 相 CuPc，而衬底温度低于 200℃时得到的是 α 相 CuPc。

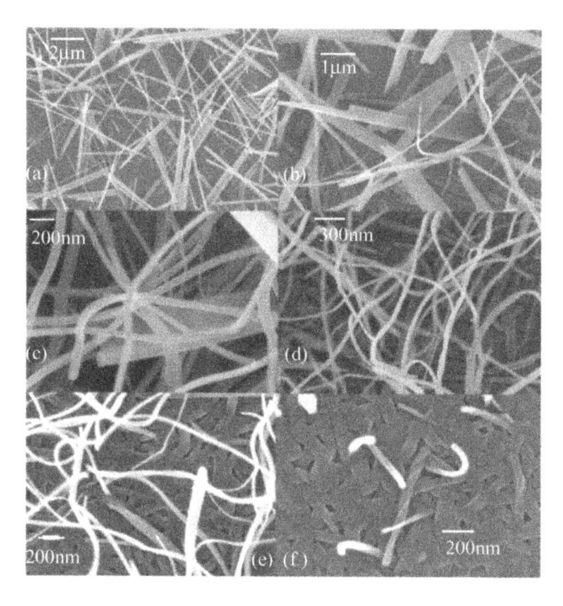

图 3-19　用物理气相传输法生长的不同衬底温度的 CuPc 单晶

衬底为玻璃，温度分别为 (a) 240，(b) 216，(c) 195，(d) 170，(e) 142，(f) 119℃。衬底温度高于 200℃时得到的直纳米带或纳米线属于 β 相 CuPc，而衬底温度低于 200℃时得到的是 α 相 CuPc

另外，PVT 法和溶液法得到的单晶可能具有不同的结构（即不同的相）。Siegrist 等[69]发现，PVT 法生长得到的并五苯单晶比溶液法生长得到的晶体具有更加紧密的分子堆积，单胞体积比液相法得到的小 3%。α-4T 和 α-6T 有类似的结果。其中高温相具有较高的迁移率。

PVT 过程中，除了单晶结构和形貌需要控制外，还要控制结晶区的位置，以便于器件制作。Bao 及合作者通过打印 OTS 阵列实现了有机单晶在气相中的区域可控生长。他们发现，打印的 OTS 的平整度较差，起伏超过 100nm。也就是说在平坦的衬底上出现了粗糙区域。在 PVT 过程中，晶核首先出现在粗糙区（即打印有 OTS 的区域），进而控制条件可使晶体只在此区生长（图 3-20）[70]。利用这种方法可在衬底（包括柔性衬底）上特定区域得到图案化的有机单晶晶体管阵列。

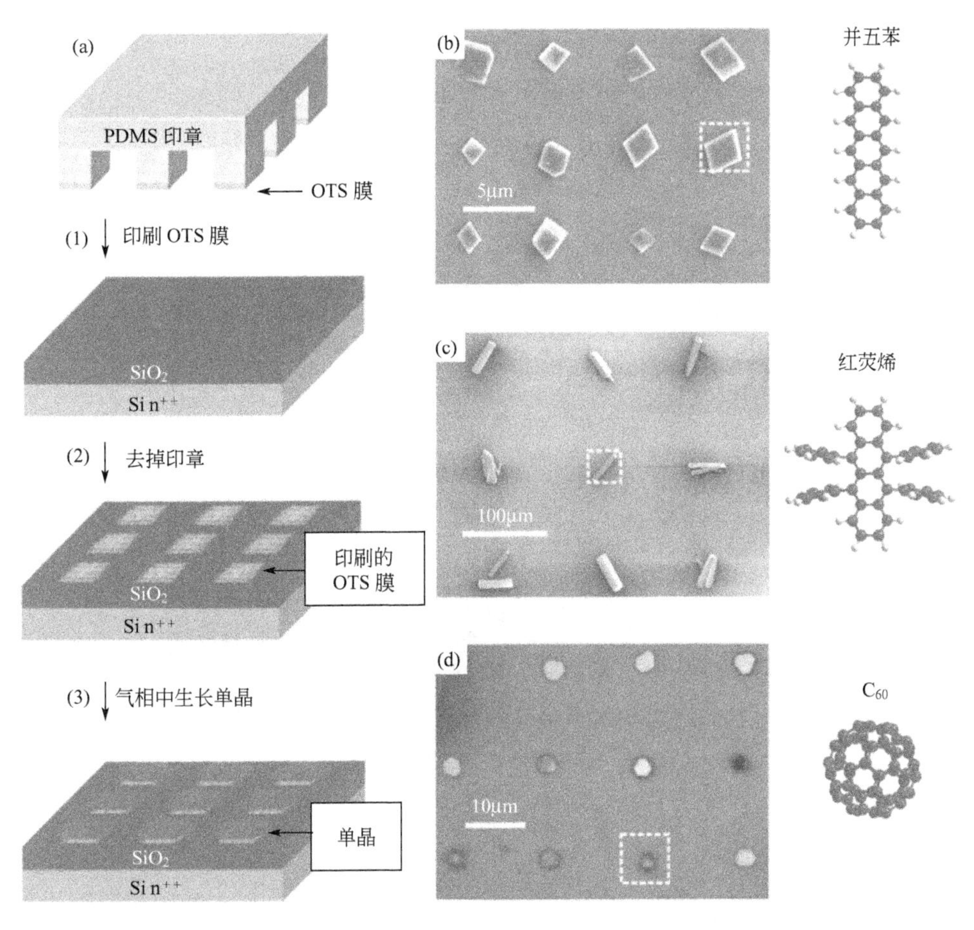

图 3-20　利用粗糙度的不同在 PVT 体系中位置选择性地沉积有机单晶阵列

（a）通过微接触打印的方法在衬底上选择性地打印 OTS 阵列；

（b）～（d）在打印有 OTS 的区域选择性地生长有机单晶

PVT 过程中，有时还需要控制单晶和衬底的结合关系。比如，如果需要在生长完成后把单晶从衬底上分离下来，就需要单晶和衬底不贴合，最好能接近垂直生长；而如果需要原位构筑场效应器件，则需要单晶和衬底紧密贴合。汤庆鑫等详细研究了 CuPc 单晶的控制生长，发现如果不加控制，PVT 法得到的 CuPc 微纳米带/线和衬底的贴合不佳，甚至有部分单晶垂直于衬底生长，这不利于原位构筑场效应器件。为了得到平贴于衬底的结构，汤庆鑫等发明了晶核诱导法生长单晶（图 3-21）[71]。首先把小晶核（如超声粉碎 CuPc 微纳米带得到的晶核）转移到衬底上［图 3-21(a_1)］，随后把带有晶核的衬底放入 PVT 系统中生长单晶。晶体会沿预沉积的晶核优先生长，从而得到沿晶核方向生长的紧贴衬底的微纳米带/线［图 3-21(a_2)］。实验中微纳米带/线可能沿晶核的一端生长［图 3-21(b_1)］，也可能沿两端生长［图 3-21(b_2)］。控制晶核的方向就可以得到各种结构的平贴于衬底的单晶带［图 3-21(c)～(f)］。

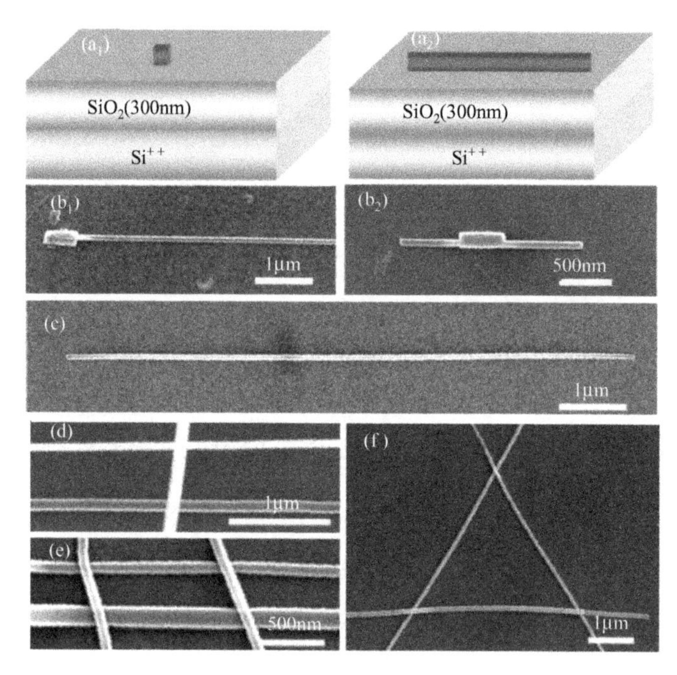

图 3-21 晶核诱导法生长的平贴与衬底的微纳单晶

(a_1) 置于衬底上的晶核；(a_2) 沿晶核生长的单晶线；
单晶可以沿晶核的一边 (b_1) 或两边 (b_2) 生长；
(c)～(f) 平贴于衬底的单晶

3.6.2.2 溶液法

气相法需要管式炉等设备，且生长条件要求比较苛刻。而有机半导体的一大优点是具有可溶性，对于溶于有机溶剂的有机材料来说，溶液法是最为简单和经济的方法之一。溶液法通过改变外界条件使溶液过饱和进而析出单晶。常见的有四种方法：①缓慢挥发溶剂法；②缓慢冷却法；③气相扩散法；④液-液界面扩散法。

缓慢挥发溶剂法是培养有机单晶的常用方法。将化合物溶解于适量的某种溶剂（挥发性适中），配成饱和或接近饱和的溶液，然后转移至一个干净玻璃容器内，用封口膜或锡箔纸封住口（留一些针孔），静置，溶剂缓慢挥发后就有可能在容器中析出晶体（如图 3-22①）。这种方法是最为常用的一种单晶生长的方法，它的最大优势是简单；缺点是耗时较长，且不适合空气敏感材料。缓慢冷却法是基于化合物在高温溶解度大、低温溶解度小的原理。在高温下将化合物配成饱和或接近饱和的溶液，然后缓慢降低温度，由于低温下化合物达到过饱和而最终从溶液中析出晶体（如图 3-22②）。气相扩散法是基于化合物在不同溶剂中的溶解度不同的原理设计的。首先将化合物溶于良溶剂配成饱和或接近饱和的溶液，将其中部分溶液置于一开口容器中，然后将该容器放置于一个更大的装有不良溶剂的容器内，密封该容器。通常要求不良溶剂的挥发性好于良溶剂的挥发性。不良溶剂会挥发并溶解于良溶剂中，使化合物形成过饱和状态进而析出晶体（如图 3-22③）。在此过程中可以通过调控容器的温度来控制不良溶剂的扩散速度。气相扩散法使用原料较少，通常能长出高质量的晶体。液-液界面扩散法也是基于化合物在不同溶剂中的溶解度不同的原理设计的。将化合物溶解于两种密度差别较大的溶剂中配制成饱和或接近饱和的溶液，然后利用注射器将少量的密度较大的饱和溶液注射至密度较小的溶液中（或反过来），两种溶剂会分层。由于化合物在两种溶剂中的溶解度不同，晶体会从界面处析出（如图 3-22④）。

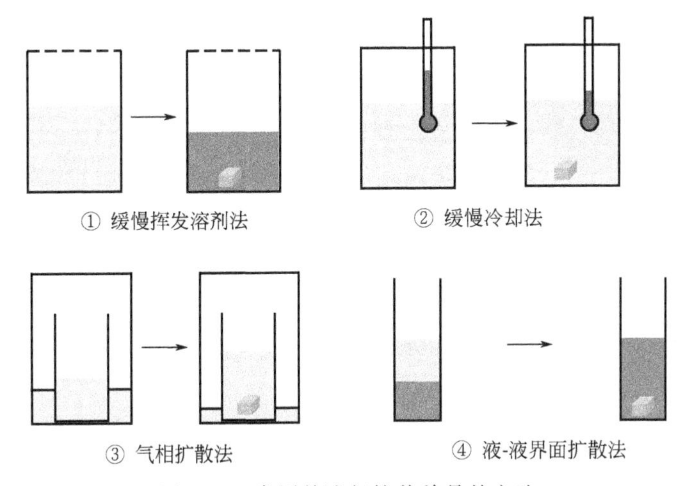

图 3-22　常用的液相培养单晶的方法

虽然上述溶液法能够得到有机单晶，但为了方便场效应器件制作，研究者对其进行了改进，得到了浸渍法、滴注法（图 3-23）和溶液交换法（图 3-25）等方法。

浸渍法（dip-coating）和滴注法（drop-casting）：将衬底（通常已经制作好电极）浸入可溶化合物的饱和或浓溶液中，或将可溶化合物的饱和溶液或浓溶液滴在衬底上，静置，溶剂挥发后即可有晶体出现。这种方法可看作是缓慢挥发溶剂法的延伸。所得晶体的大小、形貌及质量高低与温度、溶剂种类、溶剂挥发的速度等条件有关，可通过改变环境温度、溶剂类型、溶液浓度等来调控。也可将体系置于同种溶剂的饱和蒸气气氛中以降低生长速度。要想得到高质量的单晶和

图 3-23　改进的溶液法生长单晶

高性能器件，选择合适的溶剂至关重要。姜辉等在研究四硫富瓦烯（TTF）时发现，利用不同的溶剂可得到具有不同结构（即不同相）的晶体，且这些晶体具有不同的性能[72]。如采用正庚烷溶剂生长的 TTF 晶体为纯 α 相，而采用氯苯溶剂生长的 TTF 晶体则为纯 β 相。α 相 TTF 的迁移率最高达 $1.2cm^2/(V \cdot s)$，而 β 相的迁移率最高只有 $0.23cm^2/(V \cdot s)$[72]。

图 3-24　滴注法生长的连接在电极上的 DT-TTF 单晶（箭头所指）

溶液法得到的高迁移率晶体管大部分都采用了上面所述的方法。例如，Torrent 等 2004 年用这种方法制作了二噻吩-四硫富瓦烯（DT-TTF）单晶晶体管，迁移率高达 $1.4cm^2/(V \cdot s)$。他们把 DT-TTF 的热饱和溶液（溶剂为氯苯）滴在事先制备好电极的硅片上，在室温下溶剂挥发干净后就得到了连接在电极上的 DT-TTF 的单晶（图 3-24），即可进行器件测量[73]。

溶剂交换法（solvent-exchange method）：将少量化合物的浓溶液滴入不良

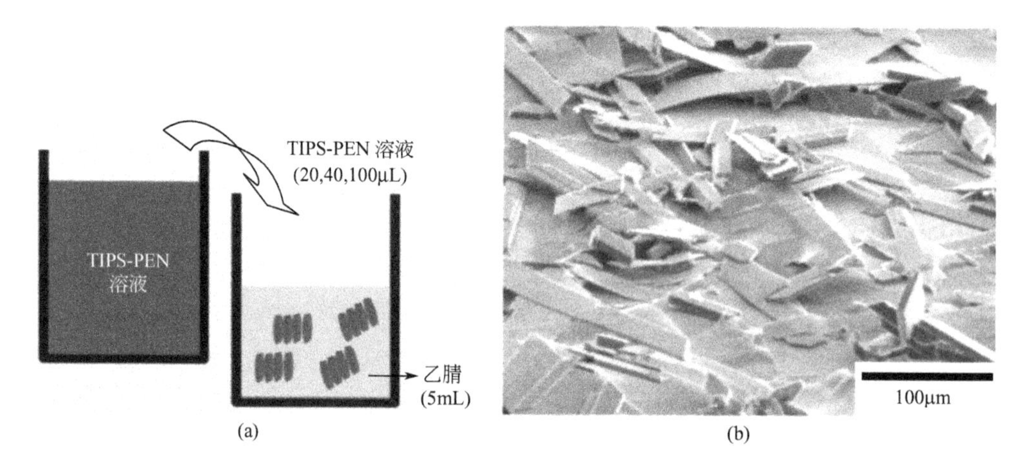

图 3-25　溶剂交换法生长有机单晶

(a) 从良溶剂中转移入不良溶剂；(b) 所得晶体的 SEM 照片

溶剂中即可有晶体析出。例如，三异丙基硅基并五苯（TIPS-PEN）分子中的两个三异丙基硅基（triisopropylsilyl）侧链使它易溶于疏水性溶剂（如甲苯中）而难溶于极性较大的溶剂（如乙腈）。将其从甲苯转移到乙腈中时可得到片状单晶，进而可制作晶体管（图 3-25）[74]。

3.6.3 有机单晶场效应晶体管的构筑

和无机晶体相比，有机晶体分子之间由范德华力连接，比较脆弱，因而许多用于无机晶体的加工方法不能用于有机晶体。比如，无机晶体可用聚焦离子束（FIB）沉积法沉积电极，但用于有机单晶时，它会破坏晶体表面分子排列方式，增加载流子注入的势垒，还会形成高密度的载流子陷阱，从而导致器件性质下降或观察不到应有的性质。所以必须发展新的器件构筑方法以适应有机单晶的特点。

目前，根据单晶场效应晶体管构筑过程的不同，主要有四种构筑方法：①静电贴合法（electrostatic bonding technique），即把有机单晶通过静电引力贴在晶体管电路上（包括源极、漏极和栅极以及绝缘层），得到底接触结构；②直接构筑法，即把晶体管电路直接构筑在无支撑的有机单晶表面；③掩膜法，即通过掩膜（金丝或有机线等）限定导电沟道，然后真空蒸镀源漏电极，这种方法得到的是顶接触结构；④滴注法，即把溶有半导体材料的溶液或半导体单晶的悬浊液滴在晶体管电路上制作器件，这种方法得到的是底接触结构。几种方法各有优缺点，下面将分别阐述。

3.6.3.1 静电贴合法

静电贴合法是利用晶体和衬底之间的静电力将晶体和晶体管电路贴合在一起的器件制作方法。和晶体贴合的衬底分为两种，一种是普通的带有 SiO_2 氧化层的硅片，另一种是柔性衬底，二者的制作方法大致相同。

静电贴合法制备底接触型器件的步骤（见图 3-26）是：首先在衬底上构筑好栅极、绝缘层和源、漏电极［图 3-26(a)］，然后将晶体通过静电力相互作用与晶体管电路贴合在一起［图 3-26(b)］，完成器件构筑。这种技术的优点是：①衬底可以采用柔性塑料，有利于构筑柔性器件；②由于电极是预先制备好的，有利于构筑较复杂的电极结构，例如，可以构筑四探针结构以研究器件的本征性质；③不需要在晶体上制作电极，避免了电极制作（如金属电极蒸镀）过程对晶体的损伤；④可以通过重复取放晶体来研究晶体的各向异性电荷传输特性。研究者用这种方法制作了高性能器件，测到了有机半导体的本征电荷传输性质[75]。静电贴合法也有一些不足之处：①需要对晶体进行机械操作（拿起、移动、贴合等）。因此，晶体的尺寸不能太小，通常是毫米量级或更大的晶体。②在机械操作过程中可能破坏晶体结构或污染晶体表面，这会严重影响场效应晶体管的性能。③电极与绝缘层有台阶状结构，很难保证晶体同时与电极和绝缘层都完美贴合，而接触不紧密会导致场效应晶体管的性能受到影响。Frisbie 研究组对绝缘层进行刻蚀，然后将源漏电极沉积在刻蚀的槽中，来解决接触的问题[76]。另一个解决问题的方法是空气绝缘层技术。2004 年，Podzorov 研究组和 Rogers 研究组报道以空气作为绝缘层构筑了红荧烯单晶场效应晶体管[6]。2005 年，Rogers 等人又利用此方法制备了红荧烯和四氰代对二亚甲基苯醌（TCNQ）单晶 FET，迁移率分别达到 $13cm^2/(V \cdot s)$ 和 $1.6cm^2/(V \cdot s)$[77]。这些方法都在一定程度上改善或避免了静电贴合法制作单晶器件制备过程中有机半导体的接触问题。

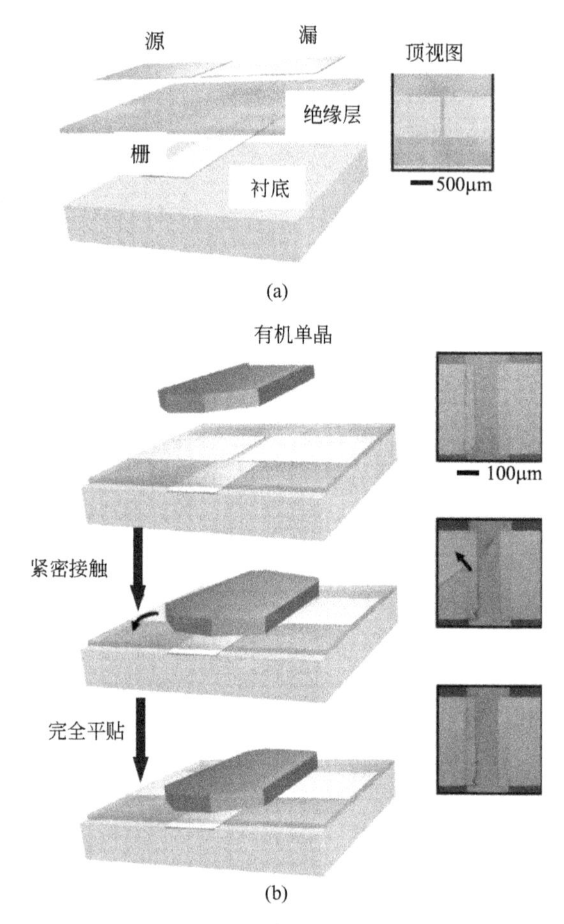

图 3-26 贴合法制备底接触型 FET 器件

3.6.3.2 直接构筑法

在这种方法中，晶体管电路被直接构筑在一个无支撑的单晶上，也就是说单晶本身既作活性层又作衬底（图 3-27）。这种技术的关键是如何在脆弱的有机单晶上构筑场效应结构。源、漏电极最简单的制作办法就是直接手工操作，即在单晶表面点导电胶。这种方法的优点是操作简单，但准确度差，只能在大单晶上操作，通常沟道较长且边缘不整齐。另外，这种操作很容易在单晶表面形成缺陷，降低器件性能。

直接构筑法使用最多的绝缘层是聚对二甲苯（parylene）[78]。早期人们试图用溅射 Al_2O_3 的方法制作绝缘层。但研究发现，溅射会在单晶表面产生高密度的缺陷，甚至会彻底损坏单晶，观察不到场效应性质。聚对二甲苯的引入使人们成功地在单晶表面制作了高性能的器件。在沉积腔中，聚对二甲苯薄膜在室温生成，对单晶几乎没有损害。形成的薄膜质量也比较高，均匀，无针孔，且具有良好的电学性能：0.1μm 厚的薄膜的击穿电场高达 10MV/cm。使用聚对二甲苯的优点有：①室温形成薄膜；②化学惰性，不和有机晶体起反应；③聚对二甲苯/单晶界面具有低的陷阱密度。另外聚对二甲苯绝缘层具有良好的柔韧性，可在柔性器件中获得应用。

图 3-27　直接构筑在红荧烯单晶上的晶体管

为了克服直接点导电胶法的缺点，汤庆鑫等发展了贴金膜构筑技术（图 3-28）[79]。这种方法通常预先把单晶转移（或原位生长）到 Si/SiO_2 衬底上，随后贴上金电极。贴电极的过程如下：首先在平坦的基底上真空蒸镀 100nm 的金膜，随后把金膜分割成约 30μm×150μm 的小块，利用机械探针的针尖在显微镜下挑起这些金膜小块，贴在有机单晶的两端完成器件构筑。这种方法适用于有机微纳单晶，且避免了蒸镀电极的过程，不会对晶体构成损伤。

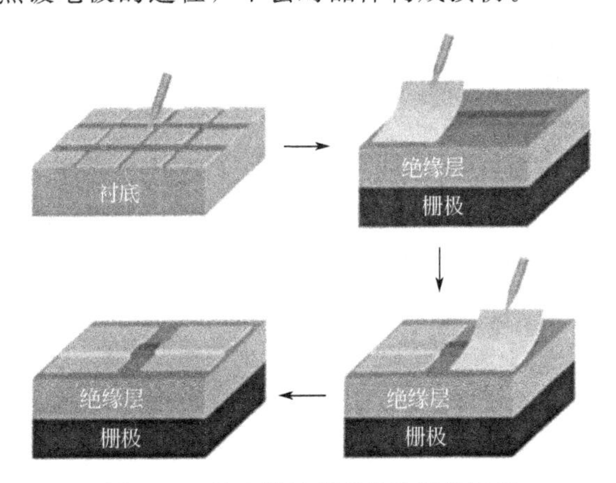

图 3-28　贴金膜法制备晶体管的过程

约 100nm 厚的金膜被真空蒸镀在平坦的衬底上，并分割成小块。用机械探针挑起分成小块的金膜，贴在单晶线的两端上完成器件制作

3.6.3.3　掩膜法

掩膜法是利用掩膜遮挡晶体的一部分，随后在其上面蒸镀电极的器件制作技

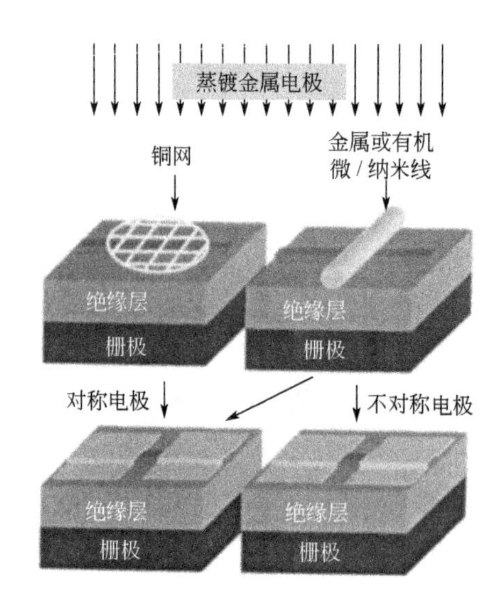

图 3-29 利用铜网或金属/有机微纳米线做掩膜制备顶电极器件
通过多次移动金属线掩膜线，沟道长度可以减小到微米级，且可以制备不对称电极

术（图 3-29）。使用的掩膜可以是普通透射电镜的铜网。此方法的优点是简单，但选择性较差。2006 年，汤庆鑫等报道了利用金丝掩膜制作单晶场效应晶体管的技术[71]。酞菁铜单晶线被放在 SiO_2/Si 衬底上（栅绝缘层和栅极），随后用直径 20μm 的金丝垂直跨过单晶线并被固定在衬底上做掩膜。随后真空蒸镀电极，最后掩膜被去掉，沟道长为 20μm 的器件就完成了。在第一次蒸镀完成后（掩膜金丝未去掉前），可以把金丝位置稍微挪动，随后可进行第二次蒸镀，这样沟道长可减小到几微米。如果第二次蒸镀使用不同的金属，则可得到不对称电极[80]。之后江浪等对此进行了改进，使用直径更细的有机微纳米线做掩膜[81]。由于有机线可以做得很细，因而可以在更小的晶体上制作器件，相应的导电沟道可以减小到亚微米级。有机线掩膜法的另一个优点是具有很强的定位能力，可制作沟道任意取向的器件[82]。

掩膜完成后需要真空蒸镀金属电极。蒸发舟的温度很高，可能会对有机单晶造成损害，形成陷阱。所以一定要尽可能避免或降低热辐射的影响。可采取的措施有：①用尽可能细的蒸发舟。②用尽可能低的蒸发速度。这两条是为了降低舟的蒸发温度，从而减小热辐射的产生。③在蒸发源附近加一个金属网。④增大蒸发源到单晶的距离。后面两条是为了进一步减小到达单晶的热辐射。另一个问题是残余气体对金属原子的散射效应。这会造成沟道边缘模糊，从而降低器件性能。这可以通过在单晶和蒸发源之间加一个准直筒来改善。

静电贴合法和直接构筑法一般都要求晶体要足够大（通常是毫米量级），否则很难操作。而有机单晶难以长大，因此，对于微纳晶来说，这两种方法将很难操作。而掩膜法特别适合小晶体，解决了小晶体不能做器件的难题[83]。

3.6.3.4 滴注法

前边所述的方法多是从气相中得到单晶，随后制作器件。另一种方法是从液相中得到单晶并构筑器件。滴注的液体可以是单晶的悬浊液，也可以是化合物的浓溶液。晶体管电路事先制备好，电极被做成阵列（图 3-30）。析出的晶体的量一般比较大，选取搭在两个相邻的电极上的晶体从而构成可工作的器件。这种方法操作简单，但有可能出现单晶和电极接触不紧密的问题。

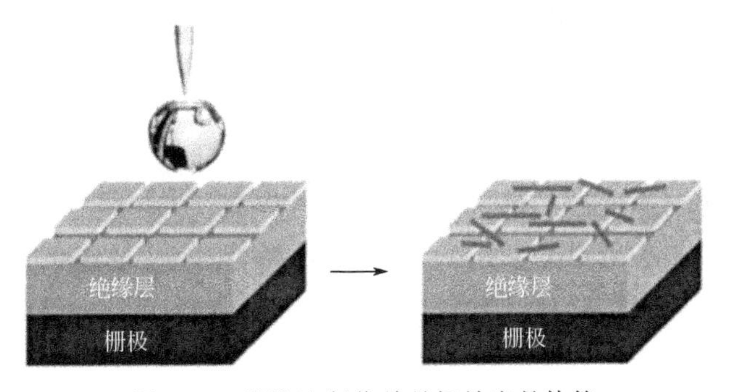

图 3-30　滴注法制作单晶场效应晶体管

3.6.4　有机单晶场效应晶体管的性能

高速、高性能电路是人们的不懈追求。高迁移率是高速电路的基本保证，正因为如此，近年来单晶晶体管的迁移率有了很大的提升（见表 3-1）。其中红荧烯单晶的晶体管室温迁移率高达 20cm^2/(V·s)，已经远远超过了无定形硅。

表 3-1　不同方法制备的有机半导体单晶的场效应迁移率

生长方法	材料	类型	迁移率/[cm^2/(V·s)]	结构	绝缘层	年	出处
气相	BP2T	p	0.42	TC,BG	SiO_2	2002	[84]
	rubrene	p	20	BC,BG	Air-gap	2004	[6]
	DCT	p	1.6	TC,TG	Parylene	2004	[85]
	TCNQ	n	1.6	BC,BG	Air-gap	2004	[77]
	anthracene	p	0.02	BC,BG	SiO_2	2004	[86]
	DPh-BDSe	p	1.5	TC,TG	Parylene	2005	[87]
	pentacene	p	2.2	TC,TG	Parylene	2005	[66]
	CuPc	p	1	TC,TG	Parylene	2005	[88]
	tetracene	p	2.4	BC,BG	PDMS	2006	[89]
	FCuPc	n	0.2	TC,BG	SiO_2	2006	[80]
	f-B5TB	p	0.5	TC,TG	Parylene	2007	[90]
	f-BT3STB	p	1.1	TC,TG	Parylene	2007	[90]
	PET	p	0.8	TC,BG	SiO_2	2007	[25]
	FCuPc	n	0.35	TC,BG	Air-gap	2008	[91]
	diF-TESADT	p	6	BC,BG	SiO_2	2008	[92]
	TPBIQ	p	1	BC,BG	SiO_2	2008	[93]
	BAA	p	0.82	TC,BG	SiO_2	2008	[81]
	PDIF-CN2	n	6	BC,BG	SiO_2-PMMA	2009	[94]
	DPV-Ant	p	4.3	TC,BG	SiO_2	2009	[95]
溶液	DT-TTF	p	1.4	BC,BG	SiO_2	2004	[73]
	TIPS-PEN	p	1.42	TC,BG	SiO_2	2007	[74]
	CH4T	p	0.2	BC,BG	SiO_2	2007	[96]
	TTF	p	1.2	TC,BG	SiO_2	2007	[72]

注：BC—bottom contact；TC—top contact；TG—top gate；BG—bottom gate；BP2T—biphenyldithiophene；DCT—5,11-dichlorotetracene；TCNQ—tetracyanoquinodomethane；DPh-BDSe—iphenylbenzondiselenophene；CuPc—copper phthalocyanine；FCuPc—perfluorinated copper phthalocyanine；diF-TESADT—2,8-difluoro-5,11-bis(triethylsilylethynyl)anthradithiophene；PET—perylo[1,12-b,c,d]thiophene；TIPS—pentacene—6,13-bis(triisopropyl-silylethynyl) pentacene；TPBQ—tetraphenylbis(indolo) quinoline；BAA—1,2-bis (9-anthryl) acetylene；DPV-Ant—di (phenylvinyl) anthracene；TTF—trathiafulvalene；DT-TTF—dithiotetrathiafulvalene；CH4T—cyclohexylquaterthiophene；TIPS—triisopropylsilane；ADT—Anthradithiophene。

3.6.5 有机单晶场效应晶体管中材料的结构-性能关系

电荷传输在无定形薄膜中表现为各向同性，而在单晶中则是各向异性的。各向异电荷传输特性的获得是得到材料本征性能的表现。Bao 等报道了有机单晶中电荷传输与分子排列的关系。他们用较高的角度分辨率详细研究了红荧烯单晶各个方向上电荷传输的性质。电荷在红荧烯单晶中的传输表现出了明显的各向异性，并且反映了有机半导体中分子排列的各向异性[97]。这些实验结果加上先前的理论预测加深了人们对有机半导体结构-性能关系的认识。对红荧烯来说，沿 b 轴方向分子呈共面堆积，电子偶合最大，所以迁移率最大（图 3-31）。

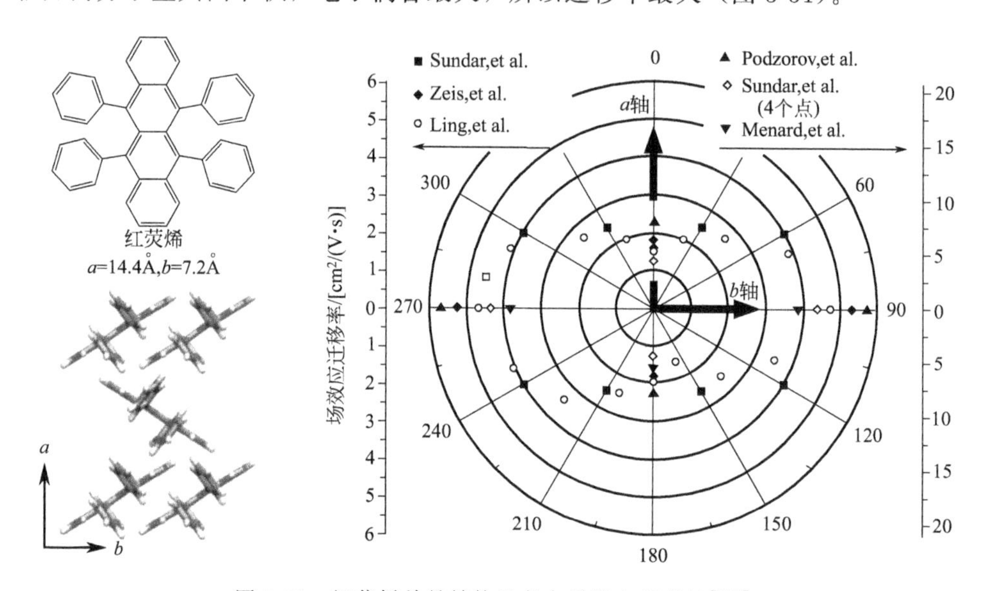

图 3-31 红荧烯单晶结构及各向异性电荷传输[176]

对材料结构-性能关系的深入研究有助于更高性能材料的设计，从而推动有机晶体管的发展。

3.7 总结与展望

有机场效应晶体管是未来柔性电路的基本单元，其研究引起了众多科学家的关注。在有机晶体管研究领域，材料科学和器件物理研究相辅相成，也已取得巨大的进步。有些晶体管的迁移率已经达到或超过了无定形硅，显示出潜在的应用价值（图 3-32）。我们相信，有机场效应晶体管会在未来的大面积、柔性电路中获得广泛的应用，人们的生活也会因为柔性电路的出现而将呈现革命性的变化。

然而，有机晶体管的发展过程也遇到了巨大的挑战。有机材料的稳定性远不如无机材料，如何提高有机晶体管的稳定性是急需解决的一个问题。另外，目前还没有成熟的溶液加工技术，有机场效应器件的大面积溶液加工技术还要走过一

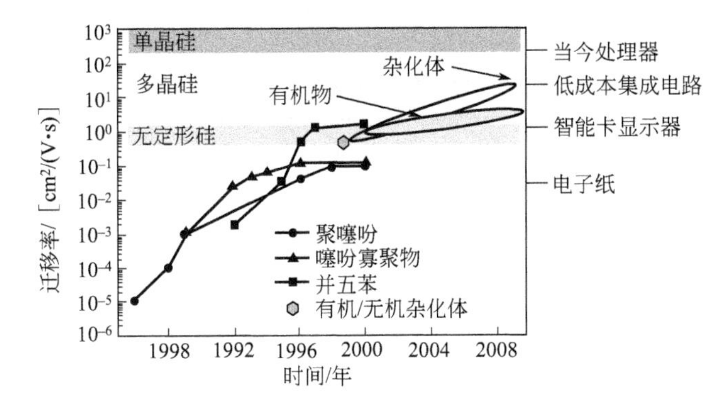

图 3-32　几种代表性有机半导体的迁移率随时间变化示意图

段艰苦的历程。

参 考 文 献

[1] J. Veres, S. Ogier, G. Lloyd, D. deLeeuw. Gate Insulators in Organic Field-Effect Transistors. *Chem. Mater.*, **2004**, *16*: 4543-4555.

[2] A. Salleo, R. A. Street Light-induced bias stress reversal in polyfluorene thin-film transistors. *J. Appl. Phys.*, **2003**, *94*: 471-479.

[3] A. Salleo, A. Street. R Kinetics of bias stress and bipolaron formation in polythiophene. *Phys. Rev. B*, **2004**, *70*: 235324.

[4] H. Bässler. Charge Transport in Disordered Organic Photoconductors a Monte Carlo Simulation Study. *Phys. Status Solidi B*, **1993**, *175*: 15-56.

[5] M. C. J. M. Vissenberg, M. Matters. Theory of the field-effect mobility in amorphous organic transistors. *Phys. Rev. B*, **1998**, *57*: 12964.

[6] V. Podzorov, E. Menard, A. Borissov, V. Kiryukhin, J. A. Rogers, M. E. Gershenson. Intrinsic Charge Transport on the Surface of Organic Semiconductors. *Phys. Rev. Lett.*, **2004**, *93*: 086602-4.

[7] V. Podzorov, E. Menard, J. A. Rogers, M. E. Gershenson. Hall effect in the accumulation layers on the surface of organic semiconductors. *Phys. Rev. Lett.*, **2005**, *95*: 226601-4.

[8] O. Ostroverkhova, D. G. Cooke, S. Shcherbyna, R. F. Egerton, F. A. Hegmann, R. R. Tykwinski, J. E. Anthony. Bandlike transport in pentacene and functionalized pentacene thin films revealed by subpicosecond transient photoconductivity measurements. *Phys. Rev. B*, **2005**, *71*: 035204-6.

[9] O. Ostroverkhova, D. G. Cooke, F. A. Hegmann, J. E. Anthony, V. Podzorov, M. E. Gershenson, O. D. Jurchescu, T. T. M. Palstra. Ultrafast carrier dynamics in pentacene, functionalized pentacene, tetracene, and rubrene single crystals. *Appl. Phys. Lett.*, **2006**, *88*: 162101-3.

[10] Y. C. Cheng, R. J. Silbey, D. A. d. S. Filho, J. P. Calbert, J. Cornil, J. L. Bredas. Three-dimensional band structure and bandlike mobility in oligoacene single crystals: A theoretical investigation. *J. Chem. Phys.*, **2003**, *118*: 3764-3774.

[11] A. Troisi, G. Orlandi. Dynamics of the Intermolecular Transfer Integral in Crystalline Organic Semiconductors. *J. Phys. Chem. A*, **2006**, *110*: 4065-4070.

[12] A. Troisi, G. Orlandi. Charge-transport regime of crystalline organic semiconductors: Diffusion limited by thermal off-diagonal electronic disorder. *Phys. Rev. Lett.*, **2006**, *96*: 086601-4.

[13] T. Holstein. Studies of polaron motion : Part Ⅱ. The "small" polaron. *Ann. Phys.*, **1959**, *8*: 343-389.

[14] P. G. L. Comber, E. Spear. Electronic Transport in Amorphous Silicon Films. *Phys. Rev. Lett.*, **1970**, *25*: 509-511.

[15] R. A. Marcus. Electron transfer reactions in chemistry. Theory and experiment. *Rev. of Mod. Phys.*, **1993**, *65*: 599-610.

[16] J. L. Brédas, D. Beljonne, V. Coropceanu, J. Cornil. Charge-Transfer and Energy-Transfer Processes inπ-Conjugated Oligomers and Polymers: A Molecular Picture. *Chem. Rev.*, **2004**, *104*: 4971-5004.

[17] J. L. Brédas, J. P. Calbert, D. A. da Silva Filho, J. Cornil. Organic Semiconductors: A Theoretical Characterization of the Basic Parameters Governing Charge Transport. *Proc. Natl. Acad. Sci. U. S. A.*, **2002**, *99*: 5804-5809.

[18] S. T. Bromley, M. Mas-Torrent, P. Hadley, C. Rovira. Importance of intermolecular interactions in assessing hopping mobilities in organic field effect transistors: Pentacene versus dithiophene-tetrathiafulvalene. *J. Am. Chem. Soc.*, **2004**, *126*: 6544-6545.

[19] L. Bürgi, T. J. Richards, R. H. Friend, H. Sirringhaus. Close look at charge carrier injection in polymer field-effect transistors. *J. Appl. Phys.*, **2003**, *94*: 6129-6137.

[20] P. V. Pesavento, R. J. Chesterfield, C. R. Newman, C. D. Frisbie. Gated four-probe measurements on pentacene thin-film transistors: Contact resistance as a function of gate voltage and temperature. *J. Appl. Phys.*, **2004**, *96*: 7312-7324.

[21] J. Zaumseil, K. W. Baldwin, J. A. Rogers. Contact resistance in organic transistors that use source and drain electrodes formed by soft contact lamination. *J. Appl. Phys.*, **2003**, *93*: 6117-6124.

[22] D. J. Gundlach, L. Zhou, J. A. Nichols, T. N. Jackson, P. V. Necliudov, M. S. Shur. An experimental study of contact effects in organic thin film transistors. *J. Appl. Phys.*, **2006**, *100*: 024509-13.

[23] T. D. Anthopoulos, D. M. de Leeuw, E. Cantatore, P. van't Hof, J. Alma, J. C. Hummelen. Solution processible organic transistors and circuits based on a C_{70} methanofullerene. *J. Appl. Phys.*, **2005**, *98*: 054503-6.

[24] B. H. Hamadani, D. Natelson. Temperature-dependent contact resistances in high-quality polymer field-effect transistors. *Appl. Phys. Lett.*, **2004**, *84*: 443-445.

[25] Y. M. Sun, L. Tan, S. D. Jiang, H. L. Qian, Z. H. Wang, D. W. Yan, C. G. Di, Y. Wang, W. P. Wu, G. Yu, S. K. Yan, C. R. Wang, W. P. Hu, Y. Q. Liu, D. B. Zhu. High-Performance Transistor Based on Individual Single-Crystalline Micrometer Wire of Perylo [1,12-*b*,*c*,*d*] thiophene. *J. Am. Chem. Soc.*, **2007**, *129*: 1882-1883.

[26] H. Ishii, K. Sugiyama, E. Ito, K. Seki. Energy Level Alignment and Interfacial Electronic Structures at Organic/Metal and Organic/Organic Interfaces. *Adv. Mater.*, **1999**, *11*: 605-625.

[27] X. Crispin. Interface dipole at organic/metal interfaces and organic solar cells. *Sol. Energy Mater. Sol. Cells*, **2004**, *83*: 147-168.

[28] F. Dinelli, M. Murgia, P. Levy, M. Cavallini, F. Biscarini, D. M. de Leeuw. Spatially correlated charge transport in organic thin film transistors *Phys. Rev. Lett.*, **2004**, *92* (11): 6802-6802.

[29] A. Dodabalapur, L. Torsi, H. E. Katz. Organic Transistors: Two-Dimensional Transport and Improved Electrical Characteristics. *Science*, **1995**, *268*: 270-271.

[30] A. Facchetti, M. H. Yoon, T. J. Marks Gate. Dielectrics for Organic Field-Effect Transistors: New Opportunities for Organic Electronics. *Adv. Mater.*, **2005**, *17*: 1705-1725.

[31] X. Peng, G. Horowitz, D. Fichou, F. Garnier. All-organic thin-film transistors made of alpha-sexithienyl semiconducting and various polymeric insulating layers. *Appl. Phys. Lett.*, **1990**, *57*: 2013-2015.

[32] H. Klauk, M. Halik, U. Zschieschang, G. Schmid, W. Radlik, W. Weber. High-mobility polymer gate dielectric pentacene thin film transistors. *J. Appl. Phys.*, **2002**, *92*: 5259-5263.

[33] S. Y. Park, M. Park, H. H. Lee. Cooperative polymer gate dielectrics in organic thin-film transistors. *Appl. Phys. Lett.*, **2004**, *85*: 2283-2285.

[34] S. Lee, B. Koo, J. Shin, E. Lee, H. Park, H. Kim. Effects of hydroxyl groups in polymeric dielectrics on organic transistor performance. *Appl. Phys. Lett.*, **2006**, *88*: 162109-3.

[35] L. L Chua, J. Zaumseil, J. F. Chang, E. C. W. Ou, P. K. H. Ho, H. Sirringhaus, R. H. Friend. General observation of n-type field-effect behaviour in organic semiconductors. *Nature*, **2005**, *434*: 194-199.

[36] M. Halik, H. Klauk, U. Zschieschang, G. Schmid, S. Ponomarenko, S. Kirchmeyer, W. Weber. Relationship Between Molecular Structure and Electrical Performance of Oligothiophene Organic Thin Film Transistors. *Adv. Mater.*, **2003**, *15*: 917-922.

[37] M. Halik, H. Klauk, U. Zschieschang, G. Schmid, C. Dehm, M. Schutz, S. Maisch, F. Effenberger, M. Brunnbauer, F. Stellacci. Low-voltage organic transistors with an amorphous molecular gate dielectric. *Nature*, **2004**, *431*: 963-966.

[38] M. H. Yoon, A. Facchetti, T. J. Marks. sigma-pi molecular dielectric multilayers for low-voltage organic thin-film transistors. *Proc. Natl. Acad. Sci. U. S. A.*, **2005**, *102*: 4678-4682.

[39] A. O. Patil, A. J. Heeger, F. Wudl. Optical properties of conducting polymers. *Chem. Rev.*, **1988**, *88*: 183-200.

[40] Z. Bao, A. Dodabalapur, A. J. Lovinger. Soluble and processable regioregular poly (3-hexylthiophene) for thin film field-effect transistor applications with high mobility. *Appl. Phys. Lett.*, **1996**, *69*: 4108-4110.

[41] M. Kobashi, H. Takeuchi. Inhomogeneity of Spin-Coated and Cast Non-Regioregular Poly (3-hexylthiophene) Films. Structures and Electrical and Photophysical Properties. *Macromolecules*, **1998**, *31*: 7273-7278.

[42] H. Sirringhaus, P. J. Brown, R. H. Friend, M. M. Nielsen, K. Bechgaard, B. M. W. Langeveld-Voss, A. J. H. Spiering, R. A. J. Janssen, E. W. Meijer, P. Herwig, D. M. de Leeuw. Two-dimensional charge transport in self-organized, high-mobility conjugated polymers. *Nature*, **1999**, *401*: 685-688.

[43] H. Sirringhaus, N. Tessler, R. H. Friend. Integrated Optoelectronic Devices Based on Conjugated Polymers. *Science*, **1998**, *280*: 1741-1744.

[44] B. S. Ong, Y. Wu, P. Liu, S. Gardner. Structurally Ordered Polythiophene Nanoparticles for High-Performance Organic Thin-Film Transistors. *Adv. Mater.*, **2005**, *17*: 1141-1144.

[45] I. McCulloch, M. Heeney, C. Bailey, K. Genevicius, I. Macdonald, M. Shkunov, D. Sparrowe, S. Tierney, R. Wagner, W. M. Zhang, M. L. Chabinyc, R. J. Kline, M. D. McGehee, M. F. Toney. Liquid-crystalline semiconducting polymers with high charge-carrier mobility. *Nat. Mater.*, **2006**, *5*: 328-333.

[46] D. Knipp, R. A. Street, A. Volkel, J. Ho. Pentacene thin film transistors on inorganic dielectrics: Morphology, structural properties, and electronic transport. *J. Appl. Phys.*, **2003**, *93*: 347-355.

[47] S. E. Fritz, S. M. Martin, C. D. Frisbie, M. D. Ward, M. F. Toney. Structural Characterization of a Pentacene Monolayer on an Amorphous SiO_2 Substrate with Grazing Incidence X-ray Diffraction. *J. Am. Chem. Soc.*, **2004**, *126*: 4084-4085.

[48] C. D. Dimitrakopoulos, D. J. Mascaro. Organic thin-film transistors: A review of recent advances. *IBM J. Res. & Dev.*, **2001**, *45*: 11-27.

[49] A. Maliakal, K. Raghavachari, H. Katz, E. Chandross, T. Siegrist. Photochemical stability of pentacene and a substituted pentacene in solution and in thin films. *Chem. Mater.*, **2004**, *16*: 4980-4986.

[50] J. E. Anthony. Functionalized Acenes and Heteroacenes for Organic Electronics. *Chem. Rev.*, **2006**, *106*: 5028-5048.

[51] M. M. Payne, S. R. Parkin, J. E. Anthony, C. C. Kuo, T. N. Jackson. Organic Field-Effect Transistors from Solution-Deposited Functionalized Acenes with Mobilities as High as 1 cm^2/Vs. *J. Am. Chem. Soc.*, **2005**, *127*: 4986-4987.

[52] T. Yasuda, T. Goto, K. Fujita, T. Tsutsui. Pentacene energy level: Ambipolar pentacene field-effect transistors with calcium source-drain electrodes. *Appl. Phys. Lett.*, **2004**, *85*: 2098-2100.

[53] J. H. Gao, R. J. Li, L. Q. Li, Q. Meng, H. Jiang, H. X. Li, W. P. Hu. High-Performance Field-Effect Transistor Based on Dibenzo [d,d'] thieno [3,2-b: 4,5-b'] dithiophene, an Easily Synthesized Semiconductor with High Ionization Potential. *Adv. Mater.*, **2007**, *19*: 3008-3011.

[54] A. Facchetti. Semiconductors for Organic Transistors. *Mater. Today*, **2007**, *10*: 28-37.

[55] F. Garnier, R. Hajlaoui, A. Yassar, P. Srivastava. All-Polymer Field-Effect Transistor Realized by Printing Techniques. *Science*, **1994**, *265*: 1684-1686.

[56] H. Sirringhaus, T. Kawase, R. H. Friend, T. Shimoda, M. Inbasekaran, W. Wu, E. P. Woo. High-Resolution Inkjet Printing of All-Polymer Transistor Circuits. *Science*, **2000**, *290*: 2123-2126.

[57] T. Kawase, H. Sirringhaus, R. H. Friend, T. Shimoda. Inkjet Printed via-hole Interconnections and Resistors for All-Polymer Transistor Circuits. *Adv. Mater.*, **2001**, *13*: 1601-1605.

[58] N. Stutzmann, R. H. Friend, H. Sirringhaus. Self-Aligned, Vertical-Channel, Polymer Field-Effect Transistors. *Science*, **2003**, *299*: 1881-1884.

[59] J. Z. Wang, Z. H. Zheng, H. W. Li, W. T. S. Huck, H. Sirringhaus. Dewetting of conducting polymer inkjet droplets on patterned surfaces. *Nat. Mater.*, **2004**, *3*: 171-176.

[60] J. Z. Wang, J. Gu, F. Zenhausern, H. Sirringhaus. Low-cost fabrication of submicron all polymer field effect transistors. *Appl. Phys. Lett.*, **2006**, *88*: 133502-3.

[61] C. W. Sele, T. von Werne, R. H. Friend, H. Sirringhaus. Lithography-free, self-aligned inkjet printing with sub-hundred-nanometer resolution. *Adv. Mater.*, **2005**, *17*: 997-1001.

[62] C. Reese, Z. Bao. Organic Single Crystals: Tools for the Exploration of Charge Transport Phenomena in Organic Materials. *J. Mater. Chem.*, **2006**, *16*: 329-333.

[63] C. Kloc, P. G. Simpkins, T. Siegrist, R. A. Laudise. Physical Vapor Growth of Centimeter-Sized Crystals ofα-Hexathiophene. *J. Cryst. Growth*, **1997**, *182*: 416-427.

[64] R. A. Laudise, C. Kloc, P. G. Simpkins, T. Siegrist. Physical Vapor Growth of Organic Semiconductors. *J. Cryst. Growth*, **1998**, *187*: 449-454.

[65] V. Podzorov, S. E. Sysoev, E. Loginova, V. M. Pudalov, M. E. Gershenson. Single-crystal organic field effect transistors with the hole mobility similar to 8 cm^2/Vs. *Appl. Phys. Lett.*, **2003**, *83*: 3504-3506.

[66] L. B. Roberson, J. Kowalik, L. M. Tolbert, C. Kloc, R. Zeis, X. L. Chi, R. Fleming, C. Wilkins. Pentacene Disproportionation during Sublimation for Field-Effect Transistors. *J. Am. Chem. Soc.*, **2005**, *127*: 3069-3075.

[67] G. Horowitz, B. Bachet, A. Yassar, P. Lang, F. Demanze, J. L. Fave, F. Garnier. Growth and characterization of sexithiophene single crystals. *Chem. Mater.*, **1995**, *7*: 1337-1341.

[68] W. Y. Tong, A. B. Djurisic, M. H. Xie, A. C. M. Ng, K. Y. Cheung, W. K. Chan, Y. H. Leung, H. W. Lin, S. Gwo. Metal phthalocyanine nanoribbons and nanowires. *J. Phys. Chem. B*, **2006**, *110*: 17406-17413.

[69] T. Siegrist, C. Kloc, J. H. Schon, B. Batlogg, R. C. Haddon, S. Berg, G. A. Thomas. Enhanced physical properties in a pentacene polymorph. *Angew. Chem. Int. Ed.*, **2001**, *40*: 1732-1736.

[70] A. L. Briseno, S. C. B. Mannsfeld, M. M. Ling, S. H. Liu, R. J. Tseng, C. Reese, M. E. Roberts, Y. Yang, F. Wudl, Z. N. Bao. Patterning Organic Single-Crystal Transistor Arrays. *Nature*, **2006**, *444*: 913-917.

[71] Q. X. Tang, H. X. Li, Y. B. Song, W. Xu, W. P. Hu, L. Jiang Y. Q., Liu, X. K. Wang, D. B. Zhu. In Situ Patterning of Organic Single-Crystalline Nanoribbons on a SiO_2 Surface for the Fabrication of Various Architectures and High-Quality Transistors. *Adv. Mater.*, **2006**, *18*: 3010-3104.

[72] H. Jiang, X. J. Yang, Z. D. Cui, Y. C. Liu, H. X. Li, W. P. Hu, Y. Q. Liu, D. B. Zhu. Phase Dependence of Single Crystalline Transistors of Tetrathiafulvalene. *Appl. Phys. Lett.*, **2007**, *91*: 123505-3.

[73] M. Mas-Torrent, M. Durkut, P. Hadley, X. Ribas, C. Rovira. High mobility of dithiophene-tetrathiaful- valene single-crystal organic field effect transistors. *J. Am. Chem. Soc.*, **2004**, *126*: 984-985.

[74] D. H. Kim, D. Y. Lee, H. S. Lee, W. H. Lee, Y. H. Kim, J. I. Han, K. Cho. High-Mobility Organic Transistors Based on Single-Crystalline Microribbons of Triisopropylisilylethynl Pentacene via Solution-Phase Self-Assembly. *Adv. Mater.*, **2007**, *19*: 678-682.

[75] V. C. Sundar, J. Zaumseil, V. Podzorov, E. Menard, R. L. Willett, T. Someya, M. E. Gershenson, J. A. Rogers. Elastomeric Transistor Stamps: Reversible Probing of Charge Transport in Organic Crystals. *Science*, **2004**, *303*: 1644-1646.

[76] C. R. Newman, R. J. Chesterfield, J. A. Merlo, C. D. Frisbie. Transport properties of single-crystal tetracene field-effect transistors with silicon dioxide gate dielectric. *Appl. Phys. Lett.*, **2004**, *85*: 422-424.

［77］ E. Menard, V. Podzorov, S. H. Hur, A. Gaur, M. E. Gershenson, J. A. Rogers. High-performance n- and p-type single-crystal organic transistors with free-space gate dielectrics. *Adv. Mater.*, **2004**, *16*: 2097-2101.

［78］ V. Podzorov, V. M. Pudalov, M. E. Gershenson. Field-effect transistors on rubrene single crystals with parylene gate insulator. *Appl. Phys. Lett.*, **2003**, *82*: 1739-1741.

［79］ Q. X. Tang, Y. H. Tong, H. X. Li, Z. Y. Ji, L. Q. Li, W. P. Hu, Y. Q. Liu, D. B. Zhu. High-Performance Air-Stable Bipolar Field-Effect Transistors of Organic Single-Crystalline Ribbons with an Air-Gap Dielectric. *Adv. Mater.*, **2008**, *20*: 1511-1515.

［80］ Q. X. Tang, H. X. Li, Y. L. Liu, W. P. Hu. High-Performance Air-Stable n-Type Transistors with an Asymmetrical Device Configuration Based on Organic Single-Crystalline Submicrometer/nanometer Ribbons. *J. Am. Chem. Soc.*, **2006**, *128*: 14634-14639.

［81］ L. Jiang, J. H. Gao, E. J. Wang, H. X. Li, Z. H. Wang, W. P. Hu. Organic single-Crystalline Ribbons of a Rigid "H" -type Anthracene Derivative and High-Performance, Short-Channel Field-Effect Transistors of Individual Micro/nanometer-Sized Ribbons Fabricated by an "Organic Ribbon Mask" Technique. *Adv. Mater.*, **2008**, *20*: 2735-2740.

［82］ R. J. Li, L. Jiang, Q. Meng, J. H. Gao, H. X. Li, Q. X. Tang, M. He, W. P. Hu, Y. Q. Liu, D. B. Zhu. Micrometer-Sized Organic Single Crystals, Anisotropic Transport, and Field-Effect Transistors of a Fused-Ring Thienoacene. *Adv. Mater.*, **2009**, *21*: 4492-4495.

［83］ R. J. Li, W. P. Hu, Y. Q. Liu, D. B. Zhu. Micro- and Nanocrystals of Organic Semiconductors. *Acc. Chem. Res.*, **2010**, DOI: 10. 1021/ar900228v (in press).

［84］ M. Ichikawa, H. Yanagi, Y. Shimizu, S. Hotta, N. Suganuma, T. Koyama, Y. Taniguchi. Organic field-effect transistors made of epitaxially grown crystals of a thiophene/phenylene co-oligomer. *Adv. Mater.*, **2002**, *14*: 1272-1275.

［85］ H. Moon, R. Zeis, E. J. Borkent, C. Besnard, A. J. Lovinger, T. Siegrist, C. Kloc, Z. Bao. Synthesis, crystal structure, and transistor performance of tetracene derivatives. *J. Am. Chem. Soc.*, **2004**, *126*: 15322-15323.

［86］ A. N. Aleshin, J. Y. Lee, S. W. Chu, J. S. Kim, Y. W. Park. Mobility Studies of Field-Effect Transistor Structures Based on Anthracene Single Crystals. *Appl. Phys. Lett.*, **2004**, *84*: 5383-5385.

［87］ R. Zeis, C. Kloc, K. Takimiya, Y. Kunugi, Y. Konda, N. Niihara, T. Otsubo. Single-crystal field-effect transistors based on organic selenium-containing semiconductor. *Jpn. J. Appl. Phys.*, **2005**, *44*: 3712-3714.

［88］ R. Zeis, T. Siegrist, C. Kloc. Single-crystal field-effect transistors based on copper phthalocyanine. *Appl. Phys. Lett.*, **2005**, *86*: 22103-3.

［89］ C. Reese, W. J. Chung, M. M. Ling, M. Roberts, Z. Bao. High-performance microscale single-crystal transistors by lithography on an elastomer dielectric. *Appl. Phys. Lett.*, **2006**, *89*: 202108-3.

［90］ K. Yamada, T. Okamoto, K. Kudoh, A. Wakamiya, S. Yamaguchi, J. Takeya. Single-crystal field-effect transistors of benzoannulated fused oligothiophenes and oligoselenophenes. *Appl. Phys. Lett.*, **2007**, *90*: 072102-3.

［91］ Q. X. Tang, Y. H. Tong, H. X. Li, W. P. Hu. Air/vacuum Dielectric Organic Single Crystalline Transistors of Copper-hexadecafluorophthalocyanine Ribbons. *Appl. Phys. Lett.*, **2008**, *92*: 083309-3.

[92] O. D. Jurchescu, S. Subramanian, R. J. Kline, S. D. Hudson, J. E. Anthony, T. N. Jackson, D. J. Gundlach. Organic single-crystal field-effect transistors of a soluble anthradithiophene. *Chem. Mater.*, **2008**, *20*: 6733-6737.

[93] E. Ahmed, A. L. Briseno, Y. Xia, S. A. Jenekhe. High Mobility Single-Crystal Field-Effect Transistors from Bisindoloquinoline Semiconductors. *J. Am. Chem. Soc.*, **2008**, *130*: 1118-1119.

[94] A. S. Molinari, H. Alves, Z. Chen, A. Facchetti, A. F. Morpurgo. High Electron Mobility in Vacuum and Ambient for PDIF-CN2 Single-Crystal Transistors. *J. Am. Chem. Soc.*, **2009**, *131*: 2462-2463.

[95] L. Jiang, W. P. Hu, Z. M. Wei, W. Xu, H. Meng. High-Performance Organic Single-Crystal Transistors and Digital Inverters of an Anthracene Derivative. *Adv. Mater.*, **2009**, *21*: 3649-3653.

[96] S. C. B. Mannsfeld, J. Locklin, C. Reese, M. E. Roberts, A. J. Lovinger, Z. Bao. Probing the Anisotropic Field-Effect Mobility of Solution-Deposited Dicyclohexyl-α-quaterthiophene Single Crystals. *Adv. Funct. Mater.*, **2007**, *17*: 1617-1622.

[97] C. Reese, Z. Bao. High-Resolution Measurement of the Anisotropy of Charge Transport in Single Crystals. *Adv. Mater.*, **2007**, *19*: 4535-4538.

第4章　有机电路

随着有机场效应晶体管以及有机反相器等研究工作的迅速进展，有机电路的构建也同样被广泛地研究并取得了令人瞩目的成果。有机电路已经应用于环形振荡器的逻辑门、有机显示器的驱动电路、电子纸、射频标签（RFID）等领域。随着有机半导体材料，例如小分子、聚合物等电学性能的提高，尤其是n型有机半导体材料迁移率的不断提高，纯有机电路的应用前景也越来越光明，因而其应用于实际生活的研发也早被提上了日程，据预测，10年以后有机集成电路的应用范围将超过无机集成电路。下面将介绍基于有机场效应晶体管的有机电路的构建方法，及其在作为环形振荡器的逻辑门、有机显示器的驱动电路、电子纸、RFID标签等方面的应用及发展进程[1]。

4.1　基于有机场效应晶体管有机电路的构建方法

目前用于构建有机场效应晶体管的材料主要为有机小分子材料和聚合物。尽管用于构建有机场效应晶体管以及有机电路的材料成本都很低，例如可以选择塑料作为衬底，但是仅仅是材料价格的低廉却无法决定有机电路的最终成本，而电路的制备以及封装等才是制作成本中的主要部分。因而能否成功地将有机半导体材料应用于有机电子学领域将主要取决于能否通过制作方法的不断改进来实现其低成本的应用。对于利用有机小分子或者聚合物而构建的有机电路，其有机传输层的沉积方式往往不同。下面对目前使用的几种有机电路的构建方法进行如下介绍。

4.1.1　真空蒸镀沉积有机半导体层

对利用有机小分子作为有源传输层的电路，一般采用真空蒸镀来沉积。即在一个真空的腔体内（如图4-1所示的有机超高真空镀膜）对源材料进行加热，此生长装置与传统的分子束外延生长系统相似，源材料被加热后将会在真空腔体内直接升华，然后沉积在其正上方的衬底上。这种方法一般也被应用于无机半导体材料的沉积，因而也为将有机-无机材料进行复合来构建复杂电路提供了一个有效的方法[2,3]。这种沉积方式的优点在于能够比较精确地控制有机半导体层的厚度（控制范围在±0.5nm），可以同时对多个衬底进行沉积，甚至是对多个不同功能的材料层进行沉积[4]，而且整个沉积过程没有溶剂的引入，这对于保证材料的性能非常重要。目前为止的大部分高性能的电路都是采用此办法来实现的[5~10]。

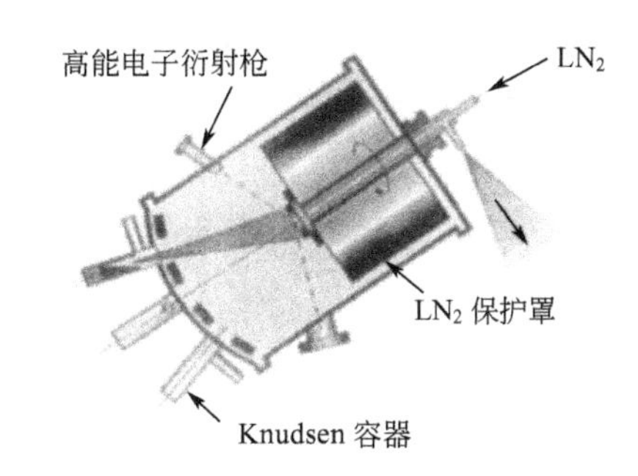

图 4-1　超高真空镀膜装置示意图
其中衬底台可以旋转，同时还可以通过液氮（LN_2）的冷却和氮化硼加热装置对衬底的温度进行调控

虽然这种方法已经实现了对很多高性能电路的制备，但是此种方法还存在一些缺点，例如很浪费原料。由于大多数的有机分子都为热的不良导体，因而很难实现比较均一的沉积速率，即在盛放源材料的舟内，与持续加热区域接触处的有机材料可能被迅速地蒸出来。为了避免这一缺点，还可以利用有机气相沉积的方式[11,12]。此种方法是在一个热的腔体内实现源材料的蒸发和沉积，源材料蒸出后通过载气（通常为氮气或者氩气）将其从蒸发源传送至温度较低的衬底实现材料的沉积（如图 4-2 所示）。此种方法是载气输运使得源材料分子能够实现在平衡过程中进行沉积，而在真空热沉积系统中分子则是在非平衡的系统中进行沉积。因而，在有机气相沉积体系中，分子到达衬底的表面并进行沉积的过程相对缓慢，更有利于分子的自组装，进而提高薄膜的质量。

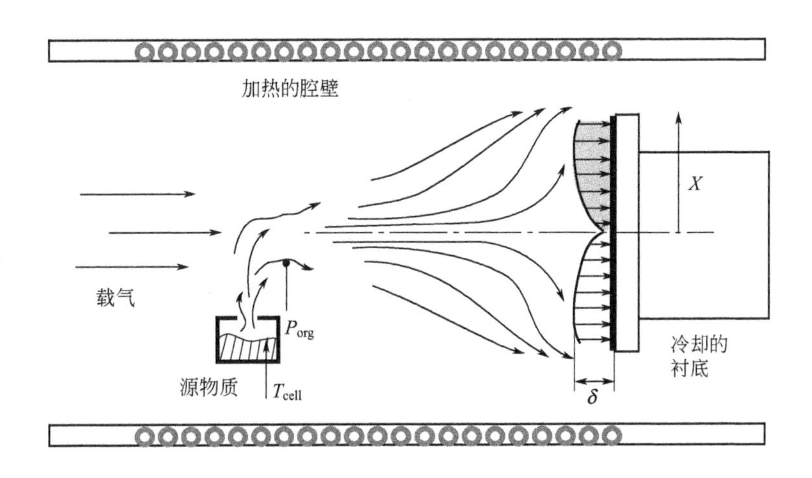

图 4-2　有机材料气相沉积装置示意图
蒸出的有机分子经载气输运至衬底，并在衬底上沉积成膜，在沉积的过程中，同时旋转衬底以实现有机薄膜的均一沉积

4.1.2　溶液法制备有机半导体层

有机场效应晶体管有望实现低成本、大面积电子器件的构筑，尤其是能够在柔韧性衬底上实现大面积电路的构筑，因而备受关注。聚合物材料相对

于有机小分子而言，因为有优良的溶解性和成膜性，更适合于利用溶液法（例如浸蘸法、旋涂法等）加工处理[13~17]，故更容易实现低成本、大面积有机电路的构筑。尽管利用溶液法得到的场效应晶体管的迁移率通常都比较低，比利用气相沉积方法得到的晶体管的迁移率低一个数量级左右，但是其能够在较大甚至柔性衬底上实现半导体的低温、均一、快速制备，因此具有不可替代的优势。

4.1.3 喷墨式打印法

尽管利用溶液法来制备有机场效应晶体管以及有机电路具有显著的优点，但也存在一定的弊端。譬如后一工艺所采用的溶剂通常会对前一工艺的薄膜造成一定的影响（性能也会因此而下降），在器件中造成所谓“串层”现象，这就限制了复杂有机电路的设计[18,19]。同时，利用溶液法沉积同一有机半导体层还存在另一更加难以避免的问题，就是无法实现电子器件的局部图案化。比如彩色显示器的制作要求必须在同一层内实现大量的局部图案化处理，三个紧密排布的红、绿、蓝聚合物 OLED 子像素必须具有一定的独立性，以确保能分别调控各个子像素的强度，以得到需要的颜色以及灰色区域的强度[20]，这是利用传统溶液处理方法例如旋涂法、浸蘸法等无法实现的，因此，在保证器件性能和降低器件制作成本两者之间，通常会选择折中和平衡。另外，随着研究的深入必然有新方法出现，喷墨打印法（ink-jet printing）[21~25]就是一个有效的方法。

在 3.5.3.2 中已经对喷墨打印方法做了简单的介绍，除了上文中介绍的打印方法外，还可以利用打印的方式实现场效应晶体管的完全制备（图 4-3）[26]。首先打印出一条金属的栅电极，然后打印聚合物的绝缘层，接着是源漏电极的打印，最后是有机半导体传输层的打印，这就实现了底接触式场效应晶体管的整个打印过程，在接触和界面未做任何优化的情况下，利用此种打印方法制备的场效应晶体管其迁移率达到了 $10^{-1}cm^2/(V \cdot s)$。

另外还可以采取先将微米尺度的“聚合物墙”印于衬底上，因而在衬底的表面会形成限制每个像素点的区域（一般直径为 50～100μm），接着将溶解了的聚合物的液滴从微米级的喷嘴内喷到衬底上，这样该液滴就会束缚在已经形成的聚合物微米井内。每一个红、绿、蓝子像素点都要利用此方法来完成（图 4-4 所示）。喷墨式打印要求准确地控制聚合物的化学性能以满足高性能显示器的电学和光学特性的要求，同时对聚合物溶液的加工性能也提出了很高的要求，即聚合物溶液必须在每个聚合物的微米井内均匀地分布，因为当施加电压的时候，局部的电流密度会受到聚合物半导体层厚度的影响。

目前基于喷墨式打印法已经成功地制备了 17 英寸的彩色显示器[24]，尽管

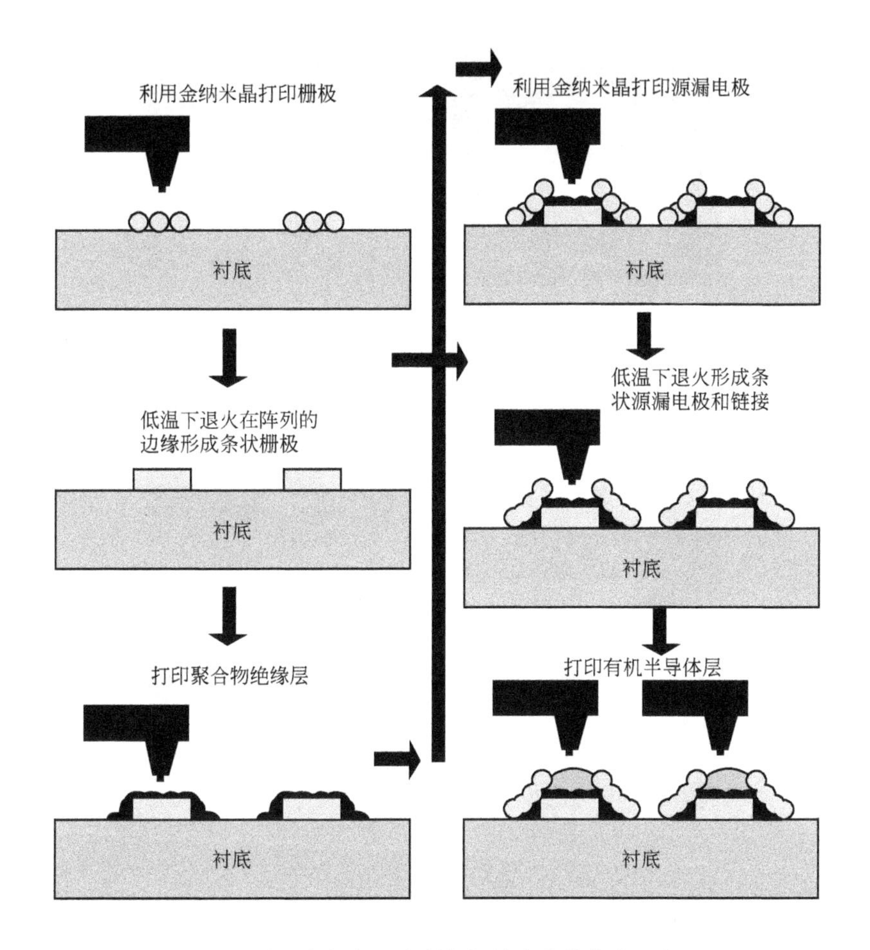

图 4-3　利用全打印方式制备场效应晶体管的示意图

在其投入实际应用前，显示器像素点的产率以及显示器的工作寿命等问题还需要更进一步的研究。但利用喷墨式打印能够制备如此大面积的彩色显示器，也进一步证实了利用喷墨式打印技术能够实现更大面积、更复杂有机电路的构筑。

4.1.4　热转移法和直接转移法

该方法首先将被转移的有机半导体层（小分子或聚合物的半导体层）沉积在图案化的“donor”薄片上，然后将该薄片转移到目标衬底上实现紧密接触，通过对材料加热（一般采用激光器或者局部的热源加热），可以将有机半导体材料转移到目标衬底上[图 4-5(a)][27,28]。也可以采用印章的方式，直接构筑有机电路。将两个干净的衬底紧紧地压在一起，通过两个衬底的接触或者对两者施加一个特定的压力，就可以将图案进行转移[29~31]。利用此种方法构筑的有机电子器件，其分辨率达到了 10nm[图 4-5(b)][32]。

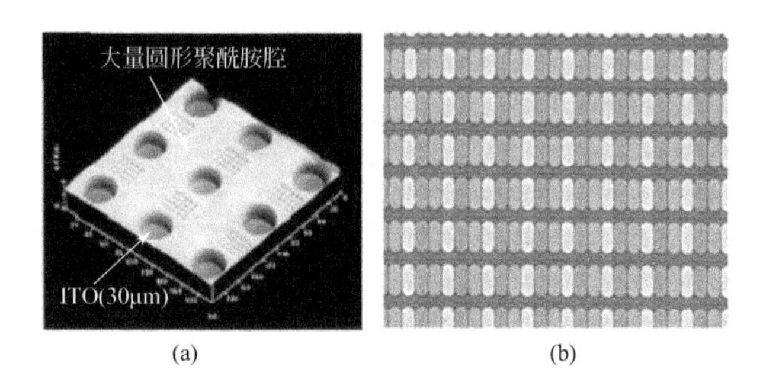

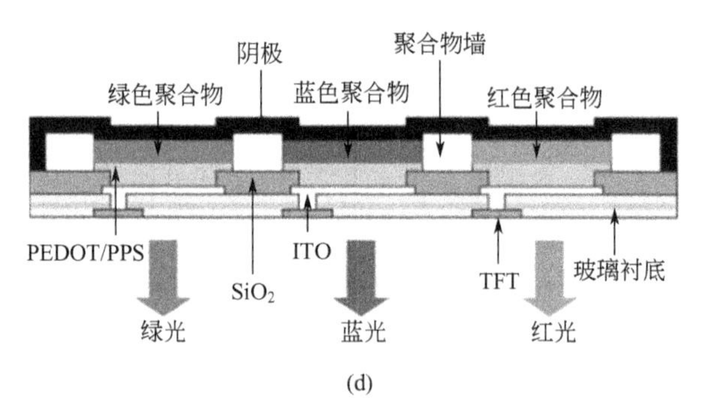

图 4-4 利用喷墨式打印法制备的彩色聚合物有机发光器件

(a) 聚合物微米井的 AFM 图，此图中该“井”的直径为 30μm；(b) 利用喷墨式打印法得到的 RGB 三色像素点；(c) 由各个像素点组成的彩色显示器，此图中的彩色显示器包含 128×160 的聚合物像素阵列，每个像素点的大小为 66μm×200μm；(d) 彩色显示器 RGB 像素点的示意图，每一个像素点都由一个有机薄膜晶体管（TFT）驱动

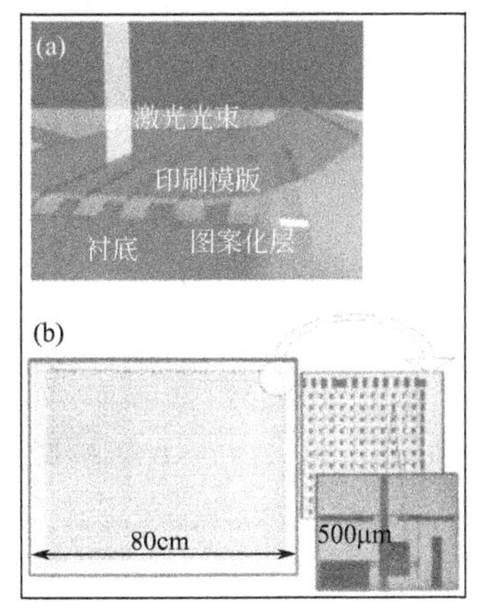

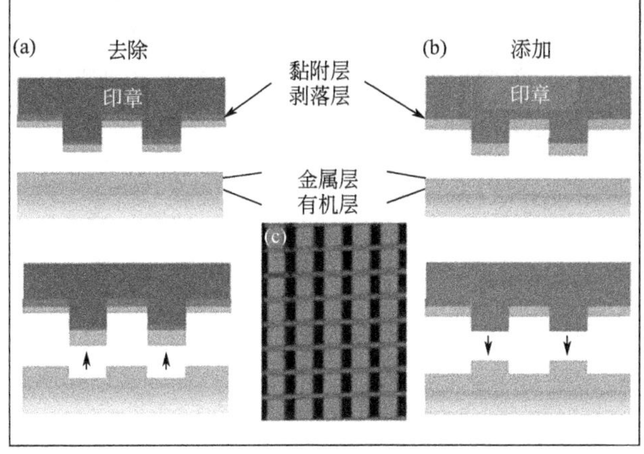

图 4-5　左（a）利用激光器使有机半导体层向衬底热转化的过程，左（b）50cm×70cm 的并五苯薄膜场效应晶体管阵列，此衬底上的场效应晶体管的源漏电极是通过激光热转移的方式来实现的，每一个小的区域包含 100 个场效应晶体管，每个晶体管的沟道长度约为 20μm。右图为利用直接压印方式来转移并构建场效应晶体管，右（c）为利用该方法制得的 OLED 显示器

4.2　有机电路

随着各种有机场效应晶体管、有机电路制备方法的不断改进，这些方法在利用不同类型有机半导体材料、实现不同功能的有机电路上，发挥了巨大的作用，推动了有机电子学的迅速发展。下面将介绍有机逻辑电路、有机显示器驱动电路、电子纸和 RFID 标签。

4.2.1　有机逻辑电路

在数字电路中，能够实现基本逻辑关系的电路称为逻辑门电路。常用的门电路在逻辑功能上有与门、或门、非门、与非门、或非门、与或非门、异或门等几种。门电路常有多个输入端和一个输出端，性能包括两个方面：一是逻辑功能，也就是输入信号和输出信号之间的逻辑关系，例如所谓与门即实现输入输出函数关系为 $L=A\cdot B$ 的逻辑关系的门电路，而实现函数关系为 $L=\overline{A}$ 逻辑关系的电路称为非门电路，简称非门或反相器；二是电气特性，也就是外部电压和电流之间的相互关系。

其中与、或、非三种基本的逻辑门电路（图 4-6）可以实现各种逻辑问题，而且电路也简单。采用二极管和三极管都能实现特定逻辑电路的构筑。采用二极管构筑的逻辑电路（与门和或门），其电气性能较差（例如负载能力、抗干扰能力差），且在多个门电路串联时电平偏移、易造成逻辑错误等，因而直接应用很少。采用三极管构筑的非门电路，其输出高低电平平稳、负载能力及抗干扰能力强，但功能过于单一（只有倒相作用）。因此为了充分利用它们各自的优点，将其组合起来形成复合门电路如与非门、或非门、与或非门等，能实现不同功能，即组合逻辑电路。

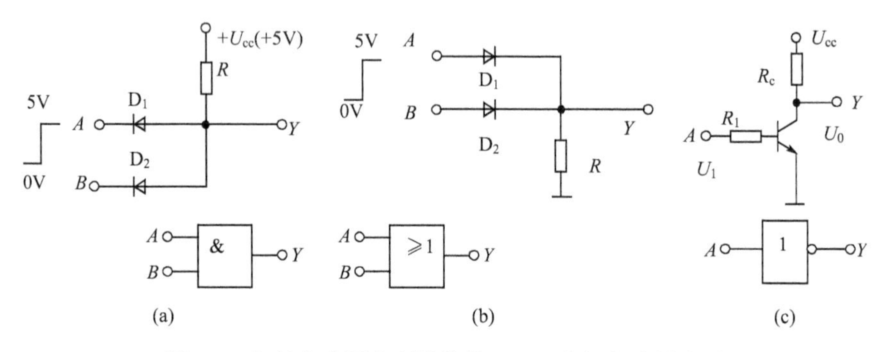

图 4-6 与门电路图和逻辑符号（a）；或门电路图和逻辑符号（b）；非门电路图和逻辑符号（c）

相对于组合逻辑电路而言，时序逻辑电路是另一种常用的数字逻辑电路。在这类电路中，某一时刻的稳定输出不仅取决于该时刻的输入信号，而且还和电路原来的状态有关（或者说还和以前的输入有关）。时序电路的特点是具有记忆功能，即时序电路必须包含具有记忆功能的电路——存储电路。触发器是数字逻辑电路中最常用的存储单元，其主要包括基本 RS 触发器、同步 RS 触发器、主从触发器、D 边缘触发器等。组合逻辑电路和时序逻辑电路是数字逻辑电路的基本组成部分。

1995 年，飞利浦实验室的 Brown 等首次利用并五苯以及聚(2,5-噻吩)亚基乙烯等实现了反相器、异或门以及包含五个非门的振荡器电路的构筑，使人们在构建复杂有机集成电路的研究上迈出了第一步[14]。这一电路的获得是建立在两个同为 p 型有机半导体材料的基础之上的。事实上，与仅由 p 型或者仅由 n 型场效应晶体管组建的电路相比，由 p 型和 n 型场效应晶体管共同构建的电路具有几大优势，即功耗低、操作稳定性好、操作速度快、噪声容限高、设计简单等。因而复杂、高集成度有机电路的获得，必须同时引入高性能的 p 型和 n 型有机半导体。但是对于有机半导体材料来讲，其最大的弊端就是空气中能稳定存在的、高性能的 n 型材料还很少，获取困难，尽管人们已经在 n 型半导体材料性能的提高以及空气稳定性的改善上投入了很大的精力[9,33~36]。到目前为止，有一些有机半导体材料，例如全氟取代酞菁铜（F_{16}CuPc）以及一些寡聚噻吩、富勒烯等[37]，其顶电极器件的迁移率已经超过 0.1$cm^2/(V \cdot s)$，为实现高性能电路提供了非常好的材料基础，也带动了纯有机电路的进一步发展[2,15,34,38~40]。第一个有机材料的互补集成器件是 1996 年由 Dodabalapur 同他的合作者构建的[41]，虽然性能不是很理想，但却是有机互补集成电路能够实现的标志性的一步。

2000 年，Crone 等人报道了利用六连噻吩（α-6T）作为 p 型半导体，氟代酞菁铜（$F_{16}CuPc$）作为 n 型半导体构筑的有机电路。该电路共包含了 864 个场效应晶体管的 48 阶移位寄存器电路，可以在时序频率为 1kHz 下进行操作[40]。这是当时能够获得的最大规模的有机互补集成电路。如彩图 2 所示，图（a）、（b）分别为 864 个有机场效应晶体管组成的 48 阶移位寄存器的光学图片和电路图。这将纯有机集成电路的发展向前推进了一大步。

上面的报道都是基于有机小分子作为半导体的。1998 年，飞利浦的 de Leeuw 灯在全聚合物集成电路的研究方面获得了突破[15]。他们利用聚噻吩作为半导体激活层，在柔性衬底上制备了较大规模的有机集成电路。首先他们在单管 OTFT 器件基础上，实现了简单的非门、与非门逻辑电路。然后再将这些简单的电路进行集成，实现了包含 7 个非门的振荡器电路，此振荡器可在 3V 的电源电压下进行操作，其操作频率为 40～200Hz。然后构建了 D 类型触发器电路。最后还实现了包含 326 个有机薄膜晶体管和 300 个过孔的 15 位可编程码发生器（图 4-7）。此可编程码发生器包含了时钟发生器、一个 5 位的计数器和解码逻辑电路，能够生成一个 15 位用户可编程的串行数据流，其位率达到 30bps，这是历史上第一个真正意义上的具有一定逻辑功能的较大规模的有机集成电路，也是未来实现智能卡、价格标签等有机电子功能器件的基础。

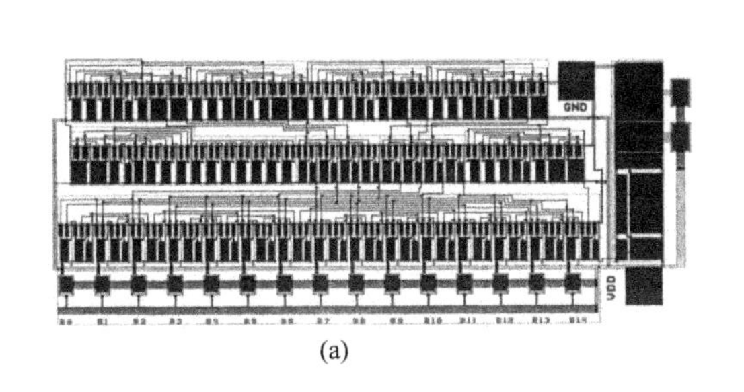

(a)

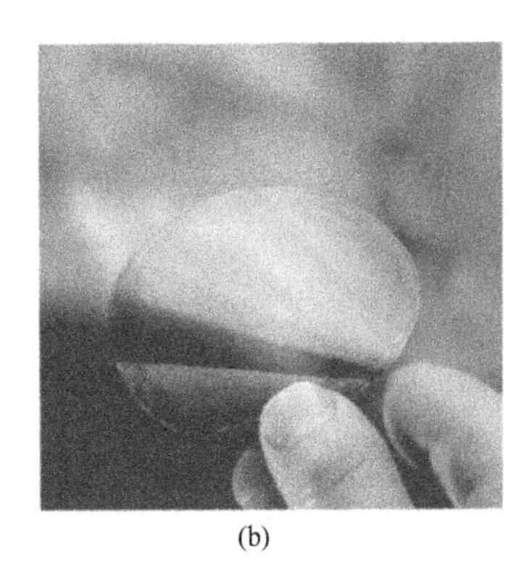

(b)

图 4-7 包含 326 个有机薄膜晶体管和 300 个过孔的 15 位可编程码发生器的平面图（a）；在基于聚酰亚胺衬底完成的有机集成电路的照片（该衬底上包含 50 个相同的模块，每个模块里都包含着若干组成部分和电子测试电路以及一个 15 位可编程码发生器，这个集成电路面积达 $27mm^2$）（b）

随之而来的，通过优化工艺、设计新结构、选取高性能材料等，有机电路的性能不断得到提高。2000 年，Gelinck 等通过改变器件的构型，同时将晶体管的沟道长度下降，进一步提升了上述电路的性能，利用该方法制得的反相器在较小的偏压下实现了电压的放大。其制得的七阶环行振荡器的开关转换频率达到几千赫兹，同时利用此方法还构建了基于几百个器件的15位编码发生器，其数据流的位率达到了100bps[39]。

对有机集成电路的实现以及性能的不断提高，其主要目的是为了能够将有机集成电路付诸应用。而目前有机电路主要应用于OLED的驱动电路、电子纸以及射频识别标签等。下面介绍有机电路在OLED的驱动电路上的应用。

4.2.2　有机显示器的驱动电路

目前所有的平板显示器均采用矩阵驱动的方式，由X和Y电极构成矩阵显示屏。根据每个像素中引入和未引入的开关元器件将矩阵显示分为有源矩阵驱动显示（AM-OLED）和无源矩阵驱动显示（PM-OLED）。

4.2.2.1　无源驱动技术

所谓的无源驱动技术是指用互相交叉的阳极和阴极来实现点阵的显示，即通过施加电压给相应的行和列，使电流流过选定的像素（图4-8）[42]。无源驱动显示（PM-OLED）具有结构简单、成本低等优点。但是采用无源驱动时，随着显示屏幕的增大，显示密度的提高，OLED中电极本身的压降就必须考虑，而且为了在分配的时间内完成发射，必须有较大的电流及时施加到各个像素上，这会大大损耗发光材料的使用寿命。另外无源驱动需要瞬间高电流，这将造成较低的能量效率。因而，无源驱动主要用于信息量低的简单显示中。

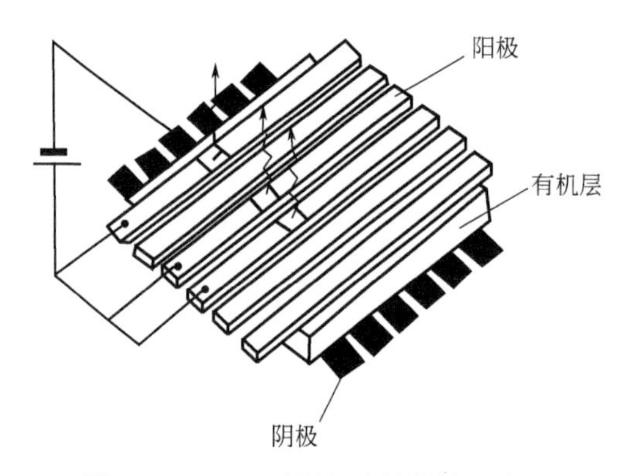

图4-8　OLED无源驱动的结构示意图

4.2.2.2　有源驱动技术

有源驱动显示（AM-OLED）则可以在技术上解决无源驱动无法克服的问题，在AM-OLED情况下，输入信号存储在存储电容器上，使在帧周期内像素保持选通态，因而不需要瞬态高亮度，克服了PM-OLED的缺点；同时AM-OLED不受占空比限制，可实现高分辨、大信息容量显示。因此AM-OLED技术引起人们的重视，目前的有机显示器主要为OLED与有源驱动技术相结合的。AM-OLED驱动实现方案包括模拟和数字两种[6]。在数字驱动方案中，每一像素与一个开关相连，TFT仅作模拟开关使用，灰度级产生方法包括时间比率灰度和面积比率灰度，或者两者的结合[43]。目前，模拟像素电路仍占主流，在模拟方案中，根据输入数据信号的类型不同划分，单元像素电路可分为电压控制型和电流控制型。下面将主要介绍电压控制型有源矩阵像素的单元电路。

电压控制型单元像素电路以数据电压作为视频的信号。最简单的电压控制型两管单元像素电路有两种结构，如图 4-10 所示[44]。其工作原理如下：其中 U_{sel} 为扫描线，当其被选中时，开关管 T_1 开启，数据电压通过 T_1 管对存储电容 C_S 充电，C_S 电压控制驱动管的电流；当扫描线未被选中时，开关管截止，存储在电容上的电荷继续维持 T_2 的栅极电压，使得 T_2 保持导通的状态，故在整个帧周期过程中，OLED 处于恒流控制。图 4-9 中（a）和（b）两种连接的区别在于 OLED 分别连接在驱动管的漏极和源极，分别称为恒流源结构和源极跟随结构。前者克服了 OLED 开启电压的变化对 T_2 电流的影响，而后者则在工艺上更容易实现。另外，为了改善两管单元像素电路所存在的不足，通常也会选择三管 THT 结构、四管结构，甚至五管以及更多管的结构，但是随着驱动晶体管的增多，电路的结构也会更加复杂，这也会限制像素的占空因数。

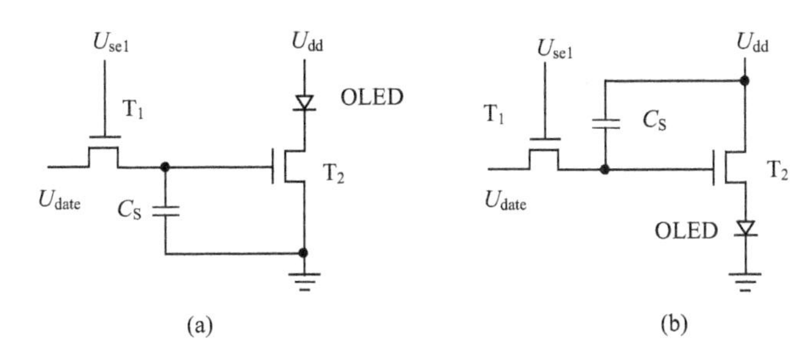

图 4-9　两管 TFT 驱动电路

（a）恒流源结构；（b）源极跟随结构

2001 年，Huitema 等制备了 64×64 像素的有源矩阵显示屏，每个像素点被溶液法处理的聚合物薄膜场效应晶体管驱动[45]。如彩图 3（a）所示，为一个 2 英寸的、由 4096 个薄膜场效应晶体管驱动的多像素的显示器，单个像素点被聚合物晶体管驱动的结构如彩图 3(b) 所示。该显示器有 256 阶灰度，最大的灰度对比度为 8.6，与将黑色墨水置于白纸上的对比度相当，其恢复频率为 50Hz。这一成果奠定了实现低成本、柔性显示器的基础。

2003 年，de Leeuw 等人又利用溶液处理的方法成功地将有机集成电路构建在 25μm 厚的聚酰亚胺薄片上（图 4-10）[46]。该显示器能够实现直径仅为 1cm 的弯曲程度，弯曲的次数超过 50 次而不会严重影响显示器的性能。另外，要想实现有机集成电路与 OLED 的集成，最重要的一步是移位存储电路的构建，用来实现将行选择脉冲向每一列的转移。因而这里采用了与上一报道相同的实验流程，还制备了串行（row）移位寄存器。它是一个包含 1888 场效应晶体管的 32 阶移位寄存器（彩图 4）。每个晶体管的沟道长度为 4μm，是当时报道的最大的有机集成电路。更重要的是，该电路的操作频率可达 5kHz，这一操作频率使得该显示器能够与电视的频率相结合。这一结果也是能够在塑料衬底上实现电路的具有代表性的重要一步。

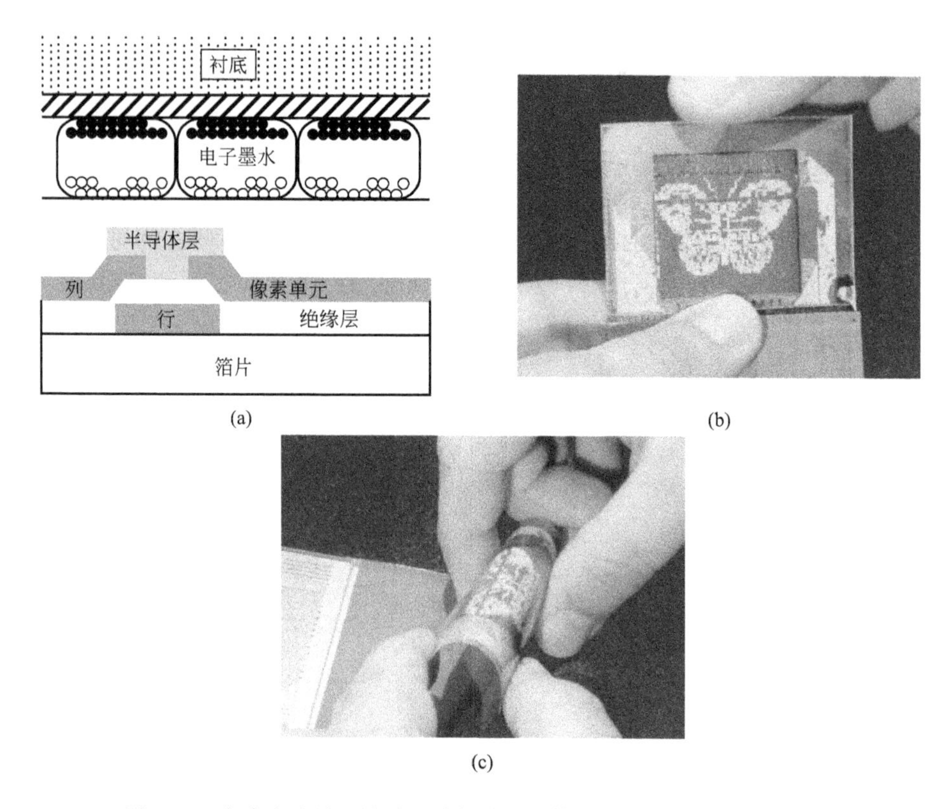

图 4-10 由溶液法处理的并五苯场效应晶体管驱动的有源驱动显示器

(a) 单一像素点的截面图；(b) 直立的电泳显示器的照片；

(c) 将显示器弯曲到直径仅为 1cm 的情况；这个 3.5cm×3.5cm

的显示器的像素为 64×64，每个像素点的大小为 540μm×540μm

第一个有源驱动的彩色的、可弯曲的 OLED 显示器是 2008 年 Yagi 等人用并五苯作为有驱动电路的有源传输层来构建的有源驱动电路[47]，实现了对 AM-OLED 的驱动［其驱动电路的单元像素电路如图 4-11(a) 所示］。该彩色显示器的分辨率达到 80ppi，大小为 2.5 英寸，厚度也减至 0.3mm，重量仅为 1.5g(如图 4-11 所示)。这一结果充分显示了将 OTFT 与 OLED 相结合在柔性平板显示器上的光明前景。

4.2.3 电子纸

所谓“电子纸”，即为像纸一样轻薄的电子显示器，兼有纸的优点（如视觉感观几乎完全和纸一样等），又可以像我们常见的液晶显示器一样不断转换刷新显示内容，并且比液晶显示器省电。电子纸的用途相当广泛，第一代产品用于代替常规显示设备，第二代产品包括移动通信和 PDA 等手持设备显示屏，计划开发的下一代产品定位在超薄型显示器，形成与印刷业有关的应用领域，例如便携式电子书、电子报纸和 IC 卡等，能提供与传统书刊类似的阅读功能和使用属性。

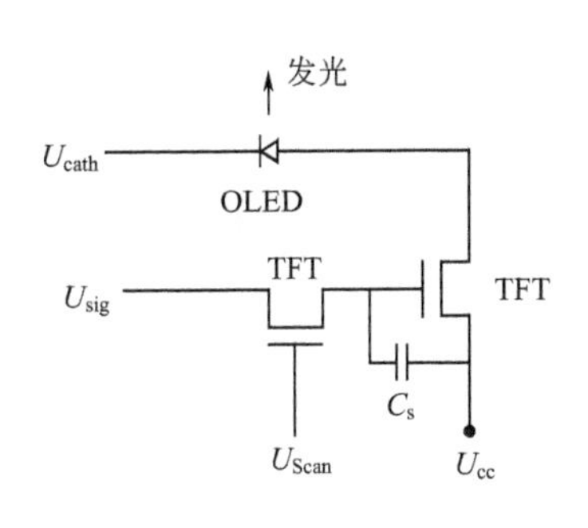

图 4-11 利用并五苯场效应晶体管驱动的可弯曲的显示器的驱动电路图和照片

“电子纸”的实现需要将有机集成电路从本来的刚性衬底（例如硅基衬底和玻璃衬底等）向薄、轻、柔性衬底（例如塑料衬底或者金属的箔片等）上转移。或者也许根本就不需要衬底。微胶囊化的“电子墨水”的出现也为电子纸的实现提供了更大的可能性[48]。所谓微胶囊化的“电子墨水”是1997年麻省理工学院媒体实验室首次提出的，就是利用电泳法将具有不同颜色的（例如对光具有较好的散射性或吸收性的粒子）和不同电信号的粒子封装在绝缘的聚合物微胶囊内，通过过滤可以获得想要得到尺寸的微胶囊，通过电场的调控可以实现对比度的转变，如图4-12所示。这些被封装的电泳颗粒在电子墨水的显示中能起到图像呈色的作用，并构成整个图像，是微胶囊显示的重要组成部分之一。这些颗粒通常选择无机颜料颗粒例如二氧化钛、二氧化硅等，或者由有机颜料、复合颗粒作为电泳颗粒（例如彩色颜料颗粒大红粉、永固红、甲苯胺红等偶氮类、酞菁蓝、酞菁绿、联苯胺黄和喹吖啶酮类有机颜料等）。与液晶显示器不同，这种电子墨水构建的显示器具有宽视角、双稳态、低损耗、较高的对比度的反射型显示等优点而受到广泛的关注。这种微胶囊化的电泳基液可以通过打印或者印刷的方式涂覆在各种衬底材料上实现显示，这为电子纸的实现提供了广阔的发展前景。

第一个关于有机电子纸的报道是2001年Rogers等人利用并五苯作为有源传输层[49]，电子纸的底板电流由一个包含256个互相连接的p型场效应晶体管来提供。衬底是电子纸的一个非常重要的组成部分，因为它能确保器件的轻巧、可弯曲和坚固耐用。在Rogers的报道中采用0.1mm厚的聚酯薄膜作为衬底，图案化的ITO作为栅电极，栅极上有一薄层腐蚀用光刻胶，再通过微接触印刷、传统的光刻法和掩模法来实现可刻蚀光刻胶的图案化，实现背底电流的制备（即用于驱动电子纸的每个像素点的场效应晶体管的制备），并利用光刻法来实现有机传输层的图案化。整个显示器的平均厚度约为1mm（见图4-13）。

世界上第一个彩色的可弯曲的OLED显示器是Yoshida等人在塑料衬底上制备的无源驱动显示器[50]，该显示器的发光面积达3英寸，160×RGB×120像

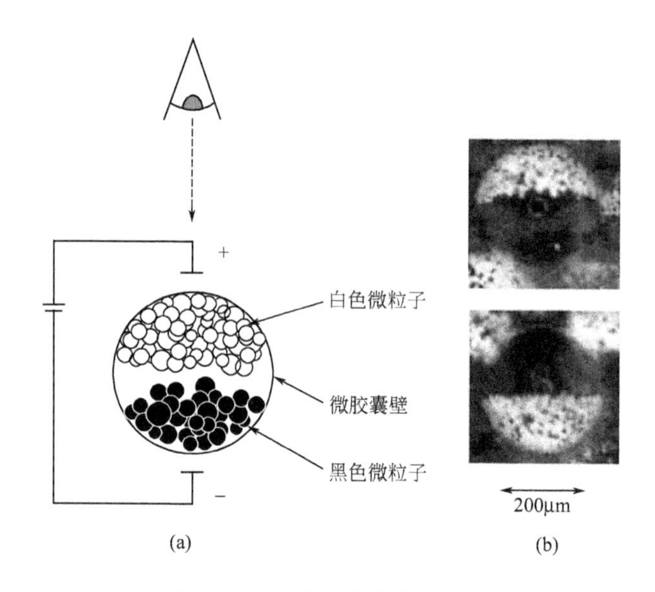

图 4-12 电泳微胶囊的示意图

(a) 电泳微胶囊显示器的示意图（黑白微粒子体系），当上方的透明电极加正电压时，带负电荷的白色粒子将会移向上方，相反带负电的黑色粒子就会移向下方；(b) 斐贝利用正、负电场进行调控的单个微胶囊的光学照片

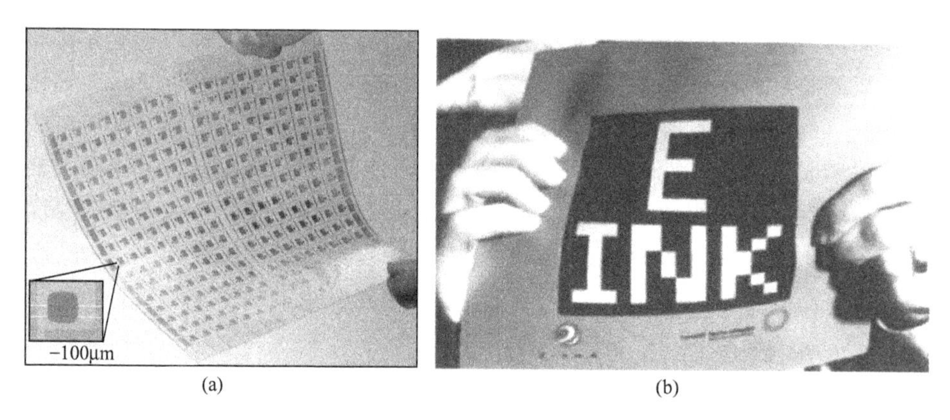

图 4-13 (a) 完成的塑料有源驱动显示器的底板照片，插图为单个有机场效应晶体管的光学照片；(b) 单片的电子纸显示器的照片，从图中可见弯曲的状态下并没有改变显示器的性能

素，该显示器的厚度仅为 0.2mm，质量接近 3g。第一个有源驱动的彩色的、可弯曲的 OLED 显示器是 2008 年 Yagi 等人实现的[49]。同年 Taimei Kodaira 等人又制备了 2.1 英寸的有源驱动彩色显示器[51]，该显示器不仅进一步将彩色显示器的分辨率提高到 192ppi，而且该彩色显示器的厚度也进一步被降至 100μm，整个显示器的重量仅为 0.24g，并且该显示器能够像纸一样被卷起来。图 4-14 为

当显示器被卷在直径为 1cm 的钢笔上时的照片，可见该显示器仍然可以正常地工作。从其单个点素点的截面示意图可见，该显示器也是利用电泳微胶囊作为显示单元。

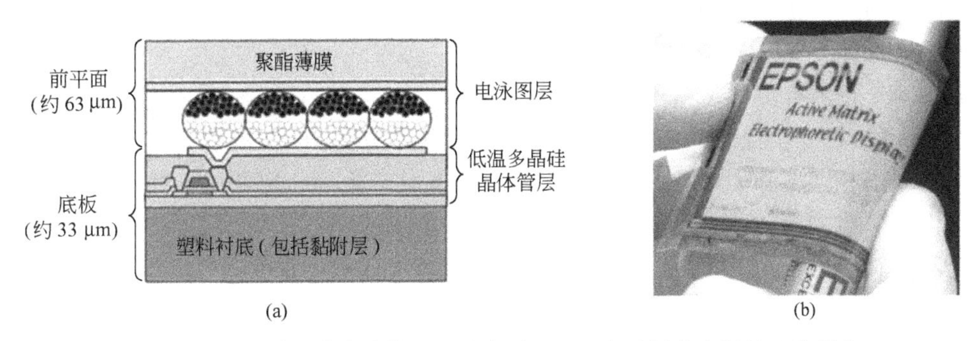

图 4-14　(a) 单个像素点的界面示意图；(b) 电子纸卷在钢笔上的照片

Shiyanovskaya 等[52]还实现了无衬底的胆固相液晶黑白无源驱动显示器。该特殊结构的显示器实现了一个新的巨大的突破，所有的显示器先被沉积在衬底上，然后再从衬底上剥离。利用这种方法使得显示器的厚度和重量都得到了明显的下降。此报道中该显示器的厚度仅为 20μm，质量则达到了 0.002g/cm^2。该显示器表现出了非常优异的均一性、柔韧性以及悬垂性，并且在弯曲的状态下保持很好的光学和电学特性以及良好的机械完整性（如图 4-15 所示）。这种高柔韧性的显示器能够适应非常复杂的构型，因而有望应用于一些传统的显示器无法应用的领域，包括汽车的仪表板、智能纺织品和衣服等。这种显示器可以利用压敏材料将其贴于其他衬底的表面。这种非常轻薄的显示器也可以被折叠和卷起，这也进一步证实了可折叠显示器是可以实现的。不仅如此，如果此种显示器的制备工艺能够得到进一步的成熟和完善，更多的应用也必将实现。

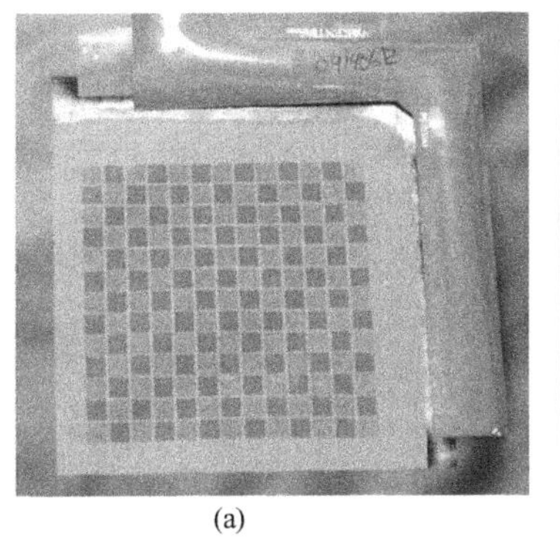
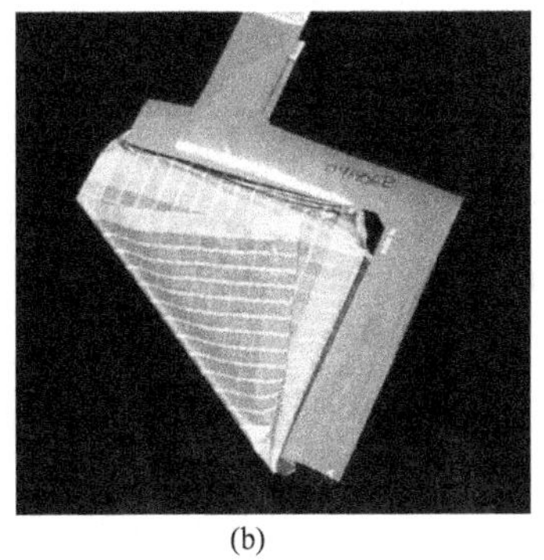

图 4-15　一个 13×13 的胆固相液晶黑白色无源驱动显示器的照片

(a)、(b) 分别为该显示器在衬底上以及从衬底上剥离下来的照片

4.2.4 RFID 标签

有机电路的另一个重要应用就是 RFID 标签[53]。RFID 标签的应用范围正在迅速扩大，其最终可能取代现在正在被广泛使用的条形码而被应用于单个零售商品的识别。但是要达到这个目标，目前最主要的障碍就是 RFID 标签的成本问题。虽然现在非常小的 RFID 芯片的价格可以降至几美分，但是这一芯片部分还需要同天线进行组装来构建一个完整的 RFID 应答器。而且到目前为止天线以及组装的成本还没有降到人们所期望的价格，因而其还不能实现大范围的应用。这就为基于有机小分子和有机聚合物的场效应晶体管来构建超低成本的 RFID 标签提供了机会。

4.2.4.1 RFID 系统组成

RFID 是一种非接触式的自动识别技术，典型的 RFID 系统由硬件系统和软件系统组成[54]，其中软件系统用于实现信息采集、识别、加工及传输。应用软件系统通常包含硬件驱动程序：连接、显示及处理卡片读写器操作；控制应用程序：控制卡片读写器的运作，接收读卡所回传的数据，并做出相对应的处理；数据库：储存所有电子标签相关的数据，供控制程序使用。硬件系统由发射天线、接收天线、天线调谐器、电子标签、读写器以及计算机系统等部分组成。用于完成信息采集和识别，从而实现预设的系统功能和信息化管理目标。发射天线：用于发射无线电信号以激活电子标签；接收天线：接收电子标签发出的无线电信号；天线调谐器：完成信号的传递和调整发射天线控制区域；电子标签（又称射频卡、应答器）：由标签天线（或线圈）和标签芯片组成，每个芯片都含有唯一的识别码（即由有机集成电路构成的具有记忆功能的微处理器），用来表示电子标签所附着的物体。电子标签分有源标签和无源标签，有源标签内装有电池，其作用距离较远，但寿命有限、体积较大、成本高，且不适合在恶劣环境下工作；无源标签没有内装电池，它利用波束供电技术将接收到的射频能量转化为直流电源为卡内电路供电，其作用距离相对有源标签短，但寿命长且对工作环境要求不高；读写器：是 RFID 系统信息控制和处理中心。读写器根据使用的结构和技术不同，可以是只读或读/写装置，由无线收发模块、天线、控制模块及接口电路等组成，并通过外设接口与计算机联机。此处主要介绍无源电子标签。

4.2.4.2 RFID 系统的基本工作原理

RFID 工作原理并不复杂：标签进入磁场后，接收读写器发出的射频信号，凭借感应电流所获得的能量发送出存储在芯片中的产品信息，或者主动发送某一频率的信号，读写器读取信息并解码后，送至中央信息系统进行有关数据处理。

4.2.4.3 RFID 系统的发展进程

能够实现低成本的天线是实现低成本的 RFID 应答器的关键。目前的射频能量转换方式主要有电容性感应和电感耦合两种。其中电容耦合 RFID 系统如图 4-

16(a) 所示，M_1 为 p 型 FET，它为一个等效二极管，可以对输入的射频电压进行调整。M_2 也为一个等效二极管，为流过 M_1 的直流电流提供一个回路。在节点 2 处由 M_1 的寄生电容所产生的交流电流流过退耦电容 C_{ds}，并最小限度地影响负载上产生的直流电压。电容耦合的优势是其天线是一个横截面积较大的发射台，因而其欧姆损失较少。因而电容耦合能够在 RFID 标签内部实现低成本、高度欧姆接触的天线台。另一种电感耦合方式的 RFID 如图 4-16(b) 所示，在此系统中标签的天线与电容 C_r 形成了一个谐振腔，该谐振腔的频率与用于传递能量给电子标签的射频频率一致，并提供非常大的共振阻抗，使得其接受的电压达到最大。这也使得 M_1 即使在一个相对较远的距离也能实现比电容耦合电子标签还要好的工作状态。但是电感耦合标签的一个弊端是成本相对于电容耦合标签较高。

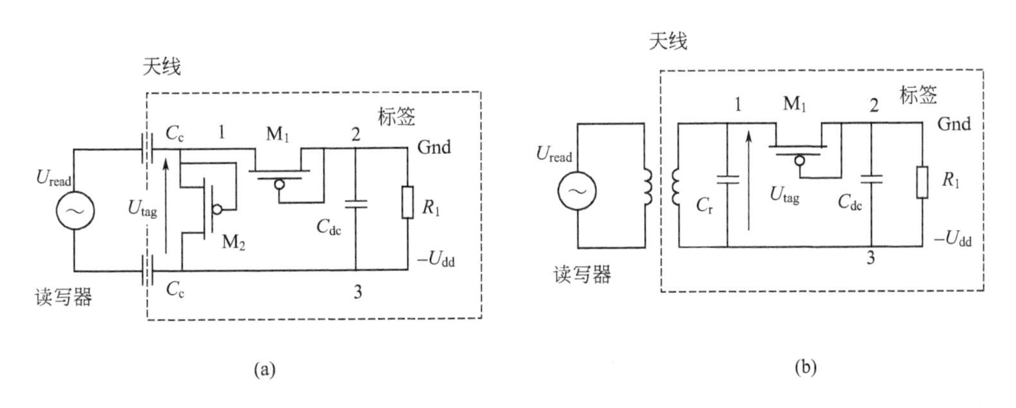

图 4-16　电容耦合感应和电感耦合感应的有机 RFID 标签的示意图

目前，RFID 标签所使用的无线频率并没有统一，其中近距离的系统主要使用 125kHz、13.56MHz、869MHz 等低频、高频波段和超高频波段。为了使有机 RFID 标签能够与基本的传输频率相匹配，有机 RFID 标签的工作频率应该能够达到现存的商业化的基本传输频率 13.56MHz。近年来工作在 125kHz 波段的有机电路，例如振荡器、移位存储器甚至整个 RFID 标签都已经成功地获得[7,10,55,56]。但在 125kHz 波段工作时的 RFID 标签的可读取距离非常短，并且其对天线以及电容规格的要求也非常严格，因而能够实现 13.56MHz 波段的工作频率，使其与现有的读写器相结合才更加有望将有机的 RFID 标签投入低成本的、广泛的商业用途。但是由于有机材料本身的本征迁移率就相对较低，这使得这一目标的实现存在着一些挑战。但是随着有机电子学的不断向前发展，尤其是有机半导体材料性能的不断提高，这一目标的实现似乎已为时不远，很多工作在 13.56MHz 的 RFID 标签已经成功地获得[57,58]。

有机 RFID 标签中电子标签里的整流器部分通常为整个器件的核心部分，一般是将一个垂直结构的二极管同一个负载电容串联，再将其同一个负载电阻并联（如图 4-16 所示）[59~63]。也有建议利用一个具有较短的栅漏电极的 OFET 来取代二极管，其结构如图 4-17(a) 所示[64]，这将有利于其作为逻辑电路进行集成，另外 OFET 的迁移率也通常会比垂直结构的二极管高出几个数量级[65]。但是利用 OFET 的一个非常显著的缺点是其导电沟道相对于垂直结构的二极管（沟道长度仅为有机层的厚度）较长，因而其工作的速度一般不如利用二极管进行整流的结构[57]。相信通过工艺的不断改进，可以成功地克服这一缺点。

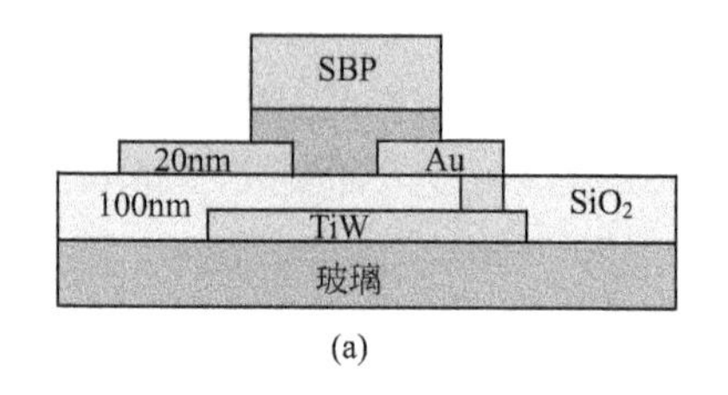

(a)

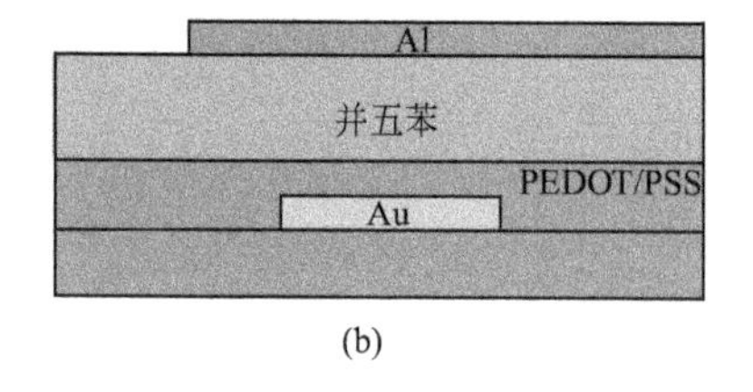

(b)

图 4-17　具有较短栅漏电极的 OFET 的结构示意图 (a)；有垂直结构的二极管的结构示意图 (b)

2005 年，Steudel 等[57]利用垂直机构的、基于并五苯作为有源传输层的二极管进行整流，其结构如图 4-17(b) 所示。文中通过对有无 PEDOT：PSS 作为缓冲层的垂直结构二极管的电荷传输特性以及整流特性进行了比较，证明了 PEDOT：PSS 缓冲层的存在对于提高 RFID 标签的工作频率有很大的帮助。另外，通过如图 4-18 所示的测试装置的引入，大大地减少了布线的长度，因而也减少了高频测试下的感应系数的值，使得该整流器的工作频率高达 50MHz。而且通过理论的推断，该结构的 RFID 标签的工作频率可以达到 800MHz。这一结构的取得为有机 RFID 标签能够实现在超高频率波段工作提供了可能，当然在此之前还有很多的研究工作需要展开。

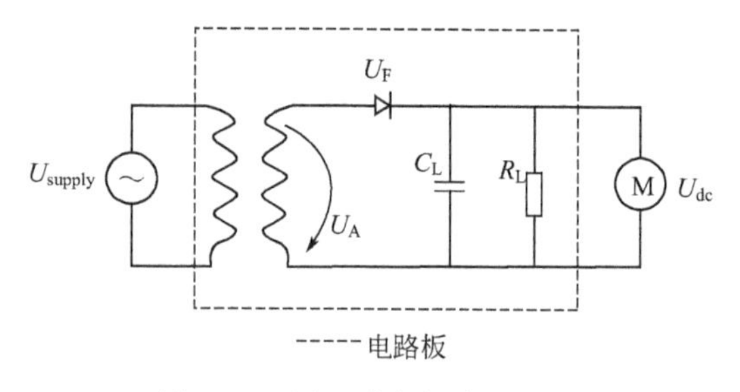

图 4-18　用于进行较高频率的二极管 RFID 标签的测量装置

2007 年，Cantatore 等利用 OFET 作为 RFID 标签的整流器，首次实现了 13.56MHz 的工作频率下的多位检测，即在同一检测频率下两种编码能够被清楚地接收和分辨，这是首次实现有机 RFID 标签的多位检测[58]。同时他们还构建了一个 64 位的射频卡，该射频卡由 1938 个晶体管共同组建而成（如图 4-19 所示），是目前为止最复杂的 RFID 标签，其工作的频率为 125kHz。这也进一步证实了有机 RFID 标签在实际应用上的光明前景。

除了有机 RFID 标签的工作频率以外，还有其他的性能必须考虑。例如用来驱动有机电路的电压的大小。较低的驱动电压会使 RFID 标签的供电变得简单，

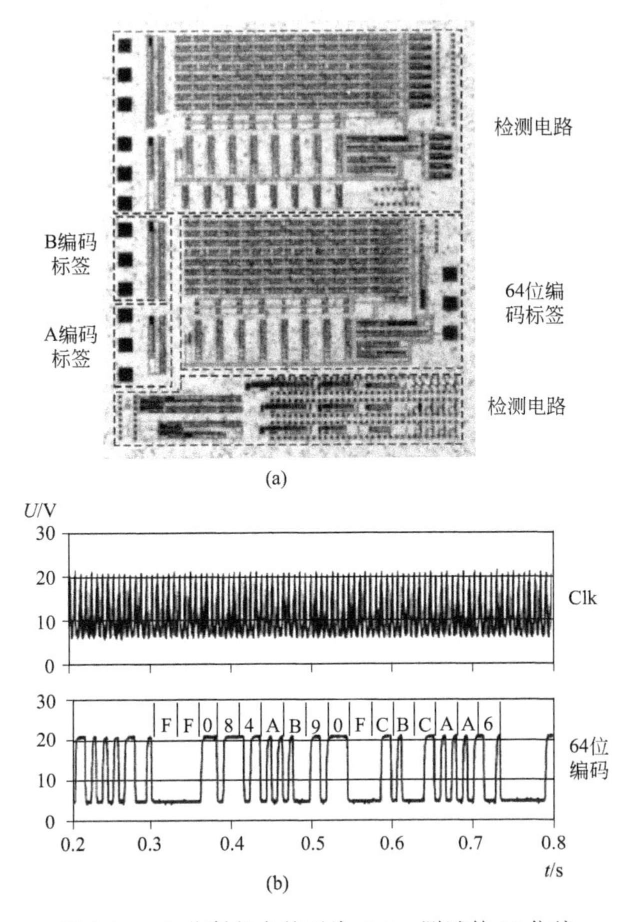

图 4-19　64 位射频卡的照片（a）；测试的 64 位编码的波形同存储器中的存储的位形的比较（b）

同时还能延长数据的读取距离。虽然现在对于最大的驱动电压应该限制在多少伏特并没有明确的规定，但是一般在 5～10V 之间似乎是人们能够接受的范围。目前能够驱动振荡器的最小电压仅为 1.5V[66]。除此之外，另一个 RFID 标签的限制条件就是数据的读取时间，其实际应用中一般应该被限制在 10ms[67]。此处就不详加介绍了。

4.3　基于有机单晶场效应晶体管的有机电路

以上报道全都是基于有机薄膜场效应晶体管的有机电路。众所周知，有机单晶场效应晶体管更能反映有机半导体材料的本征性能，更有望构筑高质量的器件以及电路。因而基于有机单晶场效应晶体管的电路也一直是大家努力的方向。下面简单总结有机单晶电路的发展近况。

对有机单晶电路的研究仅仅开始于近几年，反相器被认为是有机补偿性逻辑电路的一个基本的组成部分，因而对有机单晶单路的研究也始于有机单晶反相器的制备。2006年，Briseno等人首先利用一个并五苯衍生物（tetramethylpentacene，TMPC）的单晶作为p型传输沟道，一个苝酰亚胺的衍生物（N,N′-di[2,4-difluorophenyl]-3,4,9,10-perylenetetracarboxylic diimide，PTCDI）单晶作为n型传输沟道，首次实现了有机单晶反相器的制备。所采用材料的分子结构以及器件的构型如图4-20所示。但是可能因为这两种材料的迁移率匹配得并不是很好［p型迁移率为$1cm^2/(V \cdot s)$，n型为$0.006cm^2/(V \cdot s)$］，所以反相器的增益值仅为4.2[68]。

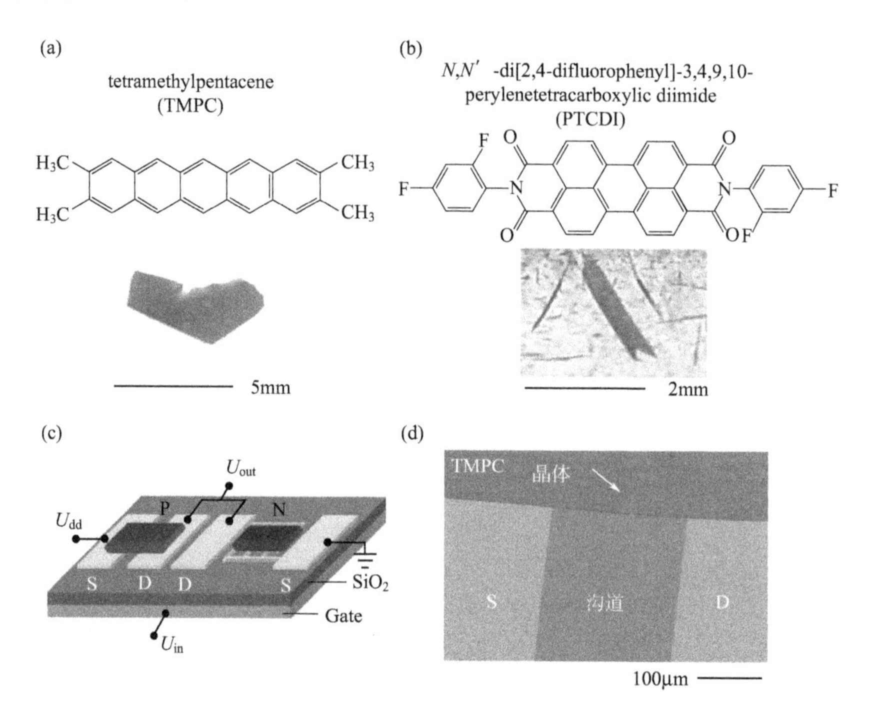

图4-20 (a)，(b) 有机单晶反相器的p型、n型沟道材料的分子式以及与其相对应的单晶SEM照片；(c)，(d) 有机单晶反相器的结构示意图和SEM图

有机半导体材料中迁移率高，空气中稳定性好，而且能够长成规则的单晶形状的n型有机半导体材料非常少。而相对性能比较优异的p型有机半导体材料的实现则要容易得多。因而我们还尝试了仅仅使用p型有机单晶作为有源传输层来实现有机单晶反相器的制备。中国科学院化学研究所胡文平组利用p型蒽衍生物（DPV-Ant）的微纳单晶作为有源传输层实现了单有机半导体材料的反相器。由于DPV-Ant具有的较高的迁移率［单晶场效应晶体管的迁移率达$4.3cm^2/(V \cdot s)$］和优异的稳定性[69]，因而基于此材料的反相器也表现出优异的性能和

稳定性，其最大增益可以达到 80[70]。图 4-21 为该反相器的电路图及电压转移特性曲线。

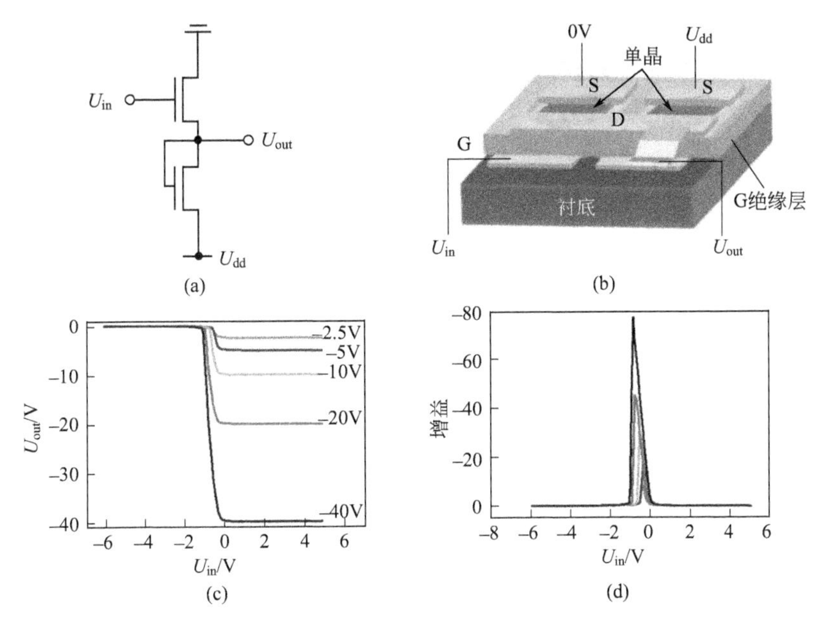

图 4-21　(a)，(b) 制备的单晶反相器的电路图和示意图；(c) 当输入电压为－2.5～－40V 时反相器的转移特性；(d) 反相器的增益图

由于有机半导体材料中性能高、稳定性好的 n 型单晶材料的获得相对困难，以及 n 型有机半导体材料的能级与通常使用的金属电极（例如金电极）的匹配性较差等问题，大大限制了有机互补电路材料的选择和电路的构建，而无机半导体材料多为 n 型，其场效应晶体管的迁移率也很高，空气稳定性较好。如果能够将有机/无机材料进行复合来构筑器件，就能够同时利用有机半导体材料（成本低、柔韧性）和无机半导体材料（迁移率高、稳定性好）的优点来构建高质量的器件。胡文平组将氧化锌（ZnO）和酞菁铜（CuPc）的单晶纳米带进行复合，构建了双极型场效应晶体管和反相器。如图 4-22 所示，这一结构的采用也得到了性能很好的双极性 OFET 和反向器。当输入电压在 $|U_{in}|=20$V 时，其最大增益值可以达到 29[71]。首次实现了利用一维的有机/无机单晶纳米带复合来构建双极性场效应晶体管和反相器，充分证明了这种有机/无机复合体系在构建复杂集成电路上的潜在应用前景。

另外，对于纯有机单晶互补电路的研究一直是科学家们努力的一个重要方向。Briseno 等人将利用自主组装方法得到的 n 型 PTCDI 的衍生物 PTCDI-C8 纳米线同 p 型并五苯衍生物（HTP）纳米线进行复合，利用溶液法构建了纯有机

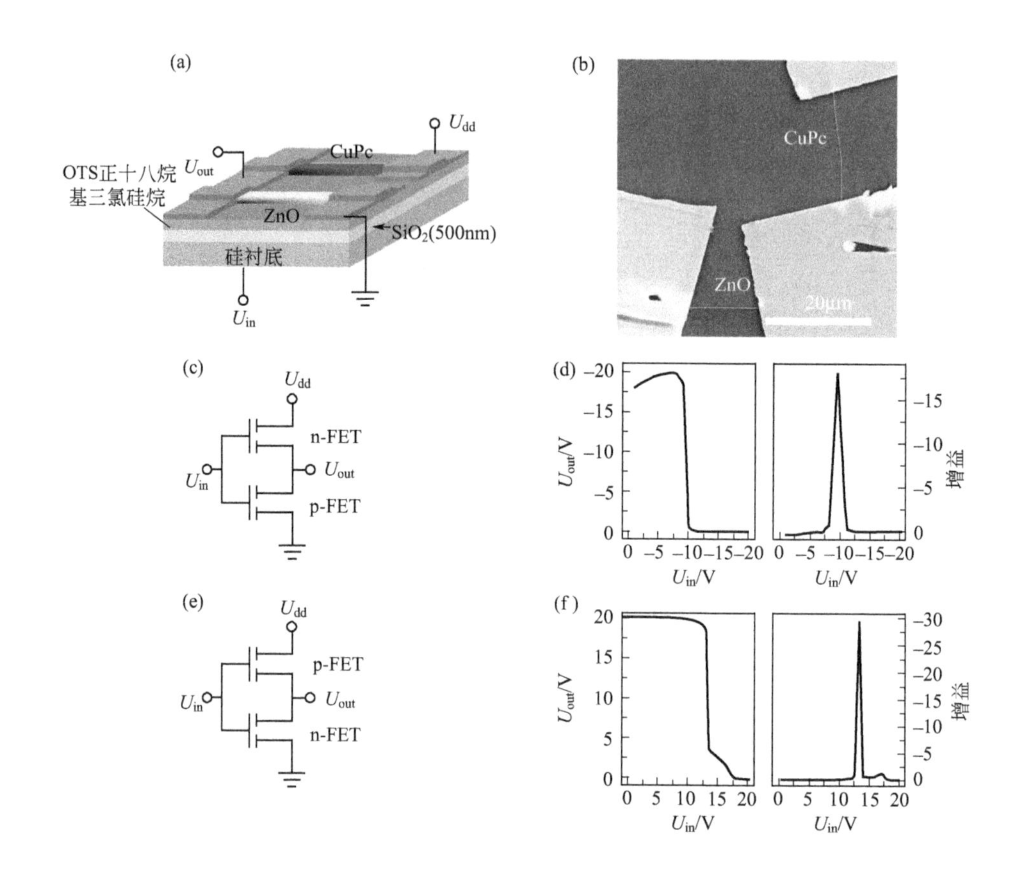

图 4-22 (a),(b) 利用 CuPc 作为 p 型传输沟道,ZnO 作为 n 型传输沟道构建的有机/无机复合的单晶反相器结构示意图和 SEM 图;(c) ~ (f) 反相器在不同的输入电压下电路图和转移特性曲线和相应的增益值

的互补型反相器[72]。其器件的结构及电学性能如图 4-23 所示,由图可见,该反相器显示出良好的性能,最大增益可达 8。这一报道是首次实现将有机半导体的纳米线进行复合来构筑有机互补反相器的例证,对于利用一维有机纳米结构来构筑电路起到了引领的作用。

$F_{16}CuPc$ 是空气中稳定的有机半导体材料,其最佳的迁移率可以达到 $0.35cm^2/(V \cdot s)$[73],作为 n 型的有机半导体层而被广泛地研究。胡文平研究组通过将 $F_{16}CuPc$ 与 CuPc 单晶纳米带进行复合来构建互补逻辑电路。具体的结构如图 4-24 所示,即通过机械探针将单晶进行交叉放置来实现有机电路的构建。其中包括反相器、静态随机存储器 (SRAM)、传输门、与门、或门、非门等。其中 CuPc 作为 p 型的传输沟道,$F_{16}CuPc$ 作为 n 型的传输沟道,两者的场效应晶体管的迁移率都高达 $0.6cm^2/(V \cdot s)$。并将这两种材料的纳米带

同 SnO_2：Sb 纳米线（充当源漏电极）结合，再通过对有机单晶纳米带的交叉来实现各种功能电路。图 4-25 为利用同种方法构建的非门和与非门。从图 4-24、图 4-25 中可见，利用单晶纳米带构建的电路取得了很好的性能。利用有机单晶来实现有机电路的集成，这为利用有机单晶来构建集成电路迈出了开创性的一步[74]。

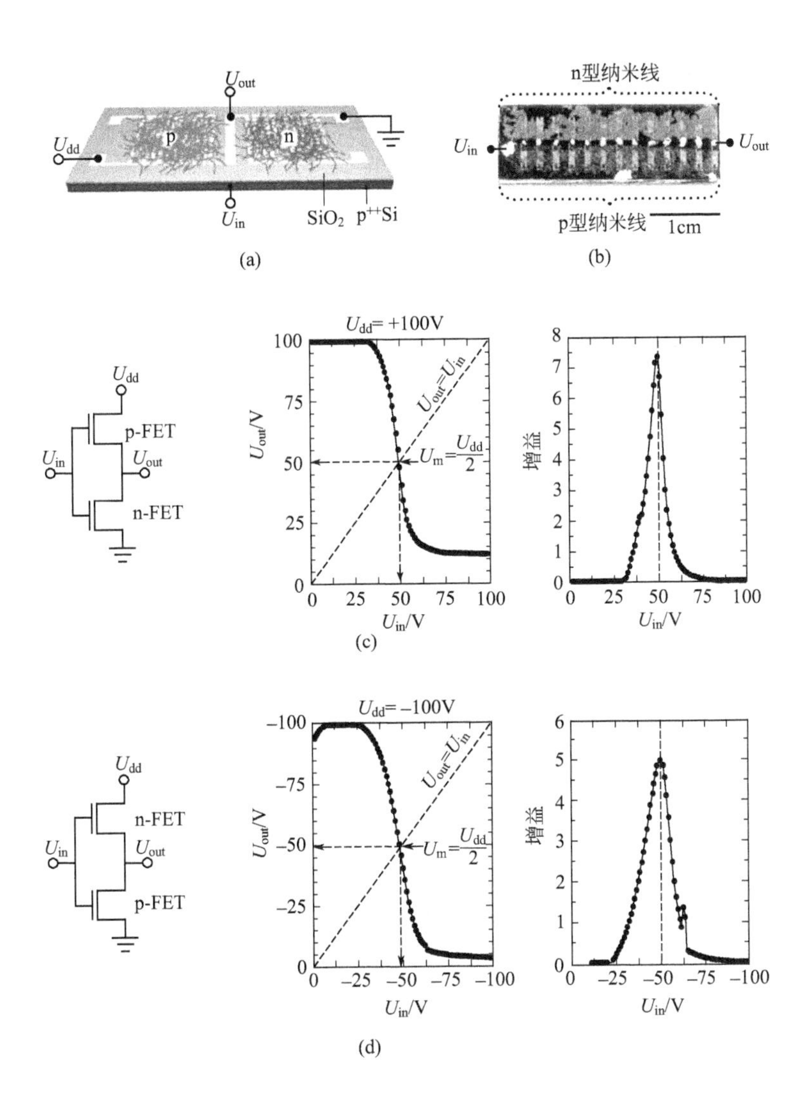

图 4-23　(a)，(b) 利用 HTP 作为 p 型传输沟道，PTCDI-C_8 作为 n 型传输沟道构建的基于纳米线的反相器结构示意图和一个包含有十三个互相独立的反相器的衬底的照片；(c)，(d) 反相器在不同的输入电压下电路图和转移特性曲线及相应的增益值

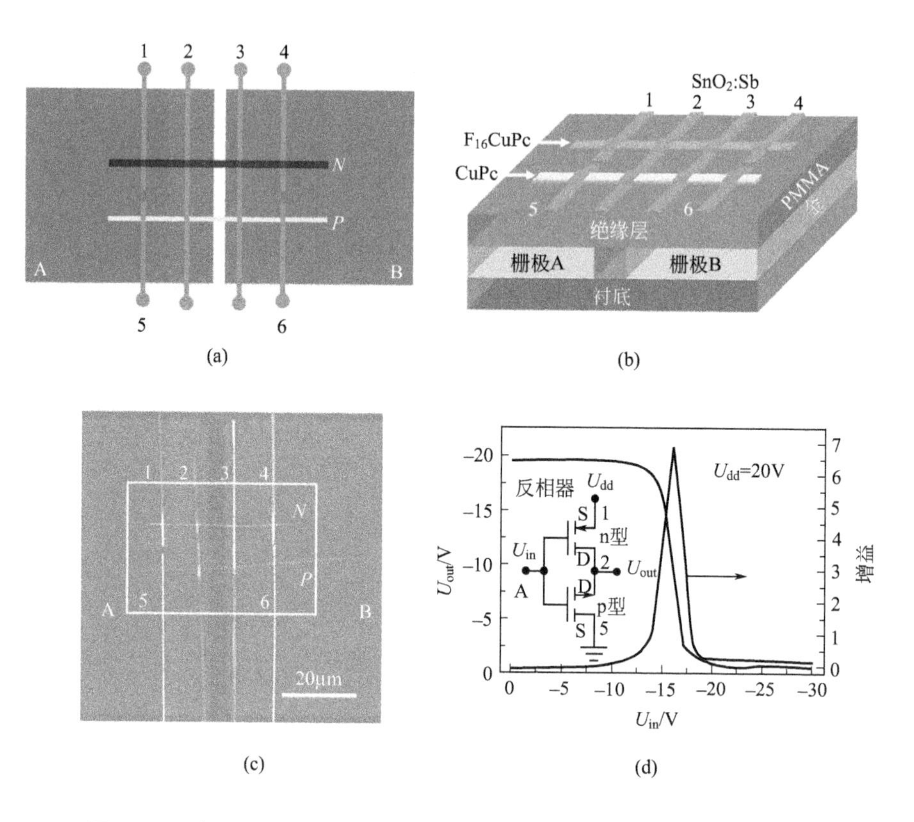

电路名称	反相器(1)	反相器(2)	静态存储器	转换门	非门	与门
连接点	U_{dd}:1 U_{in}:A U_{out}:2 GND:5	U_{dd}:A,1 U_{in}:B U_{out}:2,3 GND:4	U_{in}:A,3 U_{out}:B,2 GND:1,4	U_{in}:1,3 U_{out}:2,6 U_G:A U_G:B	U_{in1}:A U_{in2}:B U_{out}:1,3 GND:2,4	U_{in1},U_{in2}:A,B U_{out}:1 connected:2,3 GND:4
电路图						

(e)

图 4-24 (a)，(b) 利用 CuPc、F_{16}CuPc、SnO_2：Sb 纳米带组装的有机电路的结构示意图；(c) 电路的 SEM 图；(d) $U_{dd}=20$V 的时候反相器的输出电压和相应的增益值；(e) 通过连接不同的节点来实现跟踪功能的有机电路

其中 U_{in} 为输入电压，U_{dd} 为电源，U_{out} 为输出电压，GND 代表接地，即电势为零，而“U_{dd}：1”代表 SnO_2：Sb 纳米带端与电源连接，“U_{in}：A”代表 A 门电极作为电压的输入端

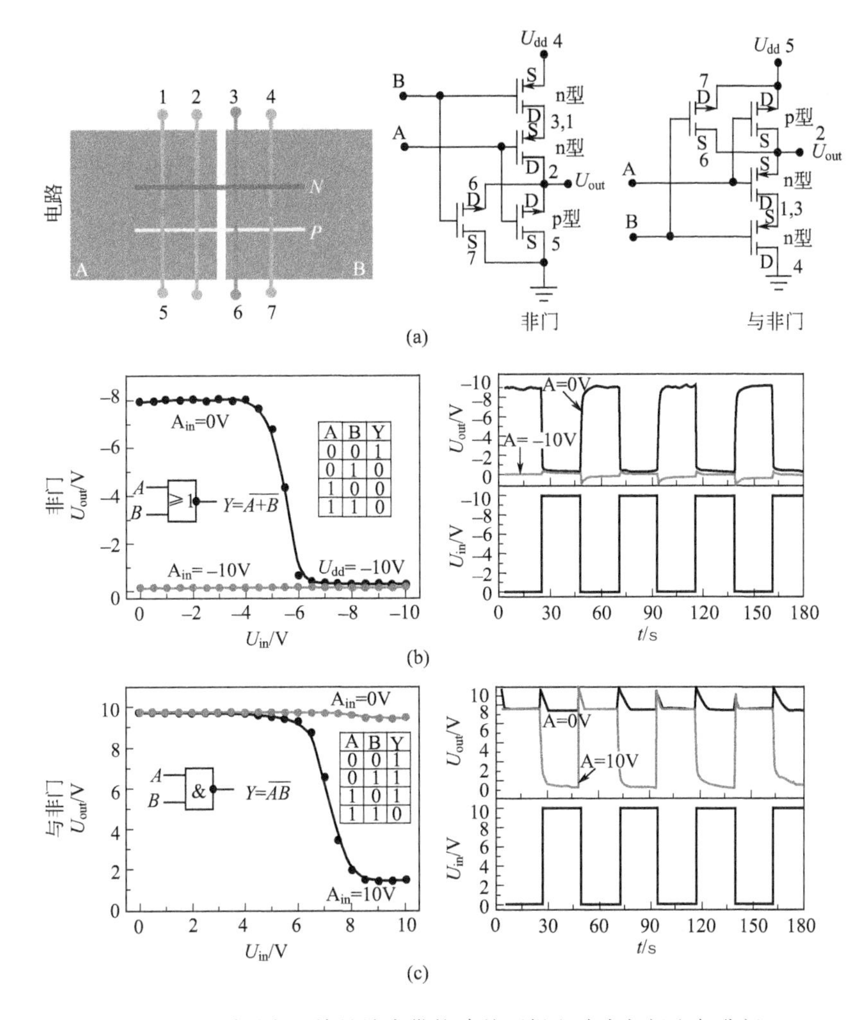

A	B	Y
0	0	1
0	1	0
1	0	0
1	1	0

A	B	Y
0	0	1
0	1	1
1	0	1
1	1	0

图 4-25　利用有机单晶纳米带构建的逻辑电路中与门和与非门

(a) 电路的结构示意图和电路图；(b) $U_{dd}=-10V$ 时非门电路的转移特性和动态切换特性；(c) $U_{dd}=10V$ 时与非门电路的转移特性和动态切换特性

4.4　展望

虽然近年来有机电子学的研究得到了飞速的发展，但是仍然处于发展的初级阶段。同硅基等无机材料的电子产品相比，还存在着很多的不足，例如性能偏低、使用寿命短等等。但是有机电子产品在低加工成本、柔韧性以及可大面积制备等方面具有不可替代的优势，这些正推动着有机电子材料和器件不断地向前发展。

参 考 文 献

[1] A. Dodabalapur. Organic and polymer transistors for electronics. *Mater. Today*, **2006**, *9* (4): 24-30.

[2] A. Dodabalapur, J. Baumbach, K. Baldwin, H. E. Katz. Hybrid organic inorganic complementary circuits. *Appl. Phys. Lett.*, **1996**, *68* (16): 2246-2248.

[3] J. H. Na, M. Kitamura, Y. Arakawa. Organic/inorganic hybrid complementary circuits based on pentacene and amorphous indium gallium zinc oxide transistors. *Appl. Phys. Lett.*, **2008**, *93* (21): 203505-3.

[4] S. R. Forrest. Ultrathin organic films grown by organic molecular beam deposition and related techniques. *Chem. Rev.*, **1997**, *97* (6): 1793-1896.

[5] H. Klauk, M. Halik, U. Zschieschang, F. Eder, D. Rohde, G. Schmid and C. Dehm. Flexible organic complementary circuits. *IEEE Trans. Electron Devices*, **2005**, *52* (4): 618-622.

[6] M. G. Kane, J. Campi, M. S. Hammond, F. P. Cuomo, B. Greening, C. D. Sheraw, J. A. Nichols, D. J. Gundlach, J. R. Huang, C. C. Kuo, L. Jia, H. Klauk, T. N. Jackson. Analog and digital circuits using organic thin-film transistors on polyester substrates. *IEEE Electron Device Lett.*, **2000**, *21* (11): 534-536.

[7] H. Klauk, M. Halik, U. Zschieschang, F. Eder, G. Schmid, C. Dehm. Pentacene organic transistors and ring oscillators on glass and on flexible polymeric substrates. *Appl. Phys. Lett.*, **2003**, *82* (23): 4175-4177.

[8] H. Klauk, U. Zschieschang, J. Pflaum, M. Halik. Ultralow-power organic complementary circuits. *Nature*, **2007**, *445* (7129): 745-748.

[9] B. Yoo, T. Jung, D. Basu, A. Dodabalapur, B. A. Jones, A. Facchetti, M. R. Wasielewski, T. J. Marks. High-mobility bottom-contact n-channel organic transistors and their use in complementary ring oscillators. *Appl. Phys. Lett.*, **2006**, *88* (8): 082104-(1-3).

[10] C. Rolin, S. Steudel, K. Myny, D. Cheyns, S. Verlaak, J. Genoe, P. Heremans. Pentacene devices and logic gates fabricated by organic vapor phase deposition. *Appl. Phys. Lett.*, **2006**, *89* (20): 203502-3.

[11] P. E. Burrows, S. R. Forrest, L. S. Sapochak, J. Schwartz, P. Fenter, T. Buma, V. S. Ban, J. L. Forrest. Organic vapor phase deposition: a new method for the growth of organic thin films with large optical non-linearities. *J. Cryst. Growth*, **1995**, *156* (1-2): 91-98.

[12] M. Shtein, H. F. Gossenberger, J. B. Benziger, S. R. Forrest. Material transport regimes, mechanisms for growth of molecular organic thin films using low-pressure organic vapor phase deposition. *J. Appl. Phys.*, **2001**, *89* (2): 1470-1476.

[13] E. J. Meijer, D. M. De Leeuw, S. Setayesh, E. Van Veenendaal, B. H. Huisman, P. W. M. Blom, J. C. Hummelen, U. Scherf, T. M. Klapwijk. Solution-processed ambipolar organic field-effect transistors and inverters. *Nat. Mater.*, **2003**, *2* (10): 678-682.

[14] A. R. Brown, A. Pomp, C. M. Hart, D. M. Deleeuw. Logic Gates Made From Polymer Transistors And Their Use In Ring Oscillators. *Science*, **1995**, *270* (5238): 972-974.

[15] C. J. Drury, C. M. J. Mutsaers, C. M. Hart, M. Matters, D. M. de Leeuw. Low-cost all-polymer integrated circuits. *Appl. Phys. Lett.*, **1998**, *73* (1): 108-110.

[16] W. Fix, A. Ullmann, J. Ficker, W. Clemens. Fast polymer integrated circuits. *Appl. Phys. Lett.*, **2002**, *81* (9): 1735-1737.

[17] A. Knobloch, A. Manuelli, A. Bernds, W. Clemens. Fully printed integrated circuits from solution processable polymers. *J. Appl. Phys.*, **2004**, *96* (4): 2286-2291.

[18] C. C. Wu, J. C. Sturm, R. A. Register, M. E. Thompson. Integrated three-color organic light-emitting devices. *Appl. Phys. Lett.*, **1996**, *69* (21): 3117-3119.

[19] X. Z. Jiang, R. A. Register, K. A. Killeen, M. E. Thompson, F. Pschenitzka, T. R. Hebner, J. C. Sturm. Effect of carbazole-oxadiazole excited-state complexes on the efficiency of dye-doped light-emitting diodes. *J. Appl. Phys.*, **2002**, *91* (10): 6717-6724.

[20] G. Gu, S. R. Forrest. Design of flat-panel displays based on organic light-emitting devices. *IEEE Journal of Selected Topics in Quantum Electronics*, **1998**, *4* (1): 83-99.

[21] R. Dagani. Polymer transistors: Do it by printing-Ink-jet technique may hasten advent of low-cost organic electronics for certain uses. *Chemical & Engineering News*, **2001**, *79* (1): 26-27.

[22] T. R. Hebner, J. C. Sturm. Local tuning of organic light-emitting diode color by dye droplet application. *Appl. Phys. Lett.*, **1998**, *73* (13): 1775-1777.

[23] H. Sirringhaus, T. Kawase, R. H. Friend, T. Shimoda, M. Inbasekaran, W. Wu, E. P. Woo. High-resolution inkjet printing of all-polymer transistor circuits. *Science*, **2000**, *290* (5499): 2123-2126.

[24] T. Shimoda, K. Morii, S. Seki, H. Kiguchi. Inkjet printing of light-emitting polymer displays. *Mrs Bulletin*, **2003**, *28* (11): 821-827.

[25] T. R. Hebner, C. C. Wu, D. Marcy, M. H. Lu, J. C. Sturm. Ink-jet printing of doped polymers for organic light emitting devices. *Appl. Phys. Lett.*, **1998**, *72* (5): 519-521.

[26] S. Molesa, M. Chew, D. Redinger, S. K. Volkman, V. Subramanian. High-performance inkjet-printed pentacene transistors for ultra-low cost RFID applications. Materials Research Soc. Spring Meeting, **2004**.

[27] D. M. Karnakis, T. Lippert, N. Ichinose, S. Kawanishi, H. Fukumura. Laser induced molecular transfer using ablation of a triazeno-polymer. *Appl. Surf. Sci.*, **1998**, *127*: 781-786.

[28] G. B. Blanchet, Y. L. Loo, J. A. Rogers, F. Gao, C. R. Fincher. Large area, high resolution, dry printing of conducting polymers for organic electronics. *Appl. Phys. Lett.*, **2003**, *82* (3): 463-465.

[29] Y. L. Loo, T. Someya, K. W. Baldwin, Z. N. Bao, P. Ho, A. Dodabalapur, H. E. Katz, J. A. Rogers. Soft, conformable electrical contacts for organic semiconductors: High-resolution plastic circuits by lamination. *Proc. Nat. Acad. Sci. U. S. A.*, **2002**, *99* (16): 10252-10256.

[30] Z. N. Bao, Y. Feng, A. Dodabalapur, V. R. Raju, A. J. Lovinger. High-performance plastic transistors fabricated by printing techniques. *Chem. Mater.*, **1997**, *9* (6): 1299-1301.

[31] U. Zschieschang, H. Klauk, M. Halik, G. Schmid, C. Dehm. Flexible organic circuits with printed gate electrodes. *Adv. Mater.*, **2003**, *15* (14), 1147-1151.

[32] C. Kim, S. R. Forrest. Fabrication of organic light-emitting devices by low-pressure cold welding. Adv. Mater., **2003**, *15* (6): 541-545.

[33] Z. A. Bao, A. J. Lovinger, J. Brown. New air-stable n-channel organic thin film transistors. *J. Am. Chem. Soc.*, **1998**, *120* (1): 207-208.

[34] H. Klauk, D. J. Gundlach, T. N. Jackson. Fast organic thin-film transistor circuits. *IEEE Electron Device Letters*, **1999**, *20* (6): 289-291.

[35] H. Yan, Z. H. Chen, Y. Zheng, C. Newman, J. R. Quinn, F. Dotz, M. Kastler, A. Facchetti. A high-mobility electron-transporting polymer for printed transistors. *Nature*, **2009**, *457* (7230): 679-686.

[36] D. J. Gundlach, K. P. Pernstich, G. Wilckens, M. Gruter, S. Haas, B. Batlogg. High mobility n-channel organic thin-film transistors and complementary inverters. *J. Appl. Phys.*, **2005**, *98* (6): 064502-3.

[37] T. D. Anthopoulos, B. Singh, N. Marjanovic, N. S. Sariciftci, A. M. Ramil, H. Sitter, M. Colle, D. M. de Leeuw. High performance n-channel organic field-effect transistors and ring oscillators based on C-60 fullerene films. *Appl. Phys. Lett.*, **2006**, *89* (21): 213504-3.

[38] Y. Y. Lin, A. Dodabalapur, R. Sarpeshkar, Z. Bao, W. Li, K. Baldwin, V. R. Raju, H. E. Katz. Organic complementary ring oscillators. *Appl. Phys. Lett.*, **1999**, *74* (18): 2714-2716.

[39] G. H. Gelinck, T. C. T. Geuns, D. M. de Leeuw. High-performance all-polymer integrated circuits. *Appl. Phys. Lett.*, **2000**, *77* (10): 1487-1489.

[40] B. Crone, A. Dodabalapur, Y. Y. Lin, R. W. Filas, Z. Bao, A. LaDuca, R. Sarpeshkar, H. E. Katz, W. Li. Large-scale complementary integrated circuits based on organic transistors. *Nature*, **2000**, *403* (6769): 521-523.

[41] A. Dodabalapur, J. Laquindanum, H. E. Katz, Z. Bao. Complementary circuits with organic transistors. *Appl. Phys. Lett.*, **1996**, *69* (27): 4227-4229.

[42] 尹盛，刘卫忠，刘陈，钟志有，徐重阳，邹雪城. 有机电致发光器件的驱动技术. 液晶与显示 *Chinese Journal of Liquid Crystals and Display*, **2003**, *18* (2): 106-111.

[43] D. Pribat, F. Plais. Matrix addressing for organic electroluminescent displays. *Thin Solid Films*, **2001**, *383* (1-2): 25-30.

[44] 侏儒晖，李宏建，闫玲玲. TFT-OLED 像素单元电路及驱动系统分析. 中国集成电路 *China Integrated Circuit*, **2005**, *11*: 70-76.

[45] H. E. A. Huitema, G. H. Gelinck, J. van der Putten, K. E. Kuijk, C. M. Hart, E. Cantatore, P. T. Herwig, A. van Breemen, D. M. de Leeuw. Plastic transistors in active-matrix displays-The handling of grey levels by these large displays paves the way for electronic paper. *Nature*, **2001**, *414* (6864): 599-599.

[46] G. H. Gelinck, H. E. A. Huitema, E. Van Veenendaal, E. Cantatore, L. Schrijnemakers, J. Van der Putten, T. C. T. Geuns, M. Beenhakkers, J. B. Giesbers, B. H. Huisman, E. J. Meijer, E. M. Benito, F. J. Touwslager, A. W. Marsman, B. J. E. Van Rens, D. M. De Leeuw. Flexible active-matrix displays and shift registers based on solution-processed organic transistors. *Nat. Mater.*, **2004**, *3* (2): 106-110.

[47] I. Yagi, N. Hirai, Y. Miyamoto, M. Noda, A. Imaoka, N. Yoneya, K. Nomoto, J. Kasahara, A. Yumoto, T. Urabe. A flexible full-color AMOLED display driven by OTFTs. *J. SID*,, **2008**, *16* (1): 15-20.

[48] B. Comiskey, J. D. Albert, H. Yoshizawa, J. Jacobson. An electrophoretic ink for all-printed reflective electronic displays. *Nature*, **1998**, *394* (6690): 253-255.

[49] J. A. Rogers, Z. Bao, K. Baldwin, A. Dodabalapur, B. Crone, V. R. Raju, V. Kuck, H. Katz, K. Amundson, J. Ewing, P. Drzaic. Paper-like electronic displays: Large-area rubber-stamped plastic sheets of electronics and microencapsulated electrophoretic inks. *Proc. Nat. Acad. Sci. U. S. A.*, **2001**, *98* (9): 4835-4840.

[50] A. Yoshida, S. Fujimura, T. Miyake, T. Yoshizawa, H. Ochi, A. Sugimoto, H. Kubota, T. Miyadera, S. Ishizuka, M. Tsuchida, H. Nakada. 3-inch Full-color OLED Display using a Plastic Substrate. *SID Symposium Digest of Technical Papers*, **2003**, *34* (1): 856-859.

[51] T. Kodaira, S. Hirabayashi, Y. Komatsu, M. Miyasaka, H. Kawai, S. Nebashi, S. Inoue, T. Shimoda. A flexible 2.1-in active-matrix electrophoretic display with high resolution and a thickness of 100μm. *J. SID*, **2008**, *16* (1): 107-111.

[52] I. Shiyanovskaya, S. Green, A. Khan, G. Magyar, O. Pishnyak, J. W. Doane. Substrate-free cholesteric liquid-crystal displays. *J. SID*, **2008**, *16* (1): 113-115.

[53] T. W. Kelley, P. F. Baude, C. Gerlach, D. E. Ender, D. Muyres, M. A. Haase, D. E. Vogel, S. D. Theiss. Recent progress in organic electronics: Materials, devices, and processes. *Chem. Mater.*, **2004**, *16* (23): 4413-4422.

[54] 葛卫丽，李志强，郑敏. RFID系统的研究与应用. 武警工程学院学报，**2006**，22 (2)：25-27.

[55] Y. J. Chan, C. P. Kung, Z. Pei. Printed RFID : Technology and application. 2005 IEEE International Workshop on Radio-Frequency Integration Technology, **2005**: 139-141.

[56] P. F. Baude, D. A. Ender, M. A. Haase, T. W. Kelley, D. V. Muyres, S. D. Theiss. Pentacene-based radio-frequency identification circuitry. *Appl. Phys. Lett.*, **2003**, *82* (22): 3964-3966.

[57] S. Steudel, K. Myny, V. Arkhipov, C. Deibel, S. De Vusser, J. Genoe, P. Heremans. 50MHz rectifier based on an organic diode. *Nat. Mater.*, **2005**, *4* (8): 597-600.

[58] E. Cantatore, T. C. T. Geuns, G. H. Gelinck, E. van Veenendaal, A. F. A. Gruijthuijsen, L. Schrijnemakers, S. Drews, D. M. de Leeuw. A 13.56-MHz RFID system based on organic transponders. *IEEE Journal of Solid-State Circuits*, **2007**, *42* (1): 84-92.

[59] L. P. Ma, J. Ouyang, Y. Yang. High-speed and high-current density C-60 diodes. *Appl. Phys. Lett.*, **2004**, *84* (23): 4786-4788.

[60] S. Karg, M. Meier, W. Riess. Light-emitting diodes based on poly-p-phenylene-vinylene. 1. Charge-carrier injection and transport. *J. Appl. Phys.*, **1997**, *82* (4): 1951-1960.

[61] L. S. Roman, M. Berggren, O. Inganas. Polymer diodes with high rectification. *Appl. Phys. Lett.*, **1999**, *75* (22): 3557-3559.

[62] W. P. Hu, B. Gompf, J. Pflaum, D. Schweitzer, M. Dressel. Transport properties of 2,2 - paracyclophane thin films. *Appl. Phys. Lett.*, **2004**, *84* (23): 4720-4722.

[63] W. Y. Gao, A. Kahn. Electronic structure and current injection in zinc phthalocyanine doped with tetrafluorotetracyanoquinodimethane: Interface versus bulk effects. *Org. Electron.*, **2002**, *3* (2): 53-63.

[64] S. Steudel, S. De Vusser, K. Myny, M. Lenes, J. Genoe, P. Heremans. Comparison of organic diode structures regarding high-frequency rectification behavior in radio-frequency identification tags. *J. Appl. Phys.*, **2006**, *99* (11): 114519-3.

[65] C. Tanase, E. J. Meijer, P. W. M. Blom, D. M. de Leeuw. Unification of the hole transport in polymeric field-effect transistors and light-emitting diodes. *Phys. Rev. Lett.*, **2003**, *91* (21): 216601-4.

[66] H. Klauk, M. Halik, F. Eder, G. Schmid, C. Dehm. IEDM 2004, Technical Digest, San Francisco, Dec. 13-15, **2004**: 369-372.

[67] K. Finkenzeller. RFID Handbook. New York: Wiley, **2002**, *1* (5): 114.

[68] A. L. Briseno, R. J. Tseng, S. H. Li, C. W. Chu, Y. Yang, E. H. L. Falcao, F. Wudl, M. M. Ling, H. Z. Chen, Z. N. Bao, H. Meng, C. Kloc. Organic single-crystal complementary inverter. *Appl. Phys. Lett.*, **2006**, *89* (22): 222111-3.

[69] H. Meng, F. P. Sun, M. B. Goldfinger, F. Gao, D. J. Londono, W. J. Marshal, G. S. Blackman, K. D. Dobbs, D. E. Keys. 2,6-bis 2-(4-pentylphenyl) vinyl anthracene: A stable and high charge mobility organic semiconductor with densely packed crystal structure. *J. Am. Chem. Soc.*, **2006**, *128* (29): 9304-9305.

[70] L. Jiang, W. Hu, Z. Wei, W. Xu, H. Meng. High-Performance Organic Single-Crystal Transistors and Digital Inverters of an Anthracene Derivative. *Adv. Mater.*, **2009**, *21* (36): 3649-3653.

[71] Y. Zhang, Q. Tang, H. Li, W. Hu. Hybrid bipolar transistors and inverters of nanoribbon crystals. *Appl. Phys. Lett.*, **2009**, *94* (20): 203304.

[72] A. L. Briseno, S. C. B. Mannsfeld, C. Reese, J. M. Hancock, Y. Xiong, S. A. Jenekhe, Z. Bao, Y. Xia. Perylenediimide nanowires and their use in fabricating field-effect transistors and complementary inverters. *Nano Lett.*, **2007**, *7*: 2847-2853.

[73] Q. Tang, Y. Tong, H. Li, W. Hu. Air/vacuum dielectric organic single crystalline transistors of copper-hexadecafluorophthalocyanine ribbons. *Appl. Phys. Lett.*, **2008**, *92* (8): 083309-3.

[74] Q. Tang, Y. Tong, W. Hu, Q. Wan, T. Bjørnholm. Assembly of Nanoscale Organic Single-Crystal Cross-Wire Circuits. *Adv. Mater.*, **2009**, *21* (42): 4234-4237.

第5章 有机太阳能电池

5.1 导言

有机太阳能电池，又称有机光伏电池。它是以有机半导体材料作为实现光电转化效应材料的太阳能电池。有机太阳能电池与无机太阳能电池的载流子产生过程有所不同。有机半导体材料吸收光子产生激子，激子再离解成自由载流子从而产生光电流。一般认为，有机太阳能电池的作用过程由三个步骤组成：①光激发产生激子；②激子在给体-受体界面的解离；③电子和空穴的迁移及其在各自电极的收集、形成电流。

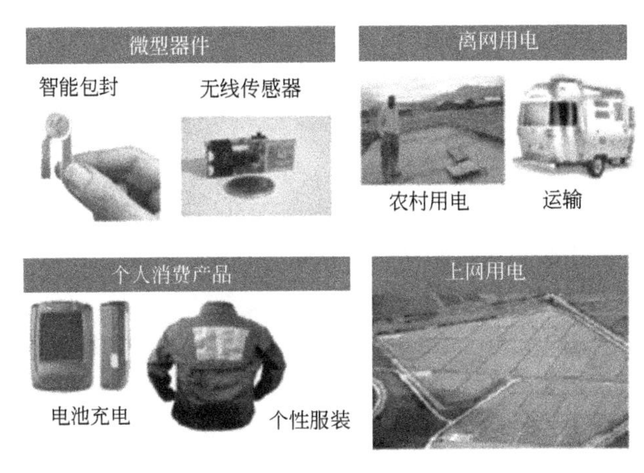

图5-1 有机太阳能电池可商业化产品举例

(International Summit on OPV Stability，Denver，Colorado，2008)

以效率来看，目前无机太阳能电池虽早已达到应用的标准，实现了产业化，但是发电成本居高不下，因而限制了大规模推广。有机太阳能电池的出现将在不久的将来改变这一现象。因为能够在多种材质表面印制的有机太阳能电池不仅生产成本低，而且有机材料容易制成薄膜，甚至可以将有机薄膜制备在弯曲，乃至可折叠的基片上，便于制作成各种形状。制作方法简单，如可用涂布、喷墨打印等加工技术来制备。有机太阳能电池可广泛应用于通信、建筑、交通、照明等领域。例如用作手机太阳能充电电池；或直接贴在建筑物玻璃幕墙上，用于室内供电；甚至可以装在商店和居室户外的遮阳卷帘棚上，既可以遮阳，又可以供电。用于有机太阳能电池的有机半导体材料的另一优点就是具有高的吸光效率。且吸收波长范围可通过分子结构的改变来调节，因此通常器件的活性层可以做到很薄，如约不到0.1μm的厚度即可达到光的完全吸收。这也是人们一直对有机分子材料寄予厚望的重要原因之一。图5-1为已有报道的光伏电池商业化产品，可制成微型器件，如微型传感器；或做在衣服上的可用于手机充电电源及小型照明电源的光伏电池等。

有机半导体材料的导电性能使其在制造薄型轻质电池、高分子聚合物电池方面有着极其广阔的应用前景。基于有机半导体材料的有机太阳能电池正在向能量转换效能的提升、器件寿命的延长及发展低成本制造技术的目标前进。一般认为，7%的转换效率将是有机太阳能电池大规模商用的临界点。叠层型有机太阳能电池的理论转换效率高达15%。预计今后数年内，有机太阳能电池的能源转换效率可望提高至10%以上，并将很快并大规模地进入商品化市场[1]。如美国Konarka科技在德国法兰克福召开的有机半导体技术国际会议（OSC-08）上，该公司首席技术官Christoph Brabec介绍了正在开发之中的有机薄膜太阳能电池的前景，并乐观地表示“有机薄膜太阳能电池的电力转换效率达到20%不存在本质障碍”。

本文将以有机太阳能电池的基本过程和原理、基本表征参数等为切入点，概述有机聚合物光伏材料、有机小分子给体材料以及有机太阳能电池器件的进展等。

5.2 有机太阳能电池器件

有机太阳能电池的结构，由最简单的单层肖特基器件开始，相继发展了双层异质结、本体异质结，以及基于以上单元结构的串联器件等。除了要求活性材料有与太阳光光谱匹配且较高的吸收能力以外，有机光伏器件中激子解离是提高器件效率的重要因素。与无机光伏器件吸收光后产生自由电子-空穴对不同，有机材料在吸收光后产生可移动的激发态（即受束缚的电子-空穴对）。由于激子中电子-空穴对之间库仑作用力较大，同时一般有机物介电常数较小，使激子解离需要的能量高于热能 kT（k 为玻耳兹曼常量，T 为温度），因此，有机材料激子解离困难，不易形成自由载流子。不同的器件结构中，激子解离的机制有所不同。本文仅就上述概念和问题作简单介绍。

5.2.1 器件结构

(1) 单层肖特基（Schottky）器件[2]　单层太阳能电池结构由一种有机半导体材料组成的单层活性层，内嵌于两个电极之间构成。由于两个电极功函数的不同，传输空穴的轨道能级与具有较低功函数的电极之间将形成肖特基势垒，即内建电场。这是有机单层光伏器件电荷分离的驱动力：只有扩散到肖特基势附近的激子，才有机会被解离（图 5-2）。然而，有机材料中激子的扩散长度一般都小于 20nm，且肖特基势的范围 W 在电极与材料接触界面处仅几纳米厚，因此只有极少一部分激子能够到达电极附近被解离，最终产生电流。所以，单层器件的光电转换效率极低，电流是受激子扩散限制的。这种器件可以作为对效率要求不高的光检测器使用，因为在较强的外电场作用下，光照产生的电荷仍然可迁移到电极，产生电流。

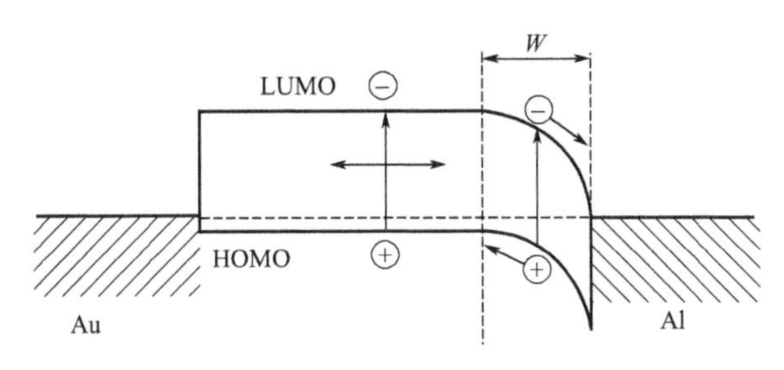

图 5-2　单层肖特基太阳能电池器件的原理示意图

（2）双层异质结器件　在双层光伏器件中，给体和受体有机材料分层排列于两个电极之间，形成平面型给-受体（D-A）界面。其中，阳极功函数要与给体 HOMO 能级匹配，阴极功函数要与受体 LUMO 能级匹配，这样有利于电荷收集。

在双层异质结器件中，光子转换成电子有以下几个步骤（图 5-3）：①材料吸收光子产生激子，当入射光的能量大于活性物质的能隙（E_g）时，活性物质吸收光子而形成激子；②激子扩散至异质结处；③电荷分离，激子在异质结附近被分成了自由的空穴（在给体上）和自由的电子（在受体上），它们是体系中主要的载流子，具有较长的寿命；④电荷传输以及电荷引出，分离出来的载流子，经过传输到达相应的电极，然后被电极收集形成光电流。双层异质结器件中电荷分离的驱动力是给体和受体的最低空置轨道（LUMO）能级差，即给体和受体界面处电子势垒。在界面处，如果势垒较大（大于激子的结合能），激子的解离就较为有利，电子会转移到有较大电子亲和能的材料上。与单层器件相比，双层器件的最大优点是同时提供了电子和空穴传输的材料。当激子在 D-A 界面产生

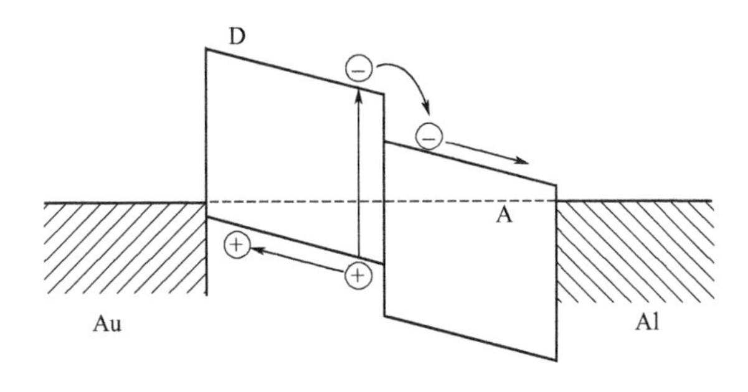

图 5-3　双层异质结太阳能电池器件原理示意图

电荷转移后，电子在 n 型受体材料中传输，而空穴则在 p 型给体材料中传输，防止了空穴和电子被复合，因此电荷分离效率较高，自由电荷重新复合的机会降低。

(3) 本体异质结器件　在本体异质结器件中，给体和受体在整个活性层范围内充分混合，D-A 界面分布于整个活性层。本体异质结可通过将含有给体和受体材料的混合溶液以旋涂的方式制备，也可通过共同蒸镀的方式获得，还可以通过热处理的方式将真空蒸镀的平面型双层薄膜转换为本体异质结结构。本体异质结器件原理见图 5-4，图中忽略所有由于能级排列而产生的能带弯曲和其他界面效应。本体异质结器件与双层异质结器件相似，都是利用 D-A 界面效应来转移电荷。它们的主要区别在于：①本体异质结中的电荷分离产生于整个活性层，而双层异质结中电荷分离只发生在界面处的空间电荷区域（几个纳米），因此本体异质结器件中激子解离效率较高，激子复合几率降低，缘于有机物激子扩散长度小而导致的能量损失可以减少或避免；②由于界面存在于整个活性层，本体异质结器件中载流子向电极传输主要是通过粒子之间的渗滤（percolation）作用，因而不像在双层异质结器件中载流子传输介质是连续空间分布的，故在本体异质结器件中载流子的传输是受限的，对材料的形貌、颗粒的大小较为敏感，且填充因子相应地小。

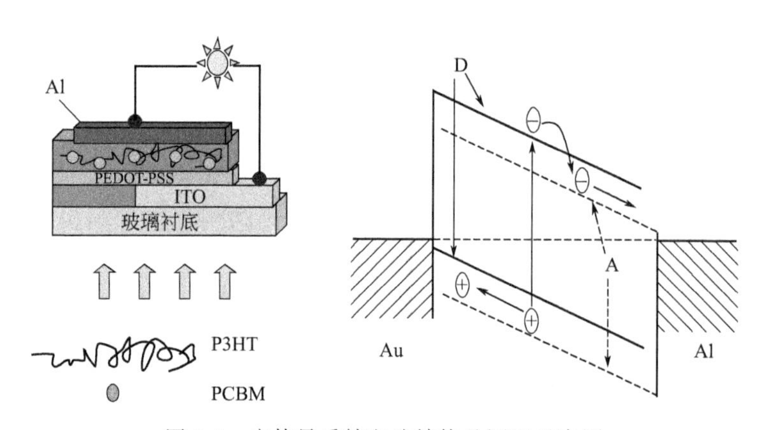

图 5-4　本体异质结电池结构及原理示意图

5.2.2　器件结构的界面修饰[2]

太阳能电池的性能可通过电极修饰或其他界面修饰得到不同程度的改善。电极修饰的目的，通常是使其功函数与给体材料的 HOMO 或受体材料的 LUMO 相匹配，以提高电荷引出效率并阻挡激子和非收集载流子的传输。如在金属电极与活性层间加一层 LiF 来降低电极的功函，同时提高器件的接触效率。对 ITO 电极用氧等离子体处理来提高功函或在其上组装一层单分子层来进行修饰。另外 PEDOT：PSS 层的引入也可以提高 ITO 的功函。由于修饰后的 ITO 电极具有高导电性和透光性，其功函数与给体材料 HOMO 更加匹配以及电极表面更加平整，使得空穴载流子的收集效率大大提高，器件的性能得到提高。

其他的修饰材料包括氧化钛（TiO_x）、BCP（分子结构如图 5-5 所示）、Alq3、聚环氧乙烷（PEO）等。界面修饰的一个例子是在器件中引入光隔离层，在电池的活性材料层与背电极之间插入光隔离层，能够将光的空间分布与活性层的位置相匹配，增加光的吸收，有助于提高器件的光电流。Lee 等人报道，以溶液方法制备的 TiO_x 光隔离层应用于聚合物器件中，可得到很好的效果[34]。研究者发现，在受体与电极材料界面存在激子复合现象，因此在有机受体材料和电极材料之间引入激子阻挡层，最常用的是有机分子 BCP。目前见于报道的高效率器件结构是基于 ITO/酞菁铜（CuPc）（10nm）/CuPc：C60(20nm，质量比 1：1)/C60(30nm)/BCP(10nm)/Ag(100nm) 的器件，其能量转化效率已经超过 5%。这种结构的叠层器件的开路电压为 1.2V，能量转化效率为 5.7%。

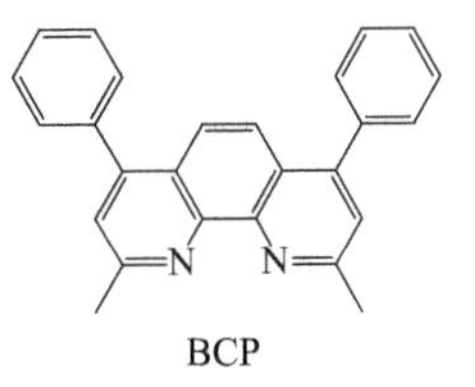

图 5-5　BCP 的分子结构

5.3　有机光伏电池光电转换的基本过程及原理

为了制备出高效率的有机光伏器件，首先需要了解有机太阳能电池的工作原理以及限制光伏电池能量转换效率的影响因素。在本节中，将简单介绍有机太阳能电池的工作原理，并从活性层材料和器件两方面来分析提高能量转化效率的因素。

5.3.1　光电转换的基本过程[3]

太阳能电池的光电能量转换过程主要包含如下五个步骤：吸收入射光产生激子—激子扩散—激子电荷分离—电荷传输—电荷收集。

如图 5-6 所示，典型的有机太阳能电池的基本结构是由光活性层夹在阴极和阳极间的夹心层结构，其中一个电极必须是透明的，才能使得入射光能够被光活性层吸收，光活性层吸收光子后，在光活性层中产生电子-空穴对（激子），进而电荷分离形成自由的电子和空穴，这些载流子将在阴极和阳极功函差形成的内建电场的作用下，传输到电极界面，电子被阴极、空穴被阳极收集，输送到外电路形成电流。有机太阳能电池的研究从 1959 年对蒽单晶的光伏电池[4]开始。随后几十年的研究表明，光活性层为单一材料（homojunction 均质结）的有机光伏电池能量转化效率非常低（<0.1%）。一直到 1986 年柯达公司的 Tang 将电子给体材料（D）和电子受体材料（A）同时引入光活性层，制备出能量转化效率约为 1%的双层光伏器件[5]。Tang 的贡献在于在光伏器件设计上提出异质结（heterojunction）的概念，就是在光伏电池中使用两种有着不同电子亲和能和电离能的材料，因此存在着 D/A 界面，非常有利于（电子-空穴对）激子的分离。

下面就以本体异质结太阳能电池（bulk-heterojunction solar cell）为例，介绍其基本工作原理。

1992年，Sariciftci首先发现作为电子给体的共轭聚合物与C_{60}及其衍生物存在超快光诱导的电荷转移现象[6]。1995年俞刚等成功地制备出第一个共轭聚合物PPV和可溶性C_{60}衍生物PCBM共混的本体异质结光伏器件[7]，开创了此类有机光伏电池研究的先河，此后，研究工作十分活跃。2003年以来，由导电聚合物和PCBM组成的光伏电池的研究方面得到了长足发展，如对聚己基噻吩和PCBM共混的本体异质结器件，通过热处理来控制薄膜的纳米形貌，使器件的能量转化效率大幅提高，最近有报道在模拟太阳光源AM.1.5 100mW/cm^{2}照射下，器件的能量转化效率达到6%[8]。

具有本体异质结结构的有机太阳能电池的光电能量转换基本过程如下（图5-6）。

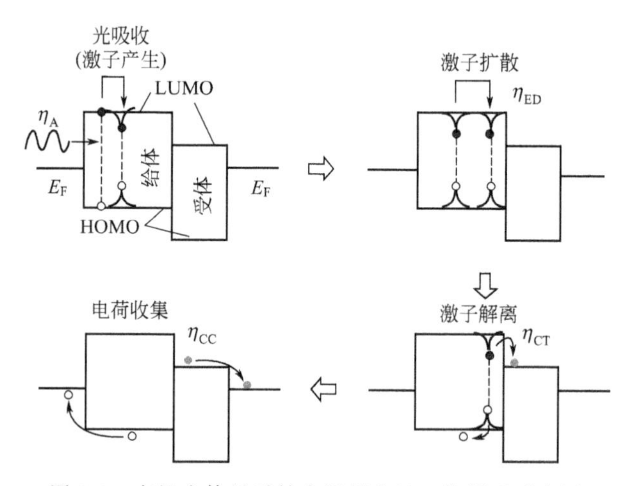

图5-6 有机本体异质结太阳能电池工作原理示意图

(1) 光的吸收效率η_A　入射光子在光活性层中被吸收产生电子-空穴对（激子），吸收效率主要由材料的吸收系数值和主吸光材料的厚度决定。

在光子吸收过程中，主要的损失是由于有机材料的带隙和太阳光辐射谱不匹配引起的（如图5-7），入射光子的能量E_{photon}大于材料的带隙E_G，$\Delta E = E_{photon} - E_G$以热的形式损失掉；$E_{photon} < E_G$，有机材料将无法吸收这部分能量。如果将材料的带隙从2.1eV降低到1.2eV，意味着光的吸收会从30%增加到80%。当然材料的带隙过低又会导致材料稳定性变差。最可行的方法是在材料比较稳定的前提下，提高其吸收系数。因此怎样通过化学结构的变化，调节有机材料的带隙和吸收系数是有机光伏材料研究中一个非常重要的课题。

另一个损失光子的途径来自有机光伏器件中不恰当的活性层厚度。活性层太薄，就会使部分入射的光子直接穿透过活性层而不被吸收，其后果是这部分入射

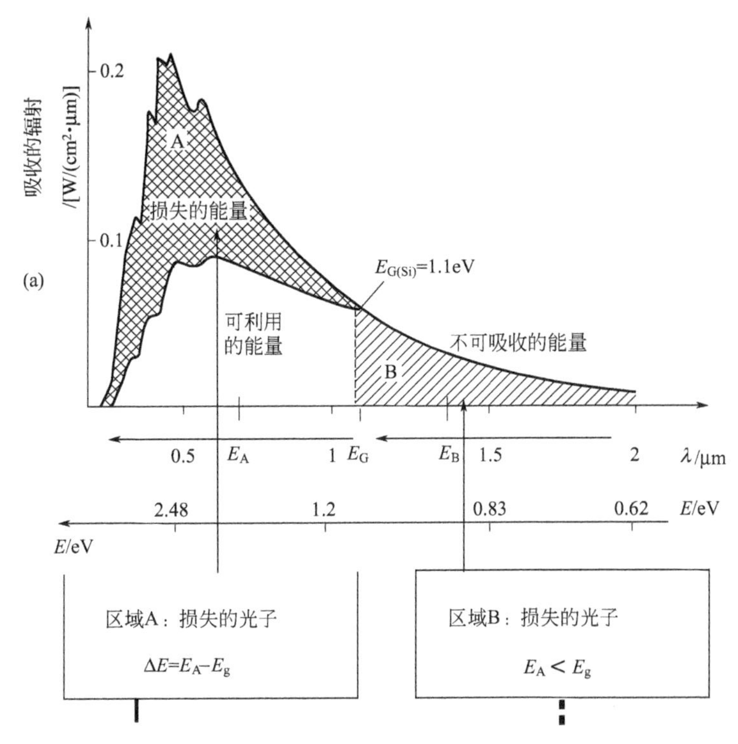

图 5-7　光伏材料带隙与太阳光谱不匹配引起的光子损失示意图

光子不会对光生载流子有所贡献；如果活性层太厚，将会使器件的串联电阻增大。对于双层 p-n 结器件，光吸收层的厚度超过光生激子的扩散长度 L_D，部分光生载流子将会在到达给-受体界面发生电荷分离前就产生复合，因而这部分激子将不能产生光电流。对于本体异质结型的器件，虽然因给-受体界面广泛分布于活性层内，电荷分离效率可以很高，但载流子（自由的电子和空穴）传输过程中，会因为有机材料的载流子迁移率不高，受阻于过厚的活性层，因而被陷阱捕获，增加了载流子损失的可能性。因此，活性层的理想厚度是有机材料吸光性能和电荷分离传输这两个因素的平衡值。

（2）激子的扩散效率 η_{ED}　激子的扩散传递效率也是影响聚合物太阳能电池的能量转换效率的重要因素。一般认为，共轭聚合物中激子的扩散距离小于 10nm[11,12]，距离给/受界面 10nm 以外的光生激子难以传递到给体-受体界面处，所以对光电转换也没有贡献。发展给-受体共混的本体异质结的器件结构，增加给-受体的接触界面是解决有机材料激子扩散距离短的有效方法。

在激子存在寿命期间，激子可以扩散，其间，处于激发态的电子可以通过多种跃迁方式回到基态而失去能量，即可以通过辐射跃迁和无辐射跃迁等方式失去能量。所谓辐射跃迁，即以发射荧光以及磷光的方式进行；所谓无辐射跃越，如系间窜越、内转换、外转移以及振动弛豫等方式。而材料的缺陷又会成为捕获激子的陷阱，是导致激子失活的重要因素之一。

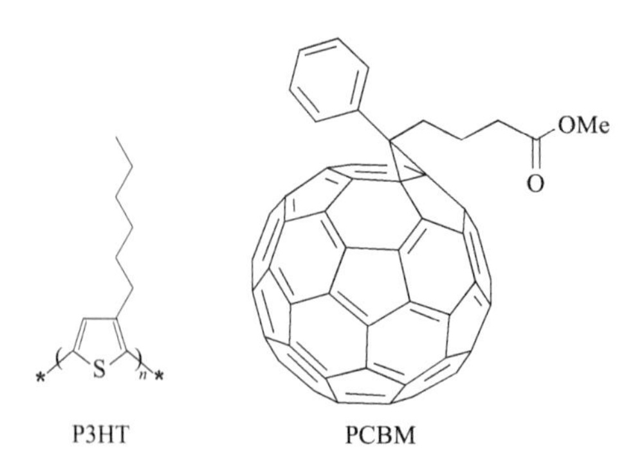

图 5-8 P3HT 和 PCBM 分子结构

(3) 激子在给-受体界面的电荷分离效率 η_{CS} 激子扩散到给-受体界面后，在界面上发生电荷分离（给体上的激子将电子转移到受体的LUMO能级上，而把空穴留在给体的 HOMO 能级上），形成受体 LUMO 能级上的电子与给体 HOMO 能级上的空穴。这种电荷分离的效率与给体的电离势、受体分子的电子亲和势以及电荷转移速率有关。目前有机光伏电池普遍采用的受体是 C_{60} 及其可溶性衍生物 [6,6]-phenyl-C_{61}-butyric acid methyl ester(PCBM)。受体分子 C_{60} 可以和电子给体（如 P3HT）在给-受体界面发生超快的电荷转移，发生在界面处的这种电荷分离效率可以很高，甚至接近 100%。P3HT 和 PCBM 分子结构见图 5-8。

(4) 电子和空穴分别在受体和给体中的传输效率 η_{CT} 当激子在给体-受体界面上分离，形成自由的电子和空穴对，在以阴极-阳极材料功函差产生的内建电场的作用下，电子和空穴分别沿受体的 LUMO 轨道和给体的 HOMO 轨道向阴极和阳极传输。在材料方面，可利用化学结构设计提高载流子迁移率，如提高聚合物的规整度；在器件方面，改变电极材料，增强内建电场，也是提高载流子传输效率的重要途径。

(5) 电荷在电极上的收集效率 η_{CC} 电子和空穴在内建电场的作用下分别迁移到阴极和阳极附近，只有当电极将这些电荷收集之后传输到外电路才能形成光电流。影响电荷收集效率的主要因素是电极界面处的势垒。提高电荷收集效率可以通过调节电极材料、对电极表面进行修饰以及改善器件的制备工艺来实现。

综上所述，有机光伏电池的能量转化效率（PCE）可以归纳为：

$$\eta = \eta_A \eta_{ED} \eta_{CS} \eta_{CT} \eta_{CC} \tag{5-1}$$

对于给-受体能级匹配的本体异质结型的有机光伏器件，激子扩散效率 η_{ED} 和电荷分离效率 η_{CS} 可以近似认为接近 100%，因此，器限制件效率的表达式可以简化为：

$$\eta \approx \eta_A \eta_{CT} \eta_{CC} \tag{5-2}$$

因此，影响有机光伏器件的能量转化效率的主要因素是，材料对太阳光的吸收效率以及载流子传输和收集效率。在光吸收方面，对作为吸光层的有机材料的要求是，增加对长波方向的吸收，亦即扩大吸收光谱波长范围，以及提高材料的吸收系数，由此来提高对太阳光的利用；在载流子的传输方面，制备载流子迁移率高的有机材料是解决问题的关键之一。

5.3.2　电池器件表征的基本参数[11]

（1）开路电压（open circuit voltage）　太阳能电池在光照下正负极断路下的电压，即太阳能电池的最大输出电压，其单位为V。

一般说来，金属-绝缘体-金属器件的开路电压的大小由两个金属的功函差决定。在有机太阳能电池中，开路电压与给体（p型半导体的准费米能级）的HOMO能级和受体的（n型半导体的准费米能级）LUMO能级呈线性关系。在聚合物/富勒烯异质结太阳能电池中，活性层的形貌对开路电压也有直接的影响。

为使透明电极ITO与空穴导电材料的能级更好地匹配，ITO电极可以通过等离子体刻蚀（plasma etching）或涂覆高功函的空穴传输层，以及自组装一层极性分子等进行修饰。阴极亦可以通过在有机半导体与阴极间沉积一层LiF等金属盐来进行修饰，通过修饰可以提高开路电压。金属与有机半导体界面的界面效应会改变电极的功函，进而影响开路电压。总之开路电压不仅与所用活性材料的能级有关，还与材料间以及电极与活性层的界面有关。

（2）短路电流（short circuit current）　短路电流（I_{sc}）是太阳能电池在光照下正负极短路时的电流，即太阳能电池的最大输出电流。单位面积的短路电流用短路电流密度来表示，单位为A/cm^2或mA/cm^2。

短路电流受活性层的光吸收、光生载流子的产生与传输等因素的影响。理想情况下，短路电流是由光诱导产生的载流子密度和有机半导体的载流子迁移率所决定的。$I_{sc}=ne\mu E$，这里，n为载流子密度，e为基本电荷，μ为迁移率，E为电场。假设体相异质结体系的光诱导电荷产生的效率为100%，n为单位体积所吸收的光子数，对于有着特定吸收光谱的材料，其控制效率的瓶颈是载流子的迁移率。迁移率不只是一个材料的参数，而且与器件结构等有关。同时结构对有机半导体的纳米级形貌也非常敏感。在一个以范德华力为主要相互作用力的有机晶体材料中，其纳米形貌结构决定于膜的制备等。诸多参数如溶剂种类、溶剂挥发速度、基底温度、沉积方法等都会影响其纳米形貌，纳米结构可形成体相异质结并提高给体与受体间的界面面积；然而，其负面影响是通过共混形成的复杂的纳米形貌较难于优化和控制。

（3）外量子效率　外量子效率（EQE）又称为载流子收集效率或入射光子-电子转化效率（IPCE）（incident photon to current conversion efficiency），是指在某一给定波长照射下每一个入射的光子所产生的能够发送到外电路的电子的比例，亦即入射光子转化成电流的效率（IPCE），即短路条件下收集的电子数，除以入射的光子数。其计算公式为：

$$\mathrm{IPCE}=\frac{1240I_{sc}}{\lambda P_{in}} \tag{5-3}$$

式中　λ——入射光波长，nm；

I_{sc}——器件的光电流密度，$\mu A/cm^2$；

P_{in}——入射光强每平方米的瓦数，W/m²。

太阳能电池在暗处和光照条件下的电流-电压关系曲线如图 5-9 所示。太阳能电池的光伏功率转化效率由下式决定：

$$\eta_e = \frac{U_{\infty} I_{sc} FF}{P_{in}} \tag{5-4}$$

$$FF = \frac{I_{mpp} U_{mpp}}{I_{sc} U_{oc}}$$

式中 U_{oc}——开路电压；

I_{sc}——短路电流；

FF——填充因子；

P_{in}——入射光功率密度（incident light power density）。

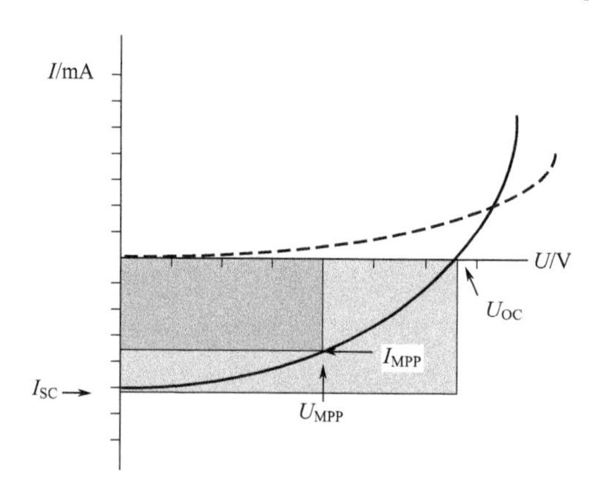

图 5-9 有机太阳能电池电流-电压（I-U）关系图（虚线表示暗处电流；实线表示光电流）

实线与横坐标和纵坐标的交点为开路电压（U_{oc}）和短路电流（I_{sc}）。最大功率输出为最佳工作电压与最佳工作电流乘积的最大值。最大功率与短路电流和开路电压的乘积的比值为填充因子（FF）

标准光强为入射角 48.2°，且光谱强度分布与照射到地球表面的太阳光光谱强度分布相匹配的强度为 100W/m² 的光强，又叫做 AM1.5 光谱光源，即模拟太阳光光源。I_{mpp}和U_{mpp}为最大功率点的电流和电压值。

式(5-4）中，U_{mpp}（最大工作电压）和 I_{mpp}（最大工作电流）是最大输出功率点即输出电压和输出电流的乘积为效率最大点的电压与电流。FF 为图 5-9 中所示斜线长方形面积（$P_{max}=U_{mpp} I_{mpp}$）与虚线长方形面积（$U_{oc} I_{sc}$）之比。填充因子受活性层形貌和载流子传输能力的影响。

当内电场降低到接近开路电压时，填充因子则是由到达电极的载流子所决定的。事实上，在载流子的复合与传输之间存在着竞争。因此，载流子寿命 τ 与迁移率 μ 的乘积决定在该电场下载流子的迁移距离 d。另外，器件的串联电阻对填充因子的影响也很大，应该将其降到最小。ITO 基底的有限导电性也会限制大面积太阳能电池的填充因子。当然，活性层与两个电极间的接触要力求无缺陷，以使并联电路的分流作用最大化。

（4）器件稳定性　对有机太阳能电池除要求高的器件效率外，器件的稳定性是另一重要课题。尤其是在光照且同时有氧或水汽存在条件下，器件会发生快速的光氧化降解。因而要提高器件的使用寿命，除湿和除氧是必要的。从材料本身要求，设计合成出对光、热、氧稳定性能优良的材料也是最基础和关键的要求。

共轭聚合物与富勒烯混合物作为活性层，二者会发生电荷转移相互作用。这种电荷转移复合物的稳定性要比聚合物本身的稳定性高得多，因此聚合物-富勒烯混合物太阳能电池的光降解现象大幅度降低。这种稳定效应主要来自快速的电子转移。在这一过程中，高反应活性的聚合物的激发态迅速地把电子转移给了更稳定的 C_{60} 的最低空轨道，导致体系的能量降低。另外，聚合物/PCBM 太阳能电池还表现出明显的纳米形貌的不稳定性。高温下，PCBM 分子可以从聚合物母体中游离出来形成大量的微晶结构。这种形貌不稳定问题可以通过对组分间的部分交联来解决。

5.4　具有 π-共轭系统的有机材料的分子工程[12]

在制备光伏材料中，控制 π-共轭系统分子的最高占有轨道（HOMO）和最低空轨道（LUMO）及所形成的带隙一直是所追求的合成化学的核心。1980～1990 年导电聚合物曾被认为可以替代金属或金属氧化物产品在能量存储或抗静电涂层等领域得到应用。结果，大量的研究致力于优化掺杂导电聚合物以提高其导电性，寻找零带隙聚合物，即有机金属，当时成为共轭体系化学研究追求的最主要的目标之一。

20 世纪 90 年代以来，对导电聚合物的应用的追求进一步发展，研究的重点转移到共轭聚合物体系在电子和光子器件如场效应管、发光二极管和太阳能电池等方面的应用。这些应用，都是利用共轭聚合物的电子性质，这些新的应用目标，对共轭系统的化学研究提供了新的机遇，产生了深远的影响，涉及 π 共轭材料的电子性质的分子工程，即分子材料的带隙的结构控制。在此，我们将概述窄带隙的共轭系统在现代有机光电子器件应用方面的研究进展。

5.4.1　分子结构与带隙

在具有碳主链的共轭聚合物系统中，带隙的起因可以说是交替单双键共轭电子的结果，如果电子是可以完全离域的话，所有的碳-碳键都应该有相同的键长，则共轭链可延伸直到带隙消失形成类似“一维石墨”材料。然而，理论和实验都证实一维共轭系统是不稳定的，电子-声子偶合和电子-电子相干会导致 π 电子定域化。在最简单的聚乙炔系统中，带隙最小为 1.50eV，有序单-双键交替链长（bond length alternation，BLA）对带隙的大小起到了决定性作用（E_{BLA}）。因此，可以预计，降低交替键长和对材料进行结构修饰的合成方法会降低 HOMO-LUMO 带隙。和聚烯烃不同，含芳香环的导电聚合物如聚对苯或聚噻吩具有简并的基态，芳香系统的两个共振态之间能量上并不相同。芳香性的结构从能量上更稳定，醌式结构能级位置较高但带隙较小。从芳香性结构变到醌式结构需要能量，能量的大小决定于芳香单元的芳香稳定共振能（aromatic stabilisation resonance energy）。共振效应趋向于将 π 电子限制在芳香环内，限制其沿整个共轭链离域，这种共振效应对带隙的贡献用 E_{Res} 表示。芳香系统的另一特点是环之间单键可以自由旋转，两个相邻的环间的平均二面角 θ 会抑制 π 电子沿整个共轭主链离域，由此会提升带隙，这种效应对带隙的贡献用 E_θ 表示。引入吸电子或给电子取代基可以最直接地调节 HOMO 和 LUMO 能级及带隙，其贡献用 E_{Sub} 表示。这四种结构因素都可以作为分子工程调控独立共轭系统的 HOMO-LUMO 带隙的重要影响因子。另外，当把独立的分子或聚合物链组装成材料时，还要考虑来自分子间的相互作用对带隙的贡献，即 E_{Int}，而且在某些特定条件下它也会对带隙产生相当大的影响。因此，线性 π 共轭系统中，带隙可以用以下五个贡献的和来表达［图 5-10，式(5-5)］。

$$E_g = E_{BLA} + E_{Res} + E_{Sub} + E_\theta + E_{Int} \tag{5-5}$$

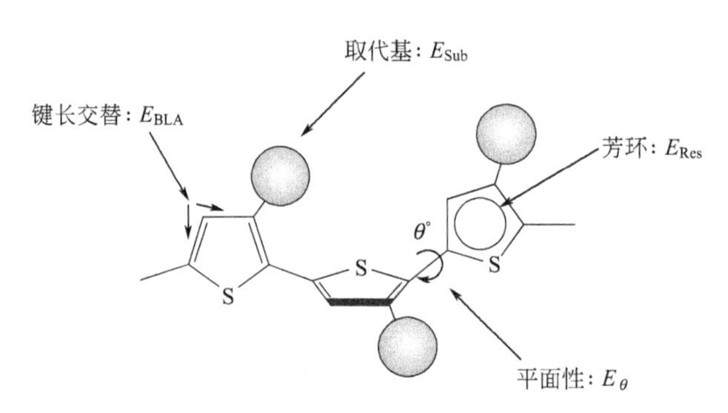

图 5-10　各种因素对共轭体系带隙的影响

结构因素决定了线性 π 共轭系统材料的带隙，由于各个因素的贡献较复杂，式(5-5) 也不能定量地表示各因素的影响程度。但是此表达式为合成材料时带隙控制提供了可考虑的各种因素，如同是带隙工程的工具箱。有机光电子器件的应用，如有机场效应管、发光二极管和太阳能电池的研究的巨大成就，成为合成材料的主要驱动力。而在实际应用中，受实用条件的限制，有时需要综合考虑上述五种因素中的一种或几种贡献。应用中要求材料的综合性能优良，因而仅仅降低材料的带隙并不是材料工程的唯一目标，如考虑到共振能量以及稳定性和结构灵活性，聚联苯（PPP）和聚噻吩（PT）可以作为一种设计与合成窄带隙共轭系统的简单和直接的例子。在芳香环之间引入双键，可得到聚对亚苯基乙烯和聚噻吩亚基乙烯（PTV)。引入的结果是：对 PPV 来讲，消除了相邻的苯环由于立体位阻导致的扭曲角，使共轭系统更趋于平面结构。对聚噻吩类来讲亦然。另一重要影响是因为降低了系统的芳香性因而也降低了带隙。这种协同效应导致由 PPP 到 PPV，其带隙从 3.20eV 降低到 2.60eV，由 PT 到 PTV，带隙从 2.00eV

减小到 1.70eV。

5.4.2 调控材料带隙的策略

（1）共轭体系的刚性化（rigidification of the conjugated system） 将共轭系统的基本构建单元通过共价键连接固定，以达到共轭系统的刚性化。如图 5-11 所示，将化合物 **1**、**3**、**5**、**7** 变成相应的具有刚性平面结构的分子 **2**、**4**、**6**、**8**，所得到的新化合物比相应的母体化合物具有更低能量的共轭 π 电子结构。根据晶体结构和理论计算结果，体系能量降低的主要来源是 E_{BLA} 的降低造成的。然而，对聚噻吩系统，通过抑制单键的无序旋转，亦即通过共轭系统的刚性化可使聚合物的带隙明显降低。π 共轭系统的刚性化代表了一种有效的带隙控制策略。而且，电子离域程度的提高和荧光量子效率的增加为其在光电子器件如非线性光学、发光器件或太阳能电池方面打开了新的视角。然而，这种方法的最大缺点是：复杂的多步合成，从技术上讲，必将会限制其大规模合成。

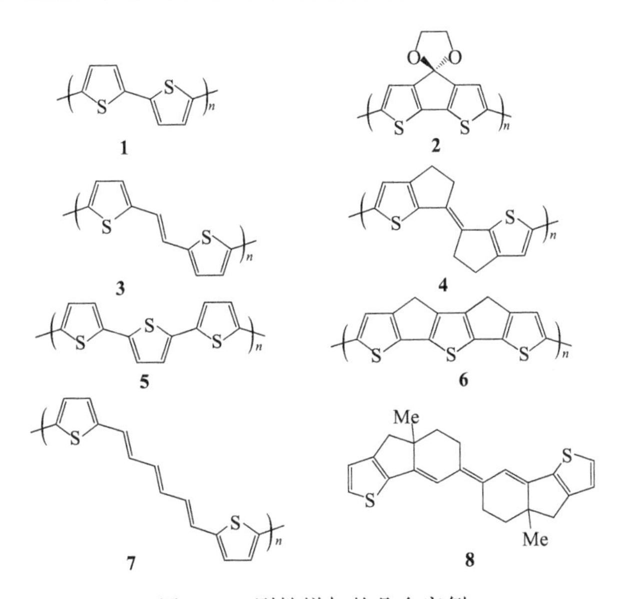

图 5-11 刚性增加的几个实例

（2）吸电子取代基团（electron-withdrawing groups） 引入给电子或吸电子取代基是调节共轭系统的 HOMO 和 LUMO 能级的最直接的途径之一。如引入受体基团如硝基、羧基或氰基到噻吩的 3 位会提升其氧化电位。比如在桥头碳含有羰基的化合物（**9**）及其二氰基的化合物（**10**），带隙分别为 1.20eV 和 0.80eV。根据理论计算，窄带隙的原因来自基态条件下醌式结构的增加。然而，化合物也可以看作是以噻吩为给体，以羰基、二氰基为受体的类似交替共聚物结构。在二噻吩乙烯的乙烯基位置引入氰基可以明显降低聚合物的带隙。聚合物 **11** 的带隙甚至可低至 0.60eV(图 5-12)。然而由于溶解性问题，目前报道的这类聚合物较少，一般仅有一小部分低分子量的材料是可溶解的。这类化合物的优点是通过简单有效的 Knoevenagel 缩合即可直接合成得到目标化合物。另外，吸电子的氰基可降低 HOMO 能级，使体系的中性态得以稳定。缺点是：提高前体的氧化电位后使单体的稳定性差，因而使后续的化学方法或电化学方法的聚合过程变得难以进行。另一方面，连接在主链的氰基取代基一般会降低材料的溶解性，故在设计目标分子时要充分考虑到对材料可溶性的影响。

9　10　11

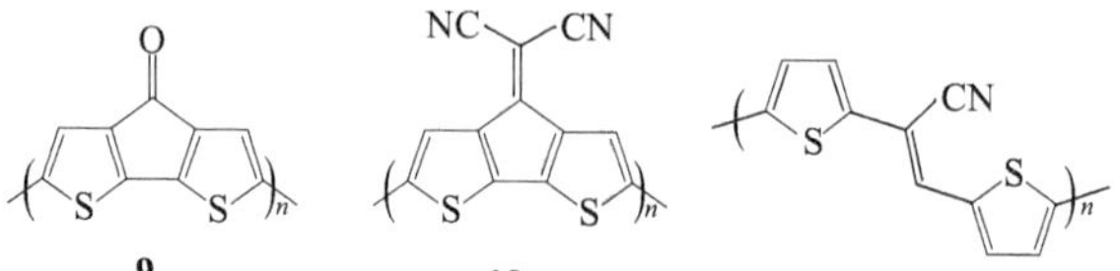

图 5-12　氰基取代的几种噻吩乙烯类聚合物

（3）给电子取代基团（electron-releasing groups）　将给电子取代基引入共轭体系可以提升其 HOMO 能级，同时伴随带隙的降低。图 5-13 是含有给电子取代基的噻吩结构单元。如简单的烷基的诱导效应可以使噻吩环氧化电位降低约 0.20V。另一方面，所引入的线性烷基链足够长（一般 6～9 个碳），可以通过烷基链间的疏水-疏水相互作用提高聚合物在聚集态的长程有序，由此间接地对带隙降低产生贡献，这种效应对部分区域规整的聚合物尤其重要。强电子给体如单取代或双取代烷氧基或烷硫基可以大幅度提高 HOMO 能级，但是太强的给电子基团可能会产生相对稳定的阳离子自由基，结果会给聚合过程带来困难。如图 5-9 中化合物 **16** 是一个窄带隙聚合物的构建单元。因为其中共价桥的平面化、刚性化和诱导效应，所得到的聚合物比聚 3-烷基噻吩的带隙更低，而且双取代的桥头碳使所合成的聚合物溶解性较好。

n=5～8　X=O,S　R=烷基

12　13　14　15　16

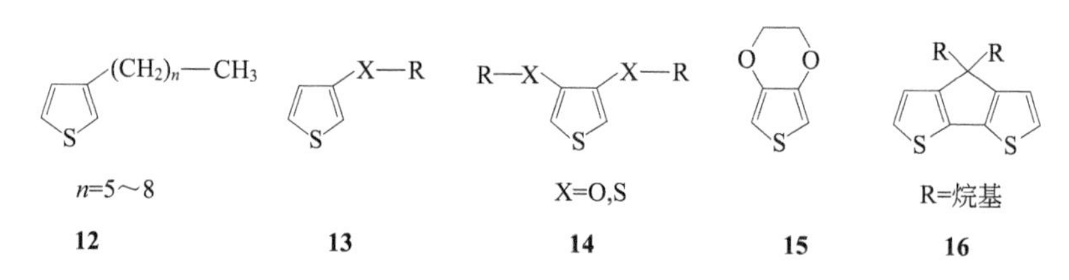

图 5-13　含给电子取代基的几种噻吩结构单元

（4）提高醌式特征（quinoid character）　将聚芳杂环骨架转化成醌式结构特征是最有效的降低带隙的方法之一。如聚噻吩，提高其中性态的醌式特征的最直接的方式是将噻吩环与具有更高共振能的芳香环形成并环结构。由于芳香环结构容易使具有高共振能的电子定域化，噻吩环倾向于去芳香性而采取醌式结构，噻吩环并环有助于提高噻吩环的醌式特征。如图 5-14 所示的聚合物，聚苯并噻吩（**17**）的带隙只有 1.10eV，由单体通过三氯化铁氧化聚合得到的聚合物 **18** 的带隙只有 0.95eV，而聚噻吩的带隙则有 2.00eV。这些并环系统的一个主要缺陷是其稳定性有限，为提高其稳定性，需要将其与更稳定的构建单元结合以获得多环预聚体。聚合物 **20** 代表了一类特殊的窄带隙聚合物，其中一部分芳环通过消除反应转化成醌式结构，相应地带隙可进一步降低到 0.78eV。

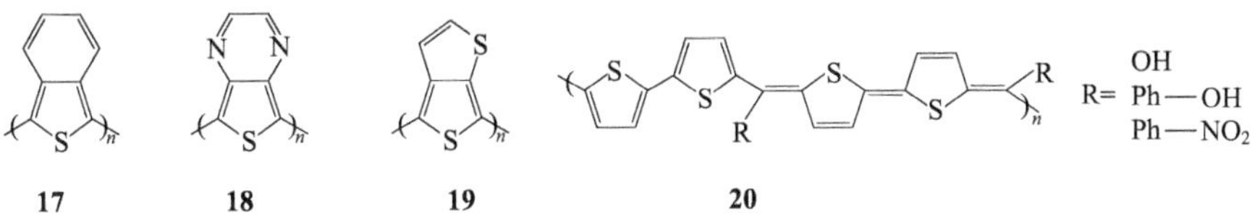

图 5-14　几种醌式结构的聚合物

（5）给-受体基团交替结构（alternating donor-acceptor groups）　合成给-受体交替聚合物可以用来减小带隙，因为给-受体之间可以产生电荷转移相互作用，因而使带隙减小。如将巴豆酸或方酸与各种给体组合，得到了非常窄带隙（0.5eV）的材料。近几年这类聚合物的研究较多，在下一节中有相关讨论。

（6）协同组合结构效应（synergistic combinations of structural effects）　综览控制带隙的主要合成原则，从效率和合成的难易程度来看，所有的原则都存在着一定的优势和限制。事实上，目前所报道的最小带隙的体系中都或多或少地采用了以上所讨论的合成方法的组合。如图 5-15 的聚合物 **21**～**26**，这是一类三芳环系统的聚合物，中间都含有醌式受体如噻吩并吡嗪、噻吩并噻二唑等，聚合物的带隙可降低到 0.50eV。这些三环体系可以将相对不稳定的中间基团变得稳定，同时利用了交替 D-A 基团、聚噻吩的醌式化和分子内硫-氮键作用引起的刚性化的协同组合效应。类似的协同组合效应的结果使得到的聚合物的带隙可以降低至只有 0.36eV。3,4-乙二氧基噻吩（EDOT）与噻吩并吡嗪相连，由于 EDOT 强的给体效应，再加上硫-氮和硫-氧非共价相互作用，加之 D-A 的交替结构，使其

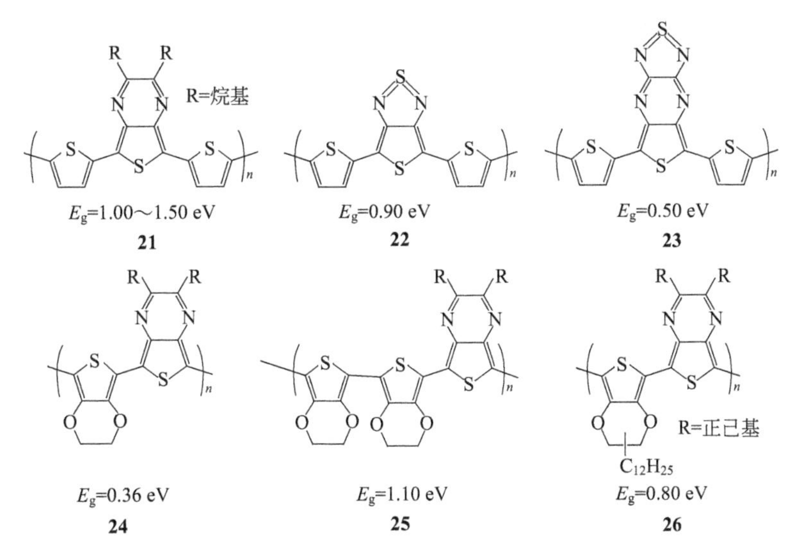

图 5-15　几种三芳环聚合物系统

带隙比聚合物 **21**～**23** 更低。聚合物 **24** 结构为 D-A 交替结构，而聚合物 **25** 为 D-D-A 结构，由 **24** 到 **25**，聚合物的能级从 0.36eV 变为 1.10eV。据此，可以清楚地看出 D-A 交替结构的有效性。

（7）分子间相互作用（intermolecular effects） 尽管这些结果清楚表明合理地组合各种结构单元可以获得非常小的带隙，但是这类材料的最主要的缺点是溶解性能差。如图 5-15 中的聚合物 **24**，虽然引入两个己基侧链取代基 R，聚合物在常见溶剂中溶解性仍非常差。其原因可能是固态下分子间的 D-A 相互作用较强，导致了聚合物形成非常致密的堆积结构。在 EDOT 上引入一个十二个碳的长链可以得到可溶性聚合物。事实上，聚合物 **32** 溶解性增加的原因是烷基取代基的引入抑制了紧密的 π 堆积（π-stacking）相互作用。然而，溶解性增加引起的负面效应是：聚合物还原态的稳定性大幅降低。聚合物 **24** 由于其致密的结构，即使在氧存在及重复还原循环条件下，由于氧很难渗透进其致密结构而表现出超常的稳定性。而这种稳定性在聚合物 **26** 上就不再存在，这可能是因为其不够致密的结构所导致的结果。而且聚合物 **32** 的带隙为 0.80eV，接近聚合物 **30** 的两倍。这一结果提供了评估链间相互作用对带隙的贡献实验方法，同时也提出了设计可溶性窄带隙的聚合物的一个重要依据。

1984 年，Garnier 报道了第一例基于聚噻吩的太阳能电池，他描述了利用 Schottky 二极管结构在低强度的白光照射下，器件的效率为 0.15%。1992 年 Sariciftci 等研究了 MEH-PPV 和 C_{60} 的复合物为活性层的有机光伏电池，在光激发下电子由聚合物向 C_{60} 的超快光诱导电子转移，电荷分离的效率接近 100%。在过去的十年里，利用 PCBM 和 PPV 或聚噻吩（PT）互穿网络结构的体相异质结电池一直是研究的热点，研究的焦点是光电转换的基本过程及器件技术的优化。这些研究使器件性能和转化效率不断提升，目前效率可达 4.5%～5%左右。在所采用的共轭聚合物中，聚 3-己基噻吩（P3HT）是性能较好的材料。和 PPV 相比，除了高的空穴迁移率，P3HT 窄带隙对高的效率起着重要贡献。一般认为，共轭体系作为本体异质结（BHJ）电池的给体，为更好实现对太阳光（最大光流 1.77eV）的富集，其带隙应该小于 1.80eV。尽管这一值并不难实现，但是除了合适的带隙外，共轭聚合物给体的 HOMO 和 LUMO 能级的绝对位置、吸光系数、空穴迁移率等要求也必须同时满足。而且，由于开路电压决定于给体的 HOMO 和受体的 LUMO，因此给体应具有较低的 HOMO 能级。另外，除电子性质外，给体材料还必须具有良好的溶液加工性以及与 PCBM 的相容性。综合考虑，带隙比 P3HT 小且合成相对简单的聚合物或小分子有机材料在 BHJ 电池的应用方面更值得关注。

总之，有机太阳能电池是目前带隙工程研究的主要驱动力之一。虽然具有合适带隙值的材料可以通过已知的合成原则进行设计和制备，但是仍然是一个挑战性的课题，其难点是需要建立确定的化学结构与最佳的光富集性质、低的 HO-

MO 能级和高的空穴迁移率结合起来。各种合成策略虽然有明显的差异，但大体可以分为两类。一是“空间构象控制法”，包括共轭系统的平面化、刚性化和醌式化以降低 BLA。这种方法可以提高发光效率，而且刚性化会降低重组能和有助于提高电荷迁移率。然而最大的问题是“空间构象控制法”一般要求既长又复杂的合成工作。第二个路线是通过给-受体相关以产生分子内电荷转移。这种方法可以获得较小的带隙，是现在合成 BHJ 电池的最受青睐的方法。利用 D-A 电荷转移方法还有以下几个问题需要解决：如 D-A 的比例、分子中连接方式和给-受体相对强度等。除控制带隙宽度外，材料的吸收光范围和吸光系数、光诱导电荷转移态（ICT）态、共轭体系的电子分布和材料的电荷传输性质都会对材料的性质和应用产生影响。而在具有有限分子量的无规共聚物中全面调控这些结构因素是很困难的。因此，人们只好另辟蹊径，如将含有 D-A 结构的单元组成支化单元或其他具有三维构象的多支化分子，其分子量在小分子有机化合物与聚合物之间。这种独特的构象可以同时拓展光谱响应和提高开路电压，表明星形结构在有机光伏电池的应用方面有可能替代多分散性的窄带隙的聚合物材料，详细将在后面的无定形材料中论述。

除了光学和电荷传输性质，π 共轭系统作为光电子器件的活性材料还需要具有良好的加工性、高的环境和光化学稳定性。另外，为实现产业化，这些材料还需具有加工简单、成本低、合成简单等性质，而且从环境友好的角度，减少使用有机溶剂和有毒金属催化剂、尽量使用可再生原材料等也是追求的目标。π 共轭系统化学领域仍然存在这些复杂的问题，而这些问题的解决很大程度上决定着 π 共轭系统在光电子器件的未来应用。

5.5　用于太阳能电池的聚合物材料

有机材料组成的本体异质结太阳能电池（BHJ）是以共轭聚合物为电子给体，以富勒烯及衍生物或其他电子受体组成复合物为活性材料所构成的光伏电池器件。由于其价低、可用涂布或喷墨打印等方法制备薄膜器件，可以做到方便携带、柔性器件等特点，因而有着很好的应用前景，近几年发展迅速。自 1992 年以来，至今太阳能电池性能稳步提升，如基于聚噻吩的电池效率已超过 5%。当然，要实现大规模生产和商业化还需要进一步提升器件效率及其稳定性。

5.5.1　聚噻吩类材料

在本体异质结电池中，为了提高器件的电荷分离效率，可利用给体和受体自组装[8]形成纳米级相分离异质结。自发相分离的结果使电荷分离的异质结分布在材料的整个体相结构内。目前，研究最多的给体材料为聚噻吩及其衍生物（图 5-16）。过去十年间，区域规整的 P3HT 一直是一种标准的给体材料，有关聚噻吩材料的合成、修饰、器件的退火处理、溶剂对性能的影响等的研究报道已有很多，在理解器件的电子转移过程和效率改进方面已取得重要进展。目前，以P3HT和PCBM为给受体的BHJ结构的太阳能电池的最大PCE已达到5%以上。下面就以聚噻吩为例来讨论其研究进展。

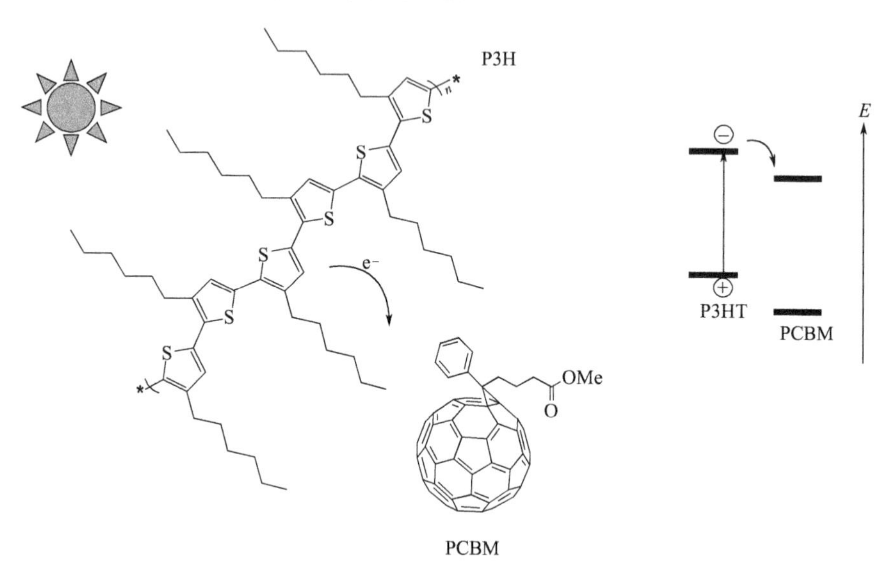

图 5-16 P3HT与PCBM间光诱导电荷转移示意图

(1) 烷基取代基的影响　为提高聚噻吩的可溶性，在噻吩环的3位引入烷基作为给电子取代基，会提高聚合物的HOMO能级，因此会降低本体异质结器件的开路电压，进而最终导致器件的效率降低。如采取降低烷基取代基的比例，合成了一种与P3HT的类似聚合物P3HDTTT[13a]（图5-17）。结果是聚合物/PCBM体系的开路电压随即由0.6～0.65V提高到0.82V。此外，聚合物的填充因子可达0.66，高于相同条件下基于P3HT的器件的填充因子，器件效率比同等条件下的P3HT/PCBM器件提高了1.91%，达到3.4%。

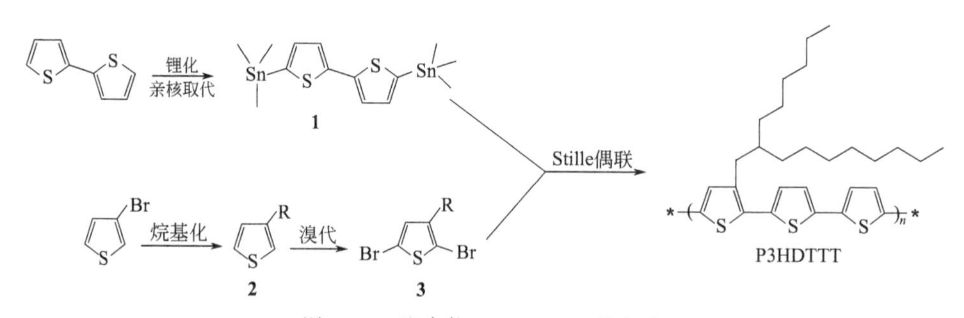

图 5-17 聚合物P3HDTTT的合成

(2) 引入共轭支链　具有一定结构的聚噻吩，其带隙基本上是固定的，尽管通过退火等方式可以改变薄膜的形貌，亦即改变了聚合物链的链间相互作用，可使光谱红移，但是仅通过物理方法对器件的活性层进行加工，很难将聚噻吩类化合物的效率进一步提高。采用在噻吩的侧链引入亚苯基乙烯或噻吩亚基乙烯等含共轭基团的结构单元，可使材料对波长短于 400nm 太阳光的吸收大大增强，这样含共轭基团的结构大大拓宽了材料的太阳光的利用范围。图 5-18 中列出了支链含共轭取代基的聚噻吩。如以 $m:n$ 为 0.59 的支链聚合物为例，以该聚合物/PCBM 为活性层的本体异质结太阳能电池的效率达到 3.18%，比同等条件下测定的 P3HT 的器件效率提升了 38%[13b]。

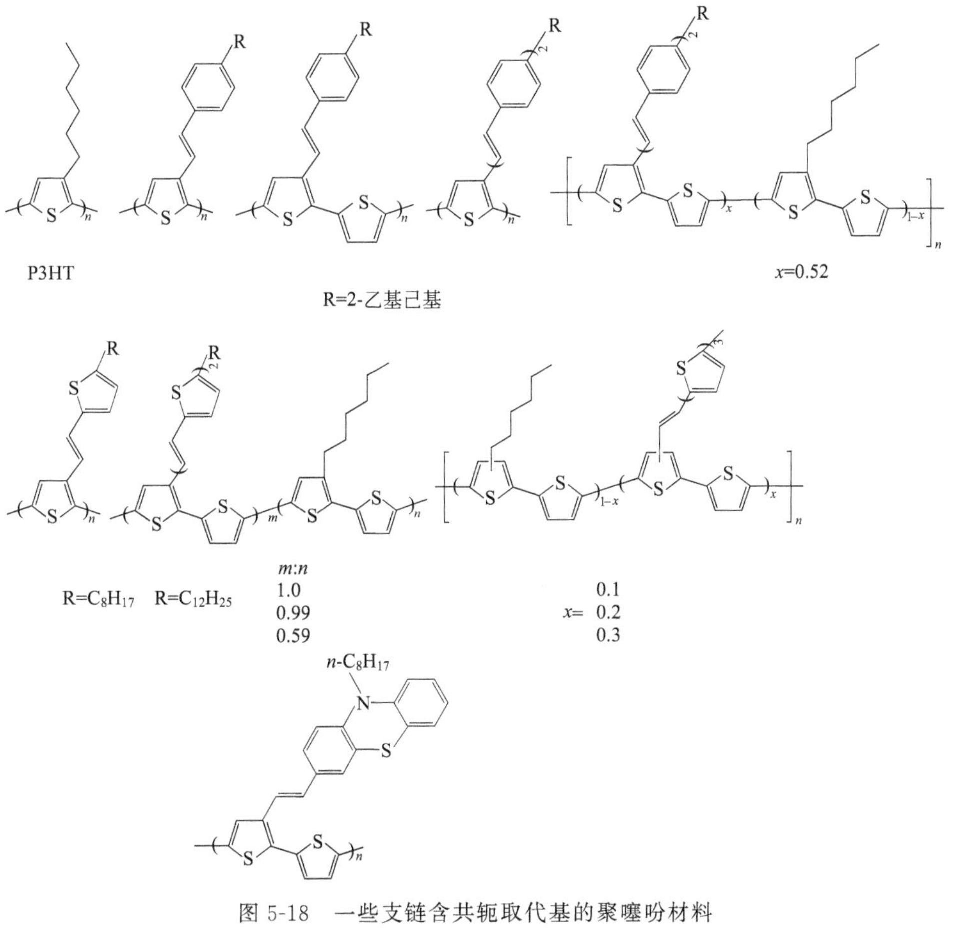

P3HT

R=2-乙基己基

x=0.52

R=C_8H_{17}　R=$C_{12}H_{25}$

$m:n$
1.0
0.99
0.59

x= 0.1
0.2
0.3

n-C_8H_{17}

图 5-18　一些支链含共轭取代基的聚噻吩材料

5.5.2　由给-受体单元构成的共聚物

在以 P3HT/PCBM 所构成的本体异质结中，P3HT 大的带隙（1.9eV）限制了它对长波长太阳光的利用率，同时聚合物的 HOMO 与富勒烯的 LUMO 能级差较小也决定了器件的开路电压较低（U_{oc}，0.6V）。为了提高效率，聚合物的 HOMO 能级位置和带隙都需要进一步通过结构修饰来进行调节。如为提高开路电压和提高太阳光利用率，几种 HOMO 能级更低和窄带隙聚合物已被开发出来（图 5-19）。这些聚合物利用富电子的基团为给体和缺电子的模块为受体，通过共价键连接构建具有分子内电荷转移特性的基元，以此作为重复单元构建共聚物。下面以含苯并噻二唑类单元为受体和二噻吩并苯为给体的两类聚合物为例，对给受体共聚物进行介绍。

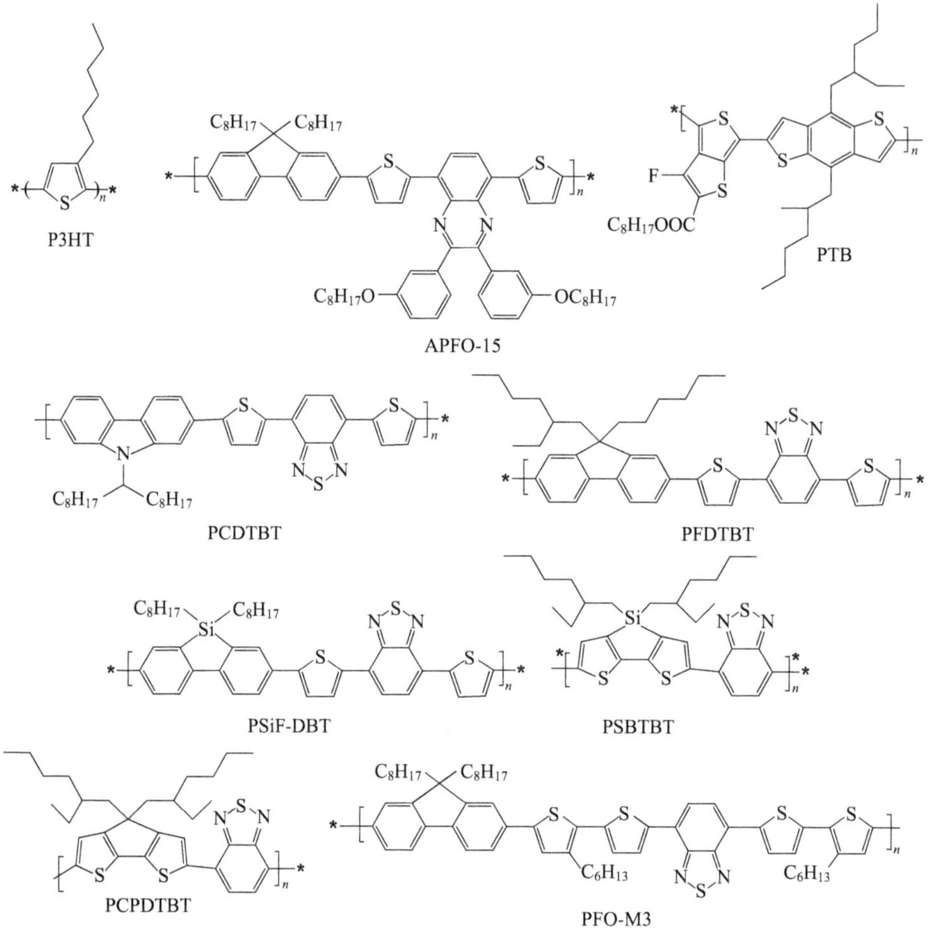

P3HT APFO-15 PTB

PCDTBT PFDTBT

PSiF-DBT PSBTBT

PCPDTBT PFO-M3

图 5-19 几种给受体交替共聚物的分子结构

（1）含苯并噻二唑受体单元的交替共聚物 在给受体共聚物中，受体单元选用苯并噻二唑（BT）的较多，结果也最理想。给体单元一般选用含有长链取代的芴、硅芴、二噻吩并硅杂环戊二烯、二噻吩并环戊二烯等；受体单元采用苯并噻二唑、二噻吩苯并噻二唑、四噻吩苯并噻二唑、二噻吩喹喔啉等。

这些聚合物的给体与受体间都是通过单键直接相连，因此采用的合成方法多为 Suzuki 或 Stille 偶联（图 5-20～图 5-23）。含芴生色团体系多采用 Suzuki 偶联，含噻吩体系多采用 Stille 偶联。

表 5-1 列出了几种聚合物材料与本体异质结器件的主要性能指标。聚合物

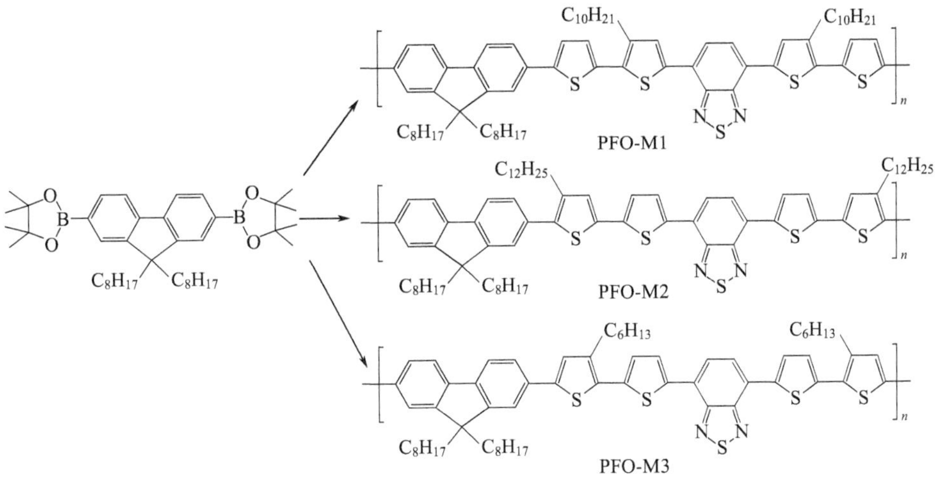

图 5-20　PFO-M3 的合成

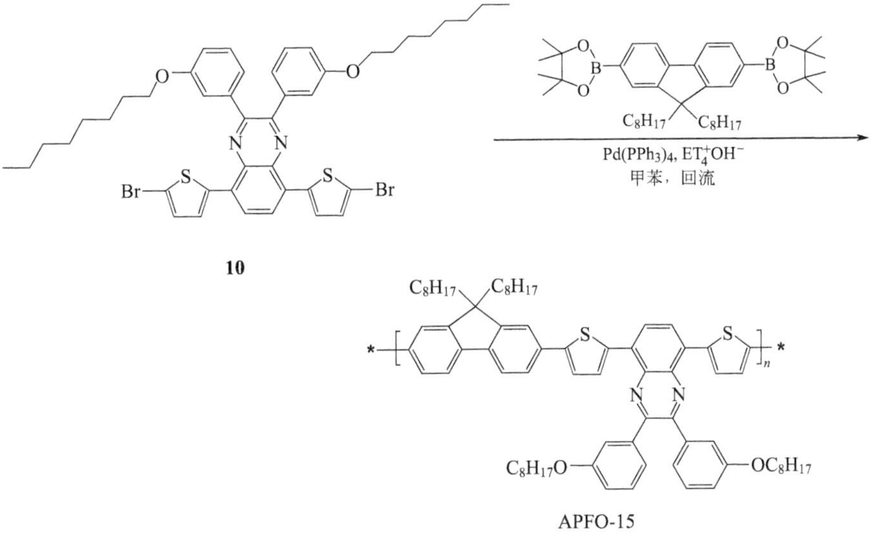

图 5-21　APFO-15 的合成

PFDTBT[14] 与 PCDTBT[15] 和 PSIF-DBT[16] 的区别是给体基团分别为芴、咔唑和硅芴。当给体为芴时，聚合物的吸收峰位于 545nm 左右，吸收边可延伸到 650nm；以咔唑为给体时，吸收峰红移到 576nm，吸收边可延伸到 700nm；以硅芴为给体时，吸收峰红移到 565nm，吸收边可延伸到 700nm。从 PFDTBT（图 5-23）到 PCDTBT，再到 PSIF-DBT，尽管器件的开路电压分别降低了 0.15V 和 0.14V，但是吸收光谱红移使后两者吸收太阳光的能力都有大幅度增加。而且对于 PSiF-DBT，其空穴迁移率为 $10^{-3}cm^2/(V \cdot s)$，这一值为 PFDTBT 迁移率 $[3\times10^{-4}cm^2/(V \cdot s)]$ 的 3 倍以上。高的迁移率可以保证载流子高效地传输到

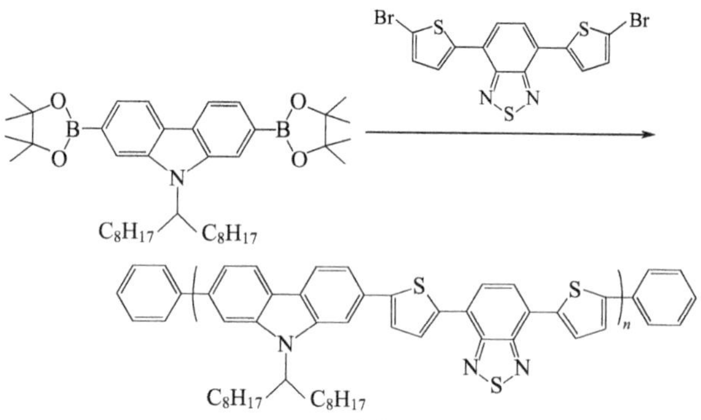

图 5-22　聚合物 PCDTBT 的合成

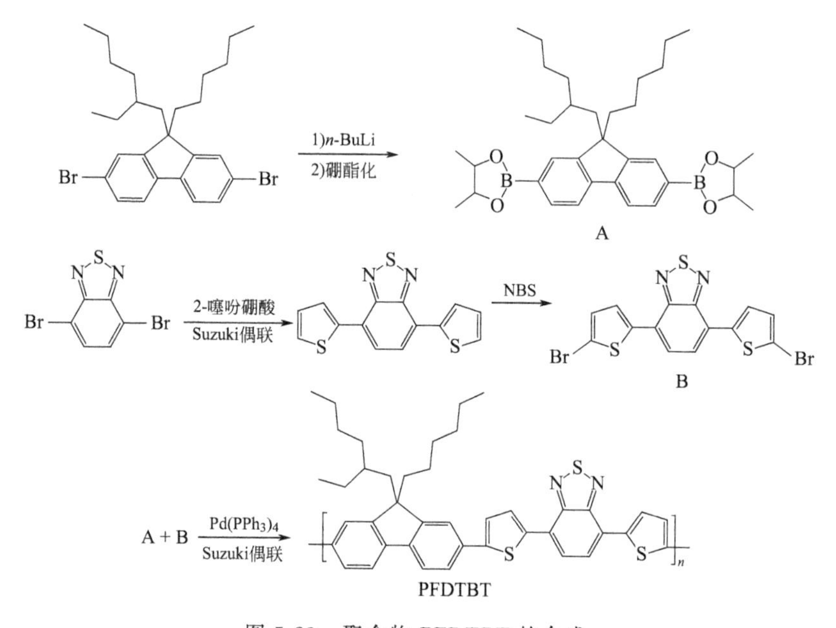

图 5-23　聚合物 PFDTBT 的合成

电极，增加光电流。因此，PSiFDBT/PC60BM 组成的本体异质结器件具有高的短路电流和填充因子，是由于其高的空穴迁移率造成的。

与此类似，从聚合物 PCPDTBT（图 5-19）[17] 到 PSBTBT[18]，聚合物的带隙基本无变化，都在 0.45eV 左右。但是聚合物 PSBTBT 的迁移率为 3×10^{-3} $cm^2/(V\cdot s)$，是 PCPDTBT 的三倍以上，器件效率由 3.5%提高到 5.1%，提高了约 50%。

通过增加噻吩单元的数目及对噻吩上烷基取代位置的改变对聚合物进行了结构修饰，结果发现，四噻吩取代的聚合物 PFO-M3[19] 比二噻吩聚合物吸收光谱红移，提高了材料的吸收太阳光的效率。因此尽管其开路电压稍有降低，短路电流和填充因子都有所增加，效率比以 PFO-DBT/PCBM 组成的器件的效率提高了 0.61%，为提高太阳能电池材料的效率提供了一条简单有效的途径。

高载流子迁移率要求共轭聚合物链在薄膜中紧密排列[20]，因此设计合成固态可紧密排列的和加工性好的聚合物很关键。溶液可加工的聚合物通常有柔性侧链，然而一般情况下柔性侧链会抑制聚合物骨架紧密排列，为了得到平面聚合物构象，在苯并噻二唑环上引入了两个辛氧基链，咔唑环上引入辛基链。聚合物 HXS-1 的合成及结构如图 5-24 所示。柔性链取代基使聚合物在有机溶剂中可溶，同时聚合物采取平面构象。聚合物粉末样品的 XRD 结果呈现两个衍射峰，分别对应于聚合物链间距离为约 17Å 和 4.0Å，其中 4.0Å 距离对应于近程的 π-π 相互作用的距离，表明聚合物在固态呈平面构象。因此用场效应晶体管方法测定的相应的空穴和电子的迁移率较高，分别为约 $1\times10^{-4}cm^2/(V\cdot s)$ 和 $3\times10^{-4}cm^2/(V\cdot s)$。良好的平面性有助于薄膜器件中聚合物链间的紧密排列，进而有助于载流子传输和提高光伏性能，相应本体异质结器件的效率达到 5.4%。

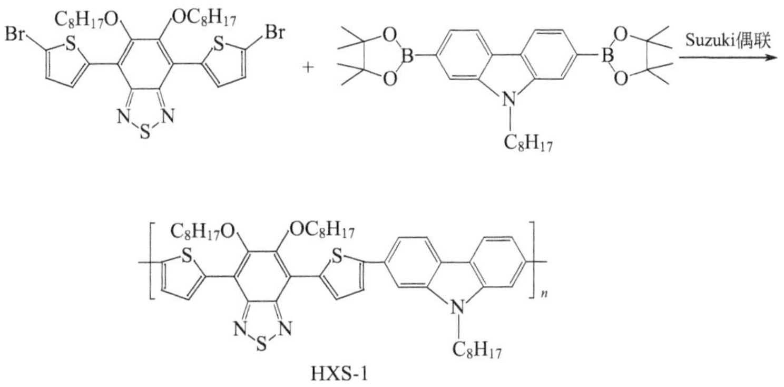

图 5-24　聚合物 HXS-1 的合成

(2) 噻吩并 [3,4-b] 噻吩与苯并二噻吩的共聚物　前面设计原则中讲过，噻吩的并环化合物有助于降低材料的带隙，同时材料在薄膜状态将具有更强的 π-π 堆积相互作用而提高材料的迁移率。Solarmer Energy Inc 公司在这类材料的研究方面较成功，开发了多种噻吩并 [3，4-b] 噻吩与苯并二噻吩的共聚物 (聚合物的合成见图 5-25～图 5-27)[21]。以烷氧基替代给电子能力弱的烷基或引入吸电子的氟取代基到聚合物骨架上，聚合物的 HOMO 能级得以降低；通过结构修饰可以优化聚合物的吸收光谱的覆盖范围和空穴迁移率，同时还可以增加与富勒烯衍生物的亲和性，进而提高聚合物太阳能电池性能。通过如上改进，如以聚合物 PTB 为给体和以 PCBM 为受体的本体异质结器件的转换效率可达 6%以上。

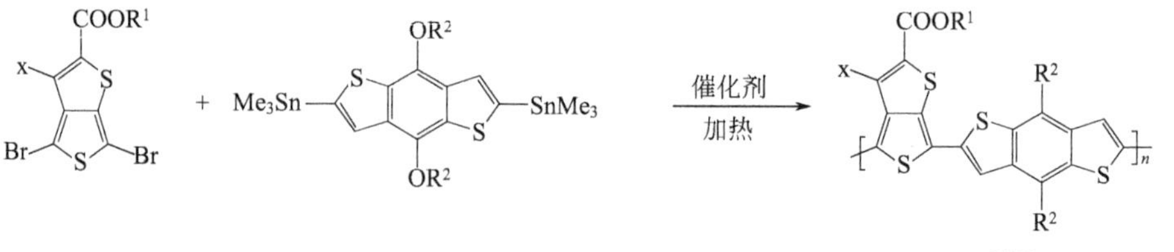

图 5-25 聚合物 PTB 的合成

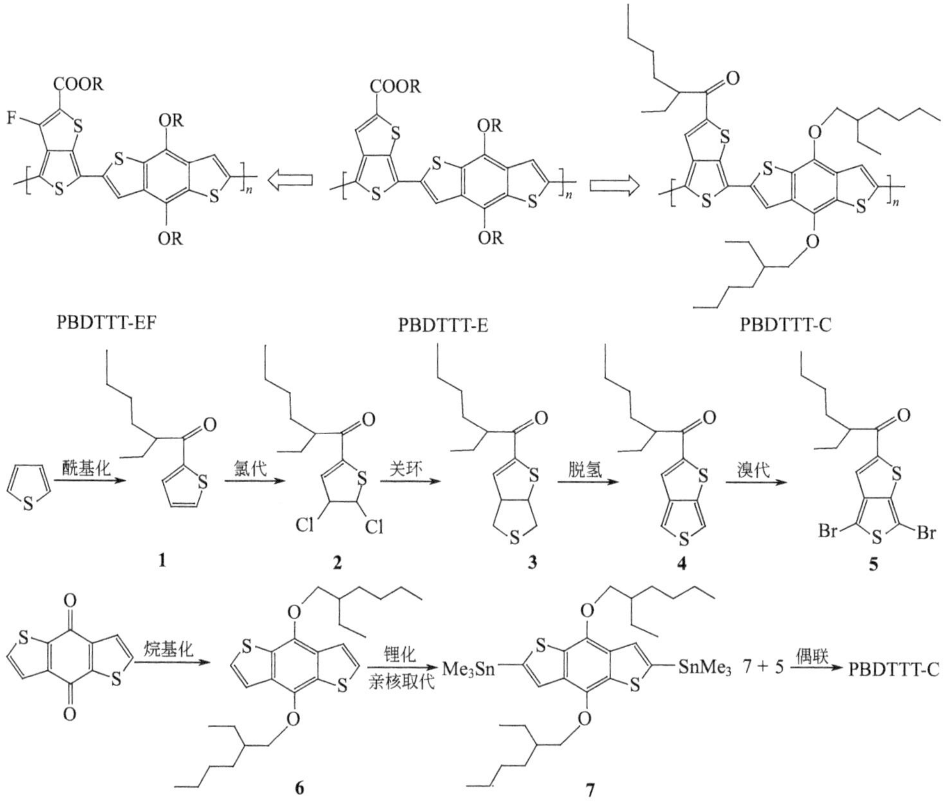

图 5-26 聚合物 PBDTTT-C 的合成

将酯基替换为羰基、将侧链替换为 2-乙基-己基并将吸电子的氟替换为氢取代基，所得到的聚合物 PBDTTT-C(图 5-26) 为给体的太阳能电池器件的效率最高可达 6.58%[22a]。从聚合物 PBDTTT-E 到 PBDTTT-E，再到 PBDTTT-CF(图 5-27)，聚合物的能级尤其是 HOMO 能级逐渐由 −5.01eV 降低到 −5.22eV，相应的以 PCBM 为受体的器件的开路电压则由 0.62V 增加到 0.76V，器件效率由 5.15%提高到 7.73%，该效率是目前见于报道的基于共轭聚合物的 BHJ 器件的最高值[22b]。

总之，选择合适的聚合物给体材料是获得高性能器件的前提，通过进一步优化给体材料中给体基团和受体基团种类，并在此基础上对材料的综合性能进行优化，再加上器件结构的系统优化，可以预见，聚合物太阳能电池效率的改进仍有

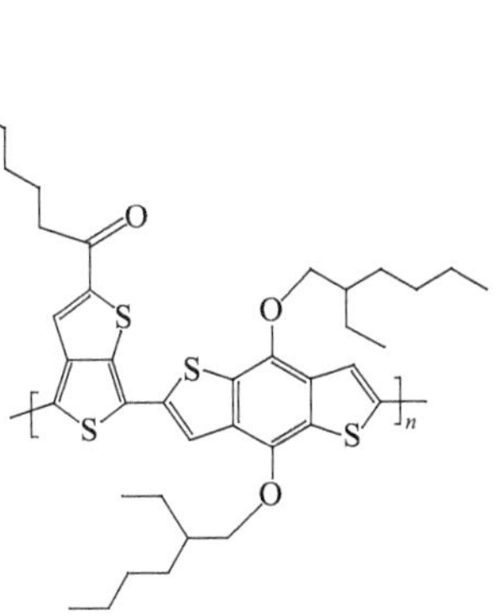

PBDTTT-E

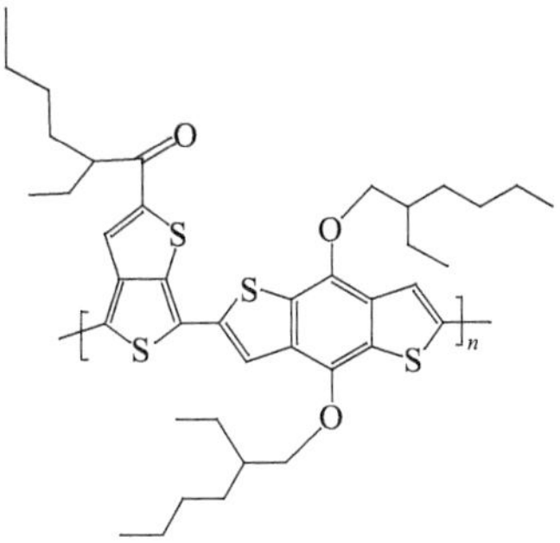

PBDTTT-C

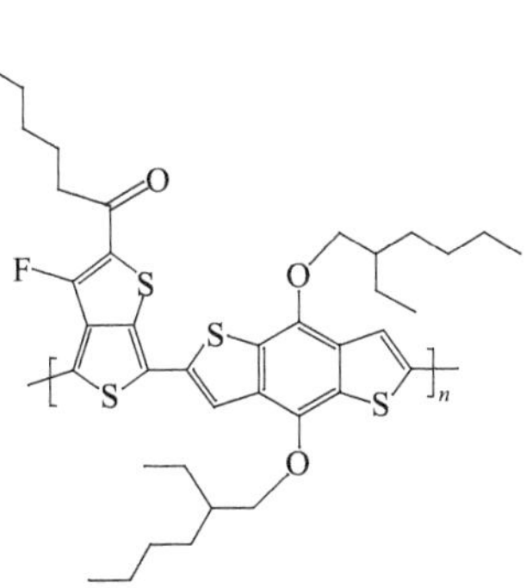

PBDTTT-CF

图 5-27　PBDTTT 系列三种聚合物的分子结构

较大的空间，完全有可能达到甚至超过 10%的目标，以实现聚合物太阳能电池的商业应用目标。几种聚合物材料与本体异质结器件的主要性能指标见表 5-1。

表 5-1　几种聚合物材料与本体异质结器件的主要性能指标

名　称	HOMO /eV	LUMO /eV	J_{sc} (mA/cm^2)	U_{oc} /V	*FF*	PCE	μ_{hole} /[cm^2/(V·S)]
P3HT	5.15		9.5	0.63	0.68	5%	
P3HDTTT[13a]			6.33	0.82	0.66	3.4%	
APFO-15[14]	6.3	3.6	6	1	0.63	3.7%	10^{-3}
PCDTBT[15]	5.5	3.6	6.92	0.89	0.63	3.6%	10^{-3}
PFDTBT[14]			4.66	1.04	0.46	2.4%	
PSBTBT[18]	5.05	3.27	12.7	0.68	0.55	5.1	3×10^{-3}
PCPDTBT[17]	5.1-5.3	3.6-3.8				3.5%	
PSiF-DBT[16]	5.39		9.5	0.9	0.507	5.4%	
PFO-M3[19]	5.34	3.22	5.86	0.86	0.52	2.63%	
PBDTTT-C[22a]	5.12	3.55	14.7	0.7	0.64	6.58	2×10^{-4}
HXS-1[20]	5.21	3.35	9.6	0.81	0.69	5.4%	1×10^{-4}
PTB[21]	4.94-5.04		13	0.74	0.614	6.1%	
PBDTTT-CF[22b]	5.22	3.45	15.2	0.76	0.669	7.4%	7×10^{-4}

注：聚合物 P3HT、APFO-15、PTB、PCDTBT、PFDTBT、PSiF-DBT、PSBTBT、PCPDTBT、PFO-M3 的结构式见图 5-19；HXS-1 的结构式见图 5-23；P3HDTTT 的结构式见图 5-24。

5.6　有机小分子光伏材料

5.6.1　有机小分子光伏材料的特点

分子材料通常根据分子在固态时所呈现的状态，分为单晶、多晶、液晶和无定形的玻璃态。由于器件的性能高度依赖于薄膜的形貌，因此控制形貌对于材料科学和实际器件应用都是非常重要的问题。

无定形态材料和晶体材料相比，具有良好的可加工性、透明性和各向同性。有机小分子材料比较容易结晶，一般很难通过溶液涂膜制备薄膜，而是采用真空沉积的方法获得无定形薄膜。日本大阪大学的 Shirota 研究小组[23]提出了稳定的无定形有机分子材料（amorphous molecular materials）或者是分子玻璃态的概念，在合成无定形态材料方面做了大量的研究，并系统地研究了合成方法、化合物结构和性质的关系，开辟了有机小分子功能材料的新领域。

这类有机小分子材料的基本特点是：材料具有各向同性的均一性质；具有和聚合物相似的玻璃化转变过程，存在玻璃化转变温度 T_g；可以用真空沉积法或者用溶液旋转涂膜的方法制备均一的有机薄膜；和聚合物材料相比较，这类材料具有明确分子结构和确定分子量，可以通过柱色谱、溶液重结晶或热梯度升华的方法提纯得到高纯度材料。

形成玻璃态的分子一般具有非平面的结构，这是一个必要条件。另外，增大整个分子的尺寸，会增加 T_g，提高分子玻璃态的稳定性。分子结构中增加刚性的芳基，包括杂环取代基团如二苯基、萘、芴、咔唑、吩噻嗪等，也会增加 T_g。如三苯胺和 1,3,5-三苯基苯这样的小分子虽然具有非平面的结构，但仍然易结晶，因此需要进一步增加分子尺寸，扩大分子的非平面性，如合成星形结构材料以实现无定形态结构。

5.6.2　有机小分子光伏材料分类及性质

近年来，研究可通过溶液制膜的有机光伏材料研究领域取得了突出进展，如 Roncali 实验室[24]开展了系统的研究工作。但和聚合物光伏材料领域相比，溶液可加工的有机光伏小分子材料的研究还处于起步阶段。当前研究这类材料主要是 p 型材料，按其基本结构形式可分为：一维线形分子、二维分子、准三维和三维分子[25,26]。n 型材料的研究相对较少，一般采用苝二酰亚胺、C_{60} 衍生物等，在此不加详细讨论。

（1）一维有机小分子光伏材料　目前的一维太阳能电池器件材料主要为聚合物或低聚物。尽管化学结构不同，这些一维结构材料的载流子传输和光学性质都具有各向异性。因此要实现高效的器件要求，必须要精确控制材料的组装和薄膜形貌。为实现分子的致密排列和强的相互作用以获得高的载流子迁移率，精确控制共轭链在基底上的取向以使载流子在预想的方向上传输是必须的。

实验证明，π 共轭系统在基底上垂直取向会导致沿堆积方向上具有最大的迁移率。在共轭系统的两端引入烷基链，如在低聚噻吩或低聚噻吩乙烯的两端引入烷基链，再加上精确控制热蒸镀条件，可以实现共轭系统在基底上垂直取向。然而，垂直取向强烈抑制入射光的吸收和载流子沿膜的传输，因而对太阳能电池来说，这种取向是不利的。

总之，除了材料需要具有合适的电子性质，实现 1D 共轭系统的高性能的器件，意味着需要对分子间相互作用和取向进行特殊控制。通过物理方法可以对这一过程进行控制。然而，这些方法有可能使器件的制备更复杂。由于这些问题的来源是由于线性共轭系统的结构所致，所以，有必要开发具有更高维数的分子材料。

(2) 二维 π-共轭系统　2D 平面共轭分子，如酞菁，作为一种稳定的和具有高的吸收系数的染料已是众所周知的。事实上，酞菁化合物是最早实现产业化应用的分子材料，用于复印件光导鼓中的光电导材料，另外在 FET 和光伏电池方面也得以应用。第一例有机太阳能电池就是以酞菁锌为活性材料的，其效率可达 1%。自从报道至今，酞菁一直是一种有效的太阳能电池的活性材料，特别是在多层器件结构中更体现出其优良的综合性能。

共轭系统的平面化有利于分子采取与基底平行取向的沉积，而这种紧密的 π 堆积相互作用使对太阳光的吸收最大化，进而有利于载流子的跨层传输。如真空蒸镀制备的薄膜的光学和 X 射线衍射数据表明，线性参比化合物 **28**（图 5-28）分子与基底垂直取向，而星形分子 **27** 基本与基底平面平行取向，相应的吸光系数提高了 3 倍左右。

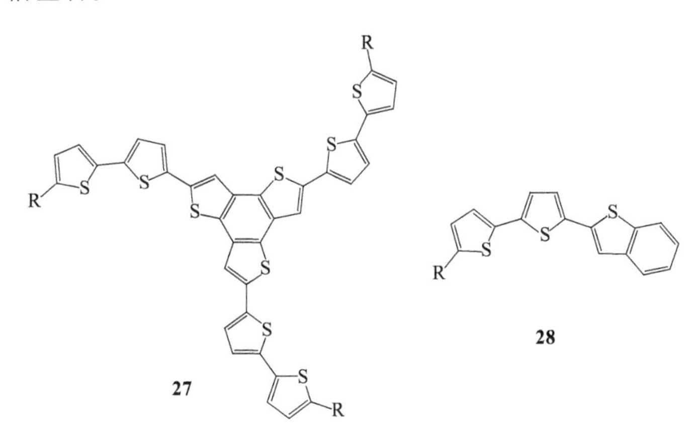

图 5-28　化合物 **27** 和 **28** 的分子结构

本体异质结太阳能电池制备过程，先蒸镀给体层 **27** 或 **28**，然后蒸镀苝酰亚胺为受体层。在 $77mW/cm^2$ 的白光照射下，基于以线性化合物 **28** 制作的器件的效率为 0.04%，而二维化合物 **27** 所制作的电池的效率为 0.80%，相应的短路电流也从 0.10mA/cm^2 提高到 1.35mA/cm^2，结果说明了平面结构的给体比相应的线性结构给体性能要好。

（3）三维 π 共轭系统　正如以上所述，设计 2D 共轭系统是解决线性共轭系统分子取向问题的有效手段。3D 共轭系统可进一步解决材料的各向异性问题。事实上，这样的材料将可实现各种电子和光子器件而且没有任何分子取向方面的限制。如果它们同时结合了足够好的加工性和合适的载流子迁移率，3D 有机半导体材料即可通过简单的喷墨打印技术制作有机器件。

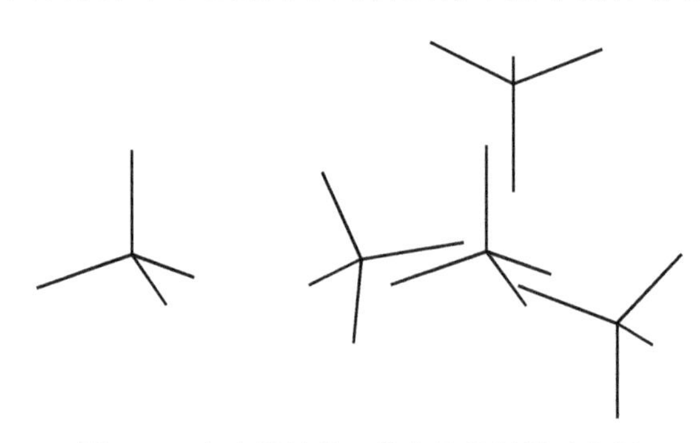

图 5-29　各向异性的三维半导体材料示意图

开发具有各向异性的分子材料可以通过将几个共轭支链连接到中心节点构成 3D 结构。由这种基本结构形成的 3D 构型具有连续空间填充的网状结构，而这种 3D 结构仍可能存在着共轭单元间的交叠（图 5-29），而且电荷可以通过隧穿（tunnel）方式在相邻的基团间传输，所以载流子可以在 3D 空间内各向同性传输。但是 3D 结构的缺点是：如四面体系统，由于不能形成充分的分子间 π 堆积结构，硅或 sp^3 杂化的碳作为中心节点有时可能阻断了共轭链的电子离域，这对载流子迁移率是不利的。最后，值得一提的是，3D 共轭系统和相同分子量的线性系统相比，显示出高的溶解性和无定形态特性。无需引入增溶基团如烷基链等，这对于器件的制作非常重要。另一方面，无定形态特性有助于提高薄膜质量，这也是器件制备的关键问题之一。

（4）含三苯胺的准三维共轭系统（triphenylamine based pseudo-3D conjugated systems）　由于三苯胺（TPA）分子本身具有非平面结构，以 N 原子为中心，三个苯环等同地连接在 N 中心点上，属于准三维共轭生色团。而且三苯胺结构单元又是重要的空穴注入和空穴传输基团，所以三苯胺生色团是构成具有 3D 结构分子材料的最基本单元之一。含三苯胺结构单元的分子容易形成无定形玻璃态。因为三个苯基间的空间相互作用，TPA 采取非平面螺旋桨形结构，介于二维和三维结构之间。这种空间结构可以抑制紧密的 π 堆积相互作用，所以准三维的结构使这类材料不容易结晶。已有大量含三苯胺的分子和聚合物体系用于空穴传输和 OLED 的发光材料。

Rocali 等合成了一系列以三苯胺为核，含噻吩乙烯臂和吸电子的茚满二酮（indanedione）或二氰基的衍生物（化合物 **29**～**32**，图 5-30）。引入电子受体可产生分子内电荷转移导致光谱红移，使吸收边红移，扩大了光谱响应范围。电化学数据也显示吸电子基团的引入使氧化电位提升，基于化合物 **30** 的本体异质结电池在 100mW/cm^2 的模拟太阳光下，短路电流为 4.10mA/cm^2，转化效率为 0.80%。含二氰基的化合物溶解性稍差，因此通过热蒸镀制备了以 C_{60} 为受体的双层异质结太阳能电池器件，给体分子中同时引入受电子基团，利用电荷转移相互作用，扩展了电池在可见光区的光响应，提高了转化效率和开路电压。协同效应使器件在同等条件下的转化效率达到 1.20%。

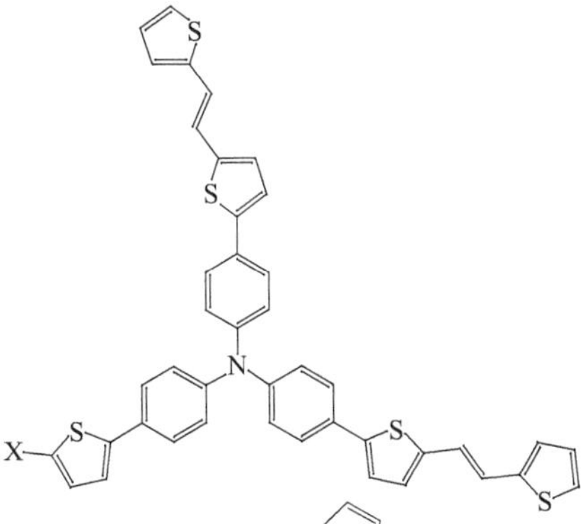

29　X=

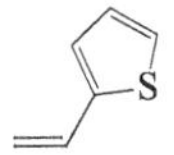

30　X=

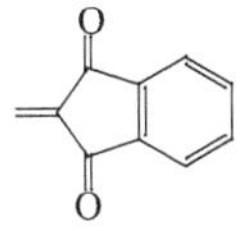

31　X=

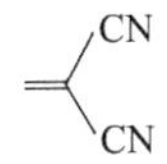

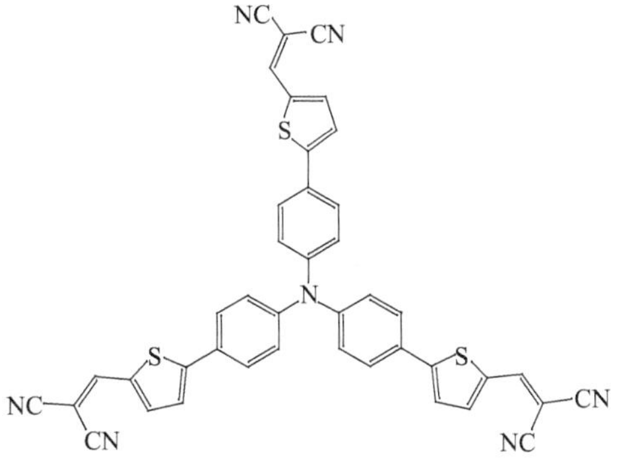

32

图 5-30　Rocali 等合成的几种三苯胺为核的化合物

我们通过 Heck 反应偶联，开发了一系列基于三苯胺的无定形态结构光伏材料[27~30]（图 5-31、图 5-32，化合物 **33**～**37**）。三苯胺作为给体基团，苯并噻二唑或二氰基吡喃类化合物为受体，通过分子内强的电荷转移使材料的带隙降低，获得窄带隙和对太阳光吸光能力强的有机太阳能电池材料。另外，螺旋桨构型的三苯胺基团的引入使材料更容易形成无定形玻璃态和具有良好的溶解性和可加工性。

这类材料的具体合成方法为，先用 Stille 偶联合成出二芳基或单芳基取代的苯并噻二唑，然后与三苯胺三烯或单烯反应合成目标化合物。首先合成了以三苯胺为给体，以苯并噻二唑为受体的线型分子化合物 **33**，将此化合物通过溶液甩膜所制备的 BHJ 器件的效率为 0.26%[28]。将受体结构单元改为二氰基吡喃衍生物合成了化合物 **34**，制备出具有同样结构的 BHJ 器件，其效率提高到0.8%[29]。

进一步将材料的分子拓展到星形结构，合成了化合物 **35**。即以三苯胺为核，并通过双键与苯并噻二唑相连构成支链结构（化合物 **35**），由化合物 **35** 所制备

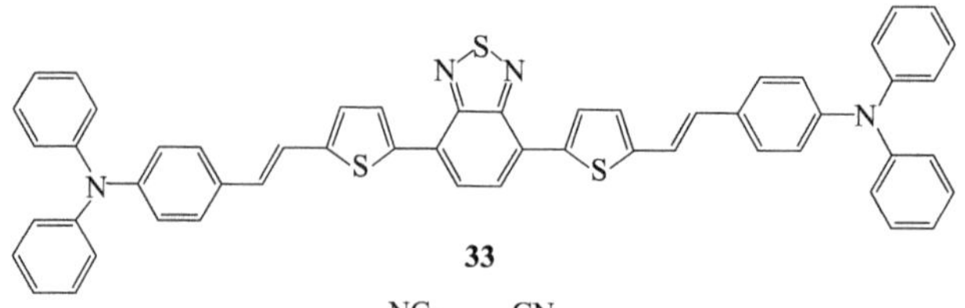

33

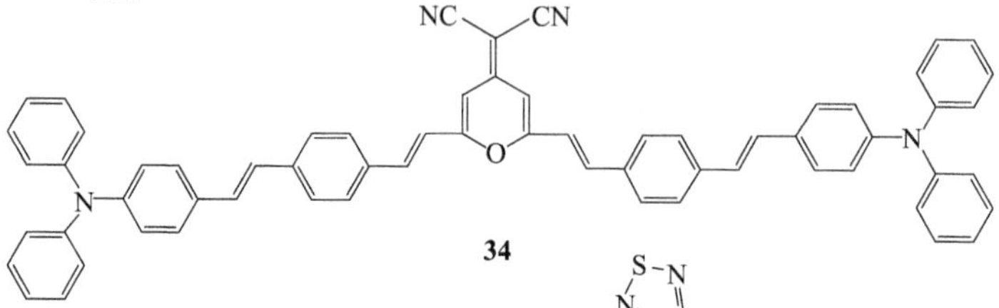

34

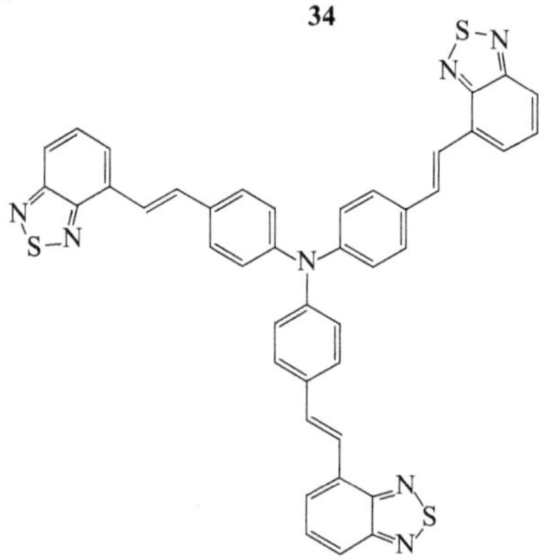

TPA-BT
35

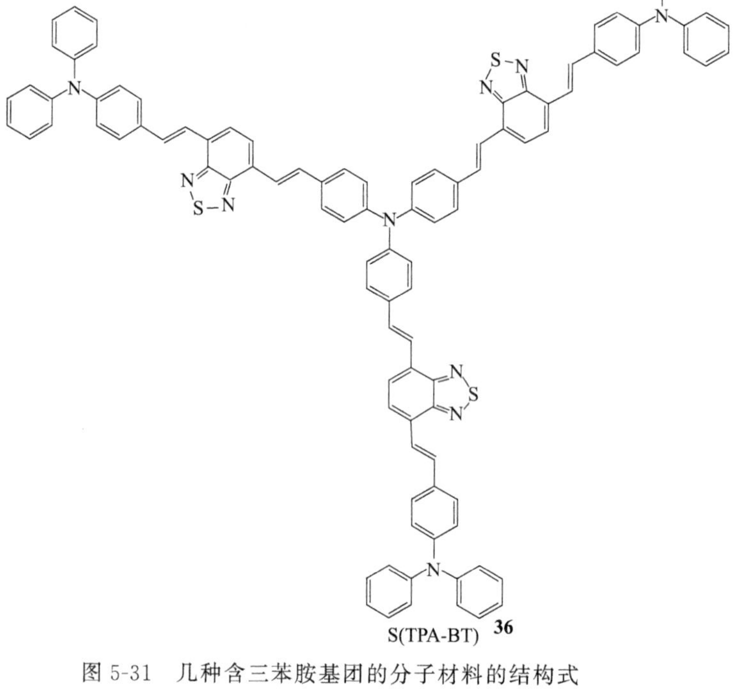

S(TPA-BT) **36**

图 5-31 几种含三苯胺基团的分子材料的结构式

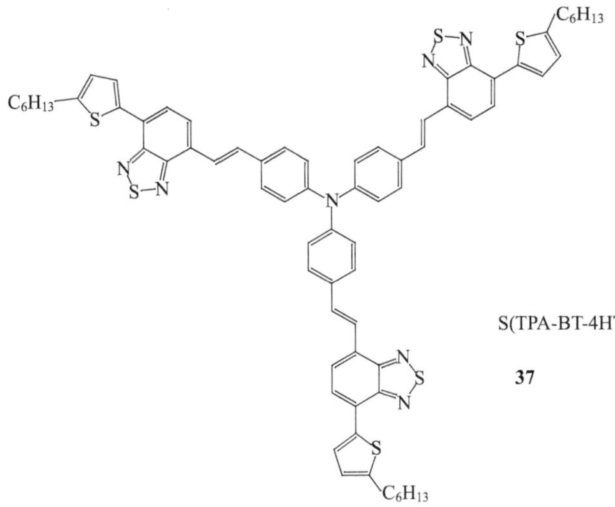

S(TPA-BT-4HT)

37

图 5-32　S(TPA-BT-4HT) 的分子结构式

的器件效率提高到 0.61%[30]。进一步在苯并噻二唑的外围通过双键引入三苯胺结构，即支链端基也为三苯胺，合成了化合物 **36**，S(TPA-BT)。以化合物 **36** 为给体，以 PCBM 为受体制作的 BHJ 器件，其效率提高到 1.33%[31]，该器件效率为由相应的线性材料制作的器件效率的 3.8 倍。值得一提的是，化合物 **36** 通过三苯胺三烯与单溴代的外围枝通过 Heck 偶联反应的产率高达 90%。无疑，合成反应的高产率是获得有机太阳能电池材料、降低合成成本和实现有机太阳能电池器件材料产业化的重要前提之一。

进而，以烷基噻吩来取代化合物 **36** 中的端基三苯胺基团，合成了化合物 S(TPA-BT-4HT)[31]（图 5-32，化合物 **37**），使化合物的吸收光谱进一步拓宽；和 S（TPA-BT）相比，材料的吸收光谱范围尽管差别不大，但是 100nm 厚的薄膜的吸光能力提高了近 20%，同时此材料与 PCBM 共混膜的成膜质量比 S（TPA-BT）更好，光伏器件的效率达到 2.1%。在太阳能器件中，将 Al 电极换成低功函的 Mg/Al 电极后，器件的效率进一步提高到 2.39%（器件参数：$U_{oc}=0.85V$，$FF=32.7\%$，$J_{SC}=8.58mA/cm^2$）。值得一提的是：这些三苯胺为核的星形分子除可以作为光伏材料外，还具有良好的红光发光性能。

含 TPA 的共轭分子材料，其优点是具有单分散的化学结构、容易纯化、容易形成玻璃态、电荷传输和光学性质具有各向同性等。在此基础上，具有各种新型结构的 3D 共轭系统也陆续开发出来。

尽管有关 sp^3 杂化的碳为核和硅为核的化合物为活性材料的太阳能电池器件已有报道，但效率很低。由于以 P3HT/PCBM 为活性材料所构成的器件，仍是太阳能电池器件中效率较高和研究最多且较为成熟的聚合物材料体系，由此延伸，富含噻吩基团的 3D 共轭系统也是当前研究的热点材料之一。如合成的含多噻吩的 X 型共轭化合物（图 5-33 中化合物 **38**、**39**），支链上噻吩单元的数目增加，吸收光谱产生了红移，相应器件的效率有所提高。

Rocali 研究组合成了联噻吩为中心的类似 3D 化合物，由于联噻吩中两个噻吩的立体位阻而呈扭曲结构。化合物 **40** 中二面角的产生是由相邻的噻吩上的甲基产生的立体位阻产生的。化合物 **41** 的扭曲是由相邻的噻吩自身引起的。但是，高度扭曲的分子结构使载流子的迁移率降低，所以器件的效率并不理想，仅为 0.13%和 0.19%。

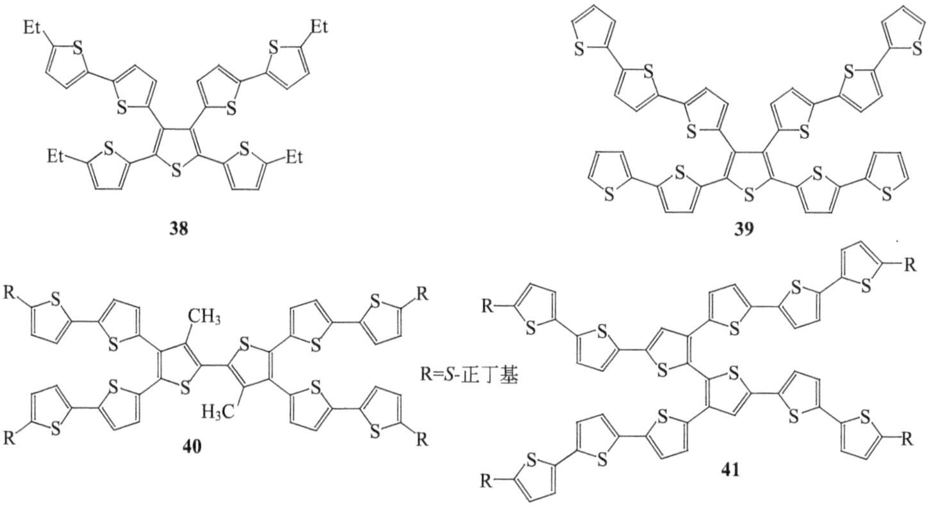

R=*S*-正丁基

图 5-33　具有三维结构的全噻吩体系的化合物结构

合成共轭树枝状分子是得到具有各向同性电子性质材料的重要途径之一。由噻吩单元构成的材料具有较高的迁移率，是合成光伏材料采用最多的构建单元之一，且合成方法比较简单，Stille 偶联和 Suzuki 偶联即可。对于树枝状化合物 **42** 和 **43**（图 5-34），研究发现，系统的共轭长度增加，则以其为给体制备的异质结太阳能电池的短路电流和转化效率提高。以化合物 **43** 为给体的器件，其短路电流和器件的效率可分别达到 3.35mA/cm^2 和 1.30%。

采用噻吩为核，基本由全噻吩构成的树枝状化合物 **44** 或 **45**（图 5-35），由于其共轭程度比之以上提及的含低聚噻吩单元的化合物有所增加，吸收光谱有所拓宽，迁移率也有增加，所以以其与和 PCBM 构建的异质结太阳能电池效率都有增加，分别达到 1.12%和 1.24%。

总之，基于 3D 共轭给体化合物异质结太阳能电池器件的效率已达 2.4%左右，但与聚合物材料 P3HT 的最好的器件性能（5%）相比，仍有一段距离。但值得强调的是，两者在器件优化方面的投入具有不可比性。十年前基于共轭聚合物的异质结电池的性能要低得多，然而经过科学家们的努力，已经大大改进。而

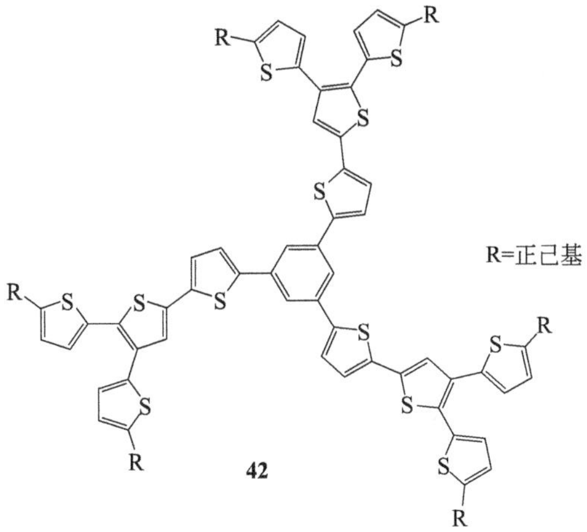

R=正己基

42

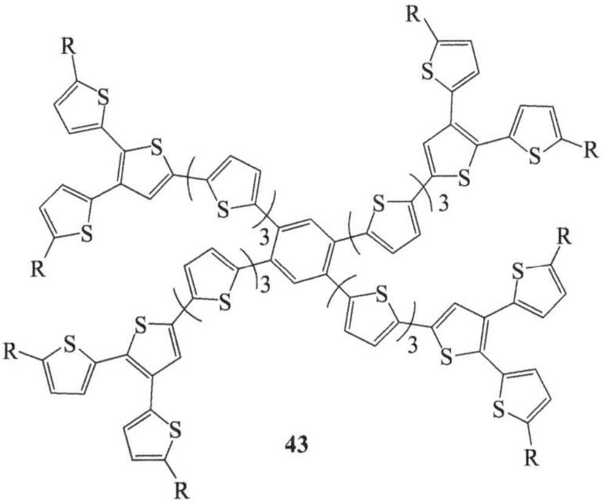

43

图 5-34 以苯为核含噻吩体系的化合物 **42** 和 **43** 的分子结构

对于树枝状结构的新材料，器件优化方面的研究还比较少。

尽管 3D 给体的结构多变，然而体相异质结电池的填充因子较低，一般只有 25%～35%。这一普遍现象可能是材料的结构过度扭曲导致共轭链阻隔，使材料的吸收光谱不够宽，而且薄膜中分子间相互作用较弱也导致薄膜的迁移率不高。此外，还有许多问题需要进一步解决，如除优化共轭单元的带隙外，给体与受体材料的相分离问题也必须解决。

理想的体相异质结应该是由具有互穿网络结构的给体和受体分子聚集而成的，所形成的聚集体颗粒的大小应该和激子扩散的长度相比拟。若从这一角度来看，受体 PCBM 不一定是 3D 给体的最佳接受体，因此开发新型的 3D 受体将是一个很有意义的研究方向。最近，日本科学家合成了由两个苯环取代基通过—Si—键与 C_{60} 主体相连的受体分子 SIMEF ［图 5-36(b)］，并以 SIMEF 代替 PCBM[32]，虽然新材料的结晶温度比 PCBM 低了 46℃，但以其为受体材料，以苯并卟啉［其前体可溶，加热至 180℃得到不溶的苯并卟啉，图 5-36(a)］为给

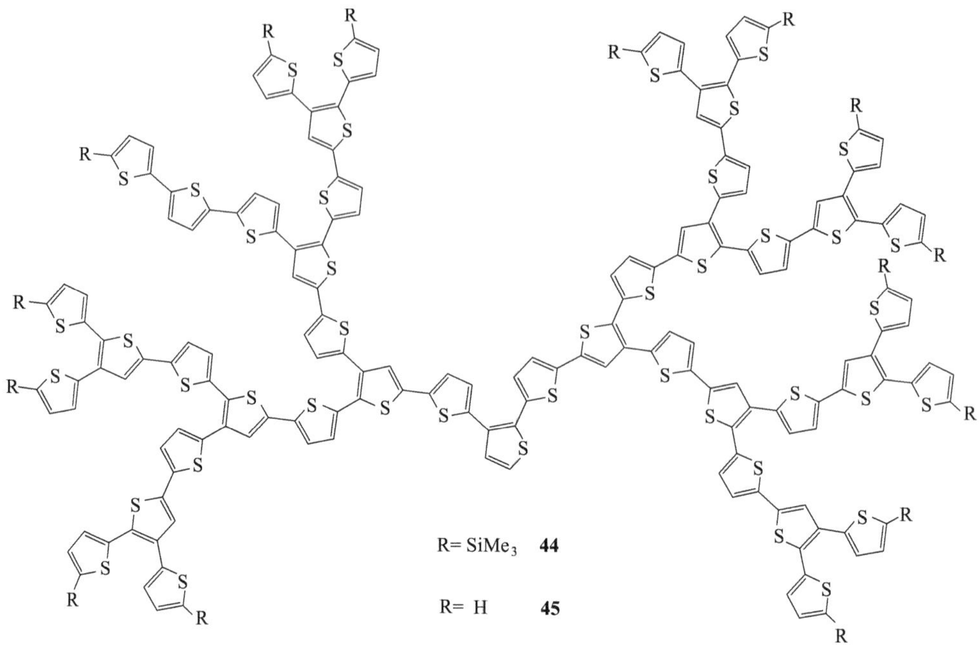

R= $SiMe_3$ **44**

R= H **45**

图 5-35 噻吩为核的高代数树枝状化合物的分子结构

体材料，构建了可溶液加工的三层 p-i-n 结构光伏器件。其中 i 层具有清晰确定的互穿结构，器件的转化效率高达 5.2%，这一结果增加了人们开发可溶液加工的有机小分子光伏材料的信心。

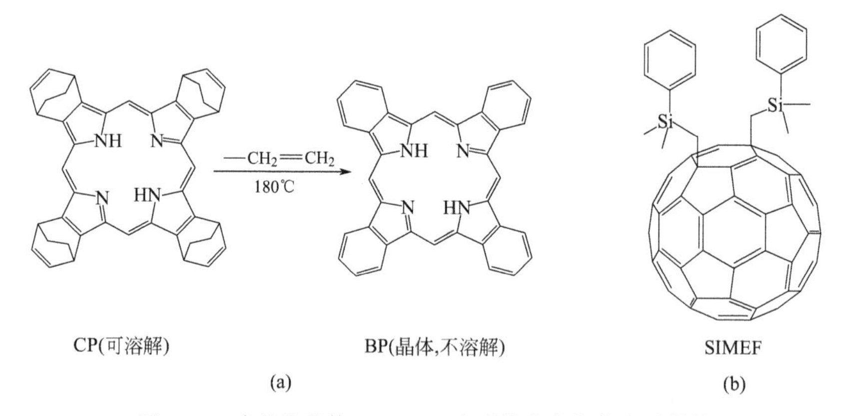

图 5-36 卟啉为给体、SIMEF 为受体的太阳能电池器件

理想的光伏材料应该具有确定的化学结构、各向同性的光学和电荷传输性质，并且具有容易纯化、加工以及迁移率高等优良的综合性能。

为解决上述问题，未来的研究应该考虑以下几方面。

构建 3D 结构：充分利用碳、氮或硅为中心节点，合成树枝状分子并利用位阻效应，其可能性已被探索。从结果看，每一个方法都具有各自的优点和缺点，只从很少的几个器件结果来对其性能进行对比还为时过早。因此，除器件优化外，未来的研究还需设计新型的3D构象分子，并要考虑到开发简单、价廉和灵活实用的合成路线。

构建共轭链段：除了控制分子的几何构象和空间填充因子等因素外，3D有机半导体材料分子的电子性质主要取决于共轭链段的化学组成。对光伏材料来讲，3D分子材料的带隙一般还太大而不利于有效地光富集。未来的研究工作应该包括开发合成更长共轭链段的结构，以降低HOMO-LUMO带隙。同时设计n型材料或同时带有给受-体结构单元的所谓双极材料。合成包括含有不同化学结构以及不同功能的、非对称结构的杂化3D结构，将是在有机半导体材料制备中一个非常令人振奋的分子工程。

控制分子间π堆积相互作用：分子间的共轭链段间的π堆积相互作用同时决定着材料的电荷传输性质、溶解性及其材料在一定程度上的稳定性。通过合成化学来控制分子间相互作用是材料研究的一个主要课题之一。可能的策略包括在共轭骨架上引入补充性（complementary）特殊基团，以产生特殊的相互作用（如亲脂性相互作用、氢键相互作用、给受体相互作用等）。然后通过改变基团在共轭链上的位置和数目来控制分子间相互作用的程度。如芳基作为补充基团引入到共轭骨架上，既可以保持与主链共轭，又可以增加链间作用的位阻。通过微妙的结构修饰来控制分子间π堆积可以说是三维分子材料设计的艺术。

开发具有各向同性的、高迁移率的三维分子材料是一项具有挑战性的工作，要求合成化学家、固态物理学家、理论物理学家、电子以及器件专家等多学科间的紧密合作。

5.7 问题与展望

聚合物太阳能电池是当前有机光伏电池器件研究中备受关注的课题，因为聚合物材料可以通过所谓的溶液加工方法制备薄膜器件，即旋涂法、平面印刷、喷涂法或喷墨打印方法，而且可以制备大面积、超薄和柔性薄膜器件，真正实现有机器件的轻、薄、低成本和大面积。

然而，聚合物分子材料是由相同结构单元组成的，而一般合成聚合物的重复性难以控制。聚合物的分子量、分散度、结构规整性、侧链结构和端基不同，则其溶解性、成膜性、玻璃化转变温度等都会有所不同，而这些因素会影响薄膜器件的迁移率、开路电压等参数。目前聚合物光伏器件领域，研究最为深入的体系是由规整度高的P3HT/PCBM共混体系组成的，P3HT的分子量大小及分子量分布、规整度和纳米尺度的形貌等都对聚合物电子性质有所影响。如随着P3HT分子量的增加，材料的吸收光谱变宽。P3HT数均分子量由2200提升到19000，对应的空穴迁移率从 $5.5\times10^{-7}cm^2/(V\cdot s)$ 提高到 $2.6\times10^{-3}cm^2/(V\cdot s)$。P3HT 在数均分子量（$M_n$）>10000 时才能获得 2.5%以上的较高能量转化效率。

除聚合物自身性质外，在器件制备过程中，制膜溶剂、掺杂剂、甩膜时旋涂速率、退火温度都对器件的性能有着重要的影响。因此不仅要对材料的合成和纯化控制，而且要对器件的制备环节进行系统优化，才可能获得高性能的光伏器件。

在小分子有机薄膜太阳能电池的研究中，目前一般采用真空气相沉积的方法（vacuum thermal evaporation）制备器件。真空沉积方法的优势在于：比较容易得到有序和高质量的有机薄膜，而且有机小分子材料有着确定的化学结构和分子量，能够用现有的实验技术和纯化手段获得高纯度的材料，因此采用真空气相沉积技术制备的光伏器件可重复性非常好。

真空沉积的有机光伏电池的基本结构是 p-n 结的双层器件，器件效率主要制约因素是光生激子能否有效地扩散到给-受体的界面和提高界面的面积。所以，器件结构的优化要根据材料的激子扩散长度来优化给-受体层的厚度，或采用较长激子扩散长度的材料作为给受体。作为受体材料，从目前研究结果来看，富勒烯有着比苝二酰亚胺衍生物更长的激子扩散长度，所以是制备高效率有机光伏器件首选的受体材料。

真空气相沉积方法的缺点在于：材料浪费多、器件结构复杂和制备成本高。此外，有机材料的纯度对光伏器件性能有非常直接的影响。如利用空间电荷限制电流的方法（SCLC）测定的不同纯度 CuPc 空穴迁移率，未经纯化的 CuPc 要比纯度最好的 CuPc 的空穴迁移率几乎低三个数量级，光电池的填充因子（FF）随着材料空穴迁移率的增加而提高。这个结果揭示出高纯度材料是获得高效率器件的重要保证。另外，开发可利用溶液加工方法或喷墨打印制成无定形态薄膜的小分子材料也是分子材料研究的重要方向。但到目前为止，还没有令人满意的器件结果，主要是因为载流子的迁移率太低。

当然，针对以上聚合物和小分子材料各自的缺点，也可以从器件结构角度来弥补。如采用叠层电池[33]结构来解决。由于太阳光光谱的能量分布较宽，现有的任何一种半导体材料都只能吸收其中能量比其禁带宽度值高的光子。太阳光中能量较小的光子将透过电池被背电极金属吸收，转变成热能；而高能光子超出禁带宽度的多余能量，则通过光生载流子的能量热释作用传给电池材料本身的点阵，使材料本身发热。这些能量都不能产生光生载流子，变成有效电能。因此对于单结太阳能电池，即使是晶体材料制成的，其转换效率的理论极限一般也只有25%左右。太阳光光谱可以被分成连续的若干部分，用能带宽度与这些部分有最好匹配的材料做成电池，并按禁带宽度从大到小的顺序从外向里叠合起来，让波长最短的光被最外边的宽隙材料电池利用，波长较长的光能够透射进去让较窄禁带宽度材料利用，这就有可能最大限度地将光能变成电能，这样结构的电池就是叠层太阳能电池（图 5-37）。

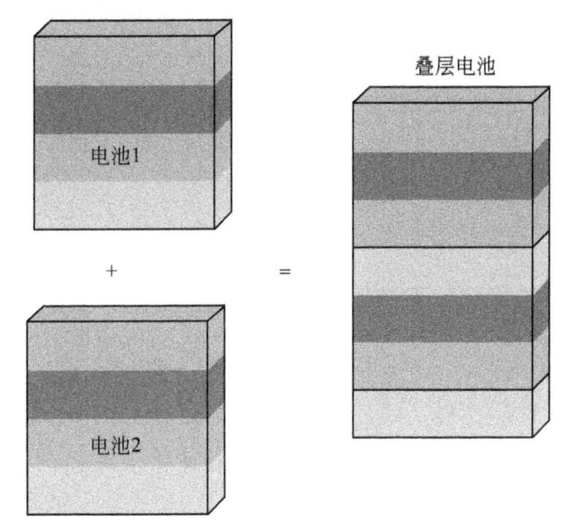

图 5-37　叠层太阳能电池示意图

对无机太阳能电池来讲，阻碍叠层太阳能电池进一步发展和应用的制约因素主要有两个：很难找到两种晶格匹配良好的半导体晶体；对环境友好、价格合理、来源丰富的太阳能电池材料很稀少。非晶硅系叠层太阳能电池对材料纯度要求较高，价格贵，虽然转换效率高，但是电池材料对环境造成污染；而有机叠层太阳能电池制作工艺简单，材料来源丰富，很容易通过结构设计获得能级匹配的材料，而且材料的纯化工艺简单，容易实现大批量生成，必将是今后发展的趋势。

叠层太阳能电池可以通过机械堆叠法来制备，先制备出两个独立的太阳能电池，一个是高带宽的，一个则是低带宽的，然后把高带宽的堆叠在低带宽的电池上面。叠层太阳能电池改善了单个太阳能电池光谱吸收范围窄、光吸收利用效率低的问题，可以实现对太阳能电池的最佳匹配，有效地提高了太阳能电池对光谱的吸收转换效率和太阳能电池的光电转换效率。叠层太阳能电池研究主要集中在多元化合物叠层太阳能电池、非晶硅叠层太阳能电池和染料敏化叠层太阳能电池等方面，而在有机太阳能电池的研究方面还很少。

2007 年，“Science” 报道了一个采用窄能隙结构单元作为第一层的级联器件[34]。器件最大的特色是在两个子电池单元之间使用以溶胶方法制备的透明 TiO_x 作为连接层。该工作报道的结果是目前有机太阳能电池的最好水平之一：短路电流 $J_{sc}=7.8mA/cm^2$，开路电压 $U_{oc}=1.24V$，填充因子 $FF=0.67$，功率效率 $\eta_p=6.5\%$。

总之，与无机太阳能电池相比，在转换效率、光谱响应范围、电池的稳定性方面[35]，有机太阳能电池还有待提高。影响光电效率损失的主要机制有：①半导体表面和前电极的光反射；②禁带越宽，没有吸收的光传播越大；③由高能光子在导带和价带中产生的电子和空穴的能量驱散；④光生电子和光生空穴在光电池界面和体内的复合；⑤有机光电功能材料的高电阻和低的载流子迁移率。

造成这些问题的原因在于材料本身的限制，主要有：①高分子材料大都为无定形，分子链间作用力较弱，载流子的迁移率一般都很低，$10^{-6}\sim10^{-1}cm^2/(V\cdot s)$。②共轭聚合物的禁带宽度范围是 1.4～4.2eV，掺杂后虽会下降，但与无机半导体相比 E_g 依然很高，而且光生载流子离解后容易复合，导致光电流降低。③与无机半导体掺杂概念完全不同，共轭聚合物掺杂均为高浓度掺杂，这样虽能保证材料具有较高的电导率，但载流子的寿命与掺杂浓度成反比，因此会降低电池的光电转换效率。

尽管如此，组成有机太阳能电池的分子材料具有结构容易调节，成膜工艺比较简单和成本低廉；原料来源丰富；通过结构修饰容易调节材料光谱吸收能力和载流子的传输能力；电池制作可多样化，容易加工，可大面积成膜等特点。所以分子材料是实现太阳能利用的新一代能源材料，使有机太阳能电池实用化最具竞争能力，有着无限光明的前景。

2008 年，美国 Konarka 科技公司预测，通过使用新一代光电转化材料，到 2011 年左右，即使单层结构的器件，转化效率也能超过 10%。如果采用层叠串联太阳能电池的方法，转化效率有可能提高到 12%。进一步通过不断提高器件转化效率，可能达到 20%左右。因而预计，有机太阳能电池 2016 年将实现产业化！

参 考 文 献

[1] 科技日报. http://www.stdaily.com/oldweb/big5/stdaily/2007-07/14/content_695189.htm.

[2] (a) Hoppe H, Sariciftci N S. *J. Mater. Res.*, **2004**, 19: 1924-1945. (b) 密保秀，高志强，邓先宇，黄维. 中国科学 B 辑：化学，**2008**, 38 (11): 957-975.

[3] 何畅. 溶液可加工的有机光伏材料与器件研究 [D]. 北京：中国科学院研究生院，2007.

[4] Kallmann H, Pope M. *J. Chem. Phys.*, **1959**, 30: 585.

[5] Tang C W. *Appl. Phys. Lett.*, **1986**, 48: 183.

[6] Sariciftci N S, Smilowitz L, Heeger A J, Wudl F. *Science*, **1992**, 258: 1474.

[7] Yu G, Gao J, Hummelen J C, et al. *Science*, **1995**, 270: 1789.

[8] Kim K, Liu J W, Namboothiry M A G, Carroll D L. *Appl. Phys. Lett.*, **2007**, 90: 163511.

[9] Markov D E, Amsterdam E, Blom P W M, et al. *J. Phys. Chem. A*, **2005**, 109: 5266.

[10] Markov D E, Tanase C, Blom P W M, Wildeman J. *Phys. Rev. B*, **2005**, 72: 045217.

[11] Gnes S, Neugebauer H, Sariciftci N S. *Chem. Rev.*, **2007**, 107 (4): 1324-1338.

[12] Roncali J. *Macromol. Rapid Commun.*, **2007**, 28: 1761-1775.

[13] (a) Hou J H, Chen T L, Zhang S Q, et al. *Macromolecules*, DOI: 10. 1021/ma902197a. (b) Hou J H, Tan Z A, Yan Y, et al. *J. Am. Chem. Soc.*, **2006**, 128: 4911.

[14] Svensson M, Zhang F, Veenstra S C, et al. *Adv. Mater.*, **2003**, 15: 988.

[15] Blouin N, Michaud A, Leclerc M. *Adv. Mater.*, **2007**, 19: 2295-2300.

[16] Wang E G, Wang L, Lan L F, et al. *Applied Physics Letters*, **2008**, 92: 033307.

[17] Mühlbacher D, Scharber M, Morana M, et al. *Adv. Mater.*, **2006**, 18: 2884-2889.

[18] Hou J H, Chen H Y, Zhang S Q, et al. *J. Am. Chem. Soc.*, **2008**, 130: 16144-16145.

[19] Wang E G, Wang M, Wang L, et al. *Macromolecules*, **2009**, 42: 4410-4415.

[20] Qin R P, Li W W, Li C H, et al. *J. Am. Chem. Soc.*, **2009**, 131: 14612-14613.

[21] Liang Y Y, Feng D Q, Wu Y, et al. *J. Am. Chem. Soc.*, **2009**, 131: 7792-7799.

[22] (a) Hou J H, Chen H Y, Zhang S Q, et al. *J. Am. Chem. Soc.*, **2009**, 131: 15586-15587. (b) Chen H Y, Hou J H, Zhang S Q, et al. *Nature Photonics*, **2009**, 3: 649-653.

[23] Shirota Y. *J. Mater. Chem.*, **2005**, 15 (1): 75-93.

[24] Roncali J. *Chem. Rev.*, **1997**, 97 (1): 173-205.

[25] Roncali J, Leriche P, Cravino A. *Adv. Mater.*, **2007**, 19: 2045-2060.

[26] Roncali J. *Accounts of Chemical Research*, **2009**, 42 (11): 1719-1730.

[27] He C, He Q G, Yang X D, Wu G L, Yang C H, Bai F L, Shuai Z G, Wang L X, Li Y F. *Journal of Physical Chemistry C*, **2007**, 111: 8661-8666.

[28] He Q G, He C, Sun Y X, Wu H X, Li Y F, Bai F L. *Thin Solid Films*, **2008**, 516: 5935-5940.

[29] (a) He C, He Q G, Yi Y P, Wu G L, Bai F L, Shuai Z G, Li Y F. *J. Mater. Chem.*, **2008**, 18 (34): 4085-4090. (b) Zhang J, Yang Y, He C, et al. *Macromolecules*, **2009**, 42: 7619-7622.

[30] Wu G L, Zhao G J, He C, Zhang J, He Q G, Chen X M, Li Y F. *Solar Energy Materials & Solar Cells*, **2009**, 93: 108-113.

[31] Zhang J, Yang Y, He C, et al. *Macromolecules*, **2009**, 42: 7619-7622.

[32] Matsuo Y, Sato Y, Niinomi T, et al. *J. Am. Chem. Soc.*, **2009**, 131 (44): 16048-16050.

[33] 李毅，胡盛明. 真空科学与技术学报，**2000**, 20 (3): 222-225.

[34] Kim J Y, Lee K, Coates N E, et al. *Science*, **2007**, 317: 222.

[35] 任斌，赖树明，陈卫等. 材料导报，**2006**, 20: 124-127.

第6章 有机电致发光材料与器件

6.1 引言

有机电致发光最早可以追溯到1963年晶体蒽的发光[1]，但有机发光二极管则以1987年C. W. Tang报道的以八羟基喹啉铝（Alq3）为发光层的器件为标志[2]。聚合物发光二极管最先是由剑桥大学的J. Burroughs[2]等人报道的，用简单的旋转涂膜的方法制成了具有单层结构的薄膜器件，从而开创了有机电致发光二极管（OLED）的新纪元。有机电致发光材料与器件在近三十年得到了突飞猛进的发展，已经形成了一个新的知识体系。毋庸置疑，材料是基础，发光材料在近三十年中得到了长足发展。种类繁多的分子材料为发光材料提供了源泉。发光材料涵盖了有机小分子及聚合物。在材料研究方面，聚合物发光材料已经克服了初始的不溶不熔、缺陷多的限制，改善了稳定性和可加工性，提高了发光效率，实现了全波段的发射，已经成功地开发出了包括聚对亚苯基乙烯、聚芴等多类聚合物发光材料；在有机小分子材料方面，不仅开发了大量的荧光发光材料和含重金属的三线态发光材料，还开发了各种空穴传输注入与传输、电子注入与传输以及空穴和电子阻挡材料，大大丰富了有机发光这一研究领域。在有机发光材料的合成方法、结构与性质关系方面积累了丰富的经验[3]。在器件结构方面，从初始的单层发光器件到多层器件，从初始的电极材料的尝试到对电极与有机界面作用机理的研究与控制，以及有目的地选择电极材料与封装；在器件的品种方面，从初始的发光二极管[4]到发光电化学池[5]、聚合物溶液发光器件[6]、双稳器件[7]、自旋电子发光二极管、聚合物偏振发光器件[8]、聚合物激光器[9]和有机电致磷光器件[10]；薄膜的制备从初始溶液中甩膜到LB膜及自组装[11]、有机量子阱[12]、喷墨打印[13]；器件的效率、使用寿命、亮度[14]都已经达到或接近商业化水平。在手机和数码相机显示屏等方面获得了应用，并且已经有超薄、大屏幕彩色电视产品出现。三星公司最近已有超薄（小于3mm）大屏幕彩色电视产品出售。这一切都说明有机电致发光在短短的二十几年里经历了蓬勃发展，目前在显示方面无论从材料还是从器件的技术上都已经接近了产业化水平。

由于有关有机和聚合物发光方面的专著已经很多[15]，本文内容将对有机发光材料和电致发光器件的基础知识只进行简要介绍。材料方面，对聚合物发光材料、三线态发光材料和稀土发光材料也不作详细介绍，而集中于有机小分子发光材料设计及合成，并对发白光发光器件进行简单介绍。

6.2　有机发光器件与材料基础

6.2.1　有机电致发光器件

6.2.1.1　有机电致发光的机理[16]

有机电致发光器件属于注入型器件，即载流子（空穴和电子）在外加电场的驱动下分别从阳极和阴极注入有机材料层中，部分空穴和电子在发光材料中相遇、复合形成激子。激子通过辐射衰减或非辐射衰减来释放能量，以辐射衰减的方式释放能量时便发出光，而以非辐射跃迁的方式释放能量时便产生热。

有机电致发光过程可以图 6-1 表示。

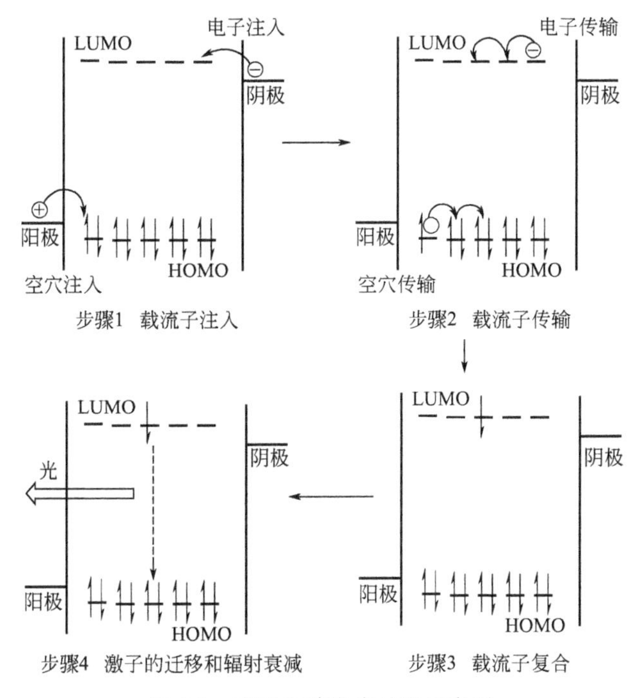

图 6-1　有机电致发光过程示意图

① 载流子在电场作用下从阳极和阴极注入有机层中。该过程涉及两个方面，一是电极与有机半导体层的接触，二是载流子的注入方式。电极与有机半导体层的接触可分为肖特基接触与欧姆接触。肖特基接触是指载流子从电极注入有机半导体层时存在能垒，而欧姆接触则是指载流子在金属电极与有机半导体层之间流动时不存在能垒。这两种接触是由有机半导体层和电极的自身特性所决定的，通常 OLED 中的电极与有机半导体层之间的接触属于肖特基接触。载流子的注入方式分为热离子发射和隧穿注入。

② 载流子在有机层中传输。载流子注入有机半导体层后，便在电场的作用

下开始传输。由于OLED中的有机半导体层通常为无定形膜，这种结构的无序性会导致有机半导体层中存在大量的陷阱，这些陷阱很容易俘获载流子，从而使半导体内部存在大量的空间电荷，这些电荷会限制电流的通过，这种效应叫做空间电荷限制效应[17]。有机半导体分子之间只有很弱的范德华力，因此，电子从一个分子迁移到另一个分子必须克服一个较大的势垒。所以，载流子在有机半导体中是保持跳跃式（hopping）的传输机制。

③ 载流子复合产生激子。电场作用下，分别从阳极和阴极注入的空穴和电子在有机半导体层的传输过程中会相遇，即在库仑引力的作用下彼此靠近，其中的一部分电子和空穴最后相互俘获而形成激子。

④ 激子迁移。载流子复合产生激子后并不是立刻释放能量，在激子寿命期内会发生迁移。单线态激子的寿命短，其激子迁移长度一般不超过20nm[18,19]，而三线态激子具有较长的寿命，其激子迁移的长度可达到100nm左右[20]。但是，在迁移过程中，容易被陷阱俘获而失去能量。

⑤ 激子的跃迁。处于激发态的有机分子-激子处于不稳定的状态，其能量可以通过以下的几种方式释放：通过辐射跃迁的荧光发射和磷光发射，这样就构成了电致发光器件，除此之外，激子还可以通过振动弛豫、内部转换、系间窜越等形式消耗能量；在能量释放时，这些不同形式的能量消耗过程是一个相互竞争的过程。另外，激子还可以把能量以光的发射-再吸收的形式转移给别的激子，或者直接将电子、空穴转移到另外的分子上，形成新的激子的同时完成能量的传递。

6.2.1.2 器件表征

一般说来，电致发光器件的性能可以从发光性质和电学性质两方面来进行评价。发光性质主要包括发光亮度、发光效率、发光色度、发光寿命和电致发射光谱；电学性能包括启动电压、电流-电压关系、发光亮度-电压关系等。这些都是衡量发光材料和器件的重要参数，对于发光的基础理论研究和技术应用都极为重要。此外，对于白光OLED，还有色温、显色指数等指标。下面列出了用于评价发光器件的一些重要参数、它的定义以及使用单位等。

OLED：有机发光二极管；PLED：聚合物发光二极管；WOLED：发白光的有机发光二极管。

电致发光光谱：是指OLED器件在施加电压后，在电场激励下的发射光谱。它的发射峰位置可体现OLED的发光颜色，它的半峰宽值（光谱峰高一半处的峰宽度）可体现发光颜色的纯度。

器件的发光效率是反映OLED性能好坏的一个重要参数，常用的有内量子效率（η_{int}）、外量子效率（η_{ext}）、电流效率、光功率效率等。其中，外量子效率可以用积分球光度计来测量单位时间内发光器件的总光通量Φ，通过式(6-1)计算来得出器件的外量子效率[21]。

$$\eta_{\text{ext}}=\frac{\Phi}{683V(\lambda)\dfrac{hc}{\lambda}\times\dfrac{I_{\text{OLED}}}{e}} \tag{6-1}$$

式中　$V(\lambda)$ ——视觉函数；
h——普朗克常数；
c——光速值；
λ——发光峰位值；
I_{OLED}——流经器件的电流；
e——电子的电量。

另外，还可以通过一些简便的方法，结合发光亮度、电致发光光谱及流经器件的电流来测量器件的外量子效率[22]。内量子效率反映的是载流子在器件内部形成激子并复合发光的效率，表述的是器件内部的物理机理，外量子效率则侧重反映器件表现出的发光效率。内量子效率与量子效率通过外部耦合效率相关。注意，器件在低亮度下（几坎德拉每平方米）所表现出的高效率并不适合实际应用，尽管这对材料基本性质和器件特征的理解是有价值的。

I-U 曲线：器件的电流密度-电压关系，体现了器件的电学性质，可反映出载流子注入的难易、载流子传输及发生复合的效率。

亮度-电压曲线：代表了有机电致发光器件的光电性质，即器件的发光亮度（cd/m^2）随外加电压的变化曲线。在驱动电压低于开启电压时，亮度值增加极缓慢，当高于开启电压时，器件的发光亮度便会急剧增加，当电压增加到足够大时，器件被击穿而使亮度急剧下降或消失，即为器件的崩溃电压值。典型的笔记本电脑的亮度约为 $100cd/m^2$。

色度（color/chromaticity）：人眼对色彩的感知是一种错综复杂的过程，为了将色彩的描述加以量化，1931 年国际照明协会（CIE）根据标准观测者的视觉实验，将人眼对不同波长的辐射能所引起的视觉感加以记录，计算出红、绿、蓝三原色的配色函数，经过数学转换后得到的配色函数，即所谓 CIE 1931，将人眼对可见光的刺激值数字化，以 XYZ 表示，经下述公式 $x=X/(X+Y+Z)$，$y=Y/(X+Y+Z)$，换算得到 x、y 值，即为 CIE 1931(x,y) 色度坐标，通过这个统一标准对色彩的描述得以量化。

显色指数（color rendering index，CRI）：两种白光光源，即使有着相同的色坐标值和色温，被它们照射的物体也会呈现出不同的反射光颜色。显色指数就是用来反映这种差异性的，其值（范围为 0～100）愈高，愈能真实呈现被照物的颜色，照明光源要求 CRI 值大于 80。显色指数是对光源照射下人眼感知的颜色的数字化描述，大小在 0～100，100 代表真实色彩。

色温（CT）：光源的辐射能量分布与某一热力学温度下的标准黑体辐射能量分布相同时，其光源色度与此黑体辐射的色度相同，此时光源色度以所对应的黑体热力学温度表示，此温度称为色温。高的色温（>ca. 5000K）代表冷色（绿色—蓝色），低的色温（<ca. 5000K）代表暖色（黄色—橘色）。

外部耦合效率（outcoupling）：OLED 器件所发出光子的输出效率。由于器件中材料高的折射数，大部分光会被器件内部吸收和反射而消耗掉。为提高外部耦合效率，进而提高器件的量子效率，可以通过在有机层中植入低折射率的格子使光沿基底的法线方向导出，以提高此效率。

功率效率（power efficiency）：单位电功率输入下器件的光输出功率，单位为 cd/A 或 lm/W。典型的白炽灯泡的功率效率约为 15 lm/W。

固态照明（solid-state lighting，SSL）：由无机发光二极管、有机发光二极管和聚合物发光二极管等作为光源的固体器件照明，而不是采用灯丝、等离子体或气体作为照明光源。

6.2.1.3　有机电致发光器件的结构

最简单的有机电致发光器件为在正负电极之间有发光层的夹心式结构，随着研究的发展，器件结构也更为复杂，如按活性层的数目可分为单层、双层和多层结构的器件。同时根据活性层的组成以及器件结构的不同，还可以分为掺杂型器件、微腔结构器件以及叠层结构器件。图 6-2 为这几种结构的示意图。

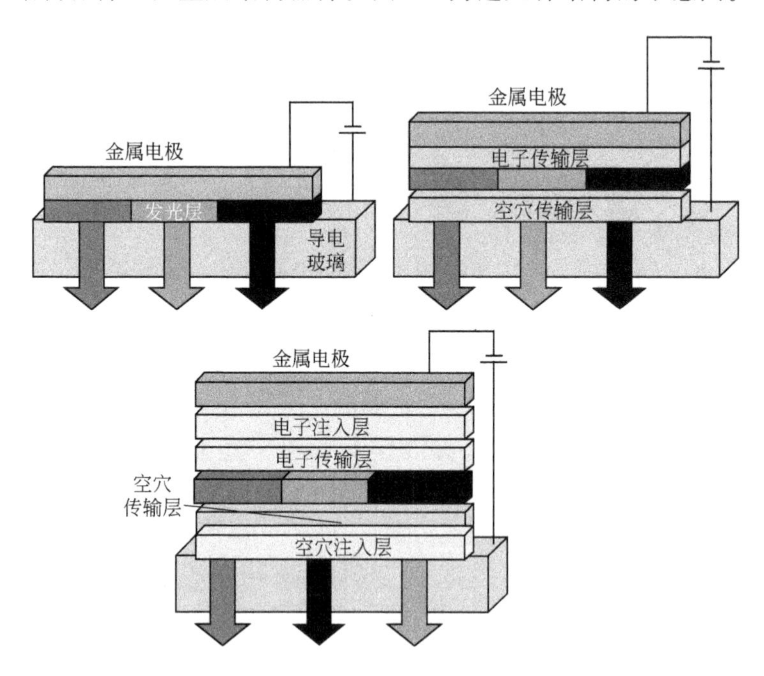

图 6-2　单层和多层电致发光器件的结构示意图

单层结构为：阳极/有机发光层/阴极。

双层结构为：阳极/空穴传输层/发光层/阴极，或阳极/发光层/电子传输层/阴极。

多层结构器件：阳极/空穴注入层/空穴传输层/电子阻挡层/发光层/空穴阻挡层/电子传输层/电子注入层/阴极。

OLED中的阳极材料一般为具有较高功函数的金属或金属氧化物，最经常用的阳极材料为铟锡氧化物（ITO），此外导电聚合物聚-(3,4-亚乙基二氧噻吩)(PEDOT)、聚苯乙烯磺酸盐（PSS）、碳纳米管等也可用作OLED的阳极修饰材料。OLED中的阴极材料一般为具有较低功函数的金属，如：钙、镁、钡、锂、铝及合金等。选用的阳极和阴极层至少有一个在可见光区是透明的，否则有机发光层产生的光将无法发射出来。

为提高器件效率，在单层结构器件的基础上发展的双层、三层等多层结构，其主要考虑是单层结构与界面层之间有许多未知问题影响性能的提高，在器件中保持空穴与电子的注入与传输的平衡，在电致发光器件中，如果空穴与电子的注入与传输不能保持平衡，则空穴与电子的复合区往往会偏离发光层，或直接在界面处复合。所以引入空穴和电子传输层以使复合区域限制在发光层，并提高了载流子的复合效率，甚至还要引入空穴和电子阻挡层以使上述问题更好地解决。但是，制作多层结构不仅使制作工艺复杂，而且还牵涉到多界面结构问题，以及如何保证薄膜层间不相互影响。为了克服这些难点，在器件结构上，又发展出了掺杂型器件、微腔器件和叠层器件等。

掺杂型器件：某些有机电致发光材料本身成膜性能差，无法通过溶液甩膜方法独立成膜，或成膜后因分子间聚集引起的猝灭现象严重；或其载流子传输性能差，或载流子的传输不够平衡；或因一种材料只能发单色光，因而需要多种材料复合以发出白光等。由金属配合物构成的三线态发光材料一般也是将其掺杂在主体材料中制备器件。为了解决这些问题，采用把发光材料（客体）掺杂到另外的有机材料（主体）中形成复合材料层，被掺杂物叫做主体材料。客体材料不一定局限于发光材料，有时为了提高器件的载流子传输能力，也可以掺杂载流子传输材料，这种器件统称为掺杂型器件。

微腔结构器件：所谓微腔就是一个间距为微米级的一对具有高度反射系数的镜面所构成的器件，即通常为反射镜/发光物质/反射镜的结构器件，微腔OLED[23]一般为面发射。通过光学微腔可实现窄带发射，而且还可以使发射强度相对于无微腔结构的器件大大增强，并能够实现波长的可调谐性及彩色显示。OLED中一般采用有较高反射率的金属膜作为微腔的反射面。为了增强微腔效应，近年来人们又采用分布式布拉格反射镜（distributed bragger reflector，DBR）来增强反射率。DBR结构是由两种折射率不同的材料依次沉积在衬底上形成的，所用材料的光学厚度等于DBR反射中心波长的1/4。如果这两种材料的折射率较大，则沉积四次就可使反射率达到90%以上。有机电致光学微腔器件的研制不仅为量子电动力学效应的理论研究提供了范例，而且成为实现高效率、高亮度彩色平板显示和新型发光器件的有效途径，同时这种光学微腔器件的研制为有机激光器的研究和发展提供了诱人的前景。

叠层结构器件：该结构是通过将多个单独的电致发光单元堆叠在一起构建而成的，类似于将一个个发光单元串联起来。采用叠层结构是增加器件发光亮度和效率的一种有效途径；另一方面，也可以说是作为一种结构概念，因为明显的缺点是制备工艺繁琐，不太适合产业化生产。

有机电致发光器件按光线出射的方向可分为顶端发射、底端发射和透明器件三种结构。如图 6-3 所示，当有机电致发光器件产生的光线从基底（如玻璃、透明塑料等）一侧发射称为底端发射；当发光层产生的光线向背离基底的一侧发出时称为顶端发射。顶端发射相对于底端发射的优点是，当用于制备显示器件时，顶端发射可以增加开孔率从而提高显示分辨率，缺点是顶部的透明电极层的制备较为困难。当有机电致发光器件产生的光线由其顶端和底端两端同时发射时，称为透明器件，透明器件可以从正反面同时看到发光，是一种新颖的器件结构。

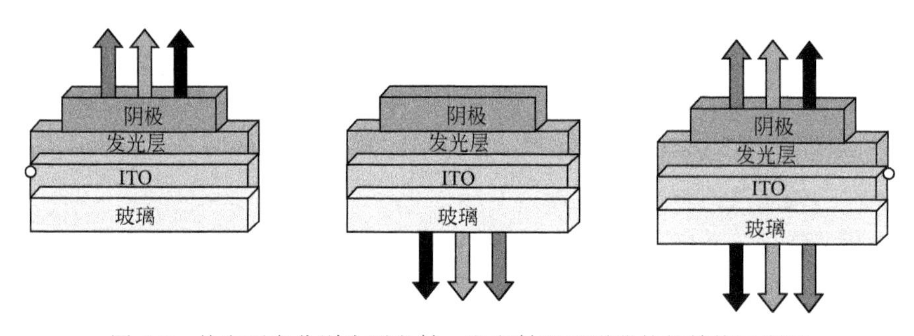

图 6-3 从左至右分别为顶发射、底发射和透明器件的结构示意图

6.2.2 有机发光材料分类[15]

有机发光材料的分类方法很多，根据分子量大小分为有机小分子发光材料和聚合物发光材料，其中小分子发光材料以八羟基喹啉铝（Alq_3）为代表，聚合物发光材料以聚对亚苯基乙烯（PPV）和聚芴（PF）为代表。根据电子跃迁的不同可分为荧光发光材料（单线态）和磷光发光材料（三线态）。常见的发光材料多为荧光发光材料，磷光发光材料主要为含金属铱、铂的配合物［如 $Ir(ppy)_3$ 和 PtOEP 等］；根据在器件中的功能不同可分为发光材料、空穴传输材料（如 NPB）和电子传输材料（如 TPBI）等；根据发光颜色不同分为蓝光、绿光、红光等发光材料。图 6-4 给出了几种常见的发光材料和传输材料的分子结构。

一般说来，对于制备高效电致发光器件，要求发光材料具有以下特点：能级与电极材料的功函匹配，电极注入势垒小；在可见光区具有高的薄膜发光效率；具有较高的和平衡的空穴和电子迁移率；具有良好的成膜性，且薄膜不易因结晶形成针孔等器件缺陷；具有良好的抗氧、光、热能力和化学稳定性；以及良好的机械加工性能等。

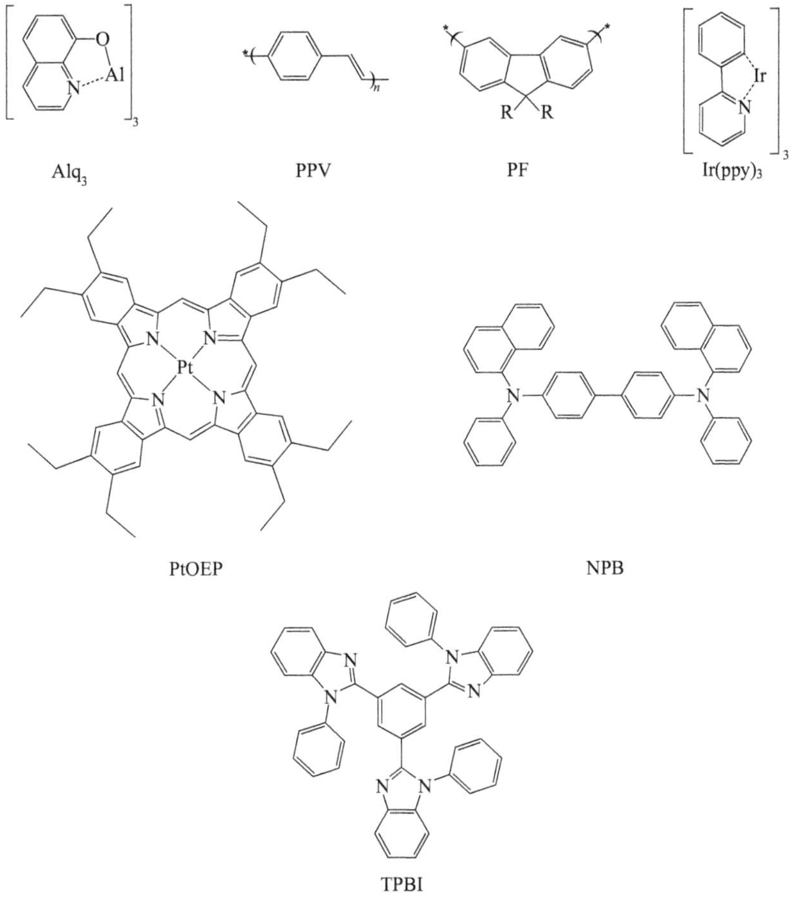

Alq$_3$　PPV　PF　Ir(ppy)$_3$

PtOEP　NPB

TPBI

图 6-4　几种常见发光材料及传输材料

因此，要符合上面所述特点的有机电致发光材料应有以下结构特点：① 分子的刚性较强。如具有稠环芳基骨架化合物，因为刚性强则化合物的热稳定性高，无辐射跃迁的几率低。芴、亚苯基乙烯、亚苯基乙炔、萘、芘等是常用的骨架结构单元。图 6-5 给出了几种典型的有机结构单元。②在分子结构中，还需要有合适的立体位阻。立体位阻有利于降低分子间相互作用，以减小聚集诱导的发光效率降低；但是立体位阻过高，则薄膜器件的迁移率降低，由此使器件的亮度和效率都会受影响。刚性的芳基化合物经常作为侧链或称作“包封单元”来降低材料在聚集态的相互作用。如多芳基苯、三苯胺等单元是常用的包封单元，如图 6-5 化合物 DPA-F。③另外，分子中最好含有双极载流子传输特征，因为平衡的载流子传输才会使空穴和电子复合效率增加，不至于在电极界面复合而导致器件效率降低。常用空穴传输基团有三芳胺、咔唑等，常用电子传输单元有噁二唑、吡嗪、氰基、苝酰亚胺等。如图 6-5 中的化合物 PAP-NPA。

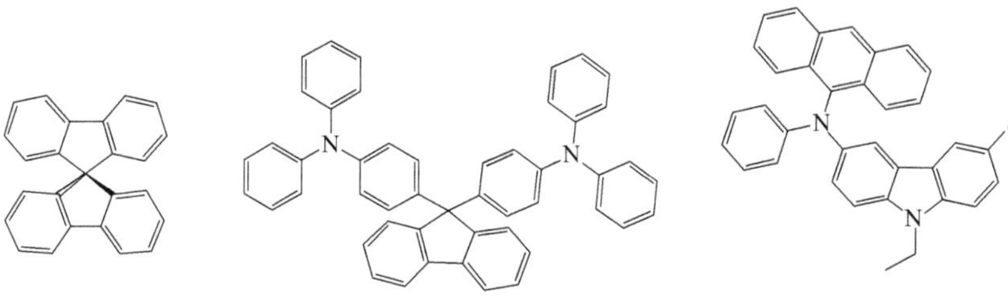

Spiro-F DPA-F PAP-NPA

图 6-5 几种特征化合物的结构

6.3 有机发光材料的合成及性质

有机发光材料种类繁多，相应的合成方法也相当多，作为一种新材料，要求合成方法简单易行，产率高，产物易纯化，一般采用已知的反应方法去合成。由于分子材料的多样性，对其进行准确而全面的总结很困难。但是考虑到有机发光材料的基本特点是芳环结构较多，芳环与芳环之间的连接多是通过单键、双键或三键的结构。这些结构一般需要有机金属催化的偶联反应进行合成得到。常见的金属催化的偶联反应包括可使芳基与芳基通过单键相连的 Suzuki 和 Stille 反应、芳基通过双键相连的 Heck 反应，以及通过三键相连的 Sonogashira 反应，另外还有芳基与 N 相连的 Ullman 反应等。当然除金属催化的偶联反应外，芳基与芳基通过双键相连还可以通过非有机金属催化的 Wittig、Knoevenagel、McMurry 反应和 Gilch 反应进行。在本节中，首先仅就有机金属钯催化的偶联反应作简要讨论，并对有机小分子发光材料进行介绍。

6.3.1 有机金属（钯）催化的偶联反应[24a]

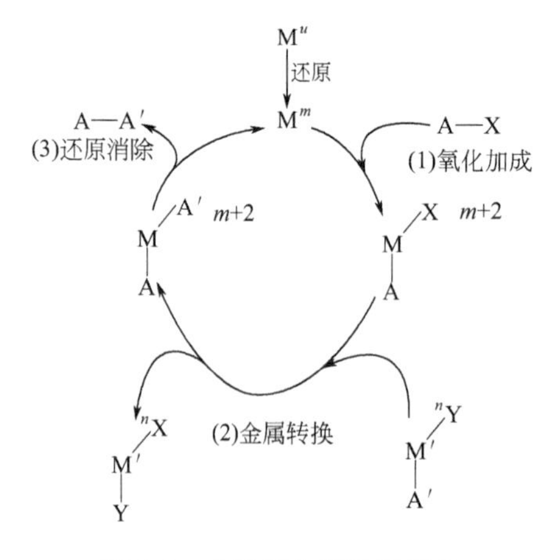

图 6-6 金属催化偶联反应的一般机理示意图

M 为金属，A—X 为芳基卤代物

金属钯（Pd）催化是合成制备含 π 电子共轭系统的重要方法。典型的 Pd 催化只需 1%～5%（摩尔分数）的催化剂，反应即可进行。Pd 可以催化芳基及乙烯卤代物和磺酸酯等与许多有机金属试剂形成 C—C 键，包括有机镁、有机锌、有机铜、有机锡和有机硼等。

反应大体上分为四个主要步骤（图 6-6）：①氧化加成，Pd(0) 配合物与芳基卤代物加成产生芳基钯配合物；对于芳基卤代物，反应的难易程度为碘代物＞溴代物≈三氟乙酸酯≫氯代物≫氟代物，所以一般条件下 Cl 和 F 存在不干扰 Pd 的催化作用。因为 Pd(0) 有一点亲核性，所以吸电子取代基可增加芳香卤代烃在氧化加成反应中的活性。②有机配体从有机金属转移到二价 Pd 配合物中间体。③两个有机基团取代的 Pd(Ⅱ) 中间体还原消除，形成 C—C 键，同时 Pd(0)催化剂再生。其中配体和阴离子通过控制 Pd 的配位环境来决定反应速率和各步平衡。

6.3.2　常用偶联反应[24b]

(1) Miyaura-Suzuki 反应（图 6-7）　一种以 Pd 为催化剂的有机硼化合物与芳基、烯基、炔基卤代物间的碳-碳偶联反应。有机硼化合物可以是硼酸、硼酯，还可以是硼烷。这一反应中还用到膦的配体，经典的三芳基膦的催化效果相对较差，比较有效的是具有高立体位阻的 Pcy_3 或 $P(t\text{-}Bu)_3$。有时候，配体不单独使用，而是首先制备钯与膦的配合物或螯合物。图 6-7 是本反应及机理的示意图。

Miyaura-Suzuki 反应的优点：许多实验室批量的和具有有机或无机功能的硼酸和硼酸酯都已有商业化产品；反应产率较高，选择性也较好；催化剂用量很少，反应中配体可用可不用；硼酸对热、氧和水稳定；产物容易处理，反应条件温和，如水可以作为溶剂，反应温度较低；可用非均相催化剂（Pd/C）；可用功能化的芳基氯代物来替代一般较贵的芳基溴和芳基碘代物；也可用卤代乙烯作为反应原料；在反应混合物中无机硼容易除去。Miyaura-Suzuki 反应的缺点：到目前为止，还极少有大量的商业化的硼酸或硼酸酯（除苯基硼酸外）提供；有机硼烷的合成一般是由格氏试剂中间体或 B-B 及 B-H 化合物开始的，故价格较贵；另外，硼酸原料比较难于纯化；当使用金属 Ni 时，Ni 化合物有毒性；硼酸及硼酸酯也有毒性。

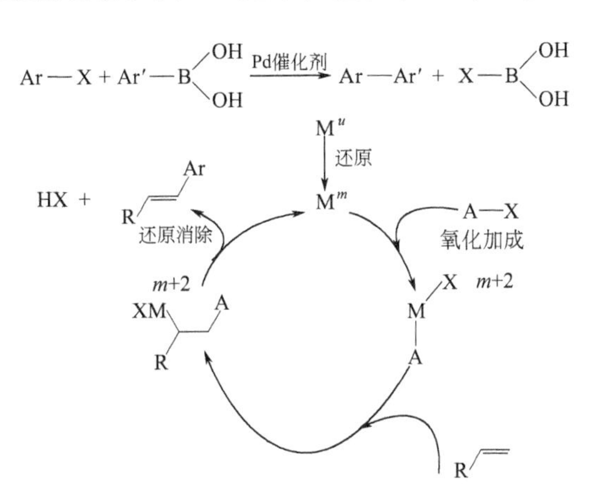

图 6-7　Miyaura-Suzuki 反应的可能机理示意图

(2) Kosugi-Migita-Stille 反应　芳基卤代物与芳基锡化合物在 Pd 催化条件下芳基间发生碳-碳偶联的反应。芳基锡化合物一般采用芳基卤代物与丁基锂反应形成芳基锂，然后与三烷基卤化锡反应得到。芳基卤代物还可以用芳基甲磺酸酯代替。常用的钯催化剂为 $Pd(PPh_3)_4$ 或 $Pd(PPh_3)_2Cl_2$ 等。其反应如下：

$$\mathrm{Ar{-}X} + \mathrm{Ar'{-}SnR_3} \xrightarrow{\text{Pd 催化剂}} \mathrm{Ar{-}Ar'} + \mathrm{X{-}SnR_3}$$

Stille偶联的优点：催化系统和产物对大气和湿度相对稳定；反应条件为中性，不产生酸和碱类废弃物；官能团的相容性较好，多种功能团一般不影响反应进行；反应的产率和选择性均好。Stille偶联的缺点：因为使用化学计量的有毒性的Sn，故不适合工业化生产；废弃物处理困难；而且，有机锡化合物价格高。

这一反应在噻吩及衍生物偶联中应用较多，如合成窄带隙的用于太阳能电池活性材料中得到广泛应用（见第5章）。通过控制芳基锡的用量，在与二卤代芳基化合物反应时，还可容易地得到单芳基化产物。

（3）Negishi反应　有机锌化合物与芳基卤代物在Pd或Ni催化剂存在下芳基偶联形成碳-碳键的反应。有机锌试剂可以通过芳基卤代物与金属锌反应或芳基格氏试剂与卤化锌盐反应形成。常用的钯配合物为$Pd(PPh_3)_4$与$Pd(dba)_2$等。其反应如下：

$$\text{Ar—X} + \text{Ar}'\text{—Zn—Y} \xrightarrow{\text{Pd或Ni催化剂}} \text{Ar—Ar}' + \text{X—Zn—Y}$$

优点：有大量的有机锌化合物可用，如含芳基、烯基和烷基锌化合物；多种官能团不干扰反应，反应是在中性条件下进行的；产率和选择性均好；反应条件较为温和；有机锌化合物可原位制备，也可用Zn/Cu或Zn粉代替。缺点：锌衍生物及偶联反应对水敏感；大量的Zn废弃物需特殊处理；以及与格氏试剂相关的安全性问题。

（4）Sonogashira反应　在通常条件下，芳基卤代物（主要是溴代物和碘代物）与末端炔反应形成碳碳偶联产物。反应一般在Pd(0)和Cu(Ⅰ)共催化剂下进行，如常用$Pd(PPh_3)_4$和CuI作为催化剂。氯代烃的活性通常较低，从而要求的反应条件较为苛刻。当炔烃上取代基为强吸电子基团（如CF3）时，即使对于活泼卤代烃，反应活性也将明显降低。其反应如下：

$$\text{Ar—X} + \text{H—C}\equiv\text{C—R} \xrightarrow{\text{Pd催化剂}} \text{Ar—C}\equiv\text{C—R} + \text{HX}$$

优点：可用Pd-Cu、Pd或价廉的Cu的配合物作催化剂；产率和选择性均好；官能团容忍性好；有机金属废弃物少；避免了使用化学计量的铜配合物。缺点：大量使用炔类化合物带来的安全性问题。

（5）Kumada-Corriu-Tamao反应　一般指Ni催化的卤代芳烃或者烯烃与芳基格氏试剂之间的碳碳偶联反应。这里的卤素芳烃还可以是OTf、OMs、CN、SR、SeR等基团取代的芳香化合物，是合成不对称C—C键的有效方法。常用Ni催化剂$Ni(acac)_2$或Ni(dppp)等。反应对于卤代烯烃上的双键一般是保留原来的构型，即具有立体专一性；而对于格氏试剂上的双键一般是生成*E*、*Z*两种构型的混合物。其反应如下：

$$\text{Ar—X} + \text{Ar}'\text{—Mg}\cdot\text{Y} \xrightarrow{\text{Ni催化剂}} \text{Ar—Ar}' + \text{X}\cdot\text{Mg—Y}$$

优点：反应条件温和；一般使用的Pd的配体不太复杂；产率和选择性均好；可用Ni的配合物作催化剂；所用的格氏试剂容易得到；有机金属废弃物少；避免了使用化学计量的铜配合物。

缺点：反应对湿度敏感；有一些官能团会对反应有影响；Ni 配合物有毒性；使用格氏试剂的安全性问题及由此带来大量 Mg 试剂的后处理问题。

（6）Hiyama 反应　钯或镍催化的芳基、烯基、烷基卤化物或类卤代物（如三氟甲磺酸酯）与芳基硅烷之间的交叉偶联反应。与 Suzuki 反应类似，这个反应也需要活化剂，如氟离子（TASF、TBAF）或碱（如氢氧化钠、碳酸钠）。其反应如下：

$$\mathrm{Ar{-}X} + \mathrm{Ar'{-}SiR_3} \xrightarrow{\text{Pd 催化剂}} \mathrm{Ar{-}Ar'} + \mathrm{X{-}SiR_3}$$

优点：反应条件温和；一般所使用的 Pd 的配体不复杂；产率和选择性均好；工业级用量的苯及乙烯硅烷和聚硅烷试剂容易得到；硅衍生物毒性较低；功能化的芳基及乙烯基硅可容易地通过 Si-Si 衍生物或氢硅烷基化制备。缺点：化学计量地使用活化剂如氟离子要求使用特殊的反应器；无功能化的工业级用量的苯及乙烯硅烷和聚硅烷试剂提供；芳基-Si 经格氏试剂反应合成或当氢氧根负离子为活化剂时官能团相容性低。

（7）Heck-Mizokori 反应　一种芳基或烯基卤代物在催化量的钯存在下与烯烃反应，卤素原子被烯烃取代的反应。简单烯烃、芳基取代的烯烃或亲电的烯烃都可以反应。一般采用 $Pd(OAc)_2$ 或其他二价钯盐作为催化剂，催化活性的 Pd(0)在反应中原位产生。膦配体一般采用三（邻甲基）苯基膦，另外还有一些具有螯合能力的二膦配体，也比较有效。其反应如下：

$$\mathrm{Ar{-}X} + \mathrm{(R^3)(H)C{=}C(R^1)(R^2)} \xrightarrow{\text{Pd催化剂}} \mathrm{(R^3)(Ar)C{=}C(R^1)(R^2)} + [\mathrm{HX}]$$

优点：可进行大量反应，条件温和，即一般不需要有机或无机碱，无需活化剂；一般所使用的 Pd 的配体结构不复杂；产率和选择性均好；大量的功能化的烯类原料可用；官能团灵活；使用大立体位阻的配体时芳基氯可作为反应原料；可用所谓“伪氯代物”，如偶氮盐；可用酰氯、羧酸酐和醛；有机金属废弃物少；还可进行分子内反应。缺点：只能使用 Pd 催化剂；只能适用于乙烯基化合物与卤代物反应；该合成方法尤其适合合成通过双键相连的小分子芳基化合物，在对亚苯基乙烯类聚合物的合成中使用较少。

（8）Ullmann-Goldberg 反应　一种芳胺与芳基卤代物反应形成 C—N 键的卤代芳烃氨基化方法，常用 Cu 催化剂。

Z, NH₂ + X, Z′ —Cu催化剂→ Z, H, N, Z′

Z″, O, NH + X, Z‴ —Cu催化剂→ Z″, O, N, Z‴

(Z为取代基)

优点：许多芳胺、杂芳胺、芳香酰胺、芳基卤代物和杂芳基卤代物都有商业化产品；大量芳基卤代物或“假卤代物”和氨、酰胺都可用；非均相催化剂（金属、氧化物等）和金属的混合物可用；各种规模用量的功能化的卤代物较容易制备。缺点：反应温度高，容易形成副产物，产物纯化困难；产率为低到中等；只有芳基衍生物原料才能反应；通常需要大量催化剂，因而带来不经济、毒性和环境问题；纯化和回收较为困难；有时要求高沸点、极性等特殊溶剂，溶剂难于除去；因为形成了无机盐，增加了废物处理的难度。

芳胺类化合物是性能优异的电子给体，所以 Ullmann-Goldberg 偶联反应在光电功能材料的合成制备中有重要用途。随着合成材料的需要，在实际应用中，该反应已进行了改良，常采用 $Pd_2(dba)_3$ 和高位阻的 t-Bu_3P 为配体合成，无需使用大量的 Cu 催化剂，而且产率可以高到 90%以上。相比较而言，下面的 Hartwing-Buchwald 偶联反应应用面较广。

（9）Hartwing-Buchwald 偶联反应　和 Ullmann-Goldberg 反应类似，用 Cu 作催化剂，芳胺与芳基卤代物偶联形成碳氮偶联产物。芳基卤代物可以由许多其他化合物替代，芳胺种类也得到扩展。

$$R^1R^2N\text{—}H + X\text{—}C_6H_4\text{—}Z \xrightarrow{\text{Cu催化剂}} Z\text{—}C_6H_4\text{—}NR^1R^2$$

优点：许多芳胺、杂芳胺、芳香酰胺、芳基卤代物和杂芳基卤代物都有商业化产品；大量芳基卤代物或类卤代物和氨、酰胺可用；可以用“假卤代物”，如三氟乙酸等；烷基卤代物可用；反应条件温和；后处理无需特殊注意；文献中已有许多例子报道；通常产率和选择性较好；应用范围广。缺点：与金属配位的配体专一；与催化系统匹配的碱专一；除去催化剂中的金属以及废物处理的问题有一定难度。

事实上，以上各种合成方法各有其优缺点。在实际应用中，具体到每种发光材料的合成上，要根据反应单体上官能团的种类等进行确定。而且，发光材料既要求有高的固体发光效率，还要考虑与电极功函匹配、发光颜色、载流子传输的平衡以及溶解性和稳定性等。一步反应难以赋予材料具备全面的优良性能，因此往往需要运用多步反应合成得到，经常会用到多种偶联反应以得到目标化合物。仅就单个偶联反应来讲，如在产生 C—C 和 C—N 键的催化系统中，由空间位阻较大的和高电子云密度的配体以及与之偶合的过渡金属领域的研究发展已取得了重要进展。

根据对发光材料的要求及环境友好等综合因素考虑，未来的发展将有可能集中在：发展可循环多次使用的非均相催化剂；直接对 C—H 键活化，而不必合成中间型化合物如 B、Si、Mg、Zn 等的衍生物；寻找基于价廉金属（Fe、Cu 和 Co 等）的高效和通用的催化剂系统，以求代替重金属催化剂体系。

6.4 有机小分子发光材料

聚合物发光材料具有成膜性好，可加工性好，分子链内能量迁移率高，可溶液加工因而器件制备工艺简单，以及容易制备大面积器件等优点而广受关注。然而聚合物由于合成过程中很难控制到分子量单一，而且聚合过程往往会产生杂质和结构缺陷，杂质以及催化剂难于有效除去，使纯度难以满足器件制备要求。聚合物的纯度直接会导致发光器件的效率、寿命和色纯度等降低。与聚合物发光材料相比，有机小分子材料合成方法简单，组成和结构可精确确定，容易合成和纯化（如重结晶、过色谱柱或区域熔融等方法纯化），可以直接通过真空蒸镀制备薄膜器件。但是有机小分子发光材料也有明显的缺点，即真空蒸镀制膜的设备较为复杂，成本较高，而且薄膜器件在热效应下易产生结晶而被破坏，影响器件使用。因此寻求性能优异而不容易结晶的无定形小分子发光材料，而且溶解性能好，可以像聚合物发光材料那样，通过溶液加工过程来制备薄膜器件，成为化学家和材料学家们追求的目标。在这一方面，日本 Shirota 等人做了大量的研究工作[25]。

6.4.1 有机小分子材料结构特点和分子设计

在有机小分子材料的研究中，为了克服其容易结晶而影响器件薄膜质量的缺点，材料学家们在寻求和发展无定形类材料。材料要求具有可溶性、成膜性，形成固态膜时不容易结晶，而是呈现玻璃态。无定形发光材料是另一类兼具小分子和聚合物两者优点的材料。分子结构与玻璃形成性质、玻璃化转变温度和玻璃态的稳定性等有关系。一般说来，无定形分子材料的设计有如下几条指导原则：分子应该具有非平面结构，尽量避免平面结构分子；非平面结构不能一定形成无定形玻璃态，要形成分子玻璃态还需存在多种不同构象；适当增加分子尺寸也可以提高玻璃态的稳定性；引入空间位阻大和“重”的取代基会使玻璃态更容易形成，而且会提高玻璃态的稳定性；引入刚性结构单元可提高玻璃化转变温度；玻璃化转变温度一般会随分子尺寸和分子量的增加而提高。

含 π 电子的星形分子是一类典型的能形成无定形结构的材料，如三(二苯基氨基) 三苯胺、三(二苯基氨基)苯和三(二苯基氨基苯基)苯、二芳基氨基苯甲醛芳基腙、三芳基胺、三(三联苯基)胺(p-TTA)、三芳基硼、三苯胺端基的共轭分子、大环化合物如卟啉为核的分子、螺环分子、四芳基甲烷分子及其衍生物等，对分子修饰还包括将苯基替换为萘基、芴基、苯取代蒽基、噁二唑基等，将二苯基氨基取代为咔唑基或苯并咔唑基，或扩大分子尺寸，如形成树枝状结构等，已有大量文献报道。

和聚合物材料相比，小分子材料具有分子结构明确和容易提纯的明显优点。通过柱色谱提纯，或直接从溶液中进行重结晶，或通过真空升华和区域熔融等方法提纯。许多化合物可通过重结晶得到多晶，但是当样品熔融在空气中，控制冷却或通过液氮迅速冷却即形成无定形玻璃态。无定形玻璃态的稳定性决定于材料的分子结构，稳定的玻璃态即使加热到其玻璃化转变温度以上也不产生结晶。无定形态材料结构的特征是具有明确的玻璃化转变温度和容易形成均匀稳定的薄膜。T_g 是决定无定形材料热稳定性的关键因素。但是过高地提高无定形材料的 T_g 有可能导致分子不溶和难以加工。因此开发可溶、易加工的和高 T_g 的无定形材料是研究热点。如具有三茚结构的无定形分子材料 T_g 高达 358℃，是目前报道的有机分子化合物中 T_g 最高的材料之一。

本章将以螺芴、三苯胺类化合物和树枝状结构化合物为例进行介绍。

6.4.2 螺环化合物

现以螺芴类螺环化合物为代表来介绍。螺芴[26]的结构特点是：其一，分子的两部分以近乎互相垂直排列的形式使分子的立体位阻较大，因而可以有效抑制 π 共轭系统在固体态分子间层叠相互作用；其二，和非螺环结构相比，溶解性增加，同时高的立体位阻亦可以抑制激基缔合物的形成；另外，通过交叉型结构使分子量倍增，加之螺环化合物的刚性可以抑制结晶，使材料在固态呈无定形态。

（1）螺芴前体的合成　螺芴类化合物的合成一般从溴代螺芴的合成开始，溴取代基的数目和位置不同，则合成路径不同。单溴代化合物一般以单溴代芴酮

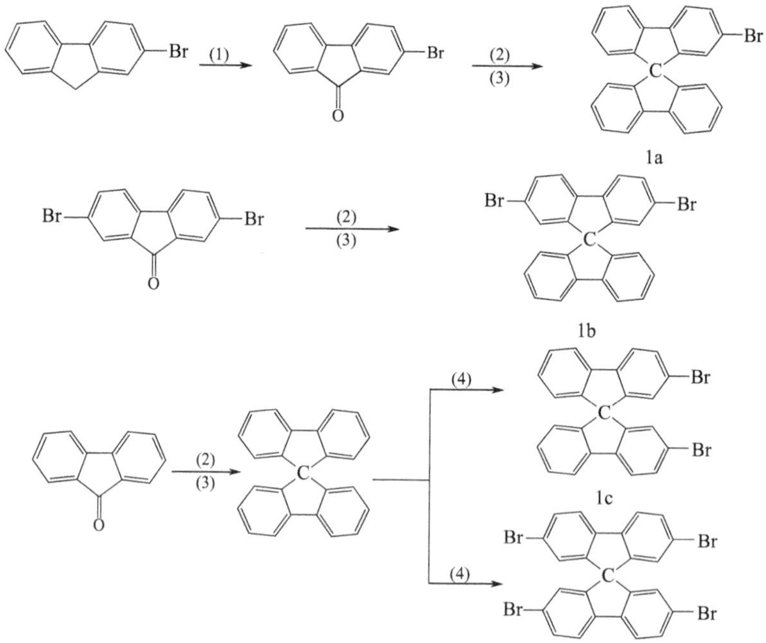

Br (1) Br (2) (3) Br C O 1a

Br Br (2) (3) Br Br C O 1b

(4) Br C Br 1c

(2) (3) C O

Br Br C (4) Br Br 1d

图 6-8　不同溴代螺芴的合成路线

（1）n-Bu_4NOH，吡啶；（2）2-联苯基溴化镁，四氢呋喃；

（3）醋酸，盐酸；（4）溴，三氯化铁，氯仿

为原料，经与联苯的格氏反应得到含羟基化合物，然后经酸催化关环得到；同一芴上引入两个溴一般以二溴代芴酮为原料，然后与格式试剂反应和随后的酸催化关环反应得到；每个芴环上引入一个溴或两个溴则通过控制溴的投料比直接对螺芴溴代得到（图 6-8）[27]。

以单溴代或二溴代化合物为前体，以二（三氟乙酸酯基）碘苯［PhI$(OCOCF_3)_2$］为催化剂[28]，在氯仿中与碘反应可制备既含有溴又含有碘的螺芴（图 6-9），用于下一步偶联、氰基化、醛基化和氨基化等。由于溴与碘的活性差别，由杂卤代的芴可以分步引入不同类型的取代基，实现多功能化。

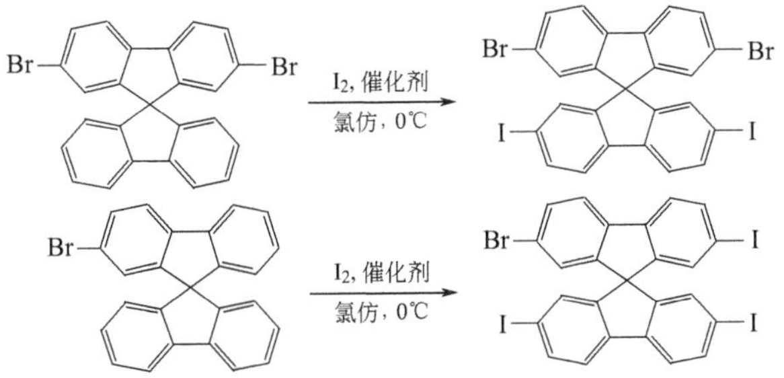

Br　Br　I_2, 催化剂　氯仿, 0℃　Br　Br　I　I

Br　I_2, 催化剂　氯仿, 0℃　Br　I　I　I

图 6-9　溴代杂碘代螺芴的合成

螺芴也可经硝酸直接硝化得到二硝基化合物，然后还原形成二氨基化合物。或以乙酰氯酰基化，经间氯过氧苯甲酸氧化，然后水解得到二羟基化合物。二羟

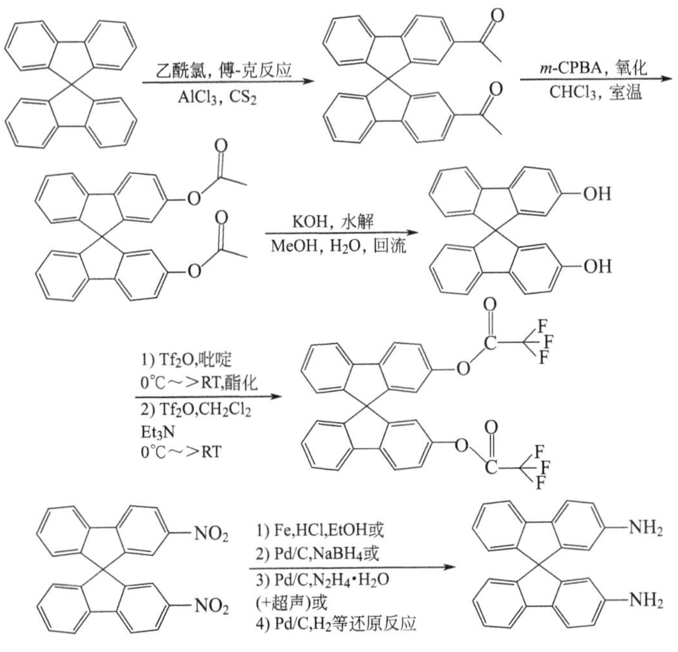

乙酰氯, 傅-克反应　$AlCl_3$, CS_2　O　O　*m*-CPBA, 氧化　$CHCl_3$, 室温

O　O　O　O　KOH, 水解　MeOH, H_2O, 回流　OH　OH

1) Tf_2O,吡啶
0℃～>RT,酯化
2) Tf_2O,CH_2Cl_2
Et_3N
0℃～>RT
O　C　O　F　F　F　O　C　O　F　F　F

NO_2　NO_2
1) Fe,HCl,EtOH或
2) Pd/C,$NaBH_4$或
3) Pd/C,$N_2H_4·H_2O$
(+超声)或
4) Pd/C,H_2等还原反应
NH_2　NH_2

图 6-10　乙酰基、酯基、三氟乙酸酯基和氨基螺芴的合成

基化合物可以继续与三氟乙酸酐反应生成三氟乙酸酯（图 6-10）[29]。在金属催化剂参与下，以该酯的化合物为原料，可以高产率地得到氰基化、烷基化和炔基化中间体产物（图 6-11）[30]。同时还可以与硼酸化合物或硼酯化合物偶联，得到功能化的有机光电材料（图 6-12）[30]。

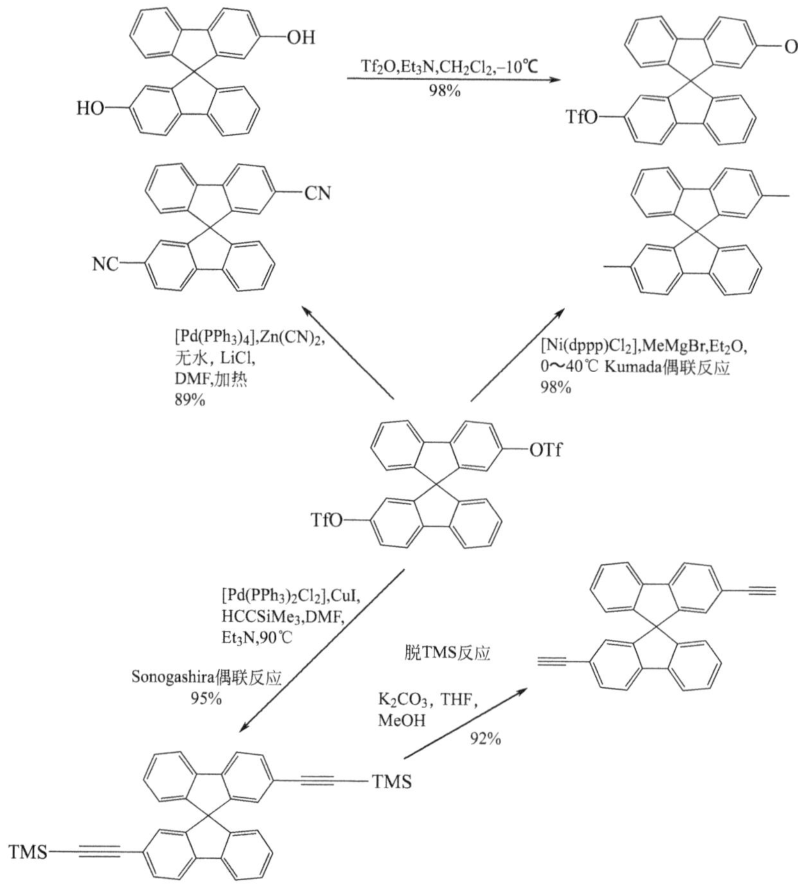

图 6-11　酯基、氰基和炔基等螺芴的合成

（2）螺芴类发光材料　图 6-13 中 DPVSBF 的合成是利用二溴代原料与二苯乙烯的硼酸酯化合物偶联得到的[31]。比较图 6-13 中的化合物 DPVSBF 和 DPVBI，两者的大多数光物理和电子性质相似，但是由于螺环结构的引入，使其具有更高的玻璃化转变温度。同时和四取代的衍生物 Spiro-DPVBi 相比，DPVSBF 极易升华，因而容易通过真空蒸镀方法制备薄膜器件，而且器件具有更长的使用寿命。如三层器件在 6.4V 驱动、电流为 100mA 的条件下，发光亮度可达 $4110cd/m^2$，外量子效率、亮度效率和功率效率分别为 2.54%、4.1cd/A 和 2.0lm/W。

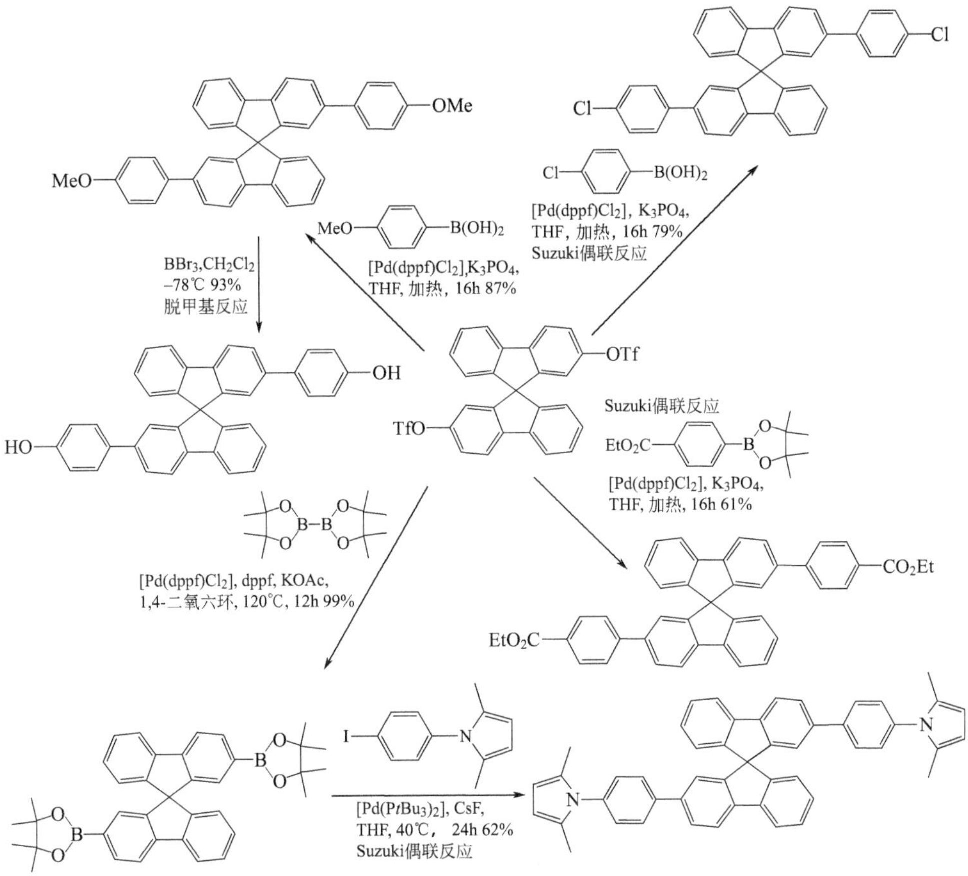

图 6-12　三氟磺酸酯取代的螺芴为原料合成螺芴光电功能材料

利用螺芴二硼酯与侧链含咔唑的单溴代芴偶联可合成出化合物 TCPC-6 和 TCPC-4（图 6-14）。两种化合物薄膜的发光峰值均在 425nm[32]，且都显示出无定形形貌，玻璃化转变温度分别为 108℃和 143℃。原子力显微镜（AFM）结果也观察到，这些新化合物可以通过旋涂得到高质量的无定形膜。同时，咔唑单元的引入使 HOMO 能级提高，有利于空穴注入。由旋涂制备的 TCPC-6 和 TCPC-4 为活性层的电致发光简单模型器件的效率分别为 1.35cd/A 和 0.90cd/A（外量子效率分别为 3.72%和 2.47%）。

以四碘代螺芴为原料，通过与 *N*-烷基取代的咔唑乙烯经 Heck 反应偶联得到化合物 A。将化合物 A 的咔唑侧链端基引入羟基，得到化合物 C，以化合物 C 为中间体，可以与具有不同代数的苄氧结构的树枝状的苯甲酸反应得到树枝状化合物 D 和 E（合成路线见图 6-15～图 6-17）。以化合物 A 为活性层的器件的启亮电压比 D 和 E 稍低[33]，主要是因为树枝状化合物 D 和 E 含有通过非共轭的键与之相连的苄氧基树状结构，因此提高了材料的介电特性，进而提高了启亮电压和

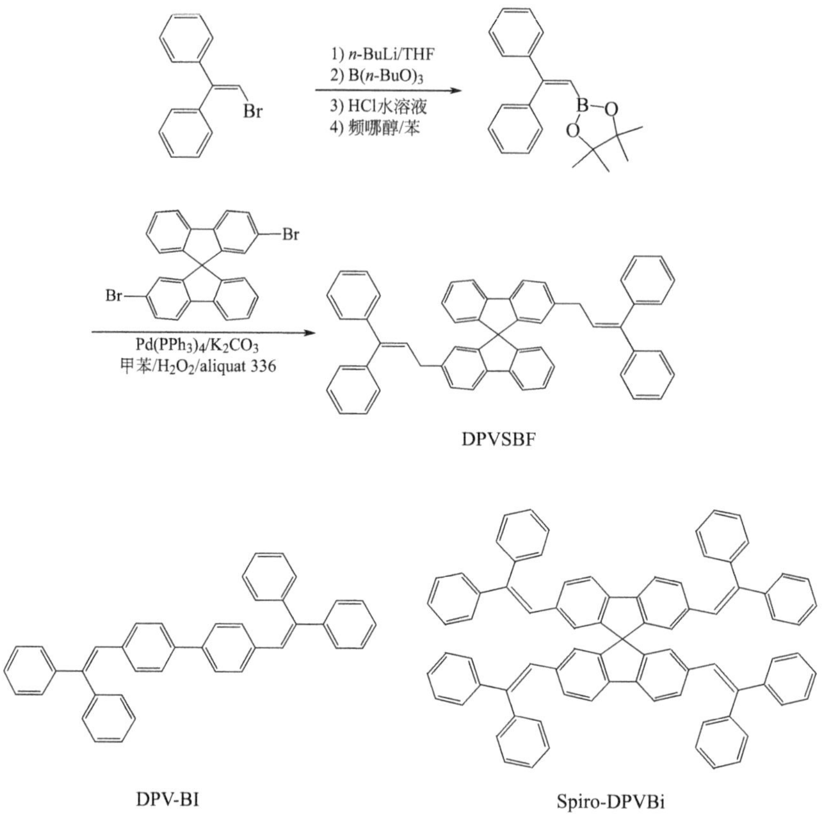

图 6-13 DPVSBF 等化合物的合成

降低了工作电流，以至于使树枝状大分子为发光层的器件的效率显著低于基于化合物 A 的器件。

所以，虽然含螺芴结构的化合物由于高的立体位阻，已经可以有效抑制分子间相互作用，但是在化合物 D 和 E 中，光活性基团咔唑乙烯取代的螺芴位于分子中心，外围引入了太多的近乎绝缘的生色团，会对位于分子中心的功能基有类似包封作用，在这种情况下，树枝状结构反而抑制了电荷的有效传输，因而最终会导致器件的性能下降。

具有螺芴结构的分子可以通过引入给-受体取代基制备出所谓的双极性发光材料，如图 6-18 列出的一些螺芴化合物。以以上六种化合物为活性层所制备的电致发光器件，经对比：二倍体化合物 2DPV 的性能要比单倍体 DPV 的稍差一些；二倍体化合物（四取代的螺芴）2DCV 或 2CHO 为活性层的有机发光二极管的性能比相应单倍体（二取代的螺芴）的性能差很多[34]。由单倍体化合物 DPV 制备的发光器件发蓝光，其电致发光性能是已报道的蓝光器件中最好的结果之一。非掺杂的器件和其他具有类似色纯度的器件（CIE，x，y=0.13～0.18，0.16～0.24）相比，器件效率和发光强度更优，分别是 3.4%、

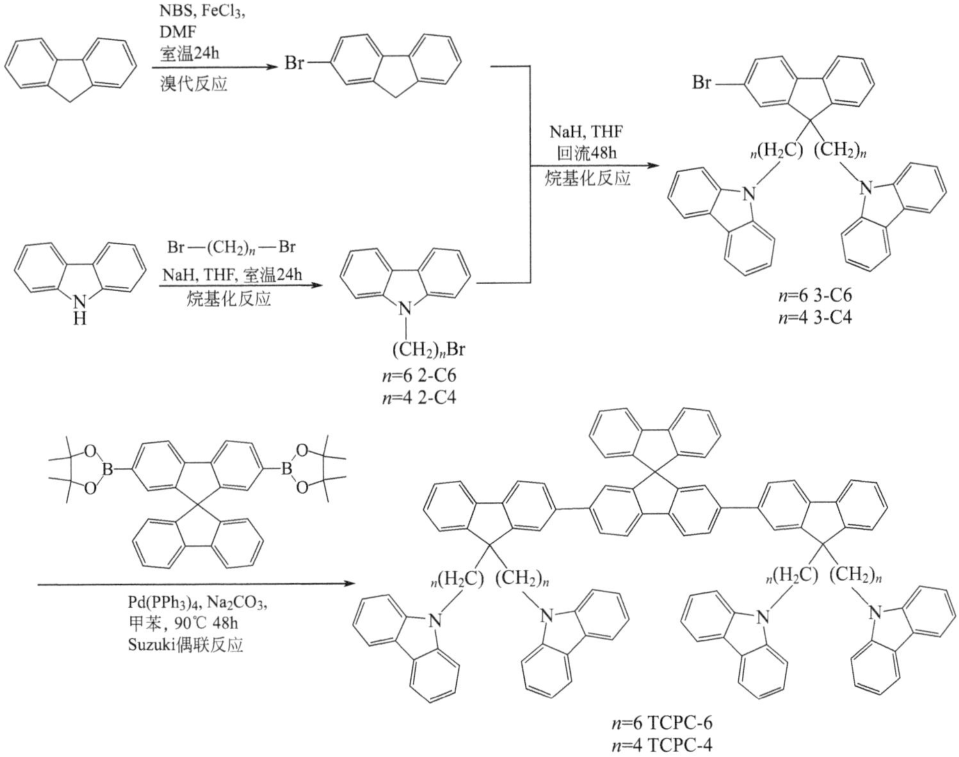

NBS, $FeCl_3$,
DMF
室温24h
溴代反应
Br
NaH, THF
回流48h
烷基化反应
Br
$_n(H_2C)$ $(CH_2)_n$
N N
N
H
Br—$(CH_2)_n$—Br
NaH, THF, 室温24h
烷基化反应
N
$(CH_2)_nBr$
n=6 2-C6
n=4 2-C4
n=6 3-C6
n=4 3-C4
$Pd(PPh_3)_4$, Na_2CO_3,
甲苯, 90℃ 48h
Suzuki偶联反应
n=6 TCPC-6
n=4 TCPC-4

图 6-14　TCPC-6 和 TCPC-4 的合成路线

5.4cd/A 或 5.7lm/W；在 20mA/cm^2 电流密度条件下的发光峰强度为 33020cd/m^2。高的发光性能可能来自其较小的分子偶极，因此由电场诱导的固态荧光猝灭较小。另一方面，将具有偶极矩的化合物 DCV 掺杂到主体材料，所制备的器件得到了高性能的饱和黄光发射。其电致发光效率高达 3.4%，9.4cd/A，在 8.2lm/W 电流密度下，峰强度达 37640cd/m^2，超过了大多数黄光发光二极管的性能。

(3) 螺芴作为发光器件的主体材料　对于发白光的 OLED 器件，一般采用三基色复合，或将发绿光、红光材料与发蓝光的主体材料复合，得到白光发射；所谓主体材料一般是能隙较宽的发蓝光材料，如咔唑类衍生物或芴的衍生物。螺芴中的芴单元是发蓝光基团，由于螺芴结构降低了芴单元之间的相互作用，是较为理想的蓝光材料，因此螺芴化合物可以用于发光器件的主体材料。如单硼酯取代的螺芴与四苯基硅烷通过苯环相连（图 6-19）得到化合物 SBP-TS-PSB[35]，该化合物具有优良的热稳定性（T_g=194℃），在固体膜呈现无定形态形貌且稳定存在。同时 HOMO、LUMO 能级差及三线态能级数据都符合作为主体材料的特性。和以 CBP 为主体材料的器件相比，以 SBP-TS-PSB 为主体材料、以 Ir 的配位化合物$(piq)_2Ir(acac)$为三线态红光发光材料组成的器件，其电致发光效率

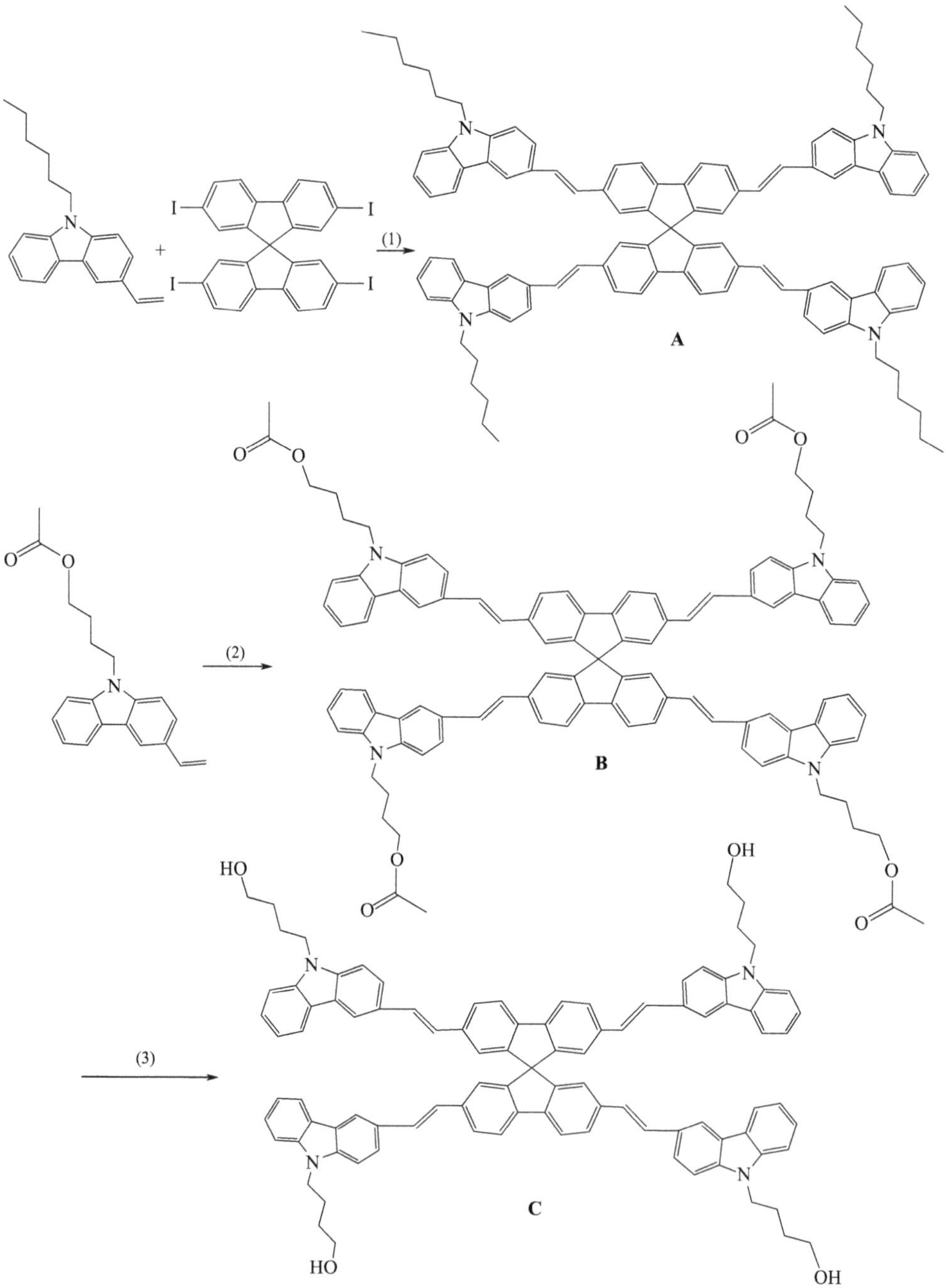

图 6-15 化合物 **A** 及树枝状化合物反应前体 **C** 的合成

(1) K_2CO_3，TBAB，$Pd(OAc)_2$，DMF，100℃，24h；(2) K_2CO_3，TBAB，$Pd(OAc)_2$，DMF，100℃，24h；(3) $LiOH/H_2O$，THF，65℃，6h

从 12.1%提高到 14.6%。这是由于 SBP-TS-PSB 的能隙足够宽且具有双极性特征，使主体材料向客体材料的能量转移更为有效，电荷传输更平衡所致。

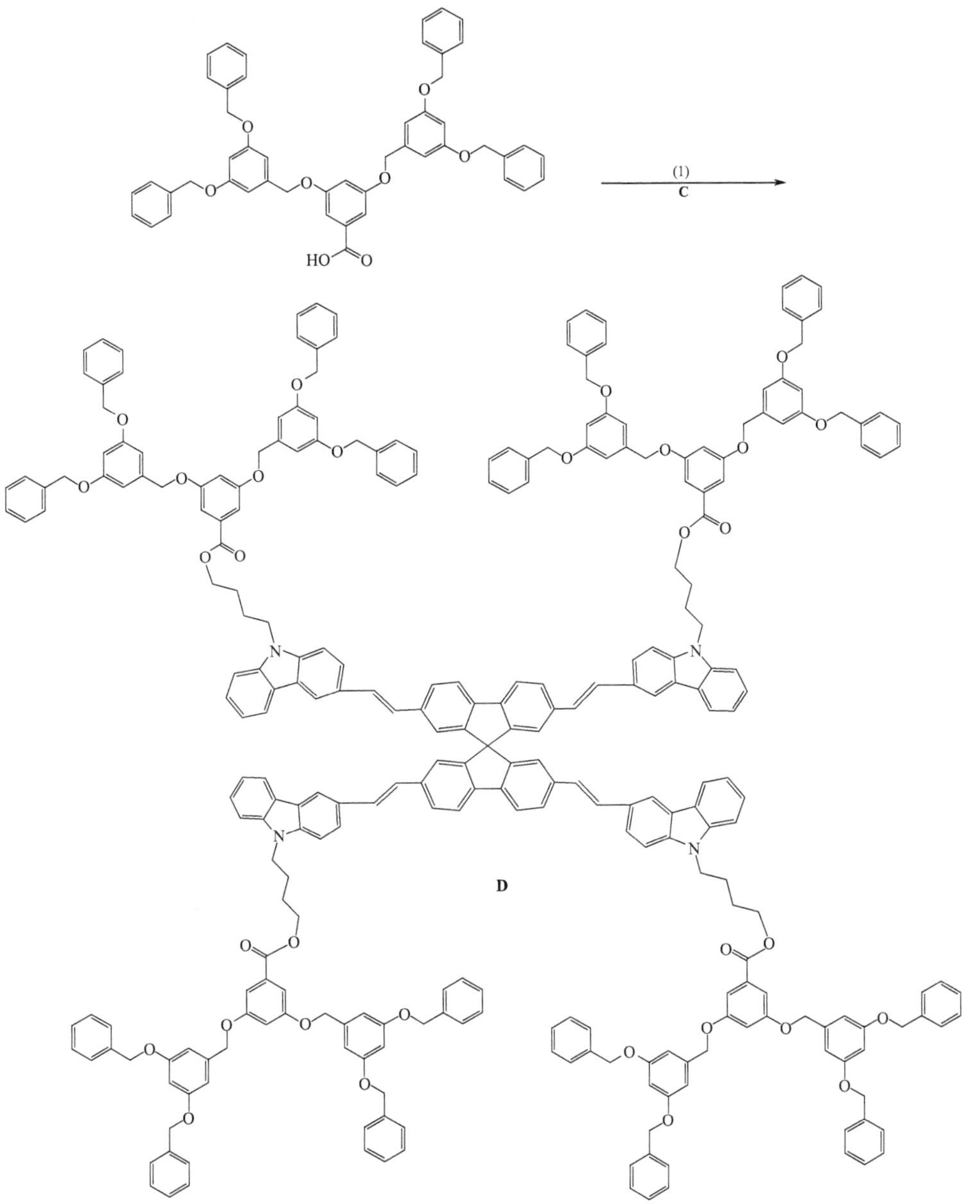

图 6-16 化合物 **D** 合成路线

(1) DPTS，DCC，CH_2Cl_2，室温，12h

另外，图 6-20 是带咔唑基团的螺芴衍生物 spiro-Cz 和 spiro-SBCz[36]。其中将 spiro-SBCz 掺杂到宽带隙化合物 CBP 中所制备的器件，在极低的激发阈值电压下[$E_{th}=(0.11\pm0.05)\mu J/cm^2$ ($220W/cm^2$)]实现了放大的自发辐射，表明这类化合物有可能在有机激光二极管方面得以应用。

螺芴的结构特点决定了其适合在电致发光和有机激光器等方面得到应

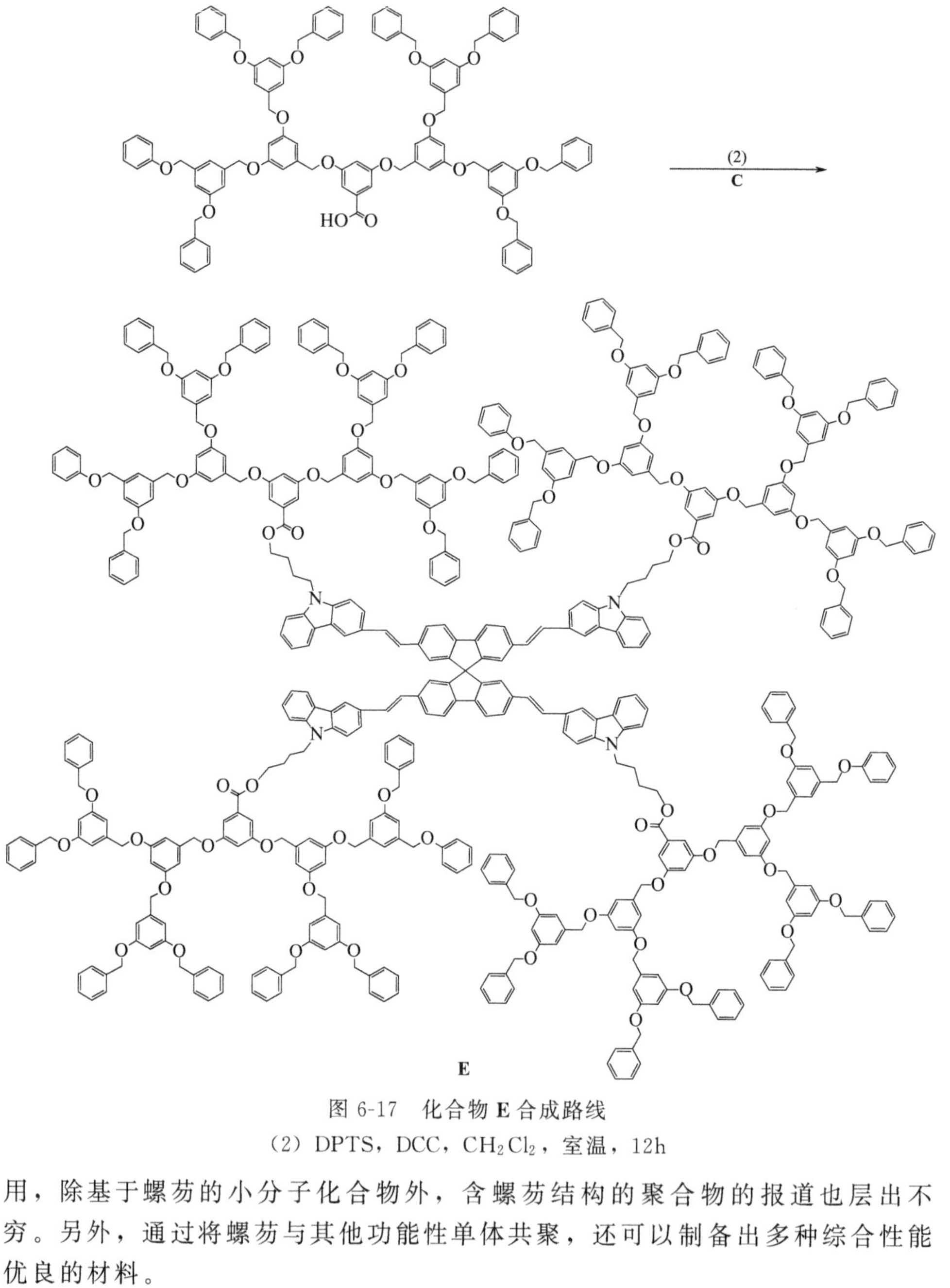

(2)
C

E

图 6-17 化合物 **E** 合成路线
(2) DPTS，DCC，CH_2Cl_2，室温，12h

用，除基于螺芴的小分子化合物外，含螺芴结构的聚合物的报道也层出不穷。另外，通过将螺芴与其他功能性单体共聚，还可以制备出多种综合性能优良的材料。

6.4.3 含联二萘结构单元的发光材料

为了增加分子的扭曲程度，以得到在固体膜中呈现无定形态结构的分子材料，引入联二萘结构单元是一个有效的途径。要合成含联二萘结构单元的分子材料，联二萘酚是价廉和易得的原料。

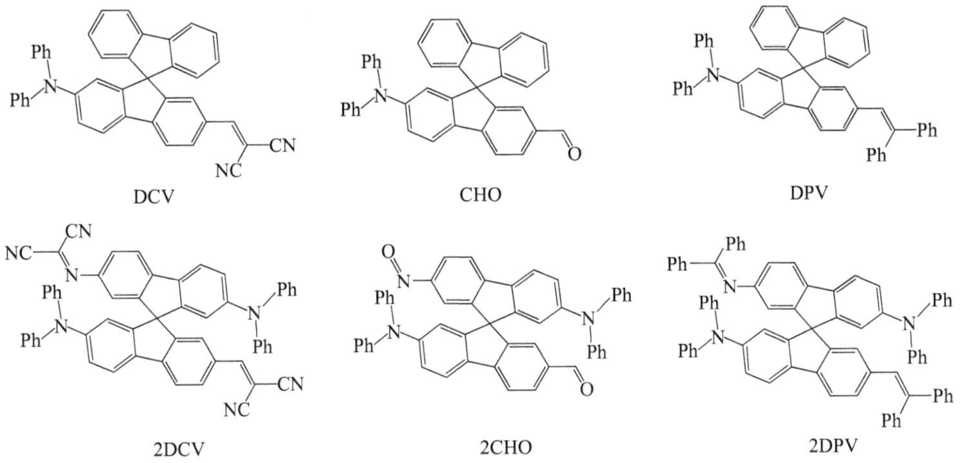

DCV　CHO　DPV

2DCV　2CHO　2DPV

图 6-18　螺芴为中心的双极性发光化合物

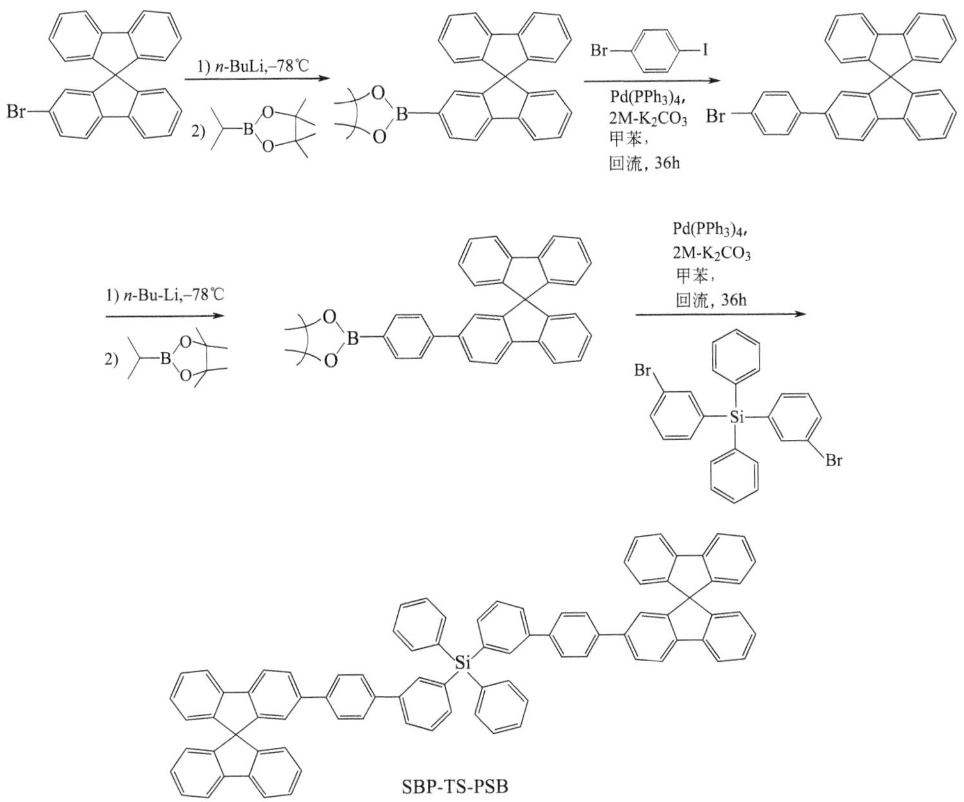

1) n-BuLi,–78℃
2)

Pd(PPh3)4, 2M-K_2CO_3 甲苯, 回流, 36h

1) n-Bu-Li,–78℃
2)

Pd(PPh3)4, 2M-K_2CO_3 甲苯, 回流, 36h

SBP-TS-PSB

图 6-19　螺芴类发光主体材料 SBP-TS-PSB 的合成路线

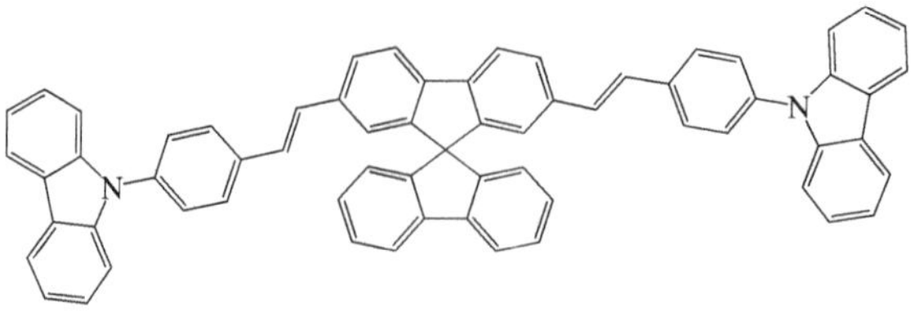

Spiro-SBCz

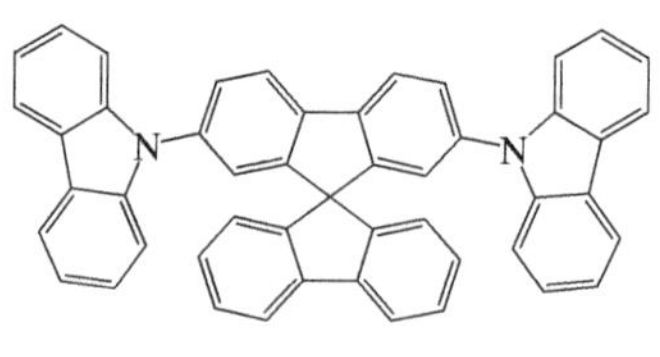

Spiro-Cz

图 6-20 可用于有机激光二极管的螺环化合物的分子结构

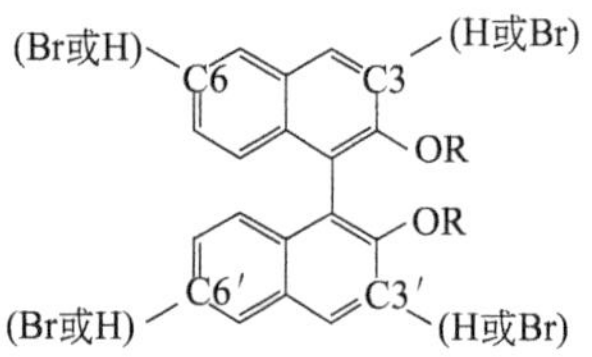

联二萘二酚[37]有以下三个特点非常引人瞩目。首先，近乎正交的两个萘环平面也可以看成是半个螺环结构[38,39]；第二，联二萘酚可以在多个位点进行功能化，如 3,3′-、6,6′-位和氧原子位置（图 6-21）；最后，联二萘酚还具有手性结构，使合成出各种手性功能化合物成为可能。

(Br或H) C6 C3 (H或Br) OR OR C6′ C3′ (Br或H) (H或Br)

图 6-21 联二萘酚的分子结构及常见的功能化位置

联二萘的衍生物主要用在非对称催化、非线性光学、配位和金属超分子化学、手性识别等领域[40]。尤其是在非对称催化合成领域，最著名的化合物是联二萘的含磷化合物 BINAP，日本的野依良治因为在这一领域有突出贡献而荣获 2001 年的诺贝尔化学奖。近年来，有些研究者也在电致发光领域进行了成功尝试。1999 年，Jen[41]等人报道了一种含联二萘的蓝光聚合物的电致发光性能的研究。以聚[6,6′-(2,2′-二己氧基)-1,1-联二萘] 作为发光层，分别制备了单层和双层器件。器件的最大亮度为 9400cd/m^2，外量子效率达 2.0%，流明效率为 4.9lm/W。Pu 等人在这方面也做了一些工作[42]。Bazan[43]等发现联二萘类小分子化合物容易形成无定形玻璃态。

下面仅列举由联二萘酚在 2,2′-位、3,3′-位、4,4′-位、5,5′-位、6,6′-位，或多位点同时功能化以及单官能化反应。对相应的卤代或锂化后的衍生物的结构不再一一列举。

6.4.3.1 取代基位点功能化

(1) 2,2′-位功能化[44]（图 6-22） 2,2′-联二萘为原料，在三苯基溴化磷催化下，酚羟基被两个溴取代；溴化物与镁反应形成格氏试剂，然后与二苯基氯氧磷反应，再经还原剂还原可得到 2,2′-位功能化的联二萘，产率在 95%以上。

(2) 3,3′-位功能化[45]（图 6-23） 2,2′-二苯基氧磷基联二萘可以通过正丁基锂反应生成 3,3′-位的锂化物衍生物，当然这种化合物不能分离出来，而是直接用于下一步反应。

(3) 4,4′-位功能化[46]（图 6-24） 以吡啶为催化剂，二氯甲烷为溶剂，2,2′-二苯基氧磷基联二萘与溴反应，可以通过控制反应时间和用量得到 4-位单溴代或 4,4′-双溴代的衍生物。

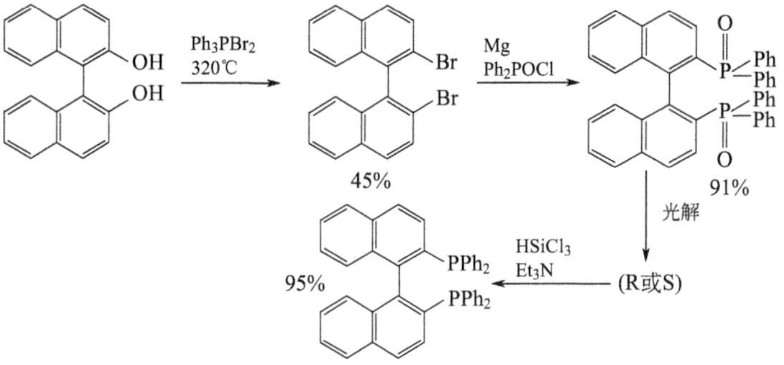

图 6-22 联二萘的 2,2′-位功能化

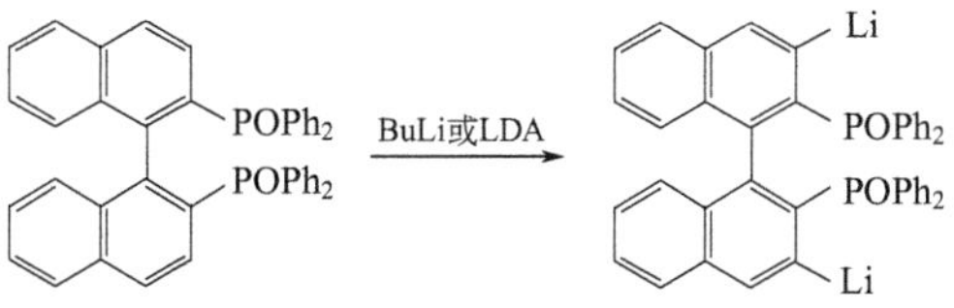

图 6-23 联二萘的 3,3′-位锂化

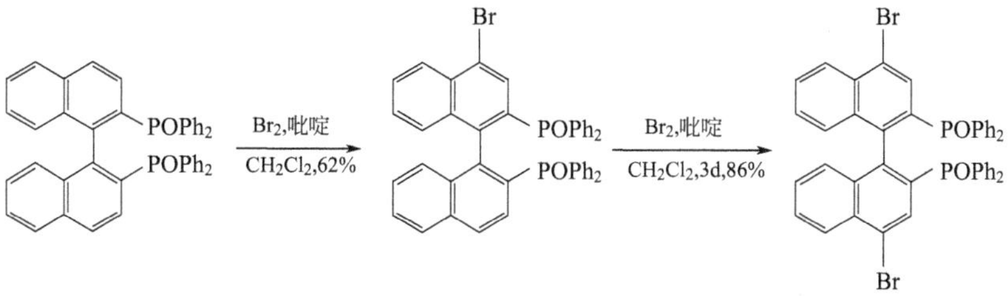

图 6-24 联二萘的 4,4′-位溴化

（4）5,5′-位功能化[46]（图 6-25） 以 1,2-二氯乙烷为溶剂，在铁催化下与溴反应，可得到 5,5′-二溴代的联二萘衍生物。

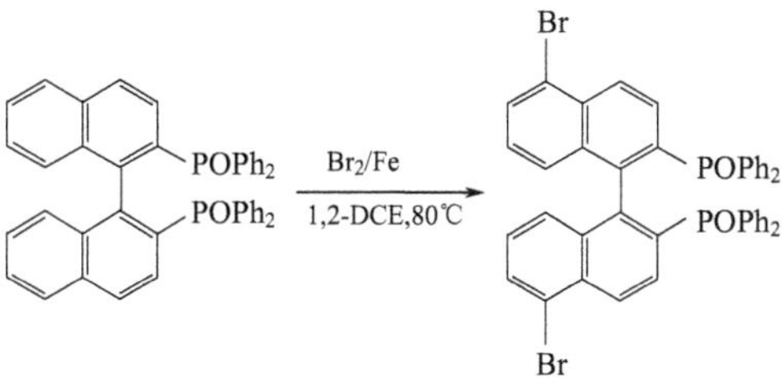

图 6-25 联二萘的 5,5′-位溴化

（5）6,6′-位功能化[46]（图 6-26） 以醋酸为溶剂，联二萘酚与溴反应可得到 6,6′-二溴代联二萘衍生物。

6,6′-位卤代后的单体可以通过形成氰基，再转化成羧基，再进一步构建噁

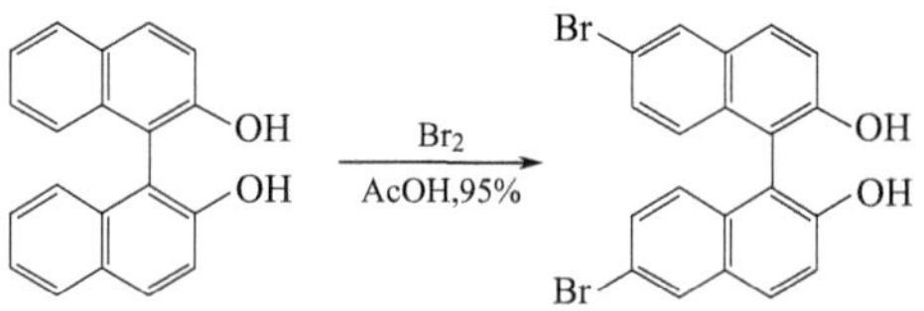

图 6-26 联二萘的 6,6′-位溴化

二唑单元等光电活性基团；也可以转化成硼酸化合物，进行 Suzuki 反应；还可以通过傅-克反应引入高位阻的侧基[47]（图 6-27）；当然卤代物还可以通过 Sonogashira、Kumada、Negishi、Heck 反应等引入各种类型的功能性基团。

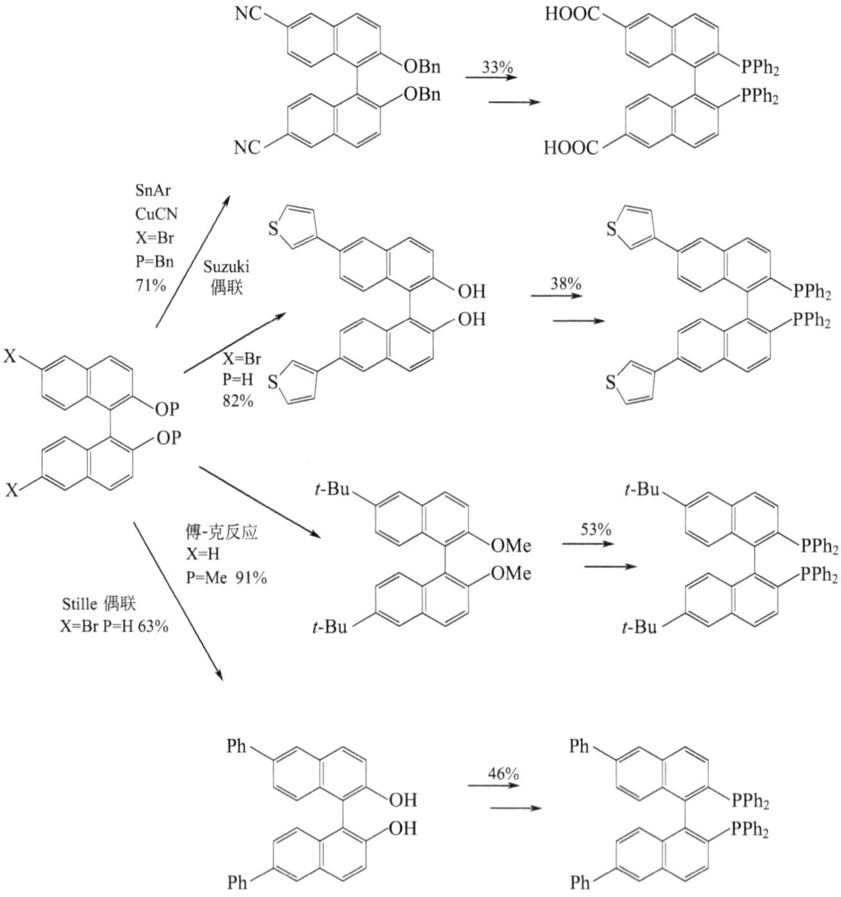

图 6-27 联二萘的 6,6′-位功能化

（6）单位点官能化[48]（图 6-28） 联二萘的单溴化物经锂化与硼酯反应得到硼酸酯化合物，用于下一步反应得到单取代的光电功能材料；也可以利用二溴代物通过控制丁基锂的加入量得到单锂化产物，随后与硼酸酯反应得到联二萘的硼酸酯，作为 Suzuki 反应的偶联试剂使用，用于构建单官能化的非对称的光电功

能材料。

当然，联二萘酚还可以同时进行多功能化或分步多功能化，如在室温下，以醋酸为溶剂的条件下，联二萘 2,2′二醚的4,4′,6,6′四个位置可以同时溴代，借此可以合成出结构复杂的树枝状分子化合物。

联二萘酚多功能化的特性是可以使其结构多变，修饰灵活，因而无论是从纯有机合成的角度，还是从功能性材料的开发角度来看，都具有重要的研究价值。

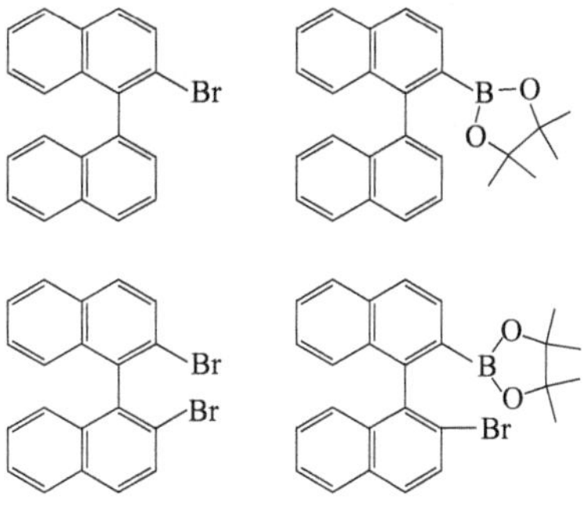

Br　B—O O　Br Br　O B O Br

图 6-28　联二萘的单功能化

6.4.3.2　含联二萘结构单元的空穴传输及发光材料

下面将以 3-位或 3,3′-位芳基取代的联二萘为例进行简要介绍。

以 3,3′-二甲氧基联二萘为原料，我们实验室合成了含三苯胺生色团的联二萘化合物（TPA-BN-TPA）。这种化合物的合成较简单，以联二萘的二甲醚为原料，经锂化和随后的硼酸化，然后与单溴代三苯胺通过 Suzuki 反应偶联即可完成，合成路线见图 6-29[49]。该化合物溶解性能好，可以通过简单的溶液旋转涂膜的方式制成无定形态薄膜。玻璃化转变温度比常用的空穴传输材料 NPB 和 TPD 的分别提高了 32℃和 65℃。虽然无定形态是其稳定存在的状态，但是，这种材料在选择特定条件下也可以培养出单晶，在单晶结构中，两个萘环呈现接近

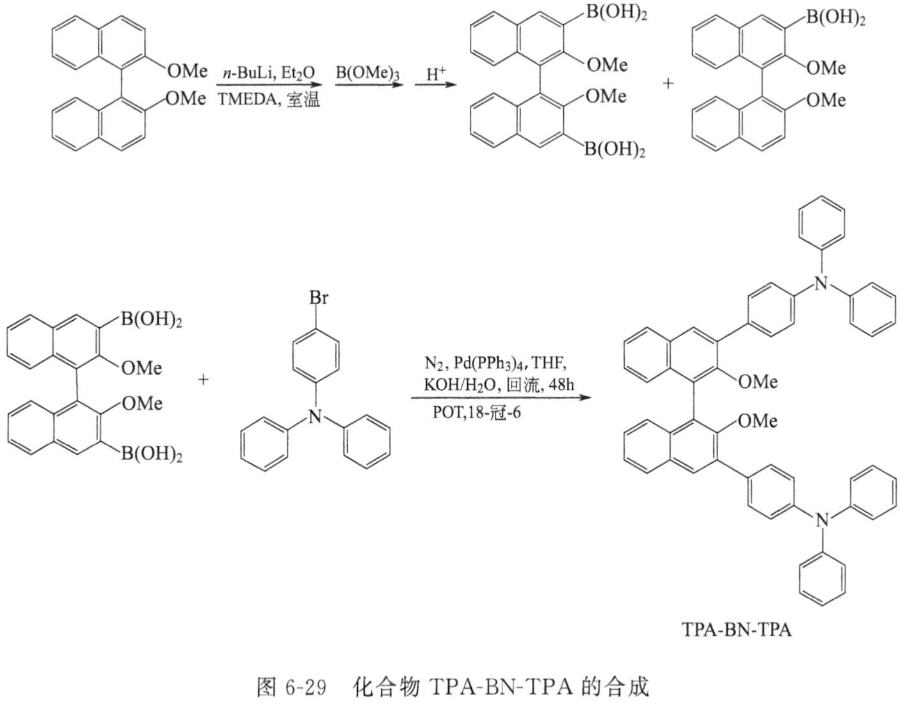

OMe OMe　n-BuLi, Et_2O TMEDA, 室温　$B(OMe)_3$　H^+　$B(OH)_2$ OMe OMe $B(OH)_2$　+　$B(OH)_2$ OMe OMe

$B(OH)_2$ OMe OMe $B(OH)_2$　+　Br N　N_2, $Pd(PPh_3)_4$, THF, KOH/H_2O, 回流, 48h POT,18-冠-6　N OMe OMe N

TPA-BN-TPA

图 6-29　化合物 TPA-BN-TPA 的合成

相互垂直的结构；分子有序排列成多通道结构，通道内包含了溶剂分子，但此单晶很不稳定，从其培养液中取出后，就很快风化成无定形态粉末。以此化合物作为空穴传输层，以 Alq3 为发光层，经真空蒸镀制备的器件，其效率和亮度比同等条件下 NPB 为传输层的发光器件的性能有大幅度提高，效率提高了 0.85cd/A，亮度提高了 2100cd/m^2，分别达到 3.85cd/A 和 10100cd/m^2。进一步对器件结构优化：采用新的缓冲层，以及染料掺杂 Alq3 作为发光层所制备的器件，效率和亮度都有大幅度提高，最大亮度和效率分别为 48500cd/m^2 和 23.4cd/A。结果说明，TPA-BN-TPA 是一种性能优良的空穴传输材料。

由于联二萘单元容易形成扭曲的分子结构和造成较大的空间位阻，因此也是适合合成发蓝光材料的生色单元。如将三苯胺基团替换为芘，合成了发蓝光的化合物 PY-BN-PY(合成路线如图 6-30)[50]。该化合物同样可以通过溶液加工形成无定形薄膜。其薄膜器件的最大发光峰在 460nm，半峰宽仅 69nm。以其为发光层所制备的简单模型电致发光器件的结果是，最大亮度和效率分别为 L_{max} = 2953cd/m^2 和 η_{max} = 1.37cd/A，色度坐标为（0.16，0.15），器件在整个加电压工作区内稳定。实际上，器件效率和亮度都还有很大的优化空间。

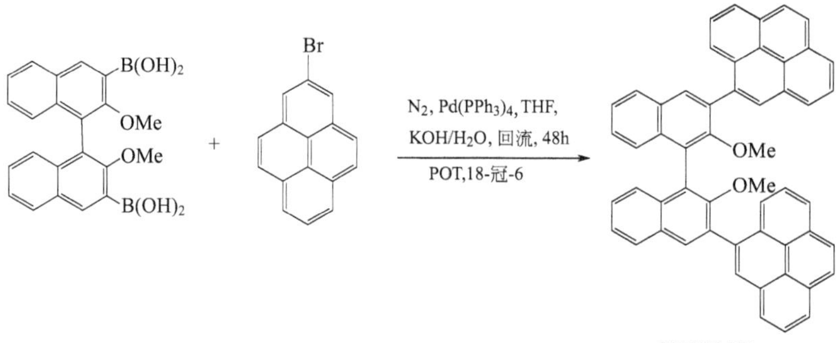

图 6-30　化合物 PY-BN-PY 的合成

6.4.3.3　含联二萘结构单元的发红光材料

通常文献报道的联二萘化合物多为紫外发光或发蓝光化合物，将窄带隙的生色团噻吩或苯并噻二唑引入联二萘体系，利用分子内电荷转移获得了发绿光和红光材料[51]。

这类化合物的合成也比较容易。将联二萘的二硼酸化合物与单卤代单体通过 Suzuki 反应得到了联二萘为连接单元的分别发绿光和红光的化合物 TBT 和 TBBBT（见图 6-31），这两种材料都具有对称的分子结构。在 TBBBT 分子中，分子具有对称结构，空穴传输单元三苯胺与电子受体单元苯并噻二唑通过具有一定刚性的双键相连，构成了给-受体电荷转移单元，组成了发红光的材料。将联二萘的单硼酸与二卤代单体反应合成了分别发绿光和红光的化合物 BBB 和 BT-BTB（合成路线见图 6-31）。绿光化合物 TBT 和 BBB 的薄膜的发光波长都为

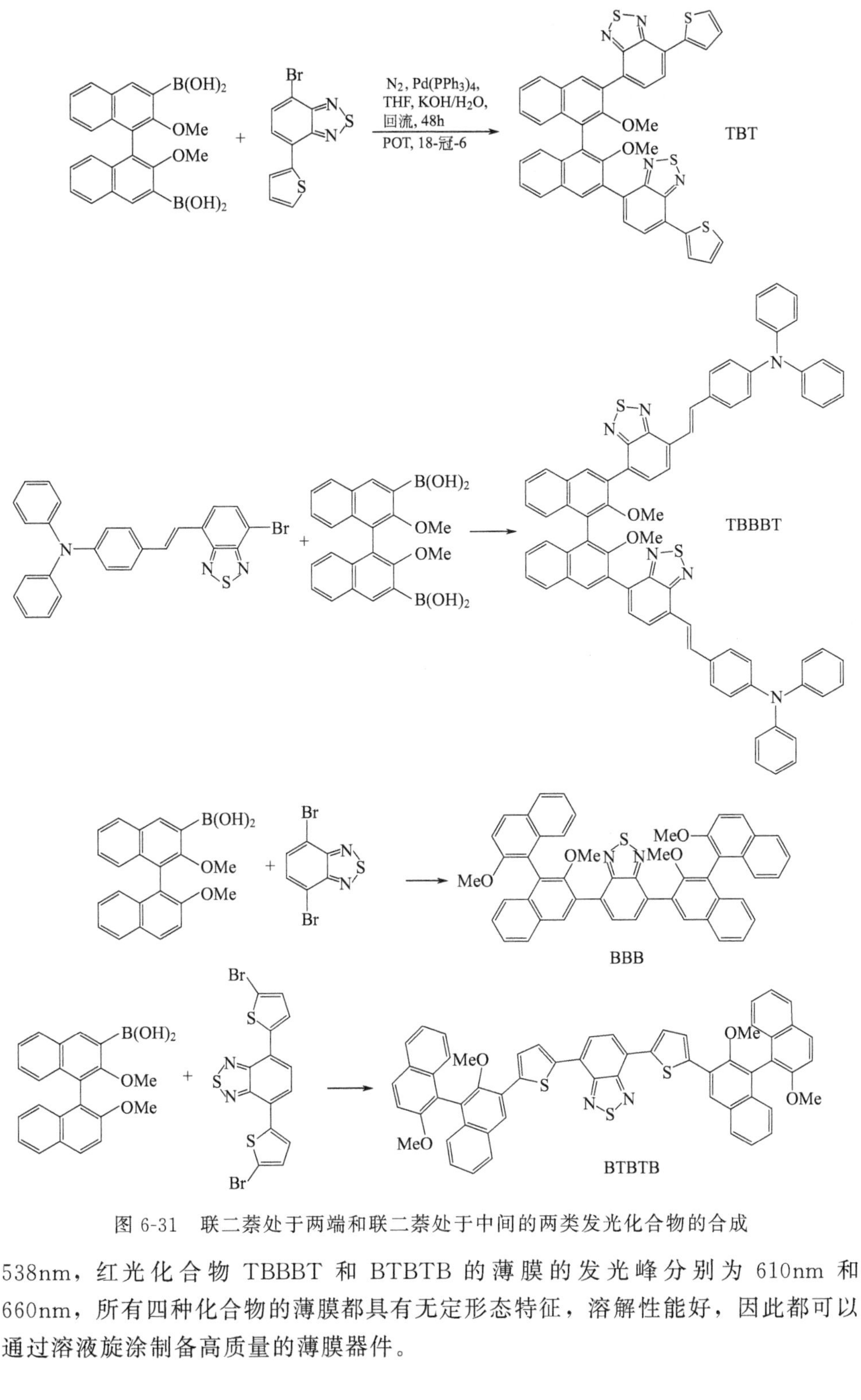

N_2, $Pd(PPh_3)_4$, THF, KOH/H_2O, 回流, 48h, POT, 18-冠-6

TBT

TBBBT

BBB

BTBTB

图 6-31　联二萘处于两端和联二萘处于中间的两类发光化合物的合成

538nm，红光化合物 TBBBT 和 BTBTB 的薄膜的发光峰分别为 610nm 和 660nm，所有四种化合物的薄膜都具有无定形态特征，溶解性能好，因此都可以通过溶液旋涂制备高质量的薄膜器件。

旋涂的 OLED 器件都显示出低的启亮电压（2～4V）、高的发光亮度和发光效率。其中基于化合物 BTBTB 的非掺杂的 OLED 器件，启亮电压为 2.2V，最大亮度达 8315cd/m²，最大效率为 1.95cd/A。以发绿光的化合物 TBT 和发红光的化合物 TBBBT 或 BTBTB 为掺杂剂，聚合物 PFO 作为发蓝光主体材料，以聚乙烯咔唑（PVK）作为空穴传输层和电子阻挡层，制备了白光发光器件。其中以 BTBTB 为掺杂剂的白光器件获得了色纯度较高的白光［CIE(0.33，0.34)］，器件的最大亮度达 4000cd/m²。结果表明，这些含联二萘的发光材料是一类很好的电致发光材料，在溶液旋涂制膜的发光二极管的应用方面有着很好的应用前景。

6.4.3.4　其他含联二萘的发光材料

除对联二萘上各位点进行修饰外，在联二萘酚的羟基位置也可以进行功能化。在羟基上引入醛基苯后，通过 Wittig-Honor 反应构建双键，将联苯、萘和蒽等芳环取代基引入，得到了三种发蓝光的化合物 BNOBPV、BNONV 和 BNOAV[52]（图 6-32）。

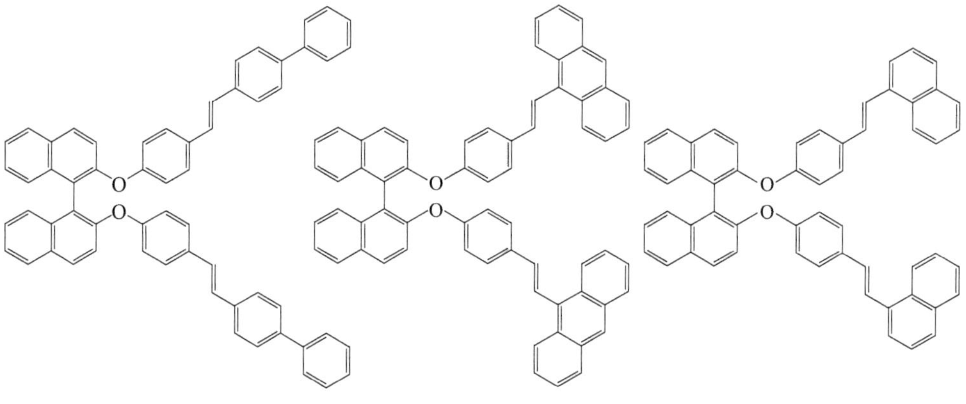

BNOBPV　　BNOAV　　BNONV

图 6-32　联二萘酚羟基功能化后的产物

由以上研究结果，说明基于联二萘结构单元组成的分子材料显示出巨大的潜力。相信通过对取代位置、取代基的种类的选择，以及对分子的溶解性、成膜性和热稳定性的综合性能的进一步优化，可以合成出更多性能优良的含联二萘的分子材料。总之，联二萘结构具有稳定的扭曲构型、高的立体位阻以及手性特征，并具有多个取代基活性位点，因此是合成性能优良的无定形态分子材料的重要结构单元。

6.4.4　多芳胺类材料

6.4.4.1　多芳胺类空穴传输材料

含三苯胺生色团的三芳胺类化合物是一类重要的空穴传输材料。因为三芳胺类化合物具有低的电离能，三级胺上的N原子具有很强的给电子能力，容易氧化形成阳离子自由基（空穴）而显示出电正性，通常具有较高的空穴迁移率[$10^{-3}cm^2/(V \cdot s)$数量级]。而且，三芳胺类化合物具有准三维的分子结构，在固体膜中容易形成无定形态结构，所形成的薄膜器件具有各向同性的光学和电学性质，因而备受关注[23]。

组成芳胺衍生物空穴传输材料最基本的结构单元是三芳基胺，如应用最多的空穴传输材料4,4-联苯二胺-*N*,*N*′-双-(3-甲基苯基)-*N*,*N*′-二苯基-[1,1′-联苯基]-4,4′-二胺（TPD），它的空穴迁移率为$1.0\times10^{-4}cm^2/(V \cdot s)$，容易通过真空蒸镀制成薄膜器件，玻璃化转变温度为60℃。其缺点是TPD薄膜经长时间放置后，会发生局部结晶现象，这个问题被认为是导致有机电致发光器件性能衰减的主要原因之一。

理想的小分子空穴传输材料的特点是：具有高的热稳定性，即高的T_g；与阳极电极间势垒低，有利于空穴注入；能形成均匀的无针孔无定形态薄膜；具有高的空穴迁移率等。

一般说来，多芳胺类无定形化合物比较容易满足势垒小、成膜性和空穴迁移率高的要求，因此，如何提高这类化合物的稳定性，尤其是成膜后的稳定性，是最主要的追求目标。如通过取代基的引入以降低分子的对称性，增加分子的构象异构体数目，从而改变分子的聚集方式，有效防止分子的结晶趋势，提高分子的成膜性以及薄膜的热稳定性。而星形结构的分子，由于具有更大的空间体积和更复杂的空间结构，而且分子内生色团的密集，因此这类化合物通常都具有良好的成膜性，所制备的薄膜一般都具有良好的热稳定性。此外，这些星形三苯胺类化合物一般都具有良好的空穴传输性能。如已有报道的热点材料主要有TDAB、TDAPB和PTDATA为基本单元的化合物（图6-33）。这类化合物的合成一般是通过收敛法进行的，即用中心三取代的苯、1,3,5-三苯基苯或三苯胺的三卤代烷（主要为三溴代物）与二芳胺化合物通过Ullman反应偶联得到。一般进行的修饰是在外围的二芳胺上的两个芳基上进行的，以通过提高立体位阻、增加芳基的刚性并引入适当增加溶解性的基团来获得热稳定性高和容易加工的空穴传输材料。

尽管基于芳胺类空穴传输材料已有很多，玻璃化转变温度也比较高，但是目前器件常用的空穴传输材料还是最经典的TPD和NPB。最可能的原因是这两种化合物的合成简单、成本低和性能基本合乎器件要求，而且在制备OLED器件的设备和工艺方面已经比较成熟。因此开发能够替代现有的空穴传输材料是极具挑战性的课题，必须是比当前使用的TPD等材料具有更突出的优良品质，并且合成成本低廉。这将是未来的发展方向和提高OLED竞争力的重要保证。

6.4.4.2　星形结构的芳胺类发光材料

（1）三苯胺三取代单体的合成　为了得到星形结构分子，首先要将三苯胺分

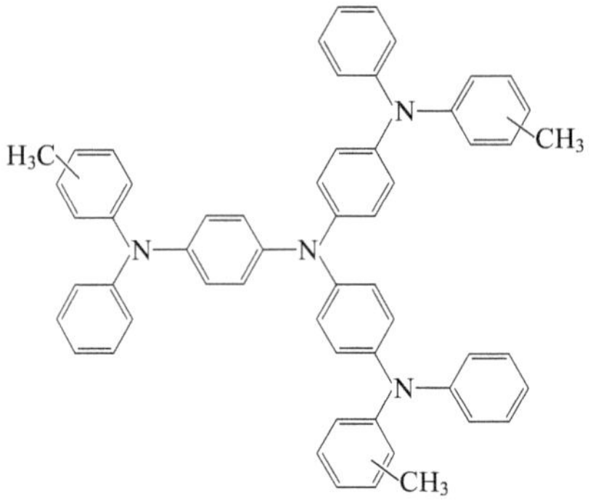

TDATA 类
T_g =75～80℃

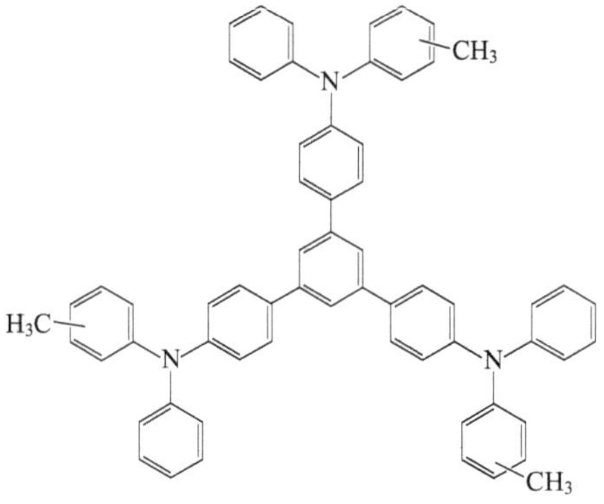

TDAB 类
T_g =46～58℃

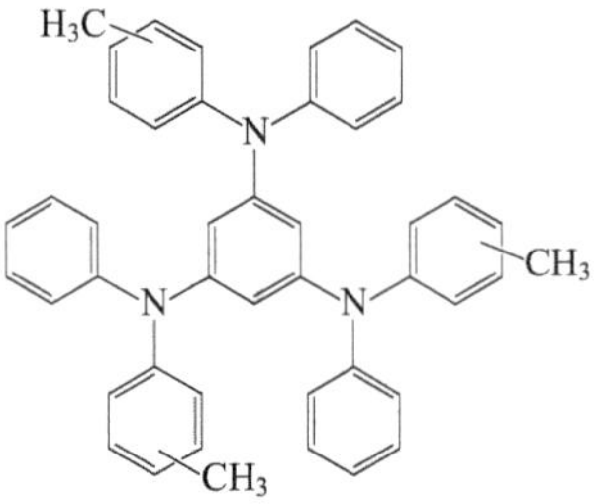

TDAPB 类
T_g =105～110℃

图 6-33　三种典型的芳胺类空穴传输化合物

子功能化，三苯胺结构很容易功能化，如通过紫外灯照射下与溴反应直接得到三溴代三苯胺（图 6-34），产率 94%[53]；与碘化钾和碘酸钾酸性条件下在乙酸中回流，然后经过滤和重结晶即可得到纯的三碘代化合物，产率 90%以上。

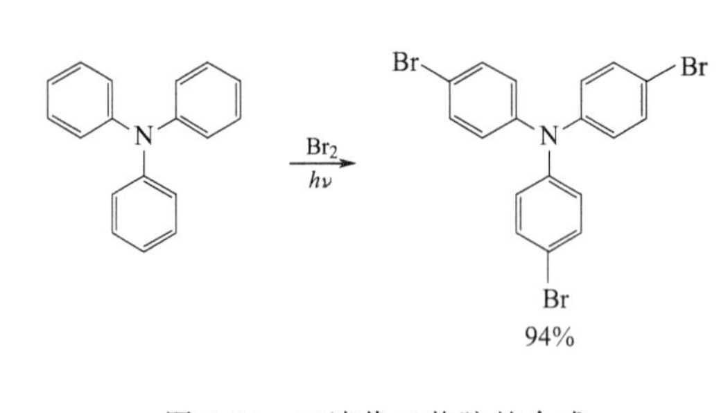

图 6-34　三溴代三苯胺的合成

将三苯胺与 DMF 和 $POCl_3$ 一起加热反应，控制投料比和反应条件可以得到三苯胺的单醛取代、二醛取代和三醛取代产物（图 6-35）[54]。三溴代或三碘代化合物可用于下一步 Suzuki 反应、Heck 反应、Sonogashira 反应等，得到多种结构的化合物。三醛基化合物可经 Knoevenagel 反应、Wittig 反应等，与其他单体缩合形成双键连接的共轭的发光材料。

（2）含三苯胺的发光材料　Yao 等利用醛基与甲基吡喃的甲基缩合，合成了以三苯胺为核的 DCM 或 IN 为外围受体结构的发红光发光材料（图 6-36、图 6-37）。具有星形结构材料的玻璃化转变温度比 DCM1 提高了 100℃以上，因而具有更高的热稳定性。而且星形结构使薄膜状态的发光自猝灭降低，将其掺杂到

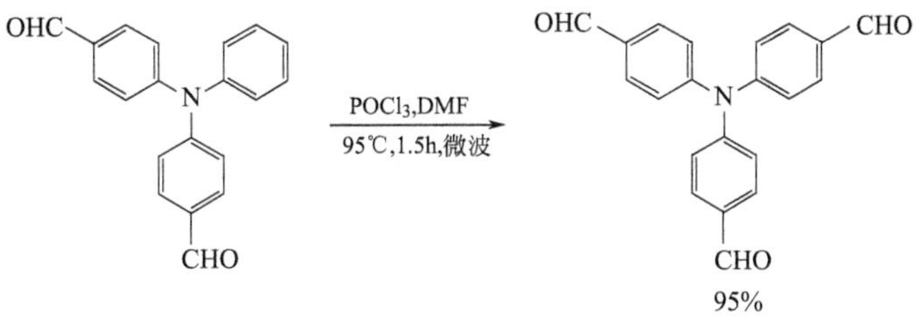
OHC
CHO
POCl₃,DMF
95℃,1.5h,微波
OHC
CHO
CHO
95%

图 6-35　三苯胺三醛的合成

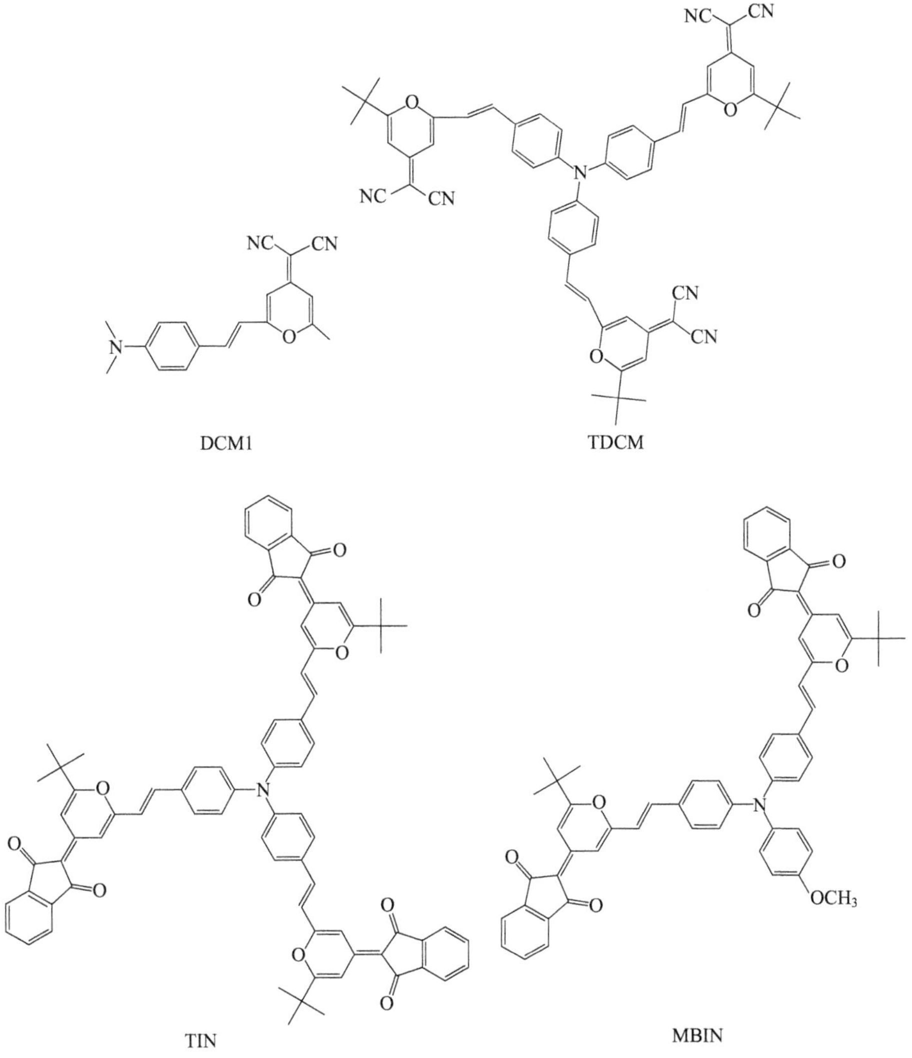
DCM1
TDCM
TIN
MBIN
OCH₃

图 6-36　TIN、MBIN、TDCM 等发红光发光材料的分子结构

PVK 所制备的薄膜，荧光量子效率比 DCM1 提高了一倍左右。将 MBIN 与 PVK 共掺杂制备的 EL 电致发光器件的最大电流效率达 6.14cd/A，是已见于报

道的 DCM 类红光发光器件的最好结果[55]。

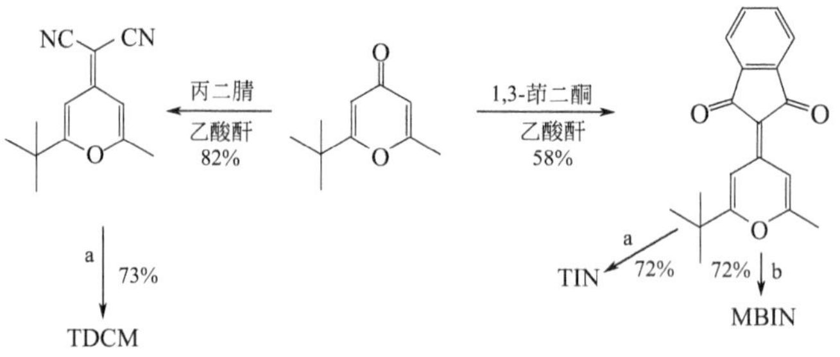

图 6-37 TDCM、TIN 等化合物的合成路线

a—三（4-苯甲醛基）胺，哌啶，乙腈；b—4,4-二醛基-4″-甲氧基-三苯胺，哌啶，乙腈

贺庆国等通过 Heck 与 Suzuki 两步反应合成了三苯胺为核，苯并噻二唑为受体，末端含三苯胺的单枝（TPA-BT）、双枝（d-TPA-BT）和三枝（t-TPA-BT）的发红光的化合物（图 6-38），并通过溶液旋涂制备了电致发光器件[56]。通常红光器件结构中，为了避免红光材料聚集态的浓度自猝灭，将红光材料掺杂在聚合物主体材料制成活性层。但是由于这三种红光化合物具有较好的空间构型，而且溶解性与成膜性均好，所以直接将三种红光化合物通过甩膜制成了发光器件，得到了发红光的器件，电致发光的峰值在 620nm，CIE(0.61，0.32)。其中以 TPA-BT 为活性层的发光性能最好，启亮电压为 2.0V，最大亮度为 12192cd/m^2，最大效率为 1.66cd/A，是溶液加工的红光有机发光二极管中性能最好的结果之一。

6.4.5 四苯基甲烷类化合物

发光材料在薄膜中局部的有序聚集会导致材料薄膜内部形成低能量陷阱，即使低能量点仅以很小的浓度存在，由于有效的能量转移，低能量陷阱也会直接影响材料的发光峰的位置和效率[57]。而采用具有刚性四面体的三维共轭结构，一方面可以使材料呈无定形态特性，同时可以降低材料在薄膜状态的聚集和提高发光材料，还可以使薄膜呈现各向同性的光学性质。

Jeffery[58] 开发了一种化合物，充分利用碳可以形成四个价键的特点，每个键都和一个亚苯基乙烯单元所形成的链段连接（图 6-39）。这种结构和螺环型化合物类似，也具有无定形态的结构，并且兼具了小分子化合物的易纯化和高分子溶液制膜的特点，膜的稳定性良好。

化合物在氯仿和膜中的效率分别为 67% 和 42%，在氯仿中发射峰值在 431nm，膜中发射峰红移到 479nm，加热到 175℃作退火处理后，发射峰红移到 515nm，这种光谱的红移和激基缔合物的形成及高温下膜中的分子重排有关。因为虽然中心碳原子可形成空间立体结构，但是各个足够长且具平面刚性结构的支

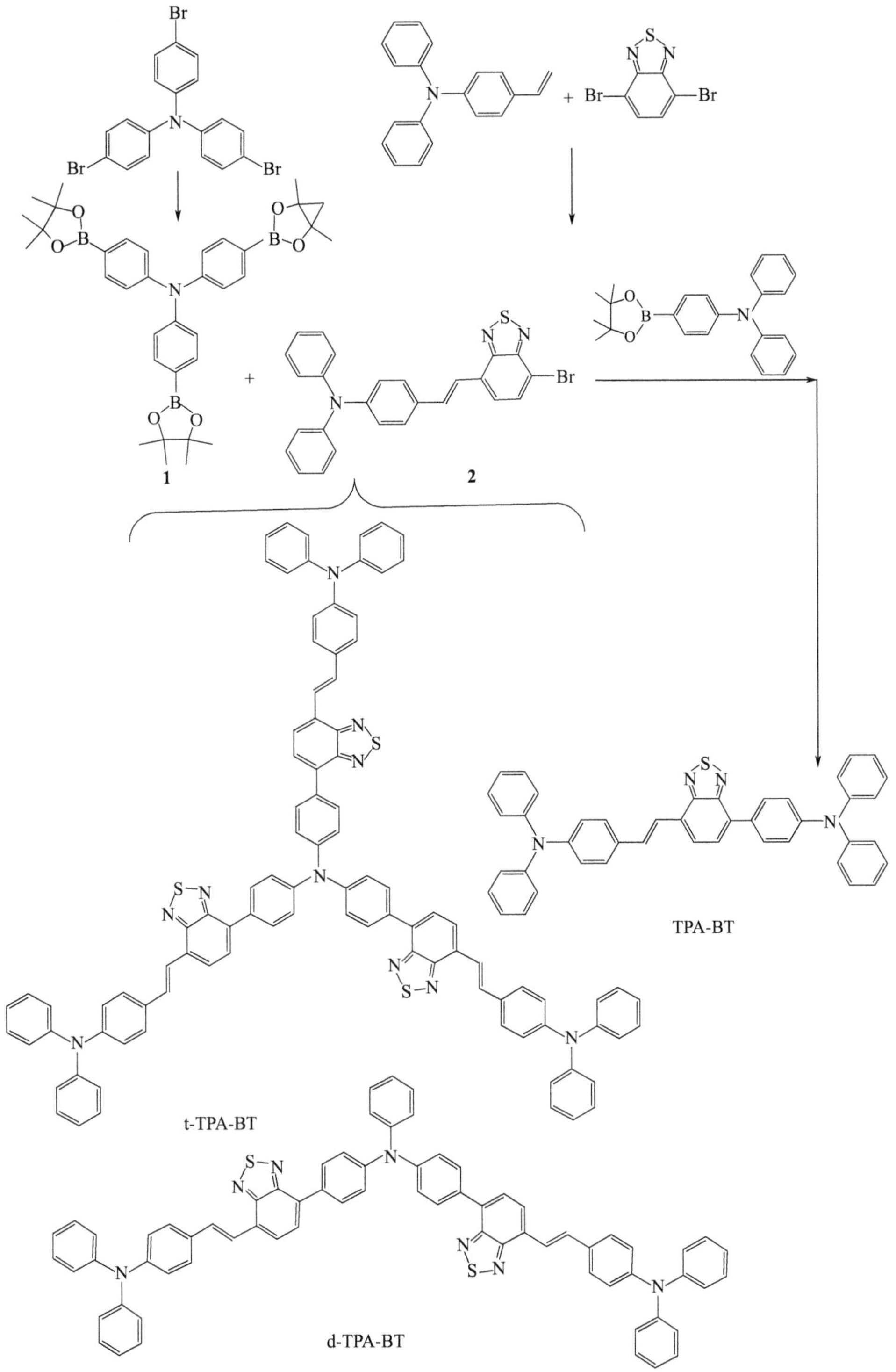

Br
N
Br
Br
O
B
O
N
B
O
O
B
O
O
1
+
N
S
N
N
Br
2
N
+
Br
S
N
N
Br
B
O
O
N
N
N
S
N
N
N
N
S
N
N
N
N
S
N
t-TPA-BT
S
N
N
N
N
S
N
N
N
N
N
S
N
N
TPA-BT
d-TPA-BT

图 6-38　化合物 TPA-BT、d-TPA-BT 和 t-TPA-BT 的合成路线

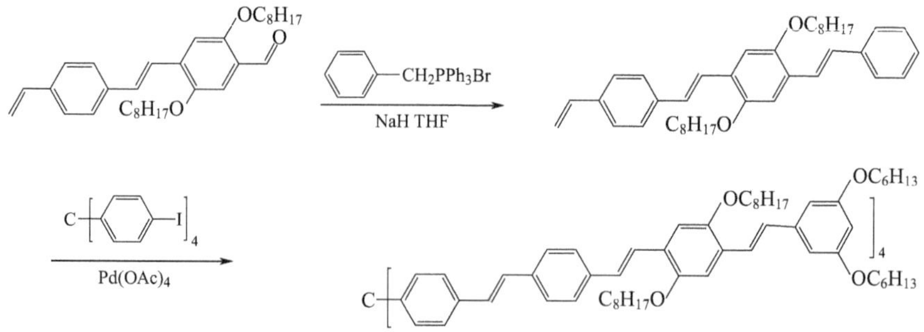

图 6-39 四苯基甲烷类化合物的合成路线

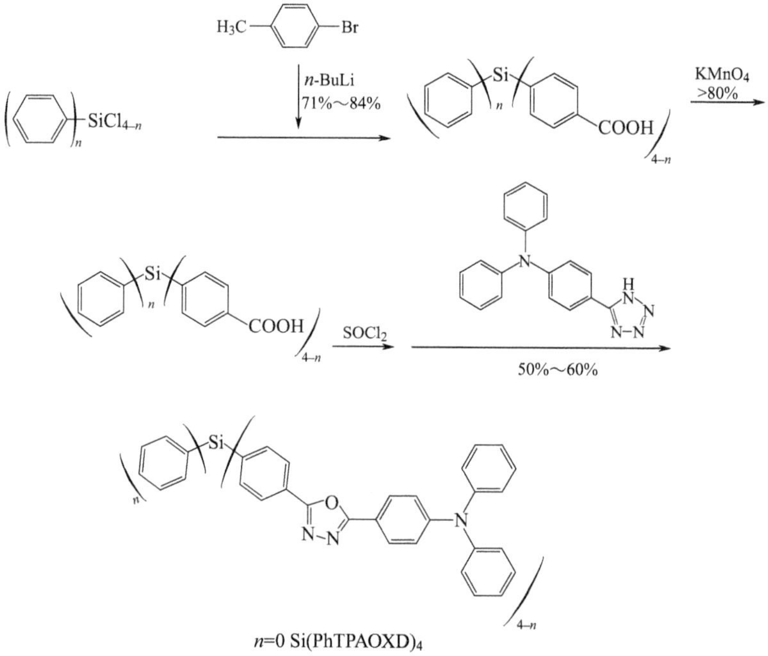

n=0 Si(PhTPAOXD)$_4$
n=1 PhSi(PhTPAOXD)$_3$
n=2 Ph$_2$Si(PhTPAOXD)$_2$
n=3 Ph$_3$Si(PhTPAOXD)

图 6-40 四苯基硅烷化合物的合成

链仍然会聚集。LED 器件结果也不理想，亮度为 558cd/m^2，外量子效率为 0.71%。可能是烷基柔性长链取代基的引入造成的，因为虽然烷基柔性长链取代基可以改善聚合物的溶解性，但在高温条件下，柔性的长支链的聚集导致分子发生重排，使材料的聚集更明显，即表现为烷基长链会对光活性基团有所谓的“包封作用”。

Chen 等合成了四苯基硅烷为骨架的三苯胺为外围端基团的无定形态发光材料[59]。四苯基硅烷骨架可以用苯基锂与氯硅烷反应得到，甲基被 $KMnO_4$ 氧化得到羧基，羧基变酰氯后与三苯胺的四氮唑反应得到目标化合物（图 6-40）。四种化合物都呈现明显的无定形态结构特征，随着含三苯胺支链的增加，材料的玻璃化转变温度升高。其中以含一个三苯胺支链的化合物［见图 6-40，Ph_3Si(PhTPAOXD)］为活性材料的电致发光器件的发光波长为 460nm，启亮电压为 5.5V，在 15V 外加电压下，器件的最大亮度达到 $20130cd/cm^2$，是一种很好的蓝光发光材料。以四苯基硅为骨架的材料还可以通过结构修饰得到发绿光和红光材料，典型的无定形态特征、平衡的载流子传输应该是其效率高的主要原因。

6.4.6　树枝状化合物

树枝状化合物可以通过调节分子的核、连接基团和端基来分别调控材料的发光颜色、载流子传输能力以及溶解性能等。P. R. Burn 研究组[60]近几年内开发出几个系列的树枝状分子，这些材料可用于荧光和磷光的发光器件。其设计思想为：通过改变核、连接基团和端基，分别调控分子的发光颜色、电荷传输和加工性质。图 6-41 中列出了几种典型的树枝状有机小分子化合物：二（二苯乙烯基）苯、二（二苯乙烯基）蒽和卟啉为核的树枝状分子，分别为发蓝、绿、红光的材料。

树枝状发光化合物的研究是当前的研究热点之一，已有很多相关报道[60]。北京大学的裴坚实验室合成了许多以三茚为核的含芴发光基团的发光材料，并发展了一些高效合成树枝状大分子的合成方法，在树枝状大分子的结构性能关系方面积累了一些经验[61]。以三茚化合物为例（图 6-42），通过将三茚溴代和烷基化或形成螺芴结构，并以其为核合成多种不同的化合物，包括与其他芳基化合物通过单键、双键或三键进行偶联所得到的材料分子。不同代数的树枝状化合物采用汇聚或收敛合成方法得到。由于相关化合物较多，这里仅选取一种比较成功的蓝光化合物为例进行介绍。

如图 6-42 所示，可通过两条路线合成出四种不同取代基的树枝状分子[62]，四种化合物发光都为纯蓝光发射，而且半峰宽较窄，在 58～67nm 之间。由于四种化合物的螺芴结构，其薄膜的荧光在空气中加热至 200℃保持 12h，没有发现光谱变化。这种分子结构改善了烷基芴类化合物在加热过程中发生光谱变化、在蓝光谱带中出现绿光发射拖尾现象，而使器件的色纯度降低的缺点。以化合物 **a**～**c** 为蓝光发光层的器件的 OLED 效率都在 2.0%以上，其中化合物 **a** 的效率达到 2.9%。而且四种化合物的电致发光光谱在外加电压 6～11V 的范围内稳定不变。以化合物 **d** 为发光层的器件的亮度最大，达到 $1717cd/m^2$。当然器件亮度还有很大的提升空间。

总之，虽然具有高位阻的树枝状结构分子有助于降低材料在薄膜状态的聚集问题，但树枝状结构在代数增加后，分子一般扭曲较大，分子间作用力太弱又会影响薄膜中载流子传输，进而降低薄膜器件的效率。所以，到目前为止，高代数的树枝状化合物综合发光性能还不够高。当然，材料在某些情况下的有序聚集也可以提高器件的载流子迁移率，因此，理想的结果应该考虑所设计的分子材料，

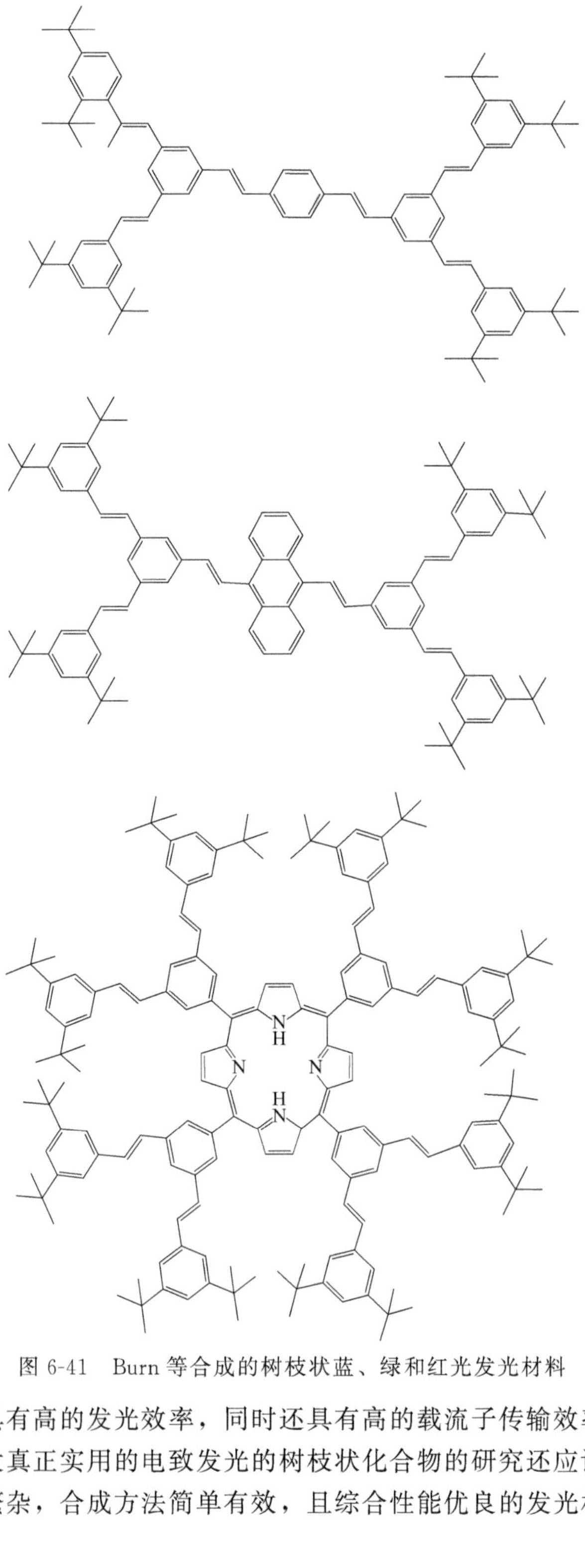

图 6-41　Burn 等合成的树枝状蓝、绿和红光发光材料

在薄膜状态既具有高的发光效率，同时还具有高的载流子传输效率，以使二者兼顾。另外，开发真正实用的电致发光的树枝状化合物的研究还应该把重点集中在其结构不要太繁杂，合成方法简单有效，且综合性能优良的发光材料上。

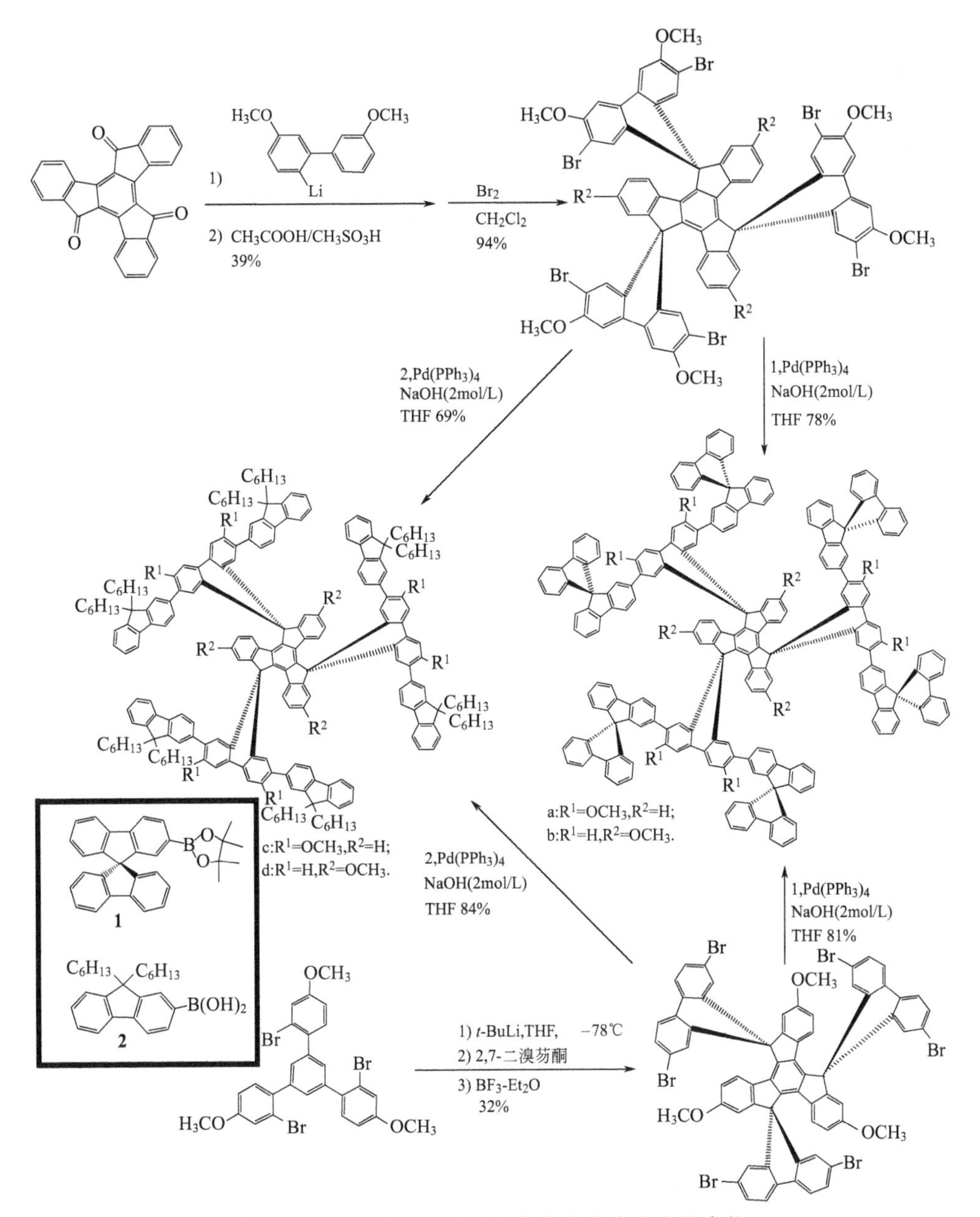

图 6-42　裴坚实验室合成的树枝状蓝光发光化合物

6.5　白光照明

众所周知，白光照明[63]在人们的日常生活中起着巨大的作用。全世界每年都要消耗巨大数量的电能用于照明，其用电量占到了总电能产量的 20%。荧光灯和白炽灯是目前最普遍使用的传统照明光源，它们的典型发光效率分别是13～

20lm/W 和 90～100lm/W。为了节省能源，需要寻找传统光源的替代品。在我国，用于照明的用电量约占总发电量的 12%左右。因此发展高效节能的照明光源是极其重要的，也是极具挑战性的研究课题。由无机半导体发光二极管制成的照明光源已有产品问世。市场上已经出现了由无机材料制作的红、绿、蓝及其他颜色的半导体发光二极管，广泛应用于交通信号灯、汽车尾灯及其他一些小型照明器件中。近二十年来，OLED 在显示技术领域已显示出了强大的竞争力。因为它具有制备简单、响应时间短、高亮度、宽视角、低驱动电压、最有可能应用到柔性衬底上和全彩显示等优点，制备出的显示屏可以被弯曲或卷起。而且，OLED 是自发光，无需背光，这使 OLED 显示屏可以做得更薄和更轻便。白光 OLED 技术在通用固态照明和在平板显示作为液晶背光源中的应用，已经吸引了相当多的关注。作为照明用白光应该具有好的显色指数，一般要求显色指数（CRI）大于 75，好的色坐标，CIE 接近（0.33，0.33），合适的色温（3000～7500K）及在较大驱动电压范围内的光谱稳定性，而且要效率高。如果能开发出 OLED 白光照明光源，将是人类照明的一次革命，因为白光有机发光二极管（WOLED）不仅可以做到体积小、重量轻、驱动电压低、能耗低、无污染，而且可以做成面光源，是理想的背光源和白光照明光源。国际上许多大公司已经有大量投入进行研究和产品开发。如 Universal Display Corporation 已成功展示了在 1000cd/m^2 的亮度下，效率为 102lm/W 的白光发光器件。Osram（欧司朗）公司已经开发出白光照明产品：亮度大于 1000cd/m^2；功率效率 46lm/W；色温 2800K，属于暖光；CRI-80，使用寿命为 5000h。

获得白光 OLED 的途径包括多发光层复合器件，发蓝光、绿光、红光材料掺杂的器件；基于激基复合物或缔合物器件；三线态发光材料掺杂于主体材料构成的器件以及叠层器件等等。和荧光材料相比，磷光材料由于充分利用了单线态和三线态激子的发光而具有高的发光效率，被广泛用于有机白光二极管。

不同发光器件的结构各有其优缺点，例如可以采用不同颜色的荧光材料或磷光材料与聚合物主体材料掺杂或混合体系来实现白光发射。但是采用这种方法会出现一些问题，诸如：单一发光层中掺杂不同浓度的发光材料，需要仔细调节和精确控制掺杂浓度，以保证激子在活性层中平衡分布。另一方面，多发光层 WLED 一般需在发光层间插入载流子阻挡层，以实现在每层发光层中激子分布平衡。掺杂材料之间会发生相分离而影响器件的稳定性；发光颜色也会随驱动电压的改变而改变，从而降低器件发光颜色的稳定性。再如，对于由有机小分子材料制成的器件，实现白光发射最常用的方法是在真空中依次蒸镀多层发光层，各层中分别含有发射蓝、绿、红某一单基色的光的材料，由此复合产生白光。然而在这种结构器件中较难控制激子的复合区域，因而不易实现发光颜色的平衡；器件的发光颜色往往也表现出电压依赖性。克服上述缺点的途径之一便是尽可能减少发光物种的数目，如利用激基复合物（exciplex）、激基缔合物（excimer）、电致激基复合物（electroplex）、电致激基缔合物（electromer）的发光来实现白光，因为激基复合物、激基缔合物类的发光光谱谱带较宽。但是这些白光器件在色纯度、发光亮度和发光效率等方面仍未取得令人满意的结果。

马东阁等利用荧光发光与磷光发光组合，器件中电荷分布（charge distribution）的精确控制，以及p-i-n结激基复合物、激基复合物与激基缔合物的发光混合（mixing of excimer and exciplex emission）的串联结构，并引入多功能材料和激子限制结构（exciton-confining structures）等概念，制备出了高效有机白光二极管[64]。

下面将从材料的角度，对能量转移型器件、多层器件、高分子共混、单一组分的器件和激基复合物发光器件作简要介绍。

6.5.1　能量转移型主客体器件

在高能量的主体材料中形成的激子或通过长程的Foster共振能量转移将单线态激子转移到窄能隙的客体材料，或通过短程Dexter能量转移把三线态激子转移给客体材料。如果这两种材料相对含量较为平衡，则可以既保证窄能隙材料的发光，同时又可获得主体材料的发光。然而在不同的驱动条件下，要控制红、绿、蓝三种材料的能量转移以获得平衡的白光非常困难。通常电发光器件都具有电压依赖性，尤其是存在多种掺杂剂的条件下。

对聚合物体系来讲，一个重要挑战是其HOMO和LUMO能级要低到使空穴和电子注入更容易，同时还要具有高的三线态能级，使能量容易转移到绿光或蓝光磷光掺杂剂。如采用图6-43所示的咔唑与噁二唑共聚物为主体材料，其间位连接方式保证了聚合物的三线态具有高的禁带宽度。以其为蓝光主体材料，图6-43右图铱的配合物为绿光掺杂剂的器件的效率达23cd/A，并且在20～500A/m^{2}的电流密度变化范围内，发光效率无变化[65]。所以常见的白光电致发光器件，一般采用发蓝光或绿光的聚合物作为主体材料，掺杂橘红色发光材料后来实现白光发光。然而，到目前为止，能作为理想的蓝光掺杂剂主体材料的聚合物还极少。

6.5.2　多层膜发光器件

即在两层或多层器件中，利用两种以上的发光材料同时发出不同发光颜色的

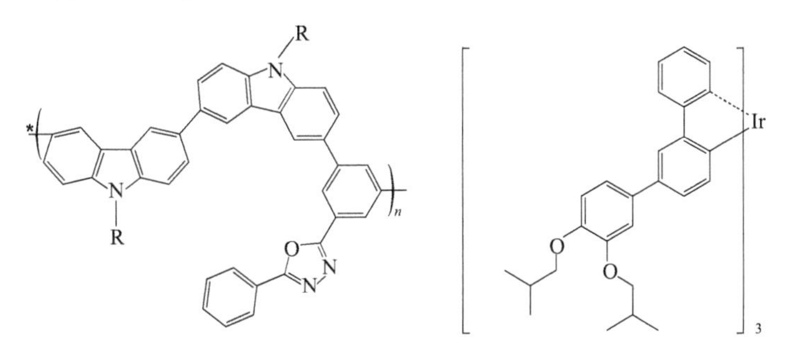

图6-43　间位连接的聚合物材料和Ir配合物发光材料的分子结构

光混合形成白光。器件发光的颜色取决于每一层的发光材料及其膜厚，因此，需要精确控制材料的选择和膜厚，以使发光颜色平衡和稳定。该方法主要通过蒸镀不同发光颜色的有机小分子材料来制备多层器件。另外，为了获得高的发光性能，还需要引入载流子传输层和阻挡层以提高器件的效率。缺点是制备工艺复杂，而且蒸镀的方法会浪费大量材料，导致成本提高。

由于制作工艺限制，只有很少的溶液加工的多层发光器件有文献报道。因为在涂下一层结构的时候，溶剂往往会溶解已沉积的材料。采用正交的溶剂沉积不同的材料是一个很好的解决办法。或通过后沉积处理，即将已沉积的材料通过交联使其变成不溶，然后再进行下一层的制备。此方法除提高材料的抗溶解能力外，分子交联还可以使材料的玻璃化转变温度提高，进而提高器件的稳定性，延长操作寿命。

6.5.3 发光材料与高分子共混

利用一种或多种发光材料和主体材料共混，配制混合溶液，然后沉积到基底得到发光器件。这种方法的好处是加工简单，问题是器件操作过程中结晶或形貌变化会影响器件的寿命。

有关高分子共混的器件报道较多，下面仅举一例说明。

以 FTO-BT5 为绿光掺杂剂（图 6-44），Os(fppz) 为红光掺杂剂[66]，将其掺杂到主体材料 PF-TPA-OXD 中制备的白光器件。聚合物 PF-TPA-OXD 不仅自身发蓝光，还可以作为主体材料，而且空穴传输基团三苯胺结构和电子传输基团噁二唑的引入，使材料的电子和空穴的传输更平衡。由于其结构与绿光发光材料接近，而且红光发光材料的含量极低，因而相分离现象不明显，所以器件的稳定性提高。器件的白光效率在 $402cd/m^2$ 下达到 4.1%(8.3cd/A)，其发光光谱覆盖整个可见光区。当发光亮度从 $30cd/m^2$ 提高到 $5\times10^3cd/m^2$ 时，器件的 CIE 坐标仅有少许移动［从（0.36，0.32）移动到（0.33，0.31）］，器件的外量子效率保持在 3%以上。

6.5.4 单一聚合物器件

与多层结构或多种发光材料构成的白光 OLED 相比，如果能用单一组分的单层器件实现白光发射，则器件的制备过程将大为简化，同时发光颜色的稳定性也将得到改善。将窄带隙的生色团作为侧链或将其与宽带隙的生色团共聚作为主链得到发白光聚合物。亦即控制引入一定比例的发不同颜色光的生色团到同一个聚合物分子中，利用不同能级生色团之间的不完全能量转移，使聚合物分子发出白光，即在光谱中既包括蓝光成分，又包含橘红到红光的长波组分。这种单一聚合物白光器件的好处是避免了相分离，缺点是增加了聚合物合成的复杂性。

几个比较成功的例子一般是采用宽能隙的聚芴作为蓝光[67~70]组分，采用苯并噻二唑或萘酰亚胺基团作为绿光组分，采用含苯并噻二唑的给受体生色团或铱

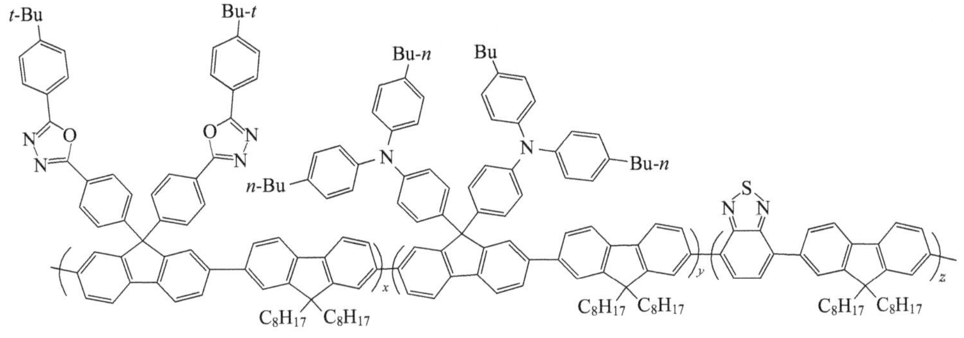

FTO-BT5　$x=y=0.225n$, $z=0.05n$

PF-TPA-OXD $x=y=0.25n$, $z=0$

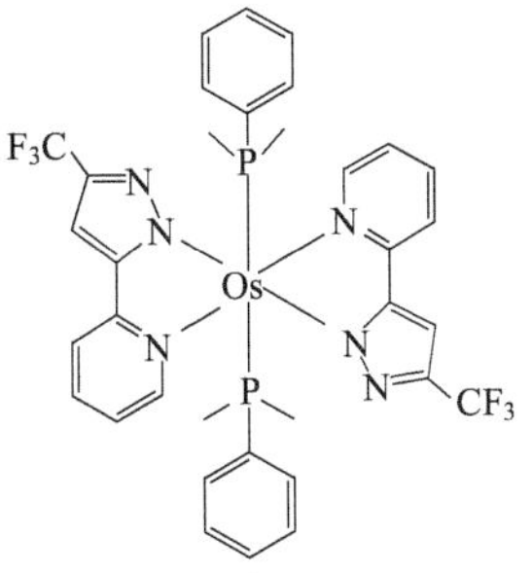

Os(fppz)

图 6-44　聚合物 FTO-BT5 及 Os 红光发光材料的结构

的配合物三线态发光基团作为红光组分（图 6-45～图 6-48）。如 Liu 等合成的聚合物（图 6-45），以聚芴为骨架，少量的二甲氨基取代的萘酰亚胺侧基作为绿光发光单元；另外少量的二三苯胺-苯并噻二唑侧基作为橘红光发光单元。由此发光聚合物所制作的单层器件的电流效率和功率效率分别为 12.8cd/A 和 8.5lm/W，色坐标为（0.31，0.36）[67]。

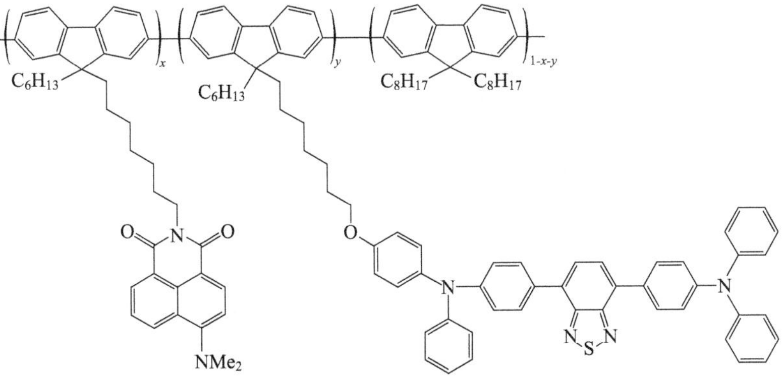

图 6-45　含苯并噻二唑或萘酰亚胺基团为侧链的发白光的聚芴

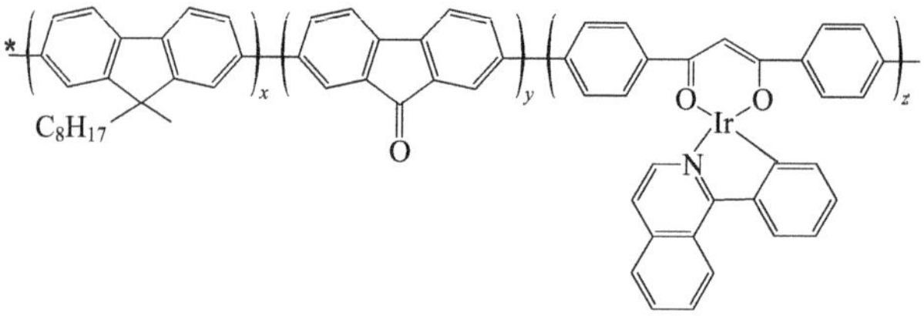

图 6-46 主链含芴酮和 Ir 配合物的白光聚合物

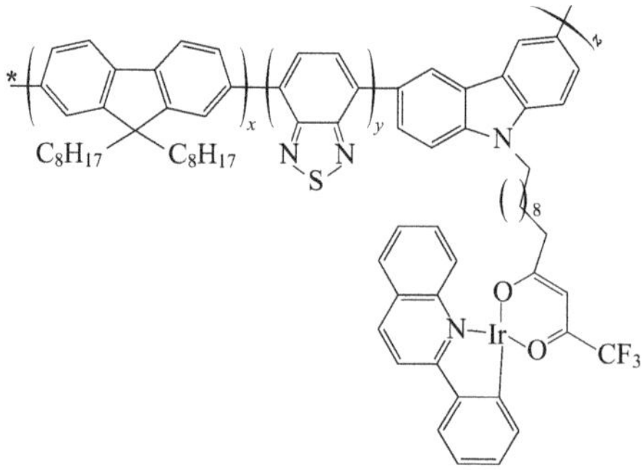

图 6-47 一种侧链含 Ir 的三线态发光单元的白光聚合物

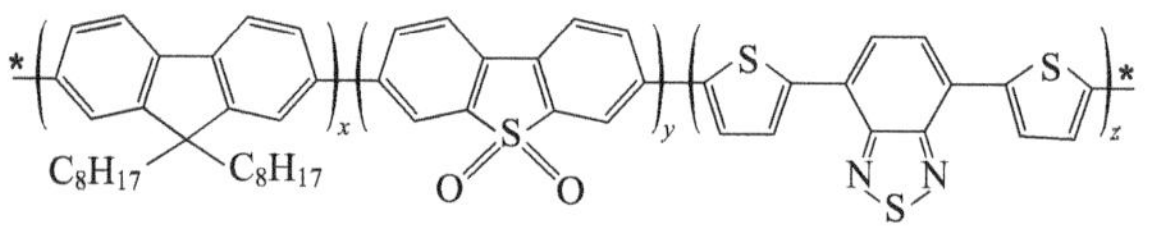

图 6-48 一种主链型发白光聚合物的分子结构

由于激基复合物或激基缔合物的光谱具有较宽的谱带结构，因此，可以利用其光谱作为组成白光发射的长波成分。即利用发光生色团发出的本征光谱，同时又发出长波的激基复合物或缔合物的光谱，由此组合出白光。由于荧光激基复合物或缔合物的效率比其单体的要低很多，因而实际常采用高效的磷光发光材料的激基复合物以提高效率。

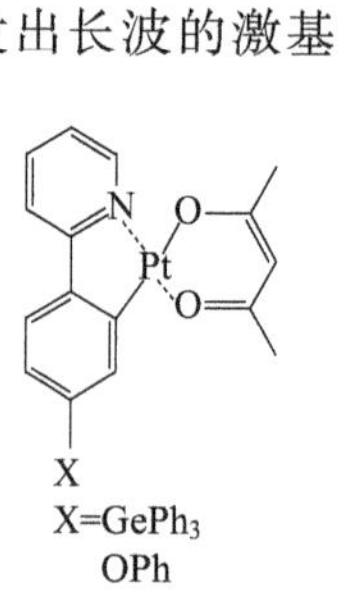

图 6-49 一种 Pt 的三线态发光材料的分子结构

如图 6-49 所示的配合物是发绿光的二价铂的三线态发光材料，将其掺杂于 CBP 中所制备的电致发光器件[71]，器件结构为 ITO/NPB/x% Pt：CBP/BCP/Alq3/LiF/Al，是一种结构简单的白光器件。发出高质量的白光，CIE (0.354，0.360)，CRI 为 97，色温为 4719K，器件的亮度高达 $415000cd/m^2$。

其高效的白光发光的原因在于：在器件中，利用了 NPB 的单线态激子发蓝光，另外 3/4 的不发光的三线态激子的能量以无辐射跃迁的形式传递给发绿光的三线态配合物，红光组分来自于激基缔合物的发光。由 NPB 向铂的配合物的能量转移效率很高，因而，器件的效率提高。

另外，通过炔键连接的小分子树枝状化合物也可以实现白光发光。刚性的炔链可以有效地控制分子间相互作用的程度，此材料在电流驱动下能形成电致激基缔合物，发出白光，但是效率还不高。如以图 6-50 的化合物为白光发光材料所制备的器件，其亮度只有 450cd/m^2，最大效率只有 0.11cd/A[72]。当然，基于此类化合物的白光器件的效率还有很高的提升空间。而这种分子结构形式为白光

t-Bu　Bu-t　N　N　N　t-Bu　Bu-t　t-Bu　Bu-t

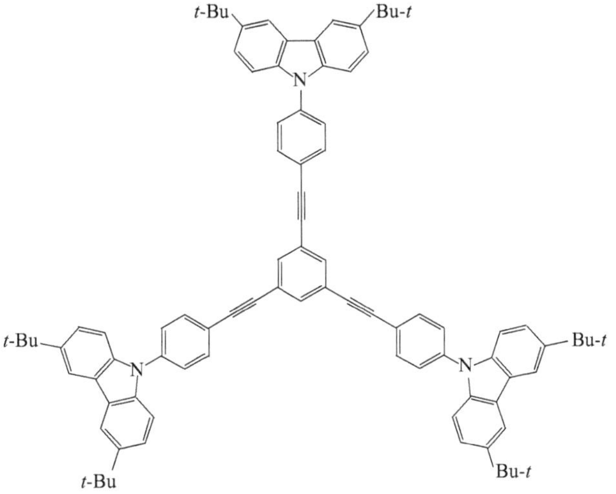

图 6-50　发白光的炔类星形小分子材料

材料的设计概念提供了实验依据。

6.5.5　展望

由于三基色电致发光材料的研究基础，有机白光发光器件研究近年来进展神速。Philips、Osram、NEC Mitsubishi 等公司都已经展示了白光照明的原型器件。如德国欧司朗光电半导体（OSRAM Opto Semiconductors GmbH）成功开发了发白光的普通照明用有机 EL 面板。面板尺寸为 90cm^2，白光的色度在 CIE 色度图中的坐标为（0.396，0.404），亮度为 1000cd/m^2 时的发光效率为 20lm/W，寿命为 2 万小时（亮度半衰期之前）。

然而，白光固体照明要真正实现产业化还面临着许多问题，如无论小的原型器件还是大尺寸器件，现在主要是采用有机小分子材料。其缺点是需要真空镀膜，因而材料的浪费较严重。为降低成本，提高有机白光照明技术的竞争力，溶液加工的小分子和聚合物将是未来白光材料的首选。利用溶液加工技术，可以通过印刷技术等很方便地实现大批量生产。材料的高性能和耐老化性能、器件的重复性、高质量、稳定性和延长使用寿命是白光器件追求实用化的目标。

从材料的角度，还需要注意保持载流子的传输平衡，以使其在高电流条件下避免自猝灭和效率降低的问题，目前，高的发光效率和良好的抗老化性能仍是材

料追求的目标。尽管有机白光照明还面临着许多挑战，还需要几年以上的时间才能实现，但是材料和器件性能的大幅提高使人们已经看到了曙光。白光有机二极管和有机薄膜太阳能电池所使用的材料以及结构大致相同，因此，很多科研单位及企业都在同时进行有机白光电致发光照明和有机薄膜太阳能电池的开发。目前，几家大公司都预计，2016 年 OLED 显示和照明可以实现产业化。相信白光有机二极管成为主要照明光源的日子即将到来，有机分子材料将成为人类生活中不可或缺的新一代材料。

参考文献

[1] Pope M，Kallmann H，Magnante P. *J. Chem. Phys.*，**1963**，38：2042-2043.

[2] Burroughes J H，Bradley D D C，Brown A R，et al. *Nature*，**1990**，347：539-541.

[3] (a) Kraft A，Grimsdale A C，Holmes A B. *Angew. Chem. Int. Ed.*，**1998**，37：402-428. (b) Mitschke U，Bäuerle P. *J. Mater. Chem.*，**2000**，10：1471-1507. (c) Karasz F E. *Polymeri*，**1997**，18：3-4. (d) Segura J L. *Acta. Polym.*，**1998**，49：319-344.

[4] Tang C W，Vanslyke S A. *Applied Physics Leters*，**1987**，51：913-915.

[5] (a) Pei Q，Yu G，Zhang C，et al. *Science*，**1995**，269：1086-1088. (b) Gao J，Li Y，Yu G，Heeger A J. *J. Applied Physics*，**1999**，86：4594-4599.

[6] Chang S C，Yang Y. *Appl. Phys. Lett.*，**1999**，74：2081.

[7] Ma L P，Pyo S，Xu Q，et al. ICSM Shanghai International conference on Science and Technology of Synthetic Metals，**2002**，MonG1：64.

[8] (a) Dyreklev P，Berggren M，Inganas O，et al. *Adv. Mater.*，**1995**，**7**：43. (b) Weder C，Sarwa C，Montali A，et al. *Science*，**1998**，279：835. (c) Montali A，Bastiaansen C，Smith P，Weder C. *Nature*，**1998**，392：261.

[9] Heeger A J. *Solid State Commun.*，**1997**，107：673-679.

[10] (a) Baldo M A，O' brien D F，You Y，et al. *Nature*，**1998**，395：151. (b) Lo S C，Male N A H，Markham J P J，et al. *Adv. Mater.*，**2002**，14：975-979.

[11] Campbell I H，Kress J D，Martin R L. *Appl. Phys Lett.*，**1997**，71：3528.

[12] Tarabia M，Hong H，Davidov D. *J. Appl. Phys.*，**1998**，83：725.

[13] Bharathan J，Yang Y. *Appl. Phys. Lett.*，**1998**，72：2660.

[14] (a) Tsutsui T. *MRS bulletin*，**1997**，June：39-45. (b) Yang Y. *MRS bulletin*，**1997**，June：31-38.

[15] (a) 黄春辉，李富友，黄维著. 有机电致发光材料与器件导论. 上海：复旦大学出版社，**2005**. (b) 滕枫，侯延冰，印寿根等编著. 有机电致发光材料及应用. 北京：化学工业出版社，**2006**. (c) 李海蓉著. 有机电致发光材料与器件. 兰州：兰州大学出版社，**2005**. (d) 陈金鑫，黄孝文. OLED有机电致发光材料与器件. 北京：清华大学出版社，**2007**. (e) 樊美公，姚建年，佟振合. 分子光化学与光功能材料科学. 北京：科学出版社，2009.

[16] 徐新军. 有机电致发光器件的设计、制备及性能研究［博士论文］. 北京：中国科学院研究生院，**2007**.

[17] Gould R D. *J. Appl. Phys.*，**1982**，53：3353.

[18] Sokolik I，Priestley R. Walser A D，et al. *Appl. Phys. Lett.*，**1996**，69：4168.

[19] Markov D E，Amsterdam E，Blom P W M. *J. Phys. Chem. A*，**2005**，109：5266.

[20] Baldo M A. *Phys. Rev. B*，**1999**，66：14422.

[21] Tanaka I，Tokito S. *Jpn. J. Appl. Phys.*，**2004**，43：7733.

[22] Okamoto S，Tanaka K，Izumi Y，et al. *Jpn. J. Appl. Phys.*，**2001**，40：L783.

[23] Nakayama T，Itoh Y，Kakuta A. *Appl. Phys. Lett.*，**1993**，63：594.

[24] (a) Carey F A，Sundberg R J. *Advanced organic Chemistry*，*Fourth etition*，*Part B*；*Reactions and Synthesis*，Kluwer Academic/plenum publishers，**2001**. (b) Corbet J P，Mignani G. *Chemical Reviews*，**2006**，106：60.

[25] (a) Shirota Y. *J. Mater. Chem.*，**2000**，10：1-25. (b) Shirota Y. *J. Mater. Chem.*，**2005**，15 (1)：75-93. (c) Shirota Y，Kageyama H. *Chem. Rev.*，**2007**，107：953-1010.

[26] Saragi T P I，Spehr T，Siebert A，et al. *Chem. Rev.*，**2007**，107：1011-1065.

[27] Pei J，Ni J，Zhou X H，et al. *J. Org. Chem.*，**2002**，67：4924.

[28] Weissörtel F. Synthese und Characterisierung spiroverknüpfter nieder- molecularer Gläser für optoelectronische Anwendungen [D]. Regensburg：University of Regensburg，1999.

[29] Siebert A，Salbeck J. Unpublished work.

[30] (a) Thiemann F，Piehler T，Haase D，et al. *Eur. J. Org. Chem.*，**2005**：1991-2001. (b) Pirrung M C，Fallon L，Zhu J，Lee Y R. *J. Am. Chem. Soc.*，**2001**，123：3638-3643.

[31] Wu F I，Shu C F，Wang T T，et al. *Synthetic Metals*，**2005**，151：285-292.

[32] Tang S，Liu M R，Lu P，et al. *Adv. Funct. Mater.*，**2007**，17：2869-2877.

[33] Kim H S，CHO M J，Jung K M，et al. *Journal of Polymer Science*：*Part A*：*Polymer Chemistry*，**2008**，46：501-514.

[34] Chiang C L，Tseng S M，Chen C T，et al. *Adv. Funct. Mater.* **2008**，18：248-257.

[35] Lyu Y Y，Kwak J，Jeon W S，et al. *Adv. Funct. Mater.*，**2009**，19：420-427.

[36] Nakanotani H，Akiyama S，Ohnishi D，et al. *Adv. Funct. Mater.*，**2007**，17：2328-2335.

[37] Telfer S G，Kuroda R. *Coordination Chemistry Reviews*，**2003**，242：33-46.

[38] (a) Deussen H J，Boutton C，Thorup N，et al. *Chem. Eur. J.*，**1998**，4：240. (b) Suchod B，Renault A，Lajzerowicz J，Spada G P. *J. Chem. Soc. Perkin Trans.* 2，**1992**：1839.

[39] Pu L. *Chem. Rev.*，**1998**，98：2405.

[40] (a) Kubinyi M，Pal K，Baranyai P，et al. *Chirality*，**2004**，16：174. (b) Lin J，Li Z B，Zhang H C，Pu L. *Tetrahedron Letters*，**2004**，45：103. (c) Lin J，Hu Q S，Xu M H，Pu L. *J. Am. Chem. Soc.*，**2002**，124：2088. (d) Kavenova I，Holakovsky R，Hovorka M，et al. *Chemicke Listy*，**1998**，92：147.

[41] Jen A K Y，Liu Y Q，Hu Q S，Pu L. *Appl. Phys. Lett.*，**1999**，75 (24)：3745-3747.

[42] (a) Zheng L X，Urian R C，Liu Y Q，et al. *Chem. Mater.*，**2000**，12：13. (b) Jiang X Z，Liu S，Ma H，Jen A K Y. *Appl. Phys. Lett.*，**2000**，76：1813. (c) Pu L. *Macromol. Rapid Comm.*，**2000**，21：795. (d) Zhan X W，Liu Y Q，Yu G，et al. *J. Mater. Chem.*，**2001**，11：1606.

[43] Ostrowski J C，Hudack R A，Robinson M R，et al. *Chemistry-A European Journal*，**2001**，7：4500.

[44] Miyashita A，Yasuda A，Takaya H，et al. *J. Am. Chem. Soc.*，**1980**，102：7932.

[45] Zhang X M. Ortho substituted chiral phosphines and phosphinites and their use in asymmetric catalytic reactions. US 6855657. 2005-02-15.

[46] Berthod M，Saluzzo C，Mignani G，Lemaire M. *Tetrahedron*：*Asymmetry*，**2004**，15：639.

[47] Berthod M，Mignani G，Woodward G，Lemaire M. *Chem. Rev.*，**2005**，105：1801-1836.

[48] Schilling B, Kaufmann D E. *Eur. J. Org. Chem.*, **1998**, 701: 2709.

[49] He Q G, Lin H Z, Weng Y F, Zhang B, Wang Z M, Lei G T, Wang L D, Qiu Y, Bai F L. *Adv. Func. Mater.*, **2006**, 16: 1343.

[50] He Q G, Chu Z Z, Lei G T , Qin A J, Lin H Z, Bai F L, Cheng J G, Qiu Y. *Chin. Chem. Lett.*, **2008**, 19: 431-434.

[51] Zhou Y, He Q G, Yang Y, Zhong H Z, He C , Yang C H, Liu W, Bai F L,, Li Y F. *Adv. Func. Mater.*, **2008**, 18 (20): 3299.

[52] Zhou Q C, Qin A J, He Q G, Lei G T, Wang L D, Qiu Y, Ye C, Teng F, Bai F L. *Journal of Luminescence*, **2007**, 122-123: 674-677.

[53] Elandaloussi E H, Spangler C W. *Polym. Prepr.*, **1998**, 39: 1055.

[54] Mallegol T, Gmouh S, Meziane M A A, et al. *SYNTHESIS-STUTTGART*, **2005**, 11: 1771-1774.

[55] Yao Y S, Xiao J, Wang X S, et al. *Adv. Funct. Mater.*, **2006**, 16: 709-718.

[56] Yang Y, Zhou Y, He Q G, He C, Yang C H, Bai F L, Li Y F. *J. Phys. Chem. B*, **2009**, 113: 7745-7752.

[57] Oldham W J, Jr., Lachicotte R J, Bazan G C. *J. Am. Chem. Soc.*, **1998**, 120: 2987-2988.

[58] Robinson M R, Wang S, Bazan G C, Cao Y. *Adv. Mater.*, **2000**, 12: 1701-1704.

[59] Chan L H, Yeh H C, Chen C T. *Adv. Mater.*, **2001**, 13 (21): 1637-1641.

[60] (a) Lupton J M, Samuel I D W, Beavington R, et al. *Adv. Mater.*, **2001**, 13: 258. (b) Lupton J M, Samuel I DW, Frampton M J, et al. *Adv. Funct. Mater.*, **2001**, 11: 287. (c) Halim M, Pillow J N G, Bourn P L. *Synthetic Metals*, **1999**, 102: 1113-1114. (d) Hullim M, Pillow J N G, Samuel I D W, et al. *Adv. Mater.*, **1999**, 11 (5): 371.

[61] Li J Y, Liu D. Dendrimers for organic light-emitting diodes. *J. Mater. Chem.*, **2009**, 19: 7584-7591.

[62] Luo J, Zhou Y, Niu Z Q, et al. *J. Am. Chem. Soc.*, **2007**, 129: 11314-11315.

[63] Kamtekar K T, Monkman A P, Bryce M R. *Adv. Mater.*, **2009**, ASAP.

[64] Wang Q, Ding J Q, Ma D G, et al. *Adv. Funct. Mater.*, **2009**, 19: 84-95.

[65] Dijken A V, Bastiaansen J J A M, Kiggen N M M, et al. *J. Am. Chem. Soc.*, **2004**, 126: 7718.

[66] Wu F I, Shih P I, Tseng Y H, et al. *J. Mater. Chem.*, **2007**, 17: 167-173.

[67] Liu J, Shao S Y, Chen L, et al. *Adv. Mater.*, **2007**, 19: 1859.

[68] Zhang K, Chen Z, Yang C, et al. *J. Mater. Chem.*, **2008**, 18: 291.

[69] (a) Jiang J X, Xu Y H, Yang W, et al. *Adv. Mater.*, **2006**, 18: 1769. (b) Xu Y, Guan R, Jiang J, et al. *J. Polym. Sci. PartA: Polym. Chem.*, **2008**, 46: 453.

[70] Dias F B, Kamtekar K T, Cazati T, et al. *Chem Phys Chem.*, **2009**, 10: 2096.

[71] Zhou G J, Wang Q, Ho C L, et al. *Chem. Commun.*, **2009**, 3574-3576.

[72] Adhikari R M, Duan L, Hou L D, et al. *Chem. Mater.*, **2009**, 21: 4638-4644.

第 7 章　有机分子传感器材料与器件应用

7.1　导言

分子识别是超分子化学研究的核心内容之一[1~3]。分子识别这一概念最初是被有机化学家和生物化学家用来在分子水平上研究生物体系中的化学问题而提出的。人们从酶与核酸的研究认识到生化系统巧妙的特异性，开始设计和合成一些简单的分子来模拟天然化合物的性质。在这些底物（主体）与受体（客体）结合的超分子体系中，维系分子之间的作用力是几种弱相互作用力的协同作用，其强度不次于化学键，它们不是传统的共价键，而是被称为非共价键力的分子间作用力，如：范德华（van der Waals）力（包括离子-偶极、偶极-偶极和偶极-诱导偶极相互作用）、疏水相互作用和氢键等[4~7]。分子识别主要分为对离子客体的识别和对分子客体的识别两种。分子识别过程的研究，对于生命、材料以及环境等科学领域的发展具有十分重要的理论与实际意义。例如：分子识别现象在生物界普遍存在，生命体系中酶对氨基酸、肽、蛋白质、碱基、核苷、DNA、RNA、糖等一系列从简单到复杂的分子有效识别和转化，构成了生理活动的基础；小分子和生物大分子之间的高度特异的识别在生命过程中的调控、生物体内反应、输送和生物体中受体-底物相互作用等，从化学角度看，其基本现象都是分子间的相互识别作用。

在分子识别领域中，具有分子器件性质的化学传感器是近年来迅速发展起来的一个新的科学领域。化学传感器是指有着分子尺寸或比分子尺寸较大一些的、在与被分析物相互作用时能够给出实时信号的一种分子器件。它集分子电子学、化学科学、材料科学和生物科学于一体，是将待测物质通过分子设计组成的敏感器件（分子或分子体系），定量和高选择性地转化为可检测的光电信号，并由高集成的电子仪器进行信息分析、处理，从而得到相关环境的化学物质的信息。

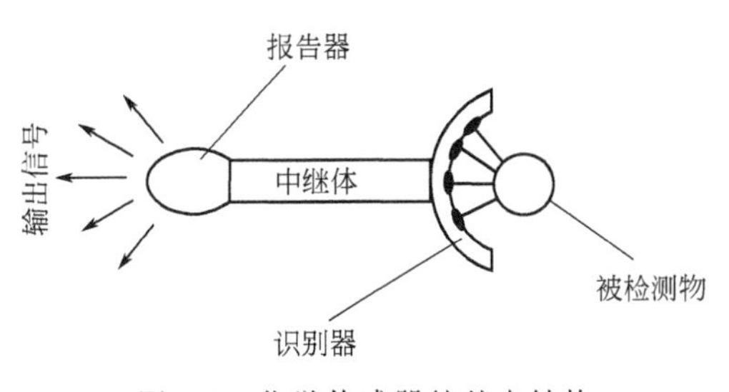

图 7-1　化学传感器的基本结构

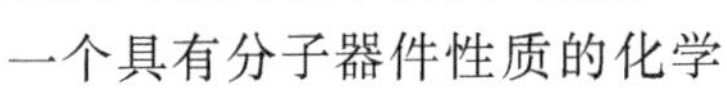

一个具有分子器件性质的化学传感器可简单地分为 3 个部分（如图 7-1 所示）：①外来物种的识别部分（recognition moiety）；②传感器在接受外来物种后将信息传输出的报告器部分（report moiety)；③中继体部分（spacer）。

化学传感器的检测对象多种多样，从离子、分子到温度、压力、pH 值等宏观信号，不一而足。其中离子的识别吸引了许多化学家、生物化学家及环境学家的极大兴趣，这是因为无论是金属离子还是阴离子，在医药和环境领域都扮演着重要的角色，例如：很多金属离子可以在生物体内形成金属酶参与生命体系的过程，如细胞色素氧化酶就包含有铜离子和铁离子；在生物体内多种金属离子（如 Fe^{2+}、Cu^{2+}、Co^{2+}、Mo^{2+}、Zn^{2+}、Ca^{2+}、Mg^{2+}、K^{+}、Na^{+} 等）是维持生命活动所必不可少的；而携带基因信息的 DNA 则是一种多阴离子结构，一些生物体内的酶也是阴离子性质的。在环境方面，某些金属离子和阴离子的超标排放会对环境造成很大的危害，如汞、铅、镉等重金属离子可以引起人类的神经中枢疾病，严重威胁人类健康；环境中某些微量阴离子的存在也会带来严重的污染，对人们生活、生产造成危害，例如饮用水中氟离子超标就会造成斑齿症。

除了离子，一些有机小分子和生命活性物质的检测也越来越成为科研工作者关注的热点。这些分子包括杀伤能力极高的化学武器如沙林（甲氟磷酸异丙酯）、索曼（甲氟磷酸异乙酯），一些易燃易爆物质如 TNT、黑索金、太安、奥克托今等，一些神经性毒剂如冰毒、K 粉、摇头丸等和一些环境污染物如苯胺、卤代烃和硝基苯等[8~10]，也可以是葡萄糖、氨基酸、蛋白质、活性氧等生命活性物质[11~14]。近年来，也有大量的文献报道了对温度、溶剂有响应的化学传感器[15,16]。

随着科学的不断发展，化学传感器从最初的检测某些无机金属离子或阴离子到检测有机物或生物活性物质甚至是温度、压力等一些宏观信号，给人们的生活或生产带来了很大的方便。目前化学传感器主要是用来监测工作环境、食品和室内空气中有害化学物质和生物物质以及能源工业中主要燃料成分控制和利用率的现场监测仪器设备，并被广泛用于环保、工业卫生、过程控制、临床和家庭报警系统等。

化学传感器所用材料从组成上来讲可以是无机化合物、有机小分子化合物、高分子化合物，还可以是几种分子组成的自组装传感体系。从检测依据来讲，化学传感器主要是通过被检测物质与传感分子发生化学反应、氢键、络合、疏水-疏水、静电等相互作用，从而改变传感分子的结构及光电性质，并以信号的形式表达出来。从检测方法上来看，主要是利用电化学、紫外、荧光、红外、圆二色谱和核磁等仪器来实现的。根据所应用的检测方法，化学传感器可以分为电化学传感器、荧光传感器、生色（紫外）传感器等等。依照其检测物质的不同可分为离子传感器、分子传感器、温度传感器、压力传感器和 pH 传感器等。需要指出的是，上述分类方法并不是绝对的，例如，有的化学传感器对被检测物有多种信号改变，可能既是荧光传感器又是生色传感器。此外上述传感器各有特点又互为补充。例如电化学传感器具有专一、直观、干扰小、容易区分的特点；荧光化学传感器具有选择性好、灵敏度高及检测限低的特点；生色传感器具有成本低、操作简单、肉眼可见的特点。

在本书中，着重介绍由分子材料制作的化学传感器。

7.2　电化学传感器

7.2.1　电化学传感器的设计原理[17]

和一般的化学传感器一样，电化学传感器通常由三部分组成。其报告器部分为一个电活性中心，被检测物与传感器分子作用对电活性中心产生影响，引起其氧化还原性质的改变。电化学识别过程是通过传感器分子氧化还原电位的改变来显示的，如图 7-2 所示。

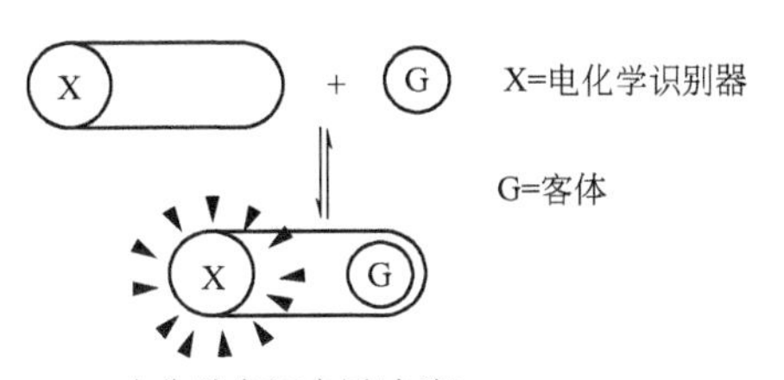

图 7-2　电化学信号的产生

电化学传感器中氧化还原电位的改变主要通过以下几种途径（见图 7-3）来实现：

a. 传感分子与被检测物间产生的静电作用。

b. 传感分子与被检测物之间的化学反应。

c. 传感分子与被检测物之间的络合作用。

d. 传感分子与被检测物的结合导致主体构象的改变。

e. 由于被检测物的介入，阻断传感分子中两个氧化还原中心的交流。

对于阳离子电化学传感器，由于带正电荷的阳离子与传感分子形成的复合体要比中性的传感器分子本身难于氧化，我们观测到的电化学行为是氧化还原电位向正方向的移动。对于阴离子电化学传感器，则由于带负电荷的阴离子与传感分子形成的复合体要比中性的传感器分子本身难于还原，阴离子的介入使得传感器分子的氧化还原电位向负方向移动。

7.2.2　电化学传感器的应用

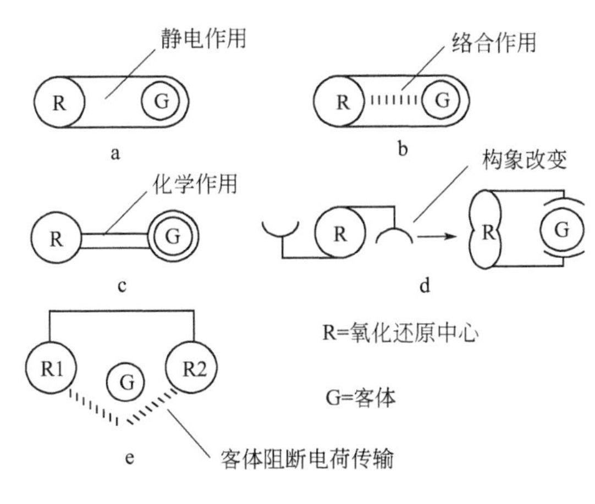

图 7-3　电化学响应产生的几种途径

基于二茂铁的阳离子电化学传感器是电化学传感器中很重要的一类。二茂铁是具有夹心型分子结构和芳香性的高度富电子体系，在大多数常见溶剂中能可逆地失去一个电子，还能对反应物活化，促进电子的转移速率。同时它的稳定性好，易进行结构修饰。近年来，二茂铁及其衍生物作为传感器的研究十分活跃，目前用于识别阳离子的电化学传感器很多都是基于二茂铁的受体分子。

例如 Pedro Molina 等基于二茂铁为氧化还原中心设计合成了化合物 **1** 和 **2**，它们可以作为镁离子的选择性的电化学传感器[18]。引进镁离子时，化合物 **1** 和 **2** 分别位移了 200mV 和 120mV，而 Ca^{2+} 、Na^{+} 、K^{+} 等均没有干扰。

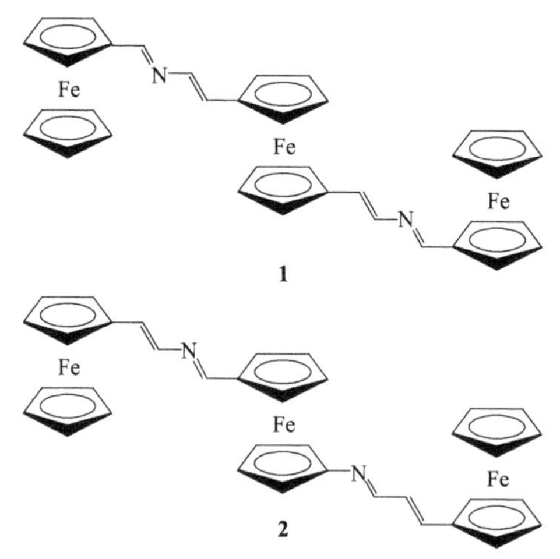

在电化学传感器研究领域，Tuntulani 研究组做了大量深入细致的工作，他们将杯-4 芳烃与二茂铁通过酰胺键相连，设计合成了化合物 **3**、**4** 和 **5**，研究了它们与不同金属离子作用时氧化还原电位的变化[19]。实验发现，化合物 **3**～**5** 与苯甲酸离子和乙酸离子作用时，均有不同程度的化学位移，最大位移可达到200mV。

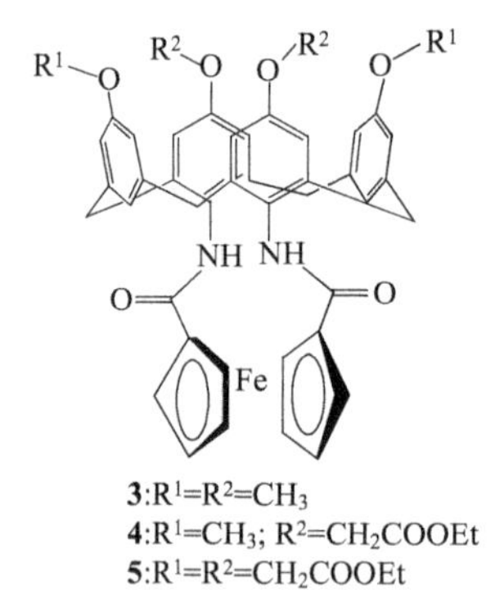

Astruc 课题组则基于二茂铁合成了一系列树枝状的电化学传感器 **6**～**8**，并研究它们对阴离子的检测特性[20]。该类传感器对磷酸二氢根和硫酸氢根均有响应，但对磷酸二氢根的响应要强于硫酸氢根，另外化合物中含有二茂铁单元越多，电化学位移越大。其中化合物 **8** 与磷酸二氢根作用时，电化学位移可以达到 315mV。

在电化学传感器的设计中，四硫富瓦烯结构单元也常常被用来构筑电化学传感器。例如 Jeppesen 等设计了一系列含 TTF 单元与环-4 吡咯的化合物 **9**～**11**[21]。它们与氯离子和溴离子作用时，第一个氧化还原峰向负方向位移。其中结构不对称的化合物 **10** 对两种离子的响应最大，与氯离子作用时位移有 145mV 之多。

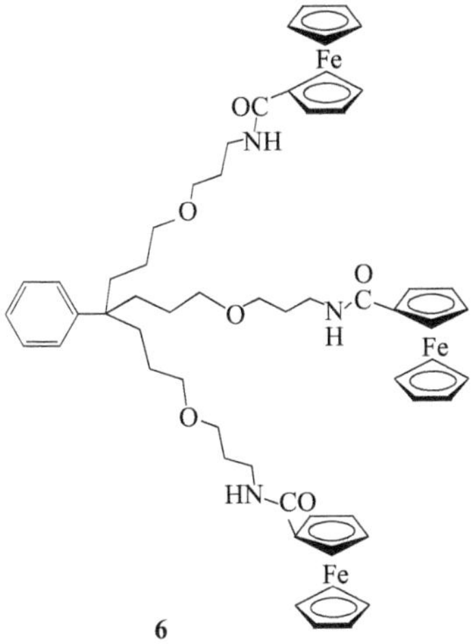

6 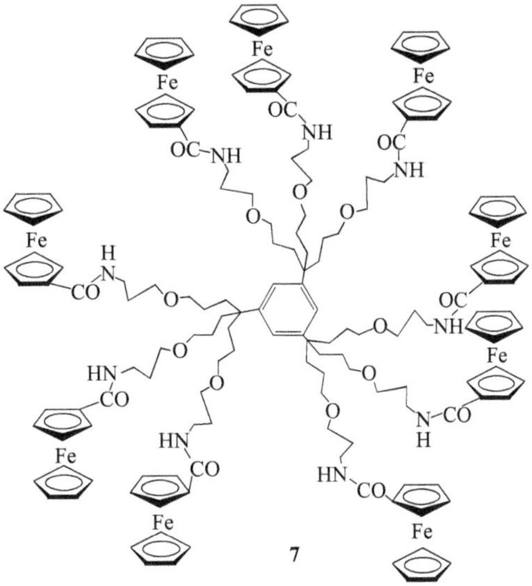　　**7**

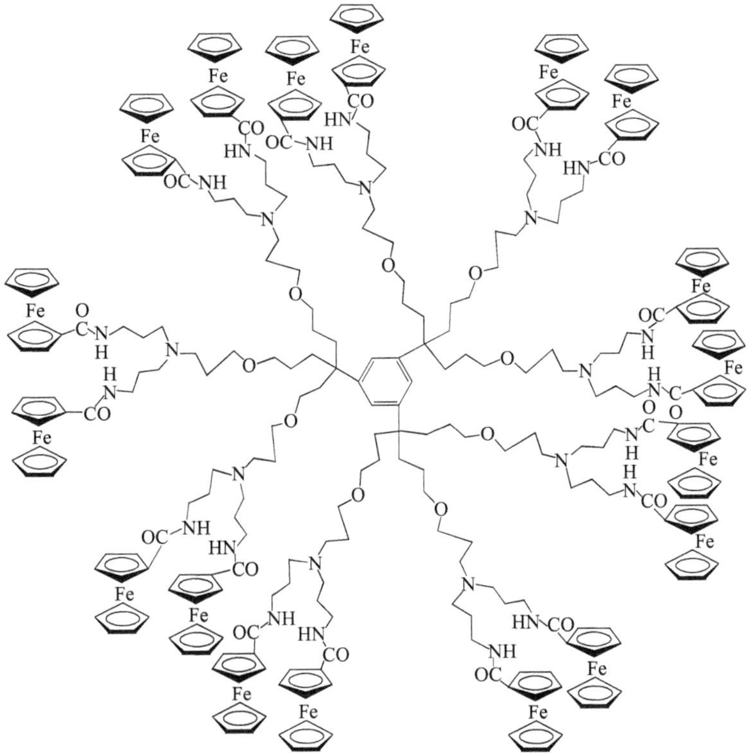

8

9　　10　　11

将醌引入大环分子中合成出的受体分子可以产生非常大的电化学位移。这是因为醌和加入的阳离子可以直接产生配位作用。Beer 等报道了一系列基于醌的阳离子传感器化合物 **12～15**。这几个分子对钡离子都有不同程度的电化学响应。尤其值得注意的是，化合物 **14** 和钡离子结合后可产生 555mV 的正向电化学位移。这是目前所有电活性的传感器报道的最大值。该化合物在加入钠离子时也能发生 255mV 的正向位移[22]。

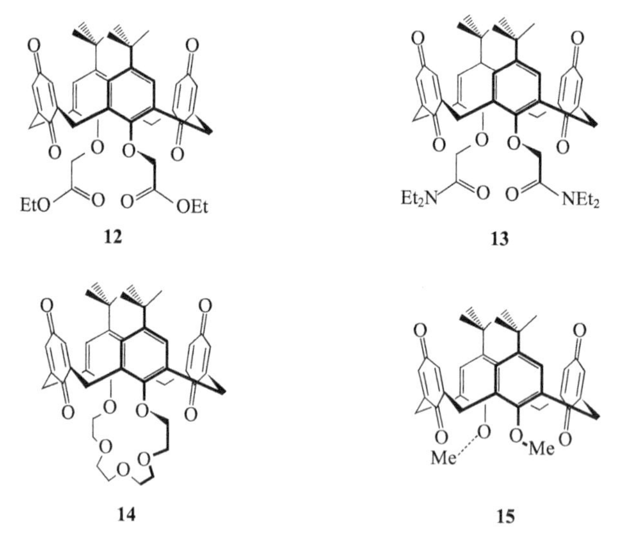

12　　**13**

14　　**15**

7.3　荧光传感器

7.3.1　荧光化学传感器简介

荧光是材料分子从激发态经辐射跃迁回到多重性相同的低能级状态所产生的

光谱。以荧光形式为输出信号的传感器即为荧光化学传感器。荧光传感器一般由三部分组成：接受体、发光基团和连接体部分。该类传感器的主要优势在于其操作简单，选择性高，灵敏度高，即时性强，检测限量低，信号直观简单，干扰小，易于辨别等。正因为荧光检测技术的这些优点，使其在分析化学、生物化学、细胞生物学等许多领域被广泛地应用[23]。

7.3.2　荧光传感器的检测机制

在对荧光化学传感器的设计中，除了要考虑如何设计具有高选择性、灵敏性的接受体，还必须在接受体与发光基团之间建立一种有效的信息传递机制，使体系检测到外来物种的信息后能迅速做出响应。科研工作者们在研究荧光功能分子过程中，成功地应用光诱导电子转移（PET）、分子内电荷转移（ICT）、能量转移（EET）和激基缔合物的形成等多种光物理原理，设计合成了许多新型有效的荧光化学传感器和荧光分子开关。下面对这几种机制进行简单介绍。

(1) 光诱导电子转移机制　即 PET（photoinduced electron transfer）机制，在荧光化学传感器和荧光分子开关的设计中被广泛地应用，其工作原理如图 7-4 所示。

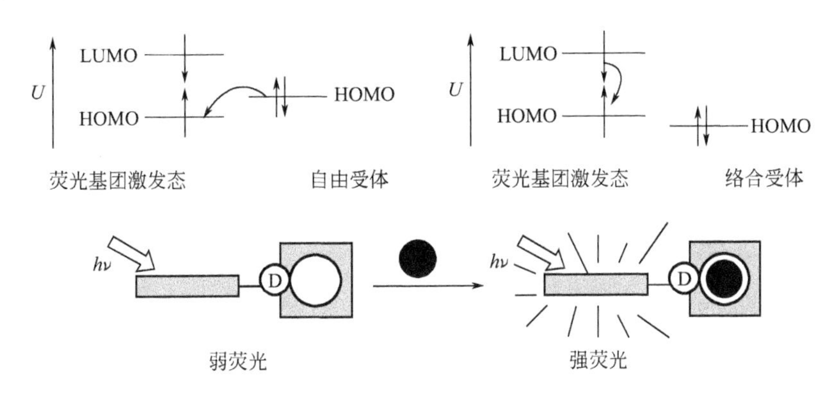

图 7-4　PET 机制荧光传感器机理

图 7-4 中所示的接受体为电子给体，荧光发光基团为电子受体。当荧光基团受到一定波长的光的照射后，荧光基团的最高占据轨道（HOMO）上的一个电子被激发跃迁到最低空轨道（LUMO）。这时，自由受体（电子给体）的 HOMO 上的电子会跃迁到荧光基团的 HOMO 上，接着处于激发态的 LUMO 电子会转移到自由接受体的 HOMO 上。这一过程的结果是荧光猝灭的，因为电子从激发态回到基态的过程经历的是一种非辐射跃迁的过程，从荧光信号上看到的是荧光强度的下降或荧光猝灭。当所检测物种与接受体作用后，由于被检测物的影响，接受体的 HOMO 能级发生改变，其 HOMO 的能量接近或低于荧光基团的 HOMO，PET 过程不能进行或被一定程度地抑制，使得荧光基团被激发后能够进行辐射跃迁回到基态，荧光得到恢复或荧光强度增强。以荧光的增强或荧光恢

复作为输出信号，成为一种有效的荧光化学传感器和荧光分子开关。

（2）分子内电荷转移过程　即ICT(internal charge transfer) 过程，在化学传感器和分子开关中也是被广泛应用的光物理过程。相比于PET体系，基于ICT过程设计的分子是具有共轭结构的分子内电荷转移化合物，在化合物分子的两端存在着推-拉电子基团。当被检测物种与分子中的电子给体部分或电子受体部分相互作用时，影响分子内的电荷转移，引起分子偶极的改变，产生斯托克斯(Stockes) 位移，吸收和发射光谱都会有所变化。图7-5以阳离子检测为例，简单说明ICT传感器的作用机理。

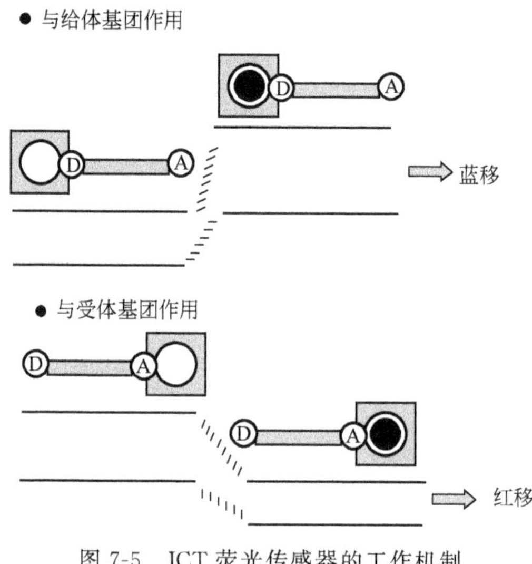

图7-5　ICT荧光传感器的工作机制

当阳离子与荧光分子的电子给体一端发生作用时，阳离子减弱了电子给体的给电子能力，降低了体系共轭程度，吸收光谱将产生蓝移，摩尔吸光系数减小；而当阳离子与电子受体一端相互作用时，将提高电子受体的接受电子能力，共轭程度加强，吸收光谱将产生红移，相应的摩尔吸光系数增加，同样，荧光光谱也发生类似的变化，而且，荧光量子效率和荧光寿命也都将发生变化。在共轭的电子给受体分子的分子内电荷转移过程中，通常伴有化学键的旋转，导致扭转分子内电荷转移，这个过程称为TICI(twisted intramolecular charge transfer)。

（3）能量转移过程　能量从已激发的粒子向未激发的粒子转移，或在激发的粒子间转移的过程称为能量转移过程 (electronic energy transfer EET)，工作原理如图7-6所示。具体说来就是给体与受体相互靠近，由于轨道的相互重叠而发生电子交换，当给体-受体的HOMO重叠时，受体的一个电子从其HOMO跳到给体的HOMO；当它们的LUMO重叠时，给体LUMO中的电子跳到受体的LUMO，从而完成电子交换和能量转移。两个电子同时交换，使得激发的荧光团恢复到基态，从而导致荧光的猝灭。因此在应用EET机制设计的荧光传感器和分子开关体系中，要求有两个发

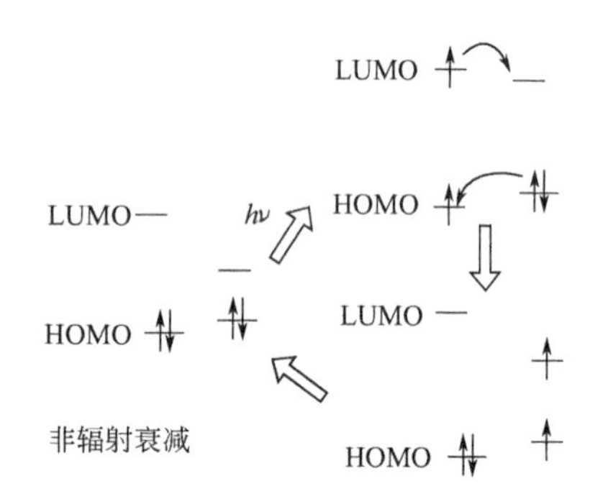

图7-6　外来分子轨道与荧光团HOMO和LUMO参与下的EET过程

色团，且作为电子受体的发色团的吸收光谱与作为电子给体的发色团的发射光谱之间的重叠程度决定了 EET 过程的效果。而且，两个能发生 EET 过程的发色团之间的距离也是很重要的，只有处于可以发生能量转移的距离之内，才能够进行两者之间的能量交换。所以柔性的连接体将有助于这种类型两个部分的能量转移。

（4）单体-激基复（缔）合物　单体-激基复（缔）合物的形成原理（图 7-7）：一个激发态分子以确定的化学计量与同种或不同种基态分子因电荷转移相互作用而形成的激发态碰撞配合物分别称为激基缔合物（excimer）和激基复合物（exciplex）。激基缔合物或激基复合物形成时，其发射光谱在长波方向将出现一个新的、宽的而无精细结构的发射峰。

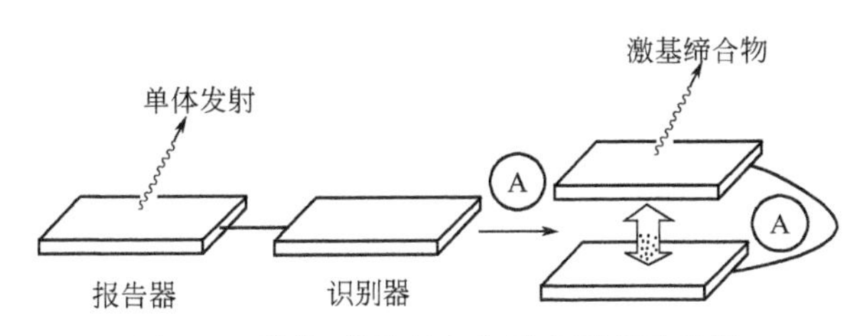

图 7-7　单体-激基复合物形成原理示意图

形成激基缔合物和激基复合物的条件是：分子具有平面性，相互间距离达到约 3.5×10^{-10}m；在溶液中分子有足够的浓度；分子间的相互作用是相互吸引的。由于形成这种激发态电荷转移配合物需要激发态分子与基态分子到达“碰撞”距离，而激发态寿命又很短，因此需要它有足够的浓度。激基缔合物与激基复合物可以是二元配合物，也可以是一个激发态分子与两个基态分子生成的三元激基缔合物或复合物。另外，同一分子也可以生成分子内的激基缔合物或激基复合物。

所以利用这种原理的一个重要方面就是与单体的发射光谱相比，激基复合物的发射光谱红移了；在很多情况下，双发射（单体的发射光谱和激基复合物的发射光谱）可以同时观察到。同时，基于这种原理的体系要求荧光基团为平面型的高度离域的大 π 键电子共轭体系（如芘和蒽等），且两个单体要充分靠近，以利于 π-π 堆积作用和激基复合物的形成。

（5）刚性效应　一般说来，提高分子的刚性可增强荧光，这是因为分子刚性增加会减弱分子的振动，使分子的激发能不易因振动而以热能的形式释放；另一方面，分子刚性的增加，有利于分子的共平面性，有利于普朗克-康登（Frank-Condon）跃迁的实现（减少激发态构型的变化），因此就有利于荧光的生成[20]。例如 8-羟基喹啉-5-磺酸在弱碱性介质中没有荧光，但与 Zn^{2+}、Cd^{2+} 或 Ga^{3+} 等离子络合后，形成具有强荧光的配合物，就是因为喹啉上的羟基及 N 杂原子与金属离子络合形成刚性共平面大共轭体系的缘故[21]。

(6) 自组装方法　自组装方法是近几年被应用较多的一种化学传感器设计原理[26]。这种设计方法与生物学免疫分析中用于分析抗原的生物探针方法类似。如溶液体系中一种抗体受体和一个标记的抗原相互作用，当向溶液中加入另一未标记的抗原后，先前结合的标记的抗原被未标记的抗原置换出来，未标记的抗原与抗体受体相结合，则观察到不同的信号输出。自组装类型的化学探针工作原理与其类似，分为一般的自组装探针和模板辅助自组装探针，如图 7-8 所示。

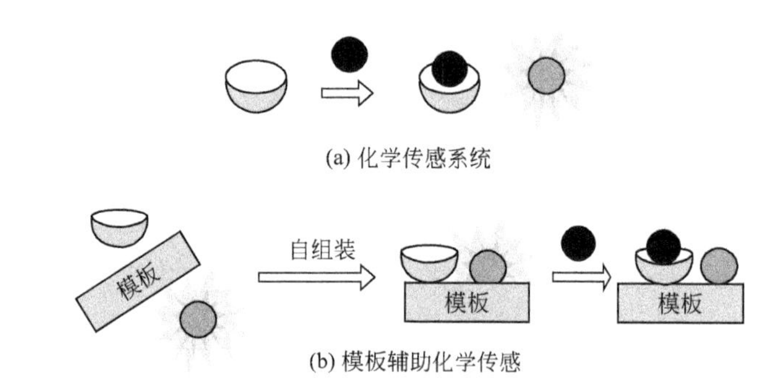

图 7-8　一般自组装化学探针和模板辅助自组装探针体系的工作原理

在这种方法中，图 7-8(a) 表示的是被检测物种（黑色小球）与发光基团相互竞争与接受体（灰色杯）相结合的过程示意图。当黑色小球与灰色杯相结合后，发光基团被置换出来，其体系荧光发生变化。而图 7-8(b) 则表示在模板辅助自组装体系中，发光基团与接受体自动排列到模板表面。当被检测物种与接受体作用后，其与发光基团相靠近，导致荧光发射谱发生变化。

自组装化学传感器的优势在于其不用经过复杂的合成设计，只要组分之间能自组装结合就可直接应用，而无需将其设计在一个分子当中。而且选择的接受体由于不用考虑其化学合成问题，可直接利用选择性好的接受体来检测目标化合物，因此这种自组装体系对被检测物种的选择性一般比较好。这种荧光传感器和开关的研究还刚刚开始，作为超分子化学的内容之一，其应用前景将十分广阔。

另外在荧光传感器的设计中，还有其他的一些相关机理，如：重原子效应、激发态质子转移（ESPT）和与外来物种络合使接受体的构象发生变化等。

7.3.3 荧光传感器的应用

(1) 碱金属与碱土金属离子的检测　碱金属和碱土金属离子在生命体中起着很关键的作用。例如钠离子是细胞外体液中主要的阳离子，主要功能是维持肌肉及神经的易受刺激性，包括心脏肌肉的活动、消化道的蠕动、神经细胞的信息传递、调整和控制与血压有关的荷尔蒙分泌；而钾离子与钠离子共同作用可维持肌肉、神经的活动性，维持细胞内外体液渗透压的平衡；另外钙离子也是身体最关键的元素之一，参与一切生命活动。因此对这些离子的检测得到科学工作者的广泛关注。通常针对这些离子所设计的接受体为冠醚或氮杂冠醚等基团。通过调节空腔大小来络合不同的金属离子。

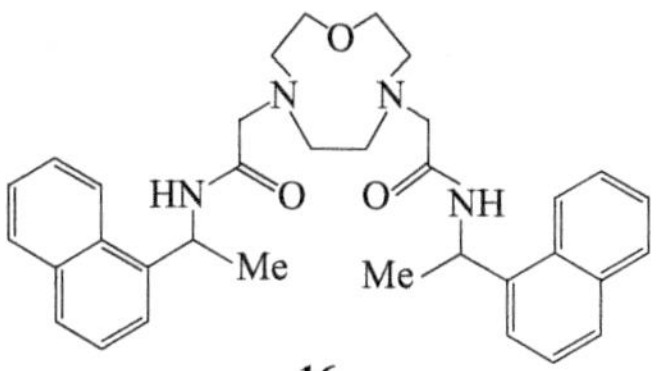

16

对 Li^+ 具有很好的选择性的荧光传感器并不易设计合成，其主要原因是 Li^+ 半径较小，与传感分子很难络合，所以需要设计足够小的空腔恰好与其作用。Gunnlaugsson 等人成功设计合成了可以选择性检测 Li^+ 的荧光探针 **16**，荧光增强可以达到 9 倍[27]。

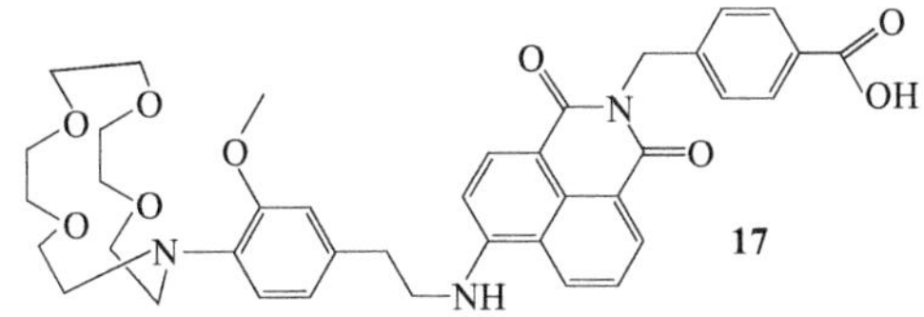

17

同样是利用冠醚作为接受体，应用 PET 检测机制，He 等人设计了荧光探针 **17**。将 **17** 结合在氨基纤维素基底上，可以与 Na^+ 牢固结合，使体系荧光显著增强，从而可以很好地检测水相中的钠离子[28]。在此基础上通过改变接受体，他们又设计了荧光探针 **18**，可以检测水相中的钾离子[29]。

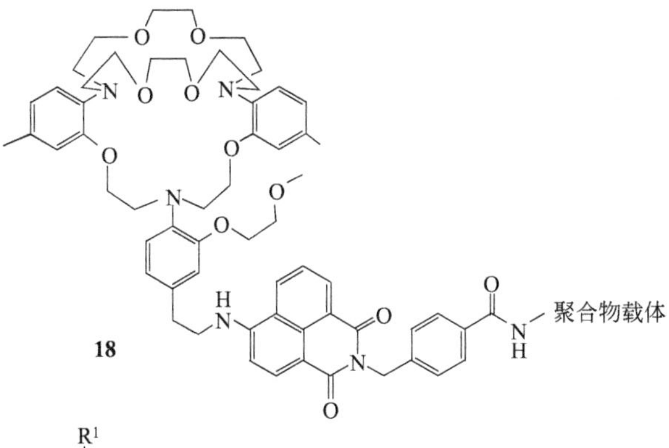

18

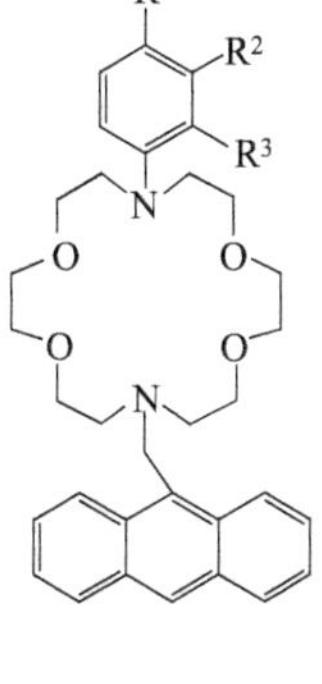

19: R^1,R^2,R^3=H
20: R^1=Cl; R^2,R^3=H
21: R^1,R^3=H; R^2=Cl
22: R^2,R^3=H; R^1= —N(哌啶基)

Pearson 等设计合成了一系列化合物 **19**～**22**，发现它们与钙离子结合荧光显著增强，且都形成 1∶1 类型的配合物。其中化合物 **19** 对钙离子的选择性最好，并且荧光增强的倍数也最大。另外这几个化合物在引进钙离子时核磁信号变化也比较明显[30]。

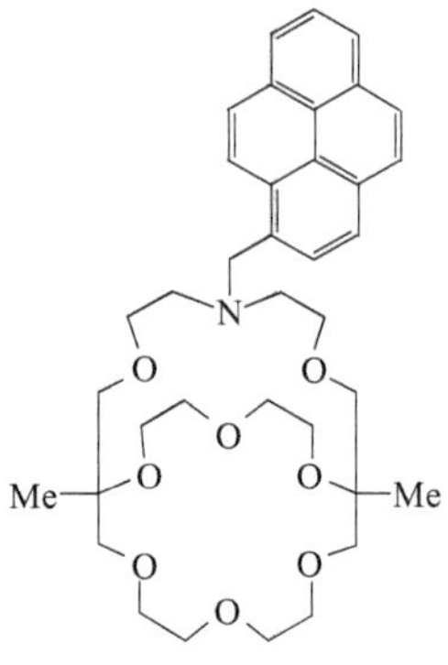

23

Nakahara 等人设计合成了化合物 **23**，当它与钡离子作用时，其在水溶液中荧光增强较小，但当向溶液中加入表面活性剂 Triton X-100 后，荧光变化显著。原因是由于水的氢键减弱了接受体与 Ba^{2+} 的作用，加入表面活性剂后，溶液中有大量微泡出现，**23** 可以存在于这些极性较小的微泡中，与 Ba^{2+} 结合，抑制 PET 过程，使体系荧光增强[31]。

(2) 过渡金属离子识别　过渡金属离子中，有些是生命体必不可少的，如锌离子、钴离子、亚铁离子等，有些是对环境和生命体有污染和毒害的，如铅离子、汞离子、镉离子等等。近年来有大量文献报道了关于这些离子的检测。

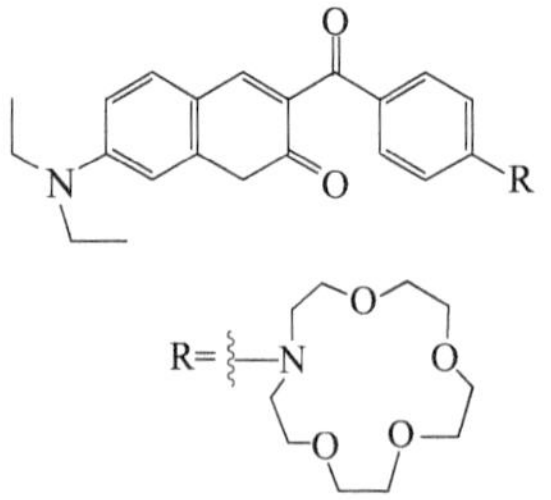

24 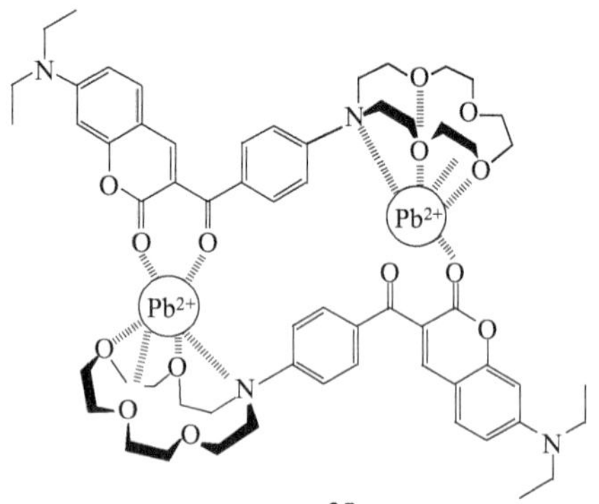　　**25**

Chen 等人设计并合成了化合物 **24**，以 15-单氮冠-5 醚作为配基，以酮胺香豆素作为荧光基团。这样的荧光基团有着较好的光学稳定性和较高的荧光量子产率，而且由于激发波长在可见光谱内，极大地方便了检测。从滴定工作曲线推测出 **24** 与铅离子以 2∶2 的比例形成配合物 **25**。Ca^{2+}、Zn^{2+}、Cd^{2+}、Hg^{2+} 等常见干扰离子对检测没有影响[28]。

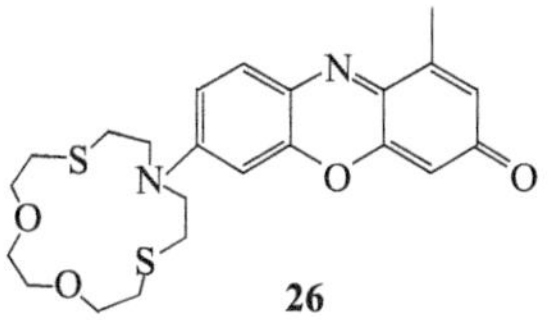

26

Rum 等人报道了以吩噻嗪酮为骨架的化合物 **26**。吩噻嗪酮基团的使用保证了传感器的水溶性，而这在实际应用中非常重要[33]。同时该基团的荧光出现在可见光区，从而进一步增强了传感器的使用价值。为了保证对 Hg^{2+} 的选择性识别，设计者同样应用了含有 N、S 的大环结构。该传感器对 Hg^{2+} 的选择性在水溶液中依然存在，且对 Hg^{2+} 的检出下限达到了 10^{-7} mol/L。对比实验表明，Na^+、K^+、Mg^{2+}、Ca^{2+} 等离子不干扰检测。

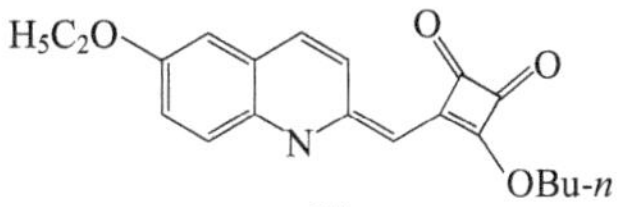

27

最近 Ramaiah 等设计合成一种半方菁染料类的化合物 **27**，该化合物与汞离子络合，荧光显著增强。Li^+、Na^+、K^+、Ag^+、Ca^{2+}、Mg^{2+}、Zn^{2+}、Pb^{2+}、Cd^{2+}、Cu^{2+} 和 Fe^{3+} 的加入对荧光几乎没有影响。滴定曲线表明，化合物与汞离子形成 1∶1 型配合物[34]。

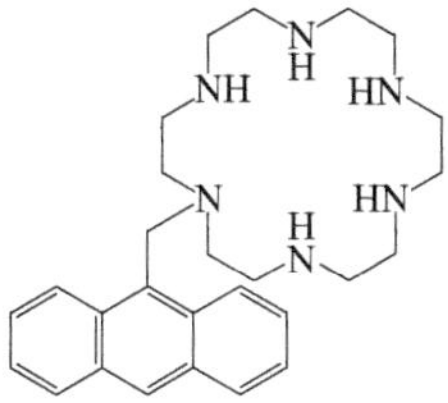

28 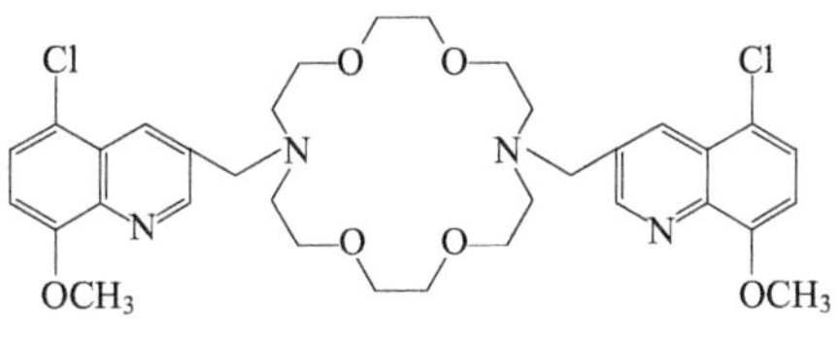 29

早在 1990 年，Czamik 等人报道了化合物 **28**[35,36]，进一步研究发现，只有 Cd^{2+} 和 Zn^{2+} 对化合物 **28** 有荧光增强作用，并且 Cd^{2+} 的配合物的荧光相对于 Zn^{2+} 的配合物有大约 60nm 的红移，这使得该传感器可以区别选择 Cd^{2+} 与 Zn^{2+}。Ertas[37] 以及 Charles[38] 等人分别将此传感器接上光纤设备，并用于检测海水等样品中的 Cd^{2+}。结果显示，检出下限甚至可达到 10^{-9} mol/L。

最近 Prodi 等人以含 N 冠醚为基础又研究出一个相当实用的 Cd^{2+} 化学传感器[39,40]。该传感器 **29** 能与 Cd^{2+}、Hg^{2+}、Pb^{2+}、Cu^{2+} 和 Zn^{2+} 形成稳定的配合物，但是只有与 Cd^{2+} 形成的配合物导致荧光增强，其他离子如 Zn^{2+} 和 Cu^{2+} 是猝灭荧光的，Hg^{2+} 和 Pb^{2+} 则对荧光没有影响，这使得 **29** 成为一个很好的 Cd^{2+}

化学传感器。值得注意的是，化合物 **29** 的母核即大环结构并不能区别 Zn^{2+} 与 Cd^{2+}，而修饰后的 **29** 则能够区别 Zn^{2+} 与 Cd^{2+}。这种区分非常重要，因为 Zn^{2+} 与 Cd^{2+} 这两种离子在自然界中经常同时出现。

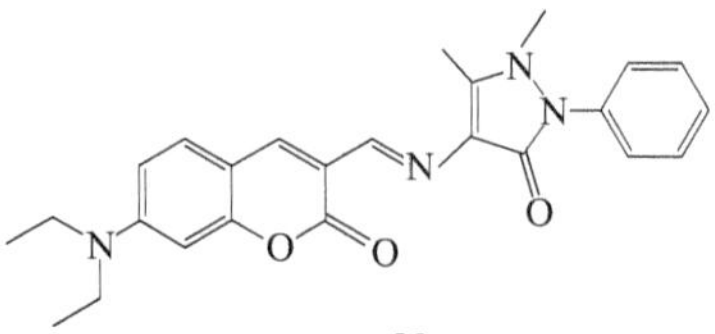

30

最近 Wang 等报道了一种锌离子的选择性荧光探针 **30**。加入锌离子时，分子从几乎无荧光变为很强的绿色荧光，荧光量子效率可以达到 0.3，紫外和荧光光谱均有明显红移。原因是锌离子与化合物 **30** 络合后，使分子结构异构化进而提高了分子刚性[41]。

(3) 阴离子识别　对生物学上和环境中重要阴离子具有选择性识别的荧光受体在疾病诊治、环境改造等方面有着广泛的应用前景[42~46]。例如，氟离子受体可用于骨质疏松的临床诊断；增强氯离子跨膜传输的载体分子一直是囊肿性纤维化研究的目标[47]；从河流、湖泊中萃取硝酸盐阴离子能够有效抑制超营养作用及由此引起的缺氧和鱼类死亡等等。相对于阳离子而言，阴离子不像阳离子那样已有多年的研究历史，而只是在近年来才受到人们的关注。出现这种情况的主要原因有：①阴离子半径大，电子云密度较低；②具有不同的几何构型，如球形（F^-、Cl^-、Br^-、I^-）、直线形（N_3^-、CN^-、SCN^-）、平面三角形（NO_3^-、CO_3^-、RCO_3^-）以及四面体形（PO_4^{3-}、SO_4^{2-}、ClO_4^-）等；③阴离子有很强的溶剂化趋势，存在形式对介质酸度较为敏感，只能存在于一定的 pH 范围内。因此，在设计针对阴离子的传感器时，只有综合考虑全部影响因素，将适当的荧光团和对特定分析物有键合作用的受体以共价或非共价键结合，才能得到具有选择性识别性能的阴离子荧光传感器。目前阴离子荧光传感器的设计主要基于以下原理：①以氢键或静电作用键合阴离子的受体（包括酰胺、脲及硫脲、五元杂环类和其他类型）；②含金属和路易斯酸的受体；③以竞争键合机制识别阴离子的“化学传感体系”。

脲和硫脲中的—NH 具有一定酸性，与阴离子之间通过较强的多重氢键发生有效键合。Nam 等分别在萘环的 1,8-位引入苯脲基，合成出高效选择性识别氟离子的化合物 **31**，在阴离子存在下，只能观测到 379nm 处荧光强度的变化。根据荧光光谱滴定计算出的络合常数，对 F^- 的选择性是 Cl^- 的 40 倍左右[48]。吴世康等研究发现，萘脲衍生物 **32** 可以通过多重氢键对二羧酸具有较好的选择性识别，其键合强弱和二羧酸阴离子链长有关。光诱导电子转移（PET）使得主体荧光猝灭，而在长波方向出现新的荧光峰[49]。

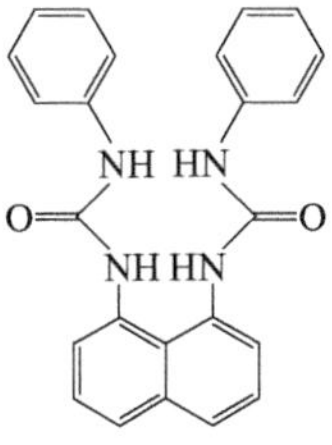

31 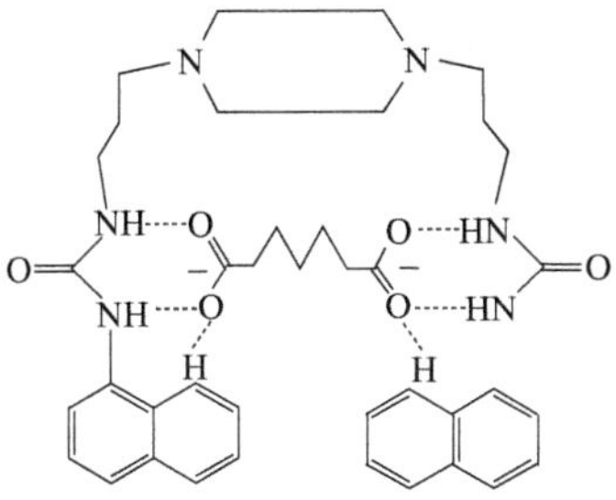　32

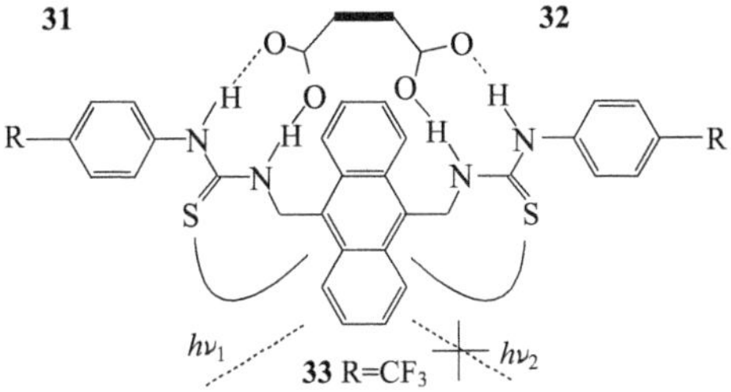

33 $R=CF_3$
34 R=H

含蒽的硫脲化合物 **33** 与 **34** 与阴离子发生键合，由于典型的 PET 机理，观测到荧光猝灭[50]。两个化合物通过两个硫脲基的多重氢键可以很容易识别二羧酸和焦磷酸根离子。

Kondo 等人合成出 8,8-位分别连有硫脲基团的 2,2-联萘受体化合物 **35**，在乙腈中它对氟离子和醋酸根有较好的键合能力，形成 1∶1 配合物[51]。加入这些阴离子后，主体分子 459nm 处荧光发射强度减弱，而在约 650nm 处的宽且弱的发射峰强度不断增加。这是因为在溶液状态下，**35** 的两个萘环可以自由旋转。而当加入阴离子后，由于两个硫脲基和客体之间发生相互作用，极大地限制了萘环自由旋转，形成平面构象的超分子体系，使得受体和阴离子间发生较好的键合。

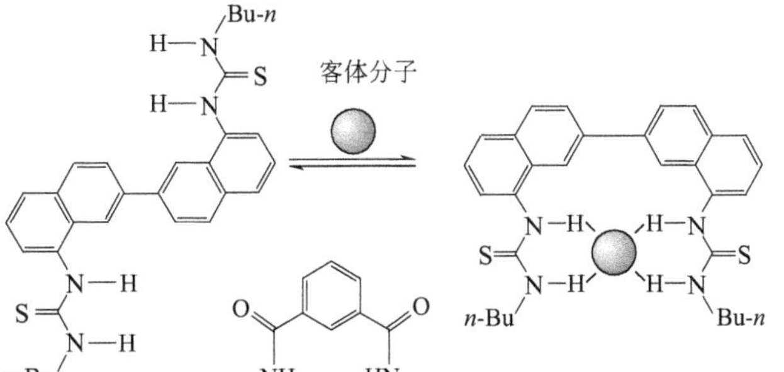

客体分子

35

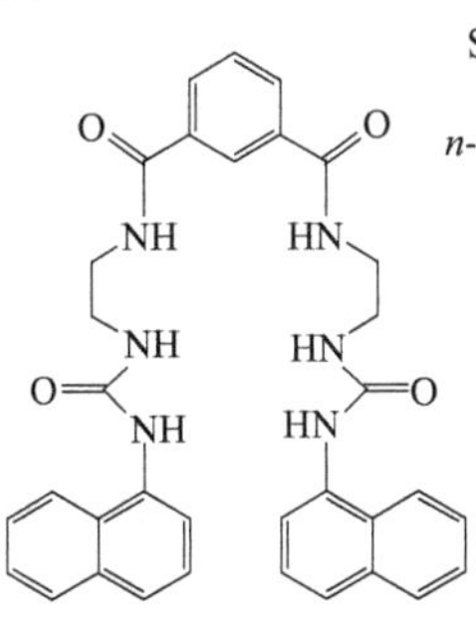

36

含有酰胺和脲基的化合物 **36**，因两类氢键给体键合阴离子的协同作用，体现出较强的阴离子键合能力和较好的阴离子选择性识别[52]。在 DMSO 中，**36** 较好地选择性识别对硝基苯基磷酸酯阴离子，形成 1∶1 配合物，络合常数1.36×10^4 L/mol。约 6.6 倍对硝基苯基磷酸酯阴离子的加入使得主体荧光几乎完全猝灭。

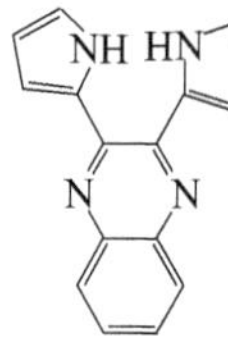

DPQ

37

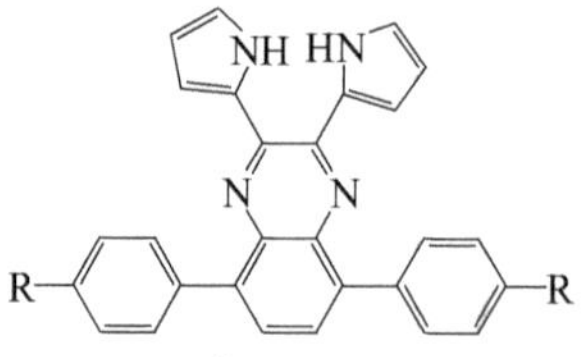

38 R=H
39 R=OMe
40 R=$N(Me)_2$

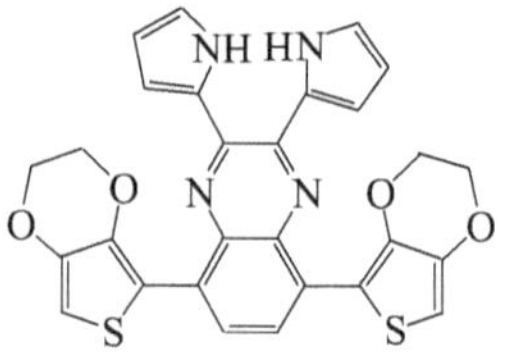

41

二吡咯-1,4-二氮杂萘即化合物 **37**(DPQ) 的吡咯基团中的—N—H 可以通过氢键与阴离子发生键合。5,8-位引入不同芳香取代基后，荧光团共轭体系扩大。相对于母体 DPQ，化合物 **38**～**41** 的荧光发射更强，最大发射波长产生红移（**39** 红移 120nm)，且与阴离子键合能力大大改善。F^- 和 $HP_2O_7^-$ 使得 **38**～**41** 的荧光几乎完全猝灭（>95%)，且这一变化可在紫外灯下用肉眼直接观测。**38**～**41** 与 Cl^-、Br^-、$H_2PO_4^-$、HSO_4^- 不发生相互作用，而与 $HP_2O_7^-$ 作用最强[53]。

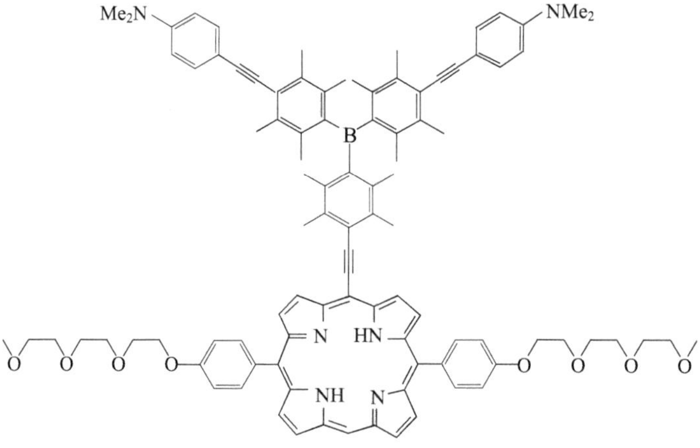

42

Shinkai 等将三苯基硼与卟啉共轭连接合成了化合物 **42**，作为路易斯酸的化合物 **42** 可以选择性地络合氟离子。溶液的颜色由紫色变蓝绿色，荧光也从红色变为蓝色[54]。

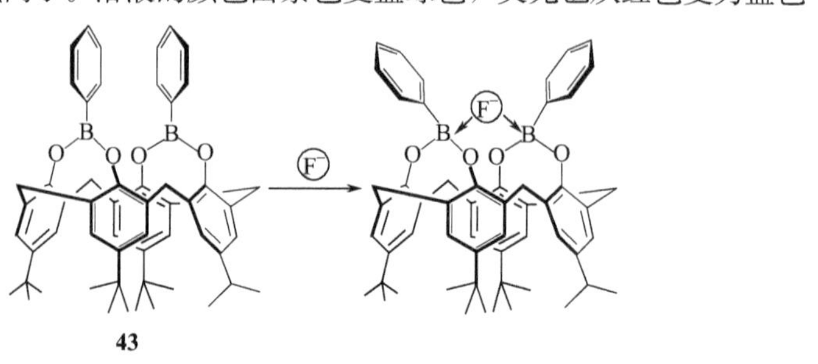

43

杯芳烃类化合物 **43** 的二氯甲烷溶液在 395nm 处有一个苯环（和硼原子相连）的荧光发射峰，加入 F^- 后会产生明显的荧光猝灭现象。且 F^- 和化合物 **43** 键合后形成 1∶1 的具有二齿结构的配合物，而 Cl^- 和 Br^- 的引入则对荧光光谱没有太大的影响[55]。

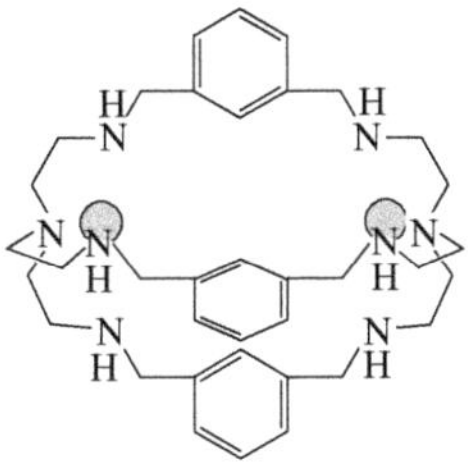

44 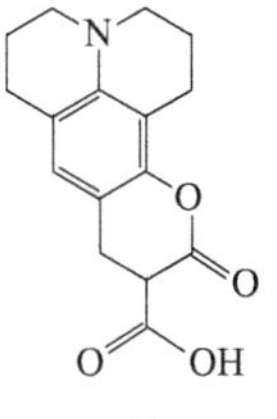　　**45**

笼形分子 **44** 与铜离子键合，形成 **44**-Cu^{2+}。在 pH＝7 的水溶液中，**44**-Cu^{2+} 与 **45** 结合。由于能量转移，**44**-Cu^2 使得 **45** 荧光几乎完全猝灭。然后加入与 **44**-Cu^{2+} 相互作用较强的 HCO_3^-、N_3^-、NCO^- 阴离子后，该体系荧光显著增强，而其他阴离子对体系荧光影响极小[56]。

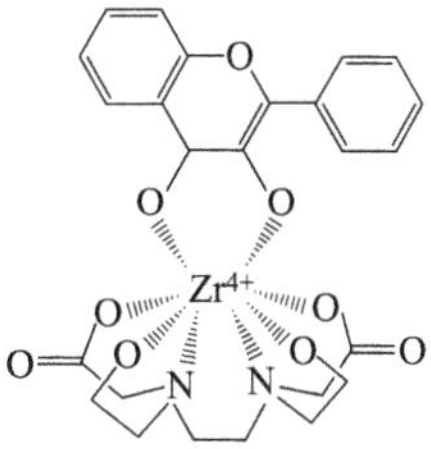

46

在 pH 值为 5.0、乙醇∶水＝1∶4 的溶液中，Zr^{4+}-EDTA-黄酮醇形成的配合物 **46** 呈现蓝色荧光。加入氟离子后，氟离子取代黄酮醇与 Zr^{4+}-EDTA 键合，荧光强度减弱。这一体系对 F^- 最低检测限可达 60×10^{-9}[57]。Cl^-、AcO^-、HSO_4^-、$H_2PO_4^-$ 和 NO_3^- 的存在不会干扰对 F^- 的检测。

（4）中性分子识别　与离子相比，中性分子没有电荷，且结构复杂万变，可考虑识别作用的只能是一些弱的分子间作用力，如氢键、疏水相互作用力和范德华力等，或者利用传感分子与特殊结构的中性分子之间发生化学反应。但是中性分子是生物体中参与代谢作用的重要物质，生命中许多中性物质往往是靠这些弱的作用力参与代谢过程的。如氨基酸、硫醇、单糖、多糖、核糖核酸、核苷等的检测，在生物研究领域都有十分重要的意义。

中性分子中报道较多的是糖类化合物。在化学单糖传感器中常用硼酸作为接受体，其原因是硼酸可与单糖化合物进行可逆反应，生成硼酸酯。

例如化合物 **47** 和 **48** 是早期报道的检测糖类的化合物。但是这两个化合物的荧光变化有限[58,59]。将硼羟基与糖分子中羟基结合过程与 PET 过程相结合是这类传感器的一大进步，如化合物 **49** 具有几何识别的能力，对果糖有很好的识别功能[60]。化合物 **50** 则可以识别糖类的对映体，其中连二萘基团起了关键作用。它既提供了荧光团，又提供了具有几何选择性和对映异构选择性的手性中心[61]。

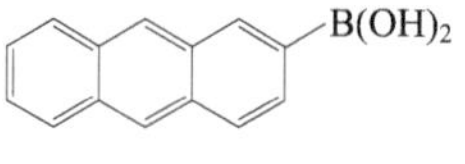

47 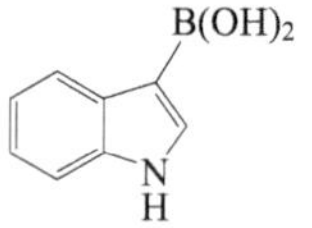 **48**

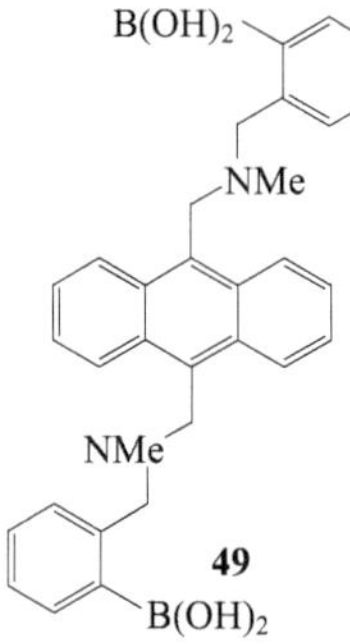

49 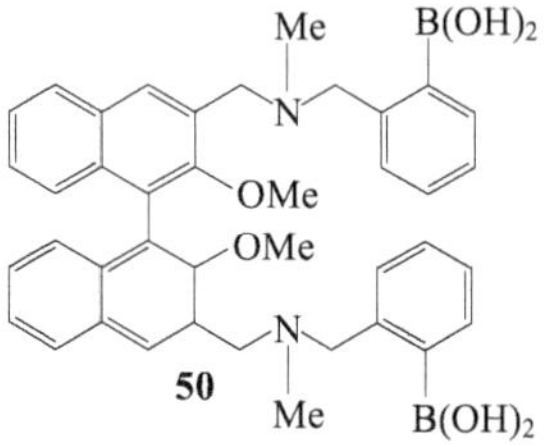 **50**

张德清等报道了一个含 TTF、蒽和硼酸单元的化合物 **51**，它可以选择性地检测果糖。相对于化合物 **52**，化合物 **51** 荧光增强的程度要高很多。这是由于硼酸接受体与果糖反应后转化成硼酸酯化合物，它相对硼酸、硼酸酯是更强的路易斯酸，其接受电子能力更强。这样硼酸酯和 TTF 之间的 PET 过程与蒽和 TTF 之间的 PET 过程形成竞争。因此，相比于与单糖作用前，蒽和 TTF 之间的 PET 过程被部分抑制，这样体系的荧光得到恢复[62]。

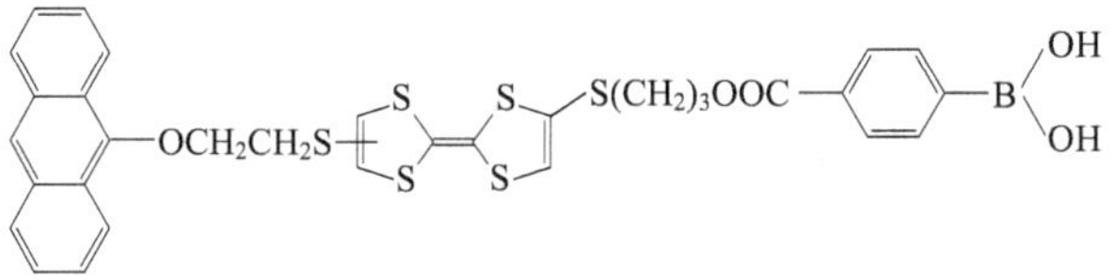

51

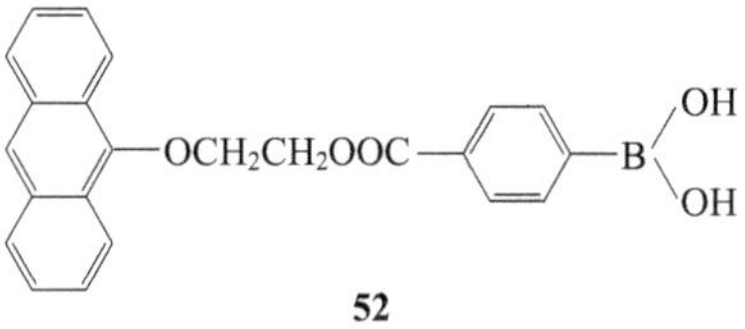

52

Strongen 等[63]报道了一类利用化学反应作为检测机制的半胱氨酸和同型半胱氨酸的颜色荧光传感器 **53**。它可以与半胱氨酸和同型半胱氨酸发生缩合反应，令分子的紫外光谱发生红移，并且荧光也有很大程度的猝灭。

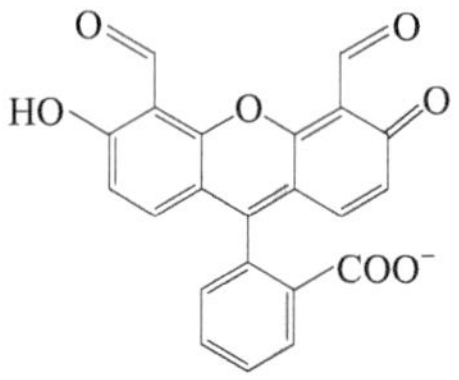

53

Martinez-Mańez 等[64]报道了一类方菁染料 **54** 和 **55**，向它们的乙腈：水（20：80）的溶液中加入半胱氨酸，溶液从天蓝色变为无色，并且荧光猝灭，其他氨基酸的加入则没有变化，作用机制是巯基与染料发生了化学反应。

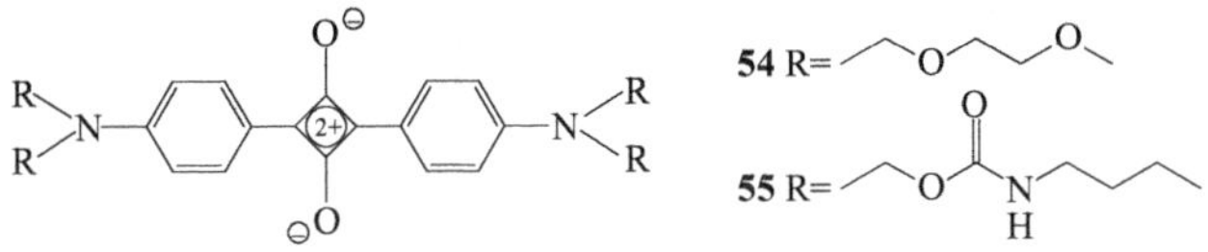

7.4　生色传感器

7.4.1　生色传感器简介

顾名思义，将颜色变化作为化学传感器的信号输出部分的传感器是生色传感器，也就是人们常说的比色法。相对于电化学传感器和荧光传感器，生色传感器应用得更为广泛，因为它不需要任何昂贵的仪器，直接通过肉眼的观察就可以达到识别目的。

除了用肉眼观察外，生色传感器往往用紫外-可见吸收光谱的变化来定量研究。我们知道，紫外可见光谱法是测定有机分子结构的有力工具之一，要充分使用紫外可见光谱鉴定传感器机理，则必须掌握紫外可见吸收与分子结构的关系。一个生色分子由生色团和助色团组成。生色团是具有 π-π^* 电子跃迁或 n-π^* 电子跃迁类型的不饱和功能基团。助色团则指与生色团相连的取代基。

7.4.2　生色传感器的生色机理

（1）生色分子作为信号部分　生色分子如果能够吸收可见光区（400～700nm）的光波，则其自身就会有颜色，视觉感到的颜色是吸收的互补色。关于化合物的分子结构和颜色之间的关系已经进行了广泛的研究，影响有机分子紫外吸收的因素主要有二：共轭体系越大，试剂颜色越深，吸收光谱向长波方向移动；在共轭体系中接入电子给体（如—NR_2、—NHR、—NH_2、—OMe、—OH 等）或电子受体（如—NO_2、—SO_3H、—COOH 等）或含推-拉电子基团的 π 电子体系都可形成分子内电荷转移化合物。当光激发时，部分电荷就会从电子给体转移到电子受体，这一点在生色分子的设计中是很关键的。可以设想，如果外来物种与电子给体或电子受体结合，则可以导致分子内电荷转移从而引起颜色的变化。例如阴离子物种和电子给体相互作用，使得电子给体的推电子能力增强，增大了共轭体系的电荷转移程度，导致吸收光谱的红移。

（2）金属配合物作为信号输出部分　大多数过渡金属离子一个很重要的特征是其电子结构中的 d 轨道是部分填充的。形成金属配合物的生色机理有两种。一种为微扰分子轨道理论，所形成的配合物属于 d-d 电子跃迁生色机理。配位体影响（微扰）中心离子，引起中心离子简并轨道分裂。不同配体所引起的轨道分裂能是不同的。因此不难理解不同的物种对其轨道分裂的影响是不同的。如果外来物种使得轨道分裂能减小，最大吸收波长就会红移。第二种为电荷转移生色机理，即配体到金属（LMCT）或金属到配体（MLCT）的电荷跃迁生色机理。具体说来就是电子直接从配体的充满轨道跃迁到金属的未充满的d轨道中（LMCT），或者是相反的过程，即电子从充满的金属d轨道跃迁到配体未充满的反键轨道中或者是金属与配体之间发生部分的电荷转移。如果外来物种能影响到它的电子跃迁，诱导出现新的电荷转移峰，并且这个新峰出现在可见光区，就会引起颜色变化。

7.4.3　生色传感器的研究进展

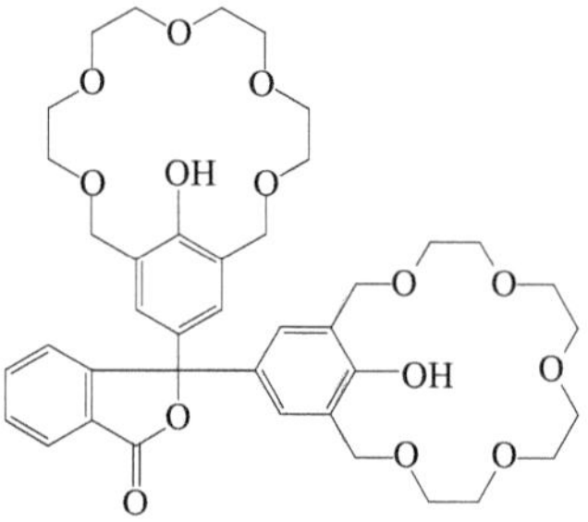

56

Tsubaki等报道了一个有趣的化合物**56**，这个化合物在低温下如0℃时，向其甲醇溶液加入钠离子，溶液颜色由无色变为粉红色，而在高温下如60℃时，则是钾离子的引入使溶液由无色变为粉红色。也就是说控制溶液的温度，化合物**56**可以同时检测钠离子和钾离子[65]。

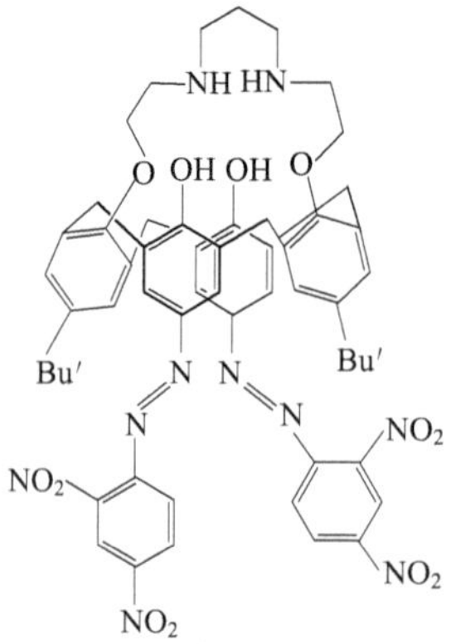

57 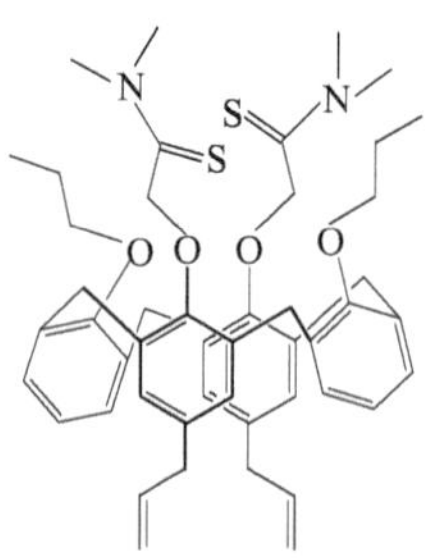　　**58**

与荧光传感器一样，杯芳烃也是科学家们构建生色传感器的重要基团之一。Choi等人将2,4-二硝基苯胺同杯-4芳烃相连，得到一种Hg^{2+}的化学传感器**57**[66]。在pH＝6的溶液中，加入汞离子后溶液由黄色变为红色。在对比实验中只有Cd^{2+}使溶液颜色发生变化，但Cd^{2+}使吸收峰裂分为两重峰，所以该传感器可以区分 Cd^{2+} 和 Hg^{2+}。Arena 等也报道了类似的 Hg^{2+} 化学传感器 **58**[67]。化合物 **58** 不与 Cd^{2+}、Na^{+} 等离子络合。在溶液中，这些金属离子与化合物 **58** 的比例即使达到 8000∶1，对 **58** 的光学性质也没有影响。在溶液中加入 Hg^{2+}，最大吸收由 260nm 红移至 290nm，并且两峰的强度比随 Hg^{2+} 浓度呈线性变化，检出下限达到 10^{-8}mol/L。在设计中，作者在杯-4 芳烃中引入烯丙基有助于将传感器固定于硅胶等固体支持物上，使得传感器更具实用性。

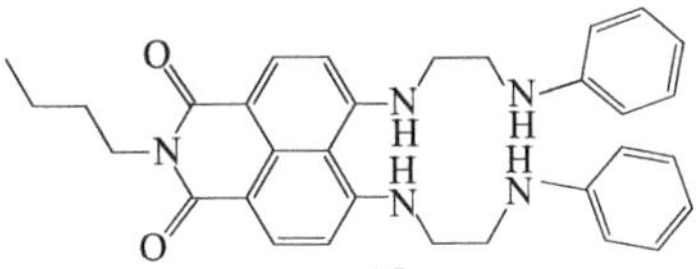

59

钱旭红等报道的化合物 **59** 可以选择性地检测铜离子，在乙醇∶水＝4∶1 的溶液中引进铜离子时，最大吸收峰从 419nm 红移到 509nm，溶液颜色从黄色变为红色，同时荧光也从绿色变为红色[68]。

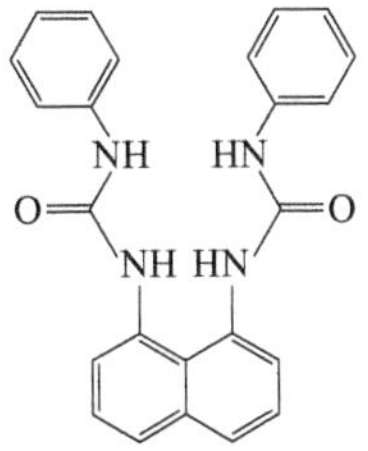

60 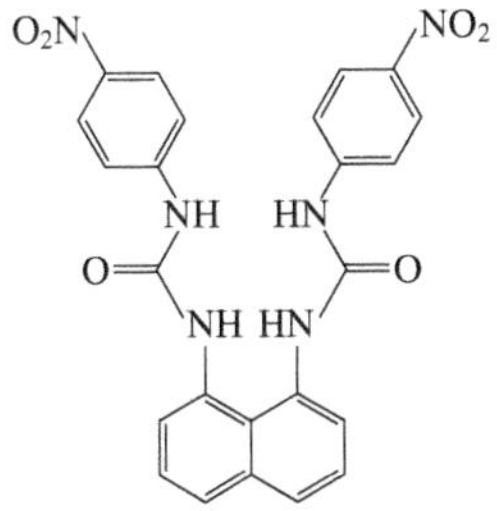　**61** 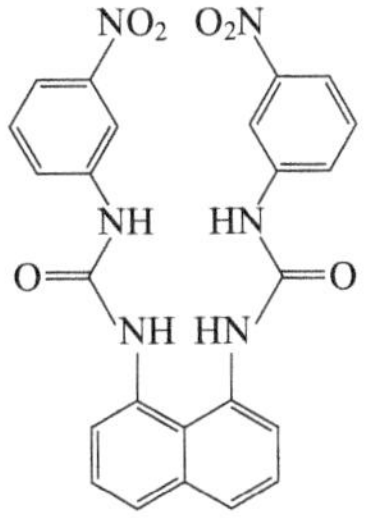　**62** 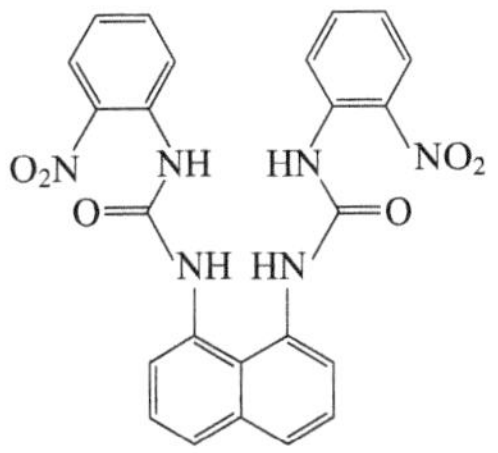　**63**

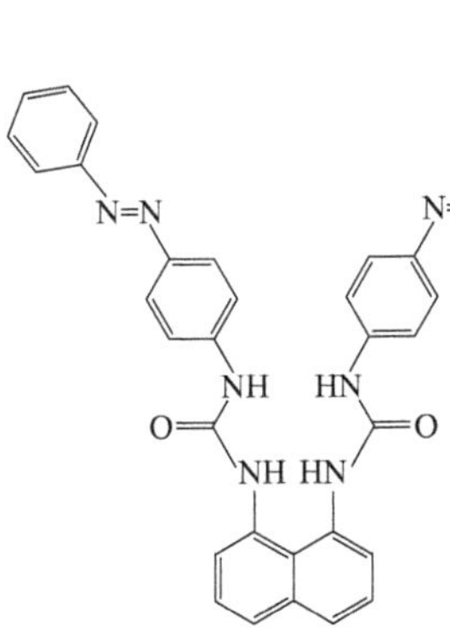

64 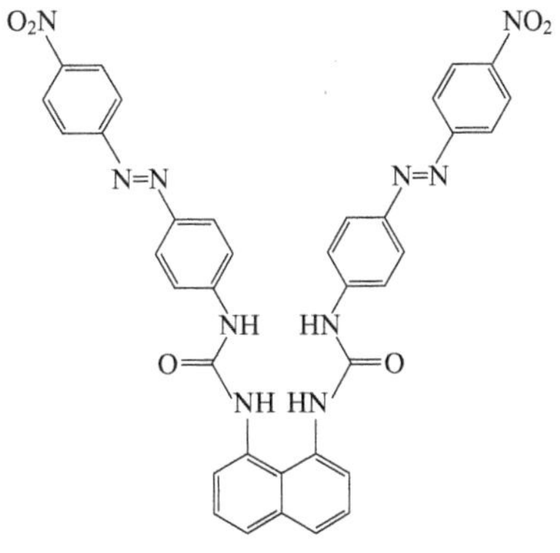　**65**

Nam 等报道了一系列以萘为母体的化合物 **50**～**65**，实验表明，这些化合物对于氟离子来讲是很好的生色传感器[69]。氟离子的加入能使这些化合物的紫外吸收有不同程度的红移，其中化合物 **65** 的最大吸收红移甚至达到 258nm。常见阴离子如氯离子、溴离子、碘离子、硫酸氢根、磷酸二氢根、乙酸根和苯甲酸根等均没有干扰。引进氟离子时，化合物 **65** 的颜色从淡黄色变为蓝绿色，而化合

物 **61** 的颜色则从无色变为橙黄色。

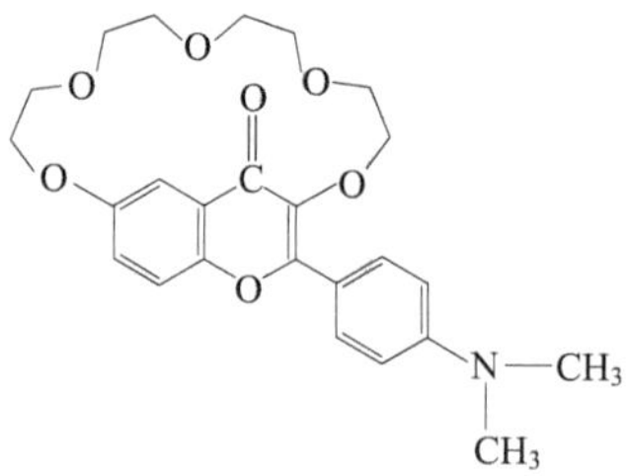

66

化合物 **66** 与钙离子或镁离子的配合物可以作为硫酸氢根和磷酸二氢根的生色传感器。在配合物的乙腈溶液中加入这两种离子都可以使溶液颜色从淡黄色变为红色，原因是配合物与这两种离子分别形成了一种更稳定的复合物。其他离子如氟离子、氯离子、溴离子、碘离子、硝酸根和碳酸氢根的加入不会引起溶液颜色变化。同时这两种离子的加入还会引起溶液荧光的猝灭[70]。

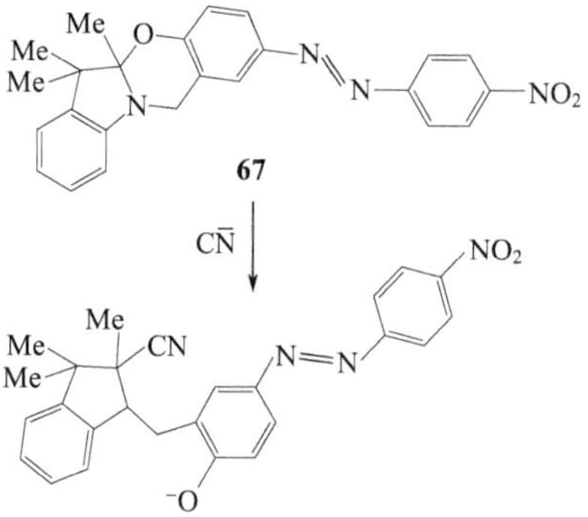

67

Raymo 等报道的化合物 **67** 可以选择性地检测氰根离子。在乙腈溶液中氰根的加入可以打破分子原有的五元环，改变分子的结构，从而导致溶液颜色由淡黄色变为红色，核磁研究也验证了该机理[71]。

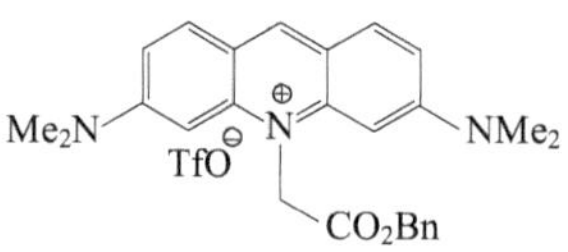

68

最近 Tae 等也报道了一个可以检测氰根的生色传感器 **68**，该传感器的工作原理也是利用氰根可以在空气中催化 **68** 的氧化反应。氰根离子的引入可以使溶液颜色由黄色变为蓝色，同时引起荧光的猝灭。该传感器的最大优势在于可以应用于水相[72]。

7.5 含有特殊结构的材料在化学传感器中的应用

从前面的介绍可以看出，化学传感器的结构丰富多彩，并没有固定的组成，但是也并不是没有规律可循。在分子设计角度，不同类型传感器的设计有一定标准，例如设计电化学传感器，就要至少包含一个电活性中心和识别体；同样，荧光传感器的设计需要一个荧光母体和识别部位；生色传感器则要包含生色团和识别部位。此外针对不同的检测对象，识别体的选择是有一些特殊结构可以利用的，现就一些典型的结构重点介绍。

7.5.1　冠醚及其衍生物

冠醚及其衍生物是一类大环化合物，具有孔穴结构，能和多种阳离子形成配合物，同时能与一些有机化合物如醇、胺、烷基羧酸等络合。冠醚与客体化合物形成配合物的稳定性不但取决于冠醚孔穴大小、取代基类型及性质，而且和客体分子的大小、极性、空间构型以及是否和冠醚形成氢键有关，通过修饰冠醚结构可以用作化学传感器对目标离子进行检测。

例如唐宁等人[73]合成了系列含有冠醚基团的金属钌的配合物 **69**～**74**，分别利用紫外光谱、荧光光谱和循环伏安法研究了它们与碱金属和碱土金属离子的相互作用。实验结果表明，化合物 **70** 和 **73** 对镁离子有更强的络合能力而化合物 71 和 74 则对钙离子有更强的络合能力。这也进一步验证了冠醚孔穴的大小和络合何种种类的金属离子是有直接关系的。

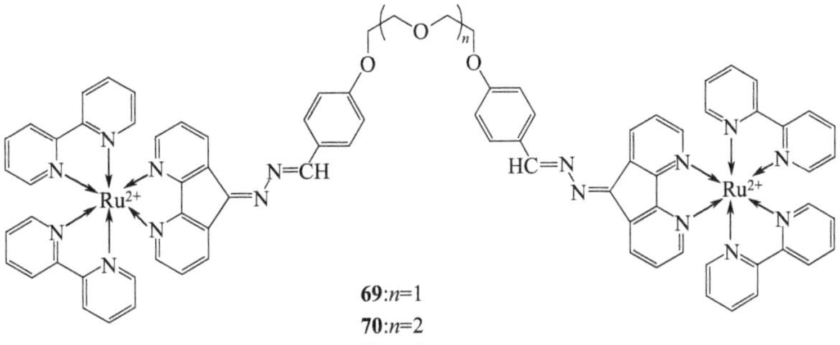

69:n=1
70:n=2
71:n=3

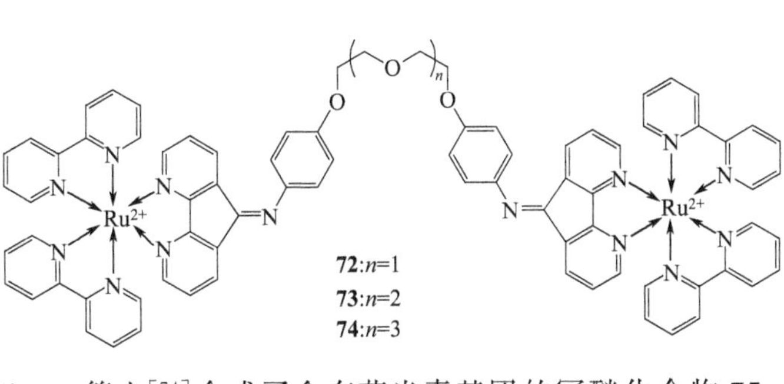

72:n=1
73:n=2
74:n=3

最近，Chang 等人[74]合成了含有荧光素基团的冠醚化合物 **75**，在这个分子中冠醚环作为络合基团可以选择性络合铜离子。在化合物的二甲基亚砜和水的混合溶液中，铜离子的加入会使溶液的颜色由亮黄色变为橙红色，且溶液强的绿色荧光也随铜离子的加入而几乎完全猝灭。

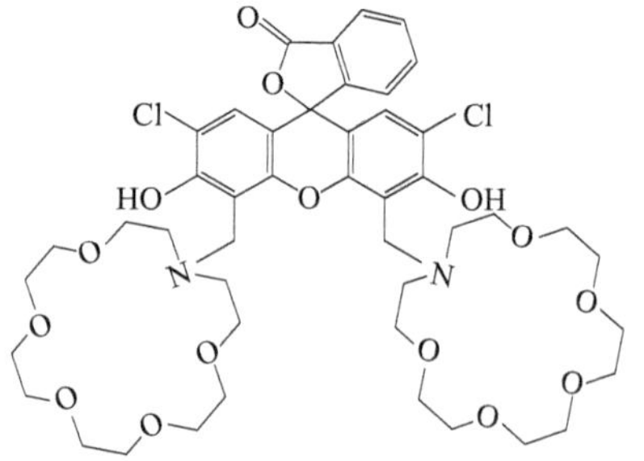

75

Lee 等[75]设计的冠醚分子 **76** 含有荧光功能团蒽，与 Li^+、Na^+、K^+、Cs^+ 四种碱金属离子作用，结果表明，只有锶离子的加入会引起化合物溶液荧光的显著增强，显示了其对锶离子的良好选择性。

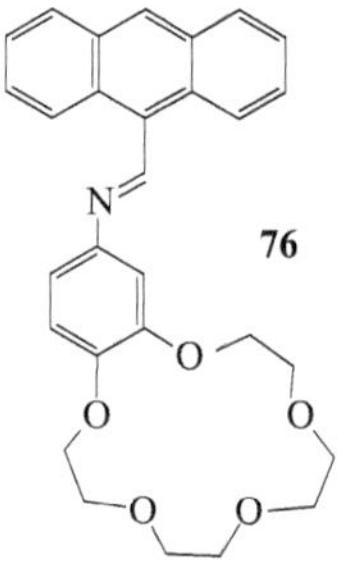

76

Costero 等人[76]报道了化合物 **77** 和 **78** 作为 Pb^{2+} 的化学传感器。两个化合物对 Pb^{2+} 都表现出良好的灵敏度，检测下限可以达到 7×10^{-8}mol/L。在其溶液中引入 Pb^{2+} 会引起荧光发射光谱红移 50nm 左右。

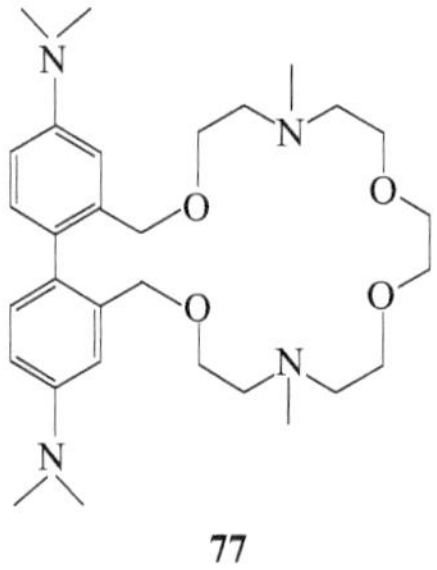

77 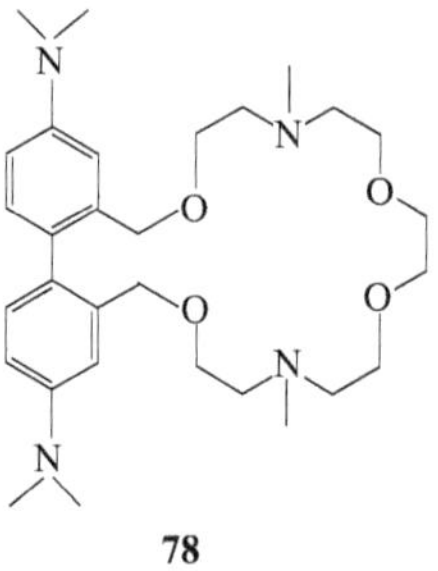 78

7.5.2 环糊精及其衍生物

环糊精是由 D-吡喃葡萄糖单元以 α-1,4-糖苷键相结合，互为椅式构象的环状低聚糖，具有独特的“内疏水、外亲水”的分子结构，可以与范围极其广泛的各类客体，比如有机分子、无机离子、配合物甚至惰性气体，通过分子间相互作用形成主-客体体系，从而成为在冠醚之后的第二代超分子的构筑体。

环糊精分子的独特结构及其多种可行的衍生化，可以使人们根据不同的检测目的来设计具有特殊结构和高度选择性的主体分子，在荧光分析、药物控制释放、手性识别、模拟酶、分子开关、超分子构筑等方面发挥重大的作用。

研究结果表明，多种弱相互作用协同作用于环糊精的分子识别过程。主-客体间的尺寸匹配、几何互补等因素对主-客体配合物的稳定性都有重要的影响。环糊精的超分子作用机理和分子识别机理可以用多种实验方法如核磁共振、X 射线粉末衍射、红外光谱、紫外-可见光谱、荧光光谱、电化学方法、热分析方法、各种色谱分析方法以及理论计算方法等来研究。

目前以环糊精为识别体构筑的荧光传感器的工作机理是：客体选择性地被修饰性环糊精包络而引起吸收单体荧光、激态缔合物（Excimer）或分子内扭转电荷转移（TICT）等性质变化，通过这些性质变化达到识别不同客体的目的。

刘育等人[77]利用 1 当量的锌离子和 2 当量的环糊精分子形成配合物 **79**，该配合物在水相中与汞离子作用时，荧光明显猝灭。该配合物和 PVA 混合制备的薄膜也表现出强的荧光，与汞离子作用荧光同样猝灭，其他离子的加入则不会使荧光发生猝灭，表现出对汞离子很好的选择性。

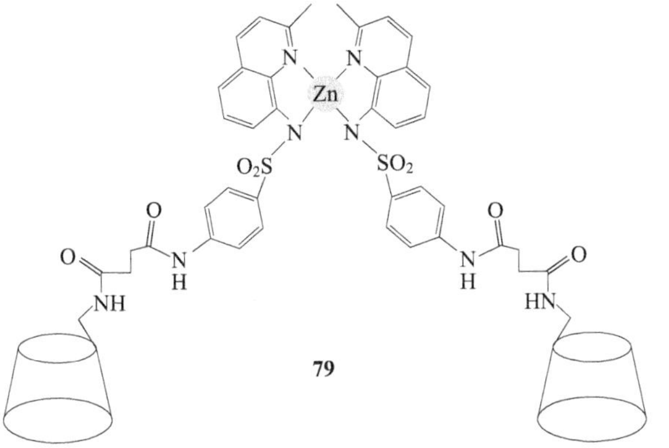

79

Tong 等[78]设计了一种新型的带硼酸的荧光基团/β-环糊精配合物传感器，用于水溶液中糖类分子的识别。带硼酸的荧光基团与 β-环糊精形成的配合物在与糖类分子键合时产生增强的荧光发射。其机理为糖类分子的键合抑制了从芘给体到三面体的芳基硼酸受体之间的光诱导电子转移。

Yang 等[79]提出了一种新型的环糊精/卟啉超分子敏感剂应用于锌离子的检测。其机理为在与锌离子作用时，超分子包合物的形成加速了卟啉的金属化速度，且卟啉的双重荧光发射光谱发生有趣变化，卟啉的 656nm 的荧光发射强度减弱，而在 606nm 的荧光发射强度增强。双重荧光发射强度的比值与锌离子的浓度成线性关系，线性范围为 $5.0\times10^{-7}\sim2.5\times10^{-4}$mol/L。

显色型化学传感器环糊精的重要应用之一，在环糊精上衍生一定的显色基团后，由于显色基团的全部或部分结构可借助分子的自组装作用被包合在环糊精空腔内，当向体系中加入客体分子时，客体分子可与环糊精发生超分子作用，这将导致显色基团所处的微环境发生变化，甚至发生异构化反应，进而导致体系的颜色发生变化。利用这一原理，选择不同的显色基团，可合成出不同分子的显色型识别检测器。

例如：Kuwabara 等[80]将甲基红基团连到 β-环糊精上，得到了在酸性条件下检测有机分子的显色型分子识别检测器。当甲基红基团因客体分子的影响而向环糊精空腔外面移动时，同时发生质子化反应，体系的颜色也将随之发生变化，体系将由橙色转为红色。利用该类分子识别检测器，可以灵敏地检测鹅脱氧胆酸。

Matsushita 等[81]设计并合成了带有对硝基苯酚类衍生基团的环糊精，用以检测中性水溶液中的有机物，客体分子的加入可使体系的颜色由黄色转为无色。

Kuwabara 等[82]将酚酞修饰到环糊精上，得到了可在碱性条件下使用的分子识别检测剂，客体分子的加入可使体系的颜色由无色转为紫红色。分子识别检测器的检测性能与环糊精衍生物的结构、溶液 pH 值及客体分子的结构等因素有关。

7.5.3 杯芳烃及其衍生物

杯芳烃是继冠醚和环糊精之后的第三代超分子化合物，它是由取代苯酚单元通过亚甲基桥联成环状的具有腔体结构的低聚体。最初是由醛与对烷基苯酚通过碱性缩合得到的，由于形似希腊杯，而被 Gutsche 称为杯芳烃。

杯芳烃在结构上具有如下的特点：①具有由亚甲基相连的苯环所构成的疏水空腔且空腔形状和大小可人为调控；②具有易于引入官能团或可以用于催化反应的酚羟基；③具有可利用各种芳香族取代反应进行化学修饰的苯环；④其构象可以发生变化，而通过引入适当的取代基，也可以固定其构象。

这些特点使杯芳烃具有丰富的结构可调性和易修饰性，故在过去几年里杯芳烃作为敏感剂在传感器领域的应用研究引起了极大的关注。这是因为杯芳烃类化合物在灵敏度、选择性以及配位的效率上都有着独特的优点。

化合物 **80**[83]是利用杯芳烃与氮杂冠醚连接荧光团设计的荧光分子探针，该化合物可以选择形识别重金属离子 Hg^{2+}。

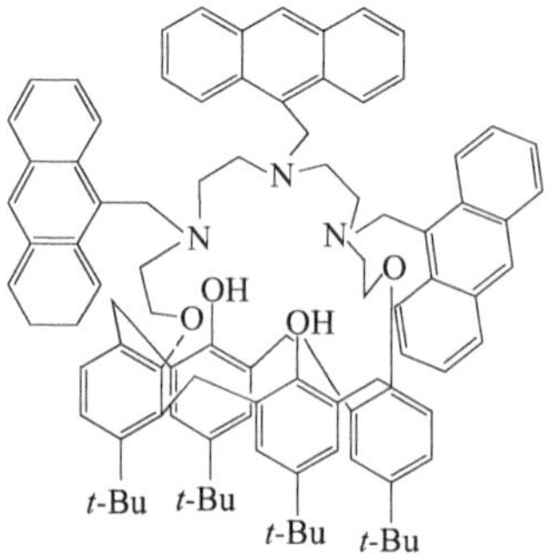

N N N O O OH OH *t*-Bu *t*-Bu *t*-Bu *t*-Bu

80

Choi 等人[84]在杯［4］芳烃上连接 2,4-二硝基偶氮基团，也得到了汞离子的荧光传感器 **81**。在 pH＝6 的溶液中，加入汞离子后溶液颜色由黄色变为红色，最大吸收峰由 424nm 红移到 500nm。其他常见离子只有镉离子的加入使溶液变色，但镉离子加入时，紫外光谱有小的裂分，通过这一点可以将其与汞离子区分。

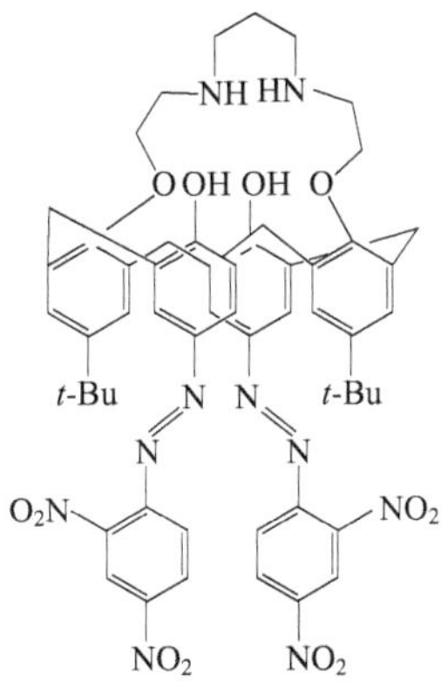

81

7.6　基于共轭聚合物的化学传感器

早期的化学传感器多数基于小分子化合物，自 Swager 于 1995 年提出共轭聚合物传感信号放大效应这一概念后，共轭聚合物作为化学传感器的应用被越来越多的科研工作者所重视。

7.6.1　共轭聚合物信号放大机理

7.6.1.1　分子内能量转移（激子迁移）机理

共轭聚合物传感信号放大效应这一概念最初由 Swager 于 1995 年提出[85]。该现象可以用共轭聚合物“分子导线”（molecular wire）理论来解释[2]（图 7-9）。通常，能够进行荧光传感，体系分子至少具有两种功能：发光功能和与被检测物相互作用的功能，承担这两项功能的结构分别被称为荧光团（fluorophore）与受体（receptor）。如图 7-9(a) 所示，由于被检测物（analyte）的浓度通常较低，在传统小分子传感体系中，只有部分荧光分子与被检测物相结合，产生荧光传感信号；而在图 7-9(b) 的共轭聚合物体系中，受激发产生的激子（exciton）可以沿共轭主链发生迁移（即激发态能量可以沿聚合物主链进行传递），使得当被检测分子与共轭聚合物链上多个受体中的任意一个相结合时，不仅改变与其直接相连的荧光团的发光性质，与被结合受体相邻的多个聚合物链节的发光性质也都将受到影响而发生变化，这就是共轭聚合物的分子导线特征[86]。

7.6.1.2　分子间能量传递机制

以上所描述的信号放大作用是基于分子内能量传递（激子迁移）机理产生的。除此之外，荧光传感信号放大也可以在分子间进行能量传递[87]。在溶液状态下，共轭聚合物的分子间能量传递主要发生在分子聚集体中。通常，在聚电解

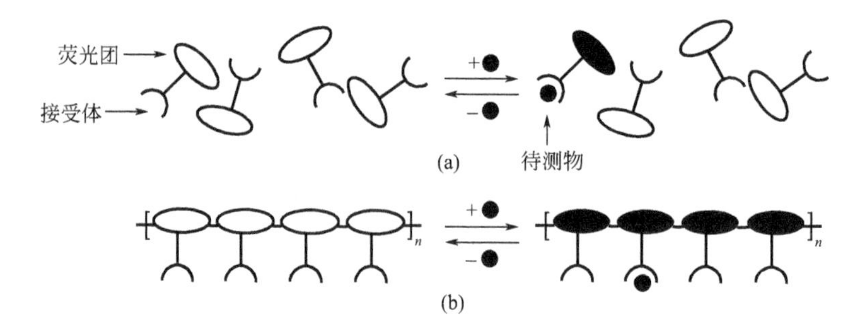

图 7-9　单分子（a）与共轭聚合物（b）的传感机理示意图

质体系中，当被检测对象带有的电荷与共轭聚合物带有的电荷相反时，被检测物的存在减弱了带有相同电荷的聚合物间的静电斥力，使得聚合物在溶液中发生聚集。在这些分子聚集体内部，分子间距离较小，激子甚至可以在分子链间“跳跃”；由此被检测物所造成的传感信号得以进一步放大。分子间相互聚集的驱动力除静电力外，憎水或憎溶剂效应、氢键作用等都可以成为驱动力。由此，在材料的本体聚集态条件下，例如当传感材料以固体膜状态被应用时[88,89]，聚合物分子间的能量传递过程也可以进行，促使信号放大效应产生，从而大大提高传感灵敏度。

7.6.2　共轭聚合物的应用实例

7.6.2.1　阳离子选择性识别的荧光传感器

Fan 等[90]基于光诱导电子转移（PET）机理合成的共轭荧光聚合物 **82**，在室温下的四氢呋喃（THF）溶液中，由于荧光猝灭，其量子产率很低，荧光强度很弱。但同 Hg^{2+}、Cu^{2+}、Zn^{2+} 等结合后，聚合物荧光增强，且 Hg^{2+} 的增强效果最大，因此该聚合物可作为检测这几类离子的荧光化学传感器。

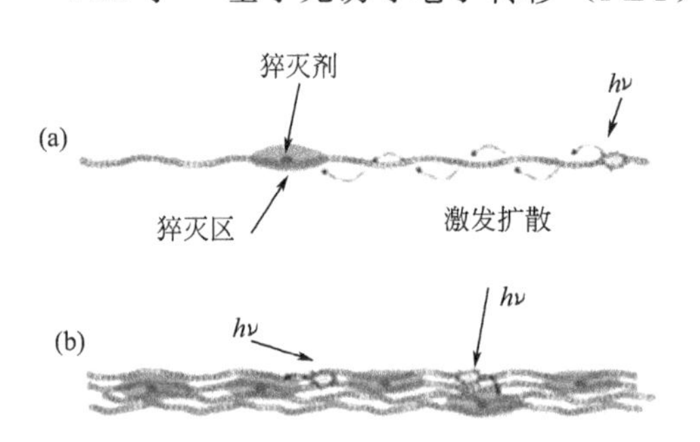

图 7-10　共轭聚合物在聚集态和非聚集态下超猝灭示意图
(a) 非聚集态；(b) 聚集态

黄红梅等合成的共轭荧光聚合物 **83** 对 Pd^{2+} 有很好的选择性。100 倍的碱金属和碱土金属离子，50 倍的 Co^{2+}、Ni^{2+}、Zn^{2+}、Fe^{3+}、Sn^{2+}、Cu^{2+}、Hg^{2+}、Ag^{+} 与 5 倍的 Au^{3+} 等的加入，对浓度为 5.0×10^{-6} mol/L 的 Pd^{2+} 的测定没有明显的干扰[91]。进一步研究表明，Pd^{2+} 对该聚合物的荧光猝灭常数 K_{sv} 达 4.34×10^{5} mol/L，因此该聚合物可作为对 Pd^{2+} 具有高检测灵敏度的荧光传感器材料[92]。

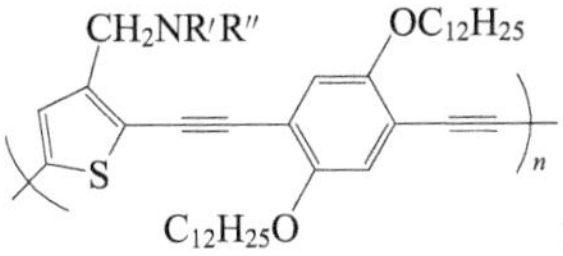

$NR'R''=N(CH_3)CH_2CH_2N(CH_3)_2$

82

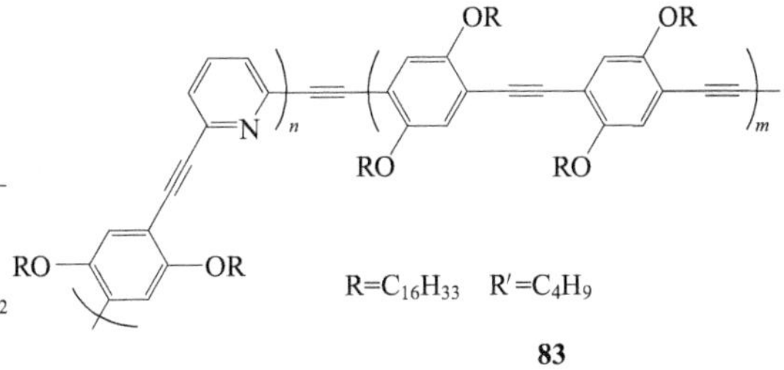

$R=C_{16}H_{33}$　$R'=C_4H_9$

83

Tang 等[93]合成了含胸腺嘧啶功能团的聚合物 **84**，Hg^{2+} 不存在时，聚合物链相互分离，以单链形式存在，发出较强的荧光。Hg^{2+} 存在时，由于分子链间 π-π 堆积，聚合物发生聚集，产生荧光自猝灭。且 Hg^{2+} 对其产生的荧光猝灭效应要优于 Mg^{2+}、Ca^{2+}、Mn^{2+}、Co^{2+}、Ni^{2+}、Cu^{2+} 和 Zn^{2+}，因此它可以作为检测 Hg^{2+} 的荧光传感器。

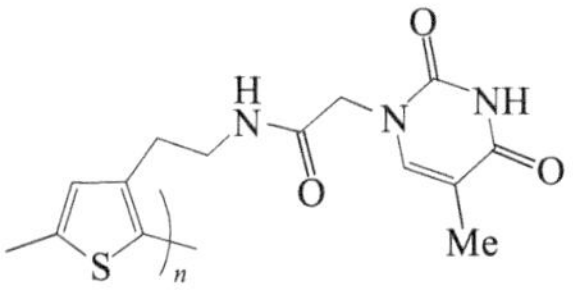

84

Bunz[94]等人合成了具有羧酸盐取代基的亚苯基亚乙炔基聚合物 **85**，它对检测水中的 Pb^{2+} 有极大的选择性及灵敏性。将该聚合物分别置于含有 Pb^{2+}、Ca^{2+}、Zn^{2+}、Hg^{2+}、Mg^{2+}、Cu^{2+} 和 Mn^{2+} 的盐溶液中，发现 Pb^{2+} 对它的猝灭常数约为 10^6，是其他离子的 10 倍。实验发现，聚合物的灵敏度是相应的小分子化合物 **86** 的 1500 倍。

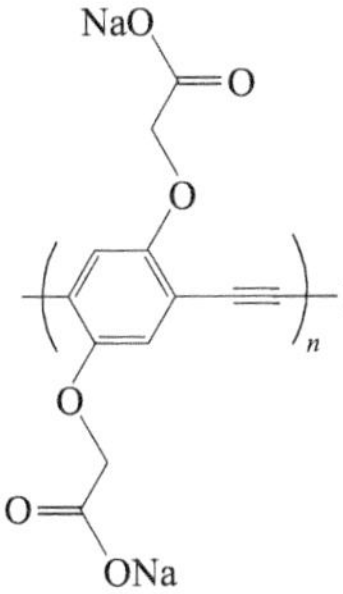

85 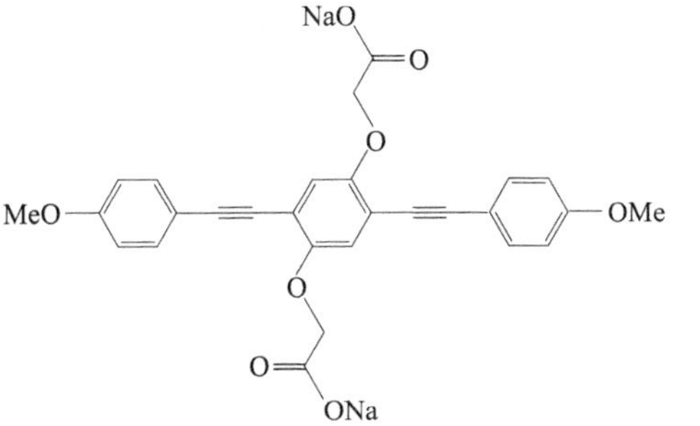　　**86**

Huang 课题组[95]合成了三种共轭聚合物 **87**、**88**、**89**，分别向三种聚合物的 THF 溶液中加入过渡金属离子，聚合物 **87** 和 **89** 迅速由无色变为深黄色，聚合物 **88** 由黄色变为棕红色。特别的是，加入碱金属离子或碱土金属离子，三种聚合物只对 Mg^{2+} 有反应。但最容易产生荧光猝灭的是聚合物 **87**，因此聚合物 **87** 可以作为检测 Mg^{2+} 和过渡金属离子的荧光传感器。

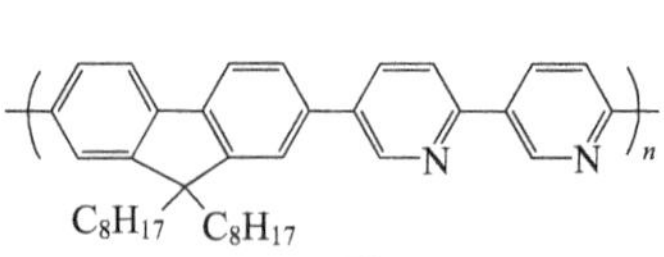

C_8H_{17} C_8H_{17}

87

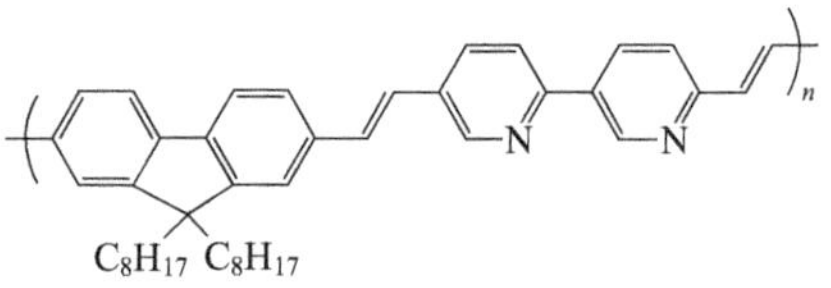

C_8H_{17} C_8H_{17}

88

C_8H_{17} C_8H_{17}

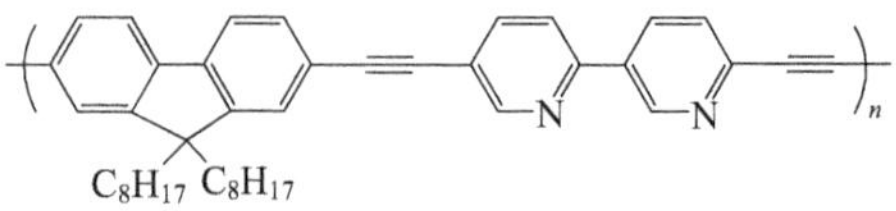

89

Pei 等[96]合成聚合物**90**，在其 THF 溶液中加入 Cu^{2+}，聚合物荧光发生有效的猝灭，猝灭常数为 1.2×10^7。同时该聚合物对过渡金属离子也有很好的选择性。

Swager 课题组[97]合成了一种冠醚功能化共轭聚合物**91**，它可以通过离子诱导聚集作用实现对 K^+ 的检测。K^+ 的加入使聚合物吸收光谱红移，并出现荧光猝灭效应。Li^+ 或者 Na^+ 的加入不会引起吸收光谱和发射光谱的变化，反而会与该聚合物以 1∶1 的比例形成化合物。

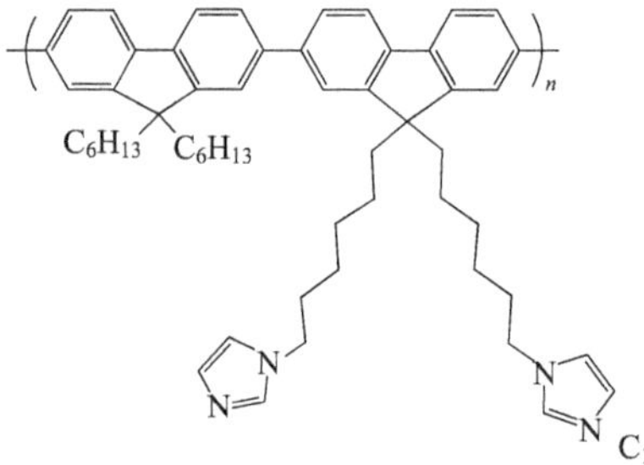

C_6H_{13} C_6H_{13} Me $C_{10}H_{21}O$ Me

90 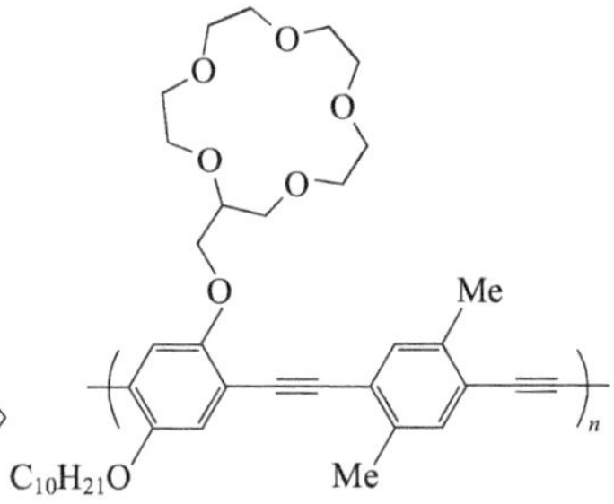 **91**

作为一种过渡金属离子，Ag^+ 在照相等商业用途中有着非常重要的作用，但 Hg^{2+} 或其他重金属离子的加入会对其检测造成很大干扰。Tong 等人[98]合成了一种共轭聚喹啉**92**，对 Ag^+ 具有高度的选择性。加入 Ag^+ 后，猝灭常数达 1.4×10^5，而其他大多数离子如 Hg^{2+}、Ni^{2+}、Zn^{2+} 和 Pb^{2+} 等的加入没有使荧光光谱产生变化。

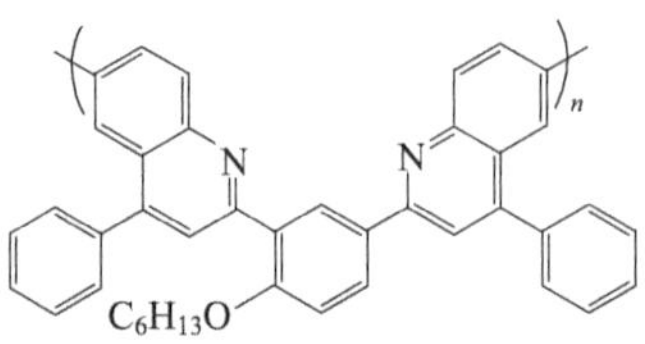

$C_6H_{13}O$

92

7.6.2.2 阴离子选择性识别的荧光传感器

F^- 作为最小的阴离子，在人体健康和生态循环中有着重要作用；工业生产对地下水的污染、牙齿护理、骨质疏松的诊断等方面都与 F^- 有关；另外 F^- 与神经毒气和核武器的生产也有很大关系，因此对 F^- 的检测最为受到研究者的关注。

Swager等人[99]合成了荧光共轭聚合物**93**，也可作为检测F^-的荧光传感器，其检测灵敏性比相应的小分子高100倍。

Tong课题组[100]合成的带有OH基的共轭聚喹啉化合物**94**对F^-的检测具有高度的选择性和灵敏性。当F^-滴加到该聚合物DMSO（二甲基亚砜）溶液中时，荧光强度大大增加，溶液从无色变为红色，颜色变化可直接用肉眼观察到，而Cl^-、Br^-、$H_2PO_4^-$的加入既没有使溶液颜色发生转变，也未引起荧光强度发生明显变化。

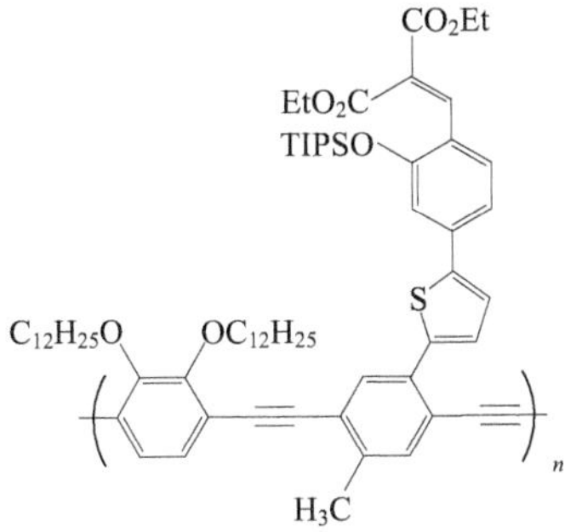

CO_2Et EtO_2C TIPSO S $C_{12}H_{25}O$ $OC_{12}H_{25}$ H_3C n

93

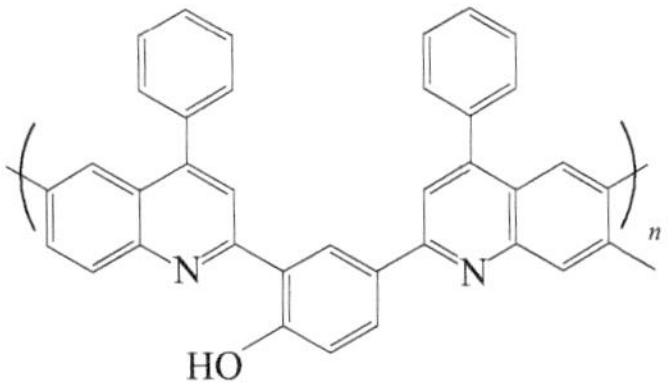

N N HO n

94

Wang等[101]合成聚合物**95**，相比于Cl^-、Br^-、I^-、BF_4^-、PF_6^-和$H_2PO_4^-$等一系列阴离子，它对F^-的检测具有高度的灵敏性和选择性（猝灭常数$K_{sv}=7.1\times10^5$），是相应的小分子的100倍。

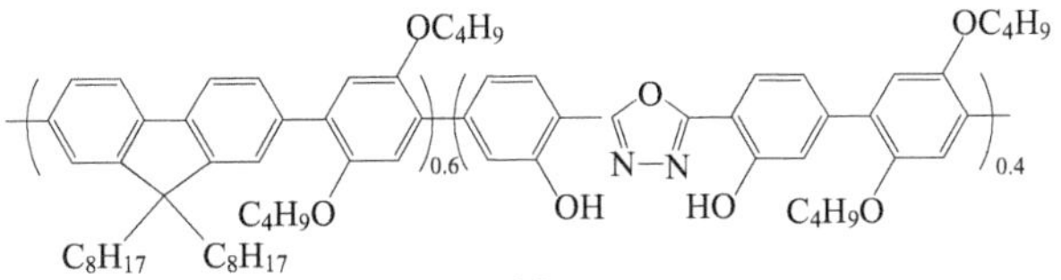

OC_4H_9 OC_4H_9 O N—N 0.6 0.4 C_4H_9O OH HO C_4H_9O C_8H_{17} C_8H_{17}

95

Fujiki等[102]通过共轭聚硅烷**96**的荧光猝灭效应实现了对F^-的高灵敏性检测。将氟化四丁基铵（TBAF）加入到该聚合物的THF溶液中，荧光猝灭常数K_{sv}达到1.35×10^7。

I^-在甲状腺功能方面扮演着最基本的角色，另外，I^-也作为组成成分用于合成一些有机器官、生产染料、制药（它的放射性同位素）和分析化学等其他领域。

Leclerc等人[103]合成了一种新型的水溶性阳离子聚噻吩衍生物**97**，加入NaI后，其水溶液颜色迅速由黄色变为紫红色，而氟化物、氯化物或溴化物等的加入并没有引起溶液颜色立即变化，只有加入溴化物的溶液放置四天后才有了颜色变化。其他离子如CO_3^{2-}、HCO_3^-、$H_2PO_4^-$、HPO_4^{2-}、CH_3COO^-、$EDTA^{4-}$、SO_4^{2-}和$(C_6H_5)_4B^-$的加入也未使得溶液颜色发生变化。加入I^-的钾盐得到相同的结果，这说明聚合物**97**对I^-的检测具有极好的选择性和灵敏性，并且不依赖于阳离子。同时荧光实验表明，加入I^-后，聚合物荧光强度降低，发射光谱红移，荧光猝灭效应显著。因此该聚合物可作为有效检测I^-的荧光传感器。

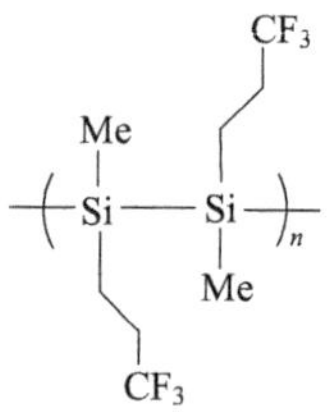

96

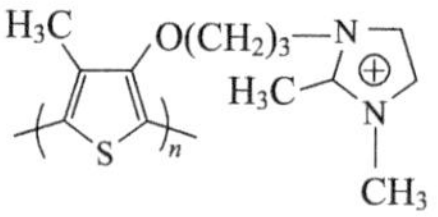

97

7.6.2.3 识别中性分子的共轭聚合物

能高度选择性识别目标分析物的化学传感器对痕量爆炸物的检测及公共场所的安全十分重要。对此类传感器的研究也受到广泛关注。

TNT 和 DNT 是大多数地雷中主要的爆炸成分，由 Swager 教授[104]研究组设计出了聚合物 **98**，实现了对 TNT 和 DNT 蒸气空前的高灵敏性检测。该聚合物的膜材料具有多微孔的性质，使得被检测的小分子能够更迅速有效地渗透进入传感材料内部。在 TNT 的检测浓度低于该物质常温下的蒸气压时，仍能够实现灵敏方便的检测。实验证明，即使调整该聚合物膜的厚度，通过苯醌蒸气时产生的反应很慢而且不明显，这可以有效地区别硝基化合物与苯醌。基于该聚合物研制出的传感设备能够对地雷进行实时监测，并表现出极高的灵敏性与选择性。

Swager 课题组又发现相对于传统的聚亚苯基亚乙炔基（PPEs），含三苯基的聚三苯基亚乙炔基类聚合物（TPPEs）的荧光寿命更长[102]。根据这一原理研究出聚合物 **99**，传感实验表明，该聚合物对 TNT 的检测灵敏性要高于聚合物 **98**[105]。

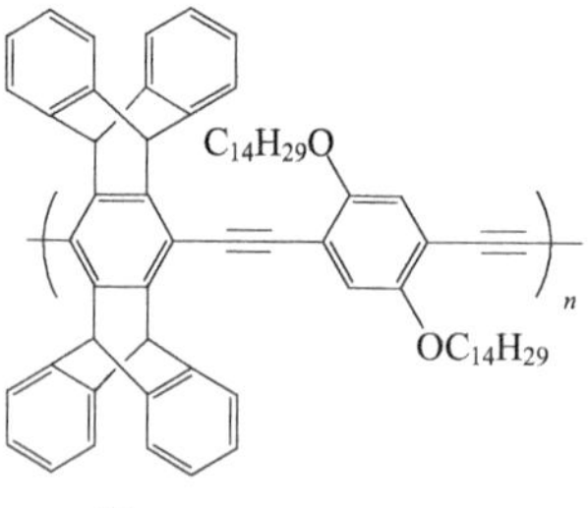

98

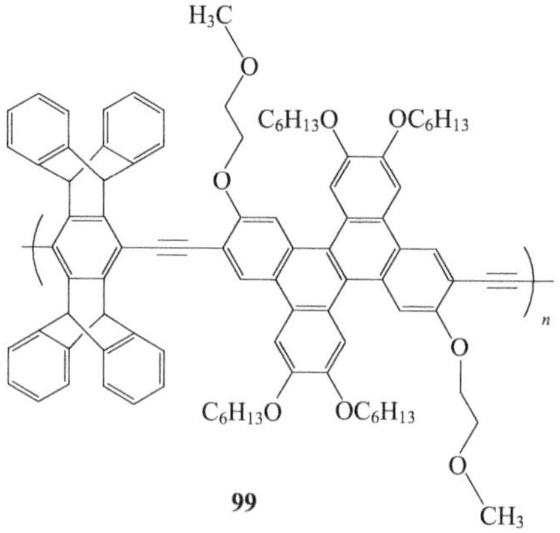

99

Schanze 课题组[106]利用聚合物 **100**（PTMSDPA）制备的固态薄膜能够对 DNT 蒸气以及其他硝基化合物的蒸气产生强烈、稳定的猝灭，因此可以用它来检测一系列硝基化合物。

除硝基化合物外，其他种类爆炸物的检测也给科学家们提出了挑战。DMNB 是人造塑性炸弹的添加物[107]，因此实现对 DMNB 的检测具有重大的意义。聚合物 **101** 对 DMNB 蒸气的检测最为有效。

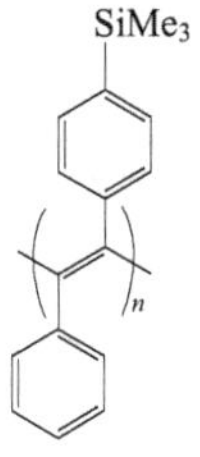

100 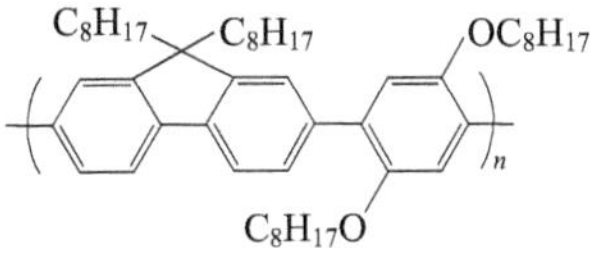　　101

此外，Swager 等人[108]还利用带羧酸官能团的 PPE**102** 检测了胰蛋白酶。具体做法是通过共价结合的方法将羧基 PPE 与含二硝基苯胺的多肽相连，从而制备了不发射荧光的共聚物。该聚合物的多肽组分可以特异性地被胰蛋白酶催化水解，导致作为电子转移受体的二硝基苯胺与聚合物分离，因而体系的荧光增强，表面活性剂存在时，荧光强度增加了 3 倍，应用该方法可以检测 ppm 级（μg/g）浓度的胰蛋白酶。

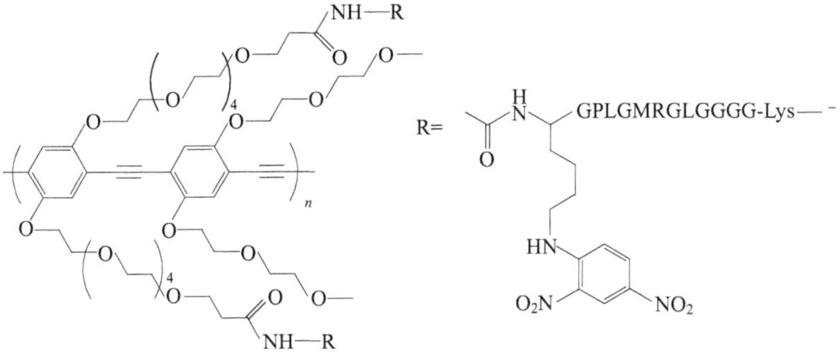

102

以共轭聚合物为基础的传感器不但灵敏、稳定、选择性高，而且可利用不同官能团间的反应合成新的化合物，具有可设计性。但是共轭聚合物传感器也有其不足之处，例如合成路线相比于小分子较为复杂，有些合成条件不易控制或较难满足等。

7.7　薄膜化学传感器

以上所述的化学传感器主要是在溶液中使用的均相传感器，它的灵敏度高，选择性好，但是在实际应用中易于污染待测体系，且只能一次性使用。近年来，易于重复使用且能进行气相传感的薄膜传感器受到了科学家的青睐。相对于均相化学传感器，薄膜化学传感器具有用量少、可以反复使用、不污染待测体系、无试剂消耗、易于器件化等优点。

目前将有机分子制备成薄膜的方法主要有两种：一种是物理方法，利用真空蒸镀或者由溶液甩膜、拉膜的办法将传感分子附着在固体载体上；一种是化学修饰的办法，将传感分子利用化学键固定于载体。两种方法所采用的基质既可以是有机高分子膜，也可以是玻璃、石英、云母、单晶硅片、金属单质等无机材料表面。

以硅烷化试剂修饰的薄膜化学传感器主要用于玻璃、石英、单晶硅片等含硅的无机材料中，用于修饰的硅烷化试剂主要有三氯硅烷和三烷氧基硅烷等，这些试剂通过其端基的水解形成硅羟基，再与薄膜表面的羟基化学缩合形成 SAM 膜。

例如张学骜等[109]在酸性条件下，以表面活性剂 F127 为模板剂，正硅酸乙酯和 3-氨丙基三乙氧基硅烷为硅源，在 ITO 导电玻璃上制备出三维立方结构的氨基功能化介孔二氧化硅薄膜，然后采用浸渍的方式将乙酰胆碱酯酶和细胞色素 c 组装固定到介孔薄膜的孔道中，制备了一种电流型生物传感器。研究结果表明，组装后的介孔薄膜具有很好的三维立方结构，且固定在介孔孔道中的蛋白质和酶分子保持很好的生物活性和电化学活性。以碘化硫代乙酰胆碱为底物，细胞色素 c 为电子传递酶介体，对该生物传感器的传感性能进行了研究。当有机磷毒剂敌敌畏浓度在 $1.0\times10^{-8}\sim1.0\times10^{-3}$ mol/L 范围时，抑制率与其浓度的对数值呈线性关系，检测下限可达 3.1×10^{-9} mol/L。

以金属特别是金作为基底时，常用带巯基的分子在其表面组装 SAMs 膜。但是应该注意，金可以猝灭荧光物种的荧光。因此以金作为基底时，如果要引入荧光传感器，则必须在基底和传感分子之间引入具有一定长度的连接臂，以尽可能降低金对荧光传感器荧光的猝灭。

Myles 等人[110]将具有荧光活性且能与巴比妥酸形成氢键配位的带巯基的化合物组装于金表面，形成 SAM 膜 **103**。当膜末端荧光接受体与溶液中的巴比妥酸形成配合物时，可引起该膜荧光强度降低，以此报告巴比妥酸的存在。

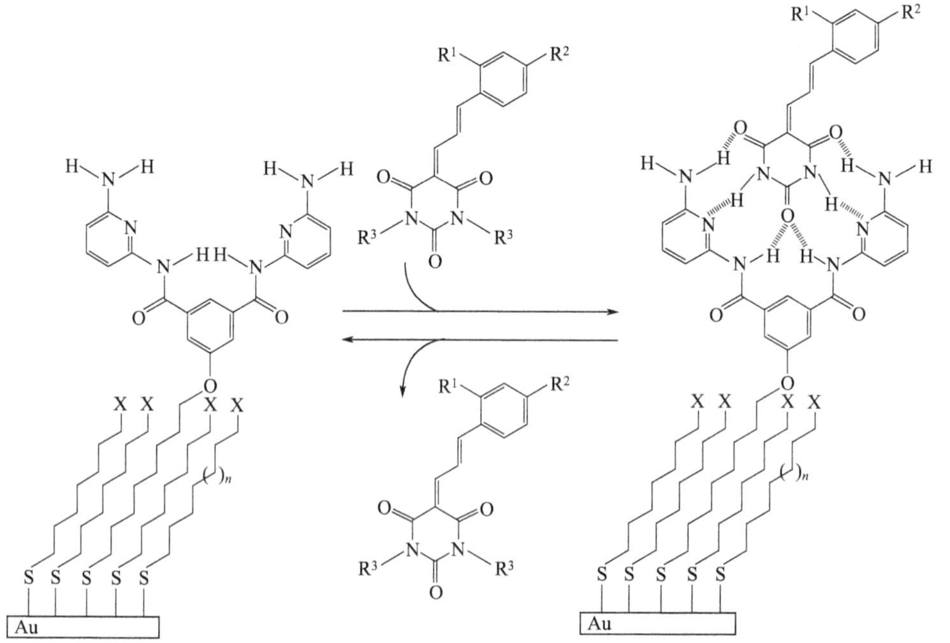

103

薄膜传感器的研究已构成当今单分子层化学研究的重要内容，也成为其中最活跃的一个分支。然而，到目前为止，薄膜传感器的研究还十分薄弱，多数研究尚处于行为研究阶段，而真正器件化了的、可以付诸实际应用的薄膜传感器产品为数不多，因此，继续坚持并不断深化与薄膜荧光传感器相关的界面化学基础研究，拓展已有的应用研究是未来薄膜荧光传感器研究的主要内容。如何更好地优化已有荧光分子传感器的性能，进一步推进其在环境检测、临床医疗和疾病诊断等领域的实际应用，是我们所面临的一个极具挑战性的问题。而且，为了便于荧光分子传感器的应用，实现荧光分子传感器的集成化和非均相化将是未来的研究重点，特别是将荧光分子传感器的设计合成与纳米技术、超分子自组装技术有机结合，制备具有优异性能的荧光微球传感器和荧光薄膜传感器有望取得突破性进展。

7.8　展望

目前以分子识别为基本依据的化学传感器的研究进展飞速，它的发展呈现以下态势：①检测灵敏的荧光传感器和可肉眼识别的生色传感器的研究将有更大的应用前景；②随着化学传感器传感理论方面的研究不断完善，新结构和新功能的受体基团不断被开发。而分子选择性化学传感器方面的研究在以下几个方面还存在制约：①由于化学传感分子的不可预测性，使得化学传感器的设计在某种程度上还属于摸索和实验阶段；②大多数文献所报道的化学传感器多是应用于有机溶液相，能应用于膜上和可以应用于纯水相化学传感器的文献报道还较少，大大限制了化学传感器的应用；③尽管化学传感器有广泛深远的应用前景，但是在实际应用中，对于没有化学传感器专业知识背景或使用仪器设备的人员难于进行自行检测。因此研究一些使用简单、方便、快捷、灵敏和价格低廉的便携式化学传感器成为科研工作者努力的方向。

相信随着对于传感器的工作机制认识得更加清楚，科学家们不再局限于用一种类型的传感器检测物种，他们更倾向于灵活运用这些检测方法，设计合成一些多元的传感器，更快速直观地检测外来物种。虽然各识别基团的识别方法各不相同，但各种接受体的设计合成的策略均是尽可能实现与外来物种（离子及中性分子等）的选择性结合。这需要充分考虑外来物种的结构及性质。另外在接受体的结构上应增加结构位点的数目，从单点识别到多点识别可以提高识别的专一性，同时应考虑接受体与外来物种的互补和匹配。而且，随着被检测对象及检测体系具有多样性和复杂性，这就要求我们以更加简单的合成路线来设计出更加灵敏、快捷、稳定及富有高度选择性的材料，并选择对人体无伤害及对环境污染小的传感技术来实现对被检测物的检测。相信随着先进分子材料与技术的不断涌现以及学科的相互交叉，必将有大量新的传感器材料被合成，千变万化的分子材料是制作传感器的首选。它必将在国家安全、生命科学、卫生保健、环境监测和材料等方面发挥更重要的作用。

总之，配位化学、超分子化学、分析化学、环境和生物过程机理等学科的研究为分子识别领域提供了良好的基础。在传感器这一新兴领域，科研工作者将大有可为，任重而道远。

参 考 文 献

[1] J. M. Lehn. Supramolecular Chemistry; Concepts and Perspectives; A Personal Account. Weinhein: VCH, **1999.**

[2] J. L. Atwood, J. E. Davies, D. D. Macnicol, F. Vogtle, J. M. Lehn. Comprehensive SuperamolecularChemistry. Vol. 1-11. New York: Pregamon Press, **1996.**

[3] J. W. Steed, J. L. Atwood. Supramolecular Chemisty. New York: John wiley & Sons Ltd, **2000.**

[4] G. Mcdermott, S. M. Priece, A. A. Freer, A. M. Hawthornthwaite-Lawless, M. Z. Papiz, R. G. Cogdell, N. W. Isaaacs. Crystal structure of an integral membrane light-harvesting complex from photosynthetic bacteria. *Nature*, **1995**, *374* : 517.

[5] J. Barber. Electron-transfer theory in question. *Nature*, **1988**, *333* : 114.

[6] V. Balzani, L. Eds. De Cola. *Supramolecular Chemistry*. NATO ASI Series. Dordrech: Kluwer Academic Publishers, **1992.**

[7] G. M. Whites, B. Grzybowski. Self-Assembly at All Scales. *Science*, **2002**, *295* : 2418.

[8] S. W. Zhang and T. M. Swager. Fluorescent Detection of Chemical Warfare Agents: Functional Group Specific Ratiometric Chemosensors. *J. Am. Chem. Soc.*, **2003**, *125* : 3420-3421.

[9] S. V. Rosokha and J. K. Kochi. Novel Arene Receptors as Nitric Oxide (NO) Sensors. *J. Am. Chem. Soc.*, **2002**, *124* : 5620-5621.

[10] R. C. Smith, A. G. Tennyson, M. H. Lim, and S. J. Lippard. Conjugated Polymer-Based Fluorescence Turn-On Sensor for Nitric Oxide. *Org. Lett.*, **2005**, *7* : 3573-3575.

[11] E. K. Feuster and T. E. Glass. Detection of Amines and Unprotected Amino Acids in Aqueous Conditions by Formation of Highly Fluorescent Iminium Ions. *J. Am. Chem. Soc.*, **2003**, *125* : 16174-16175.

[12] S. Arimori, M. Bell, C. S. Oh, T. D. James. A Modular Fluorescence Intramolecular Energy Transfer Saccharide Sensor. *Org. Lett.*, **2002**, *4* : 4249-4251.

[13] L. Baldini, A. J. Wilson, J. Hong, A. D. Hamilton. Pattern-Based Detection of Different Proteins Using an Array of Fluorescent Protein Surface Receptors. *J. Am. Chem. Soc.*, **2004**, *126* : 5656-5657.

[14] X. H. Li, G. X. Zhang, H. M. Ma, D. Q. Zhang, J. Li and D. B. Zhu. 4,5-Dimethylthio-4′-[2-(9-anthryloxy) ethylthio] tetrathiafulvalene, a Highly Selective and Sensitive Chemiluminescence Probe for Singlet Oxygen. *J. Am. Chem. Soc.*, **2004**, *126* : 11543-11548.

[15] N. Chandrasekharan, L. A. Kelly. A Dual Fluorescence Temperature Sensor Based on Perylene/Exciplex Interconversion. *J. Am. Chem. Soc.*, **2001**, *123* : 9898-9899.

[16] C. Zhang and K. S. Suslick. A Colorimetric Sensor Array for Organics in Water. *J. Am. Chem. Soc.*, **2005**, *127* : 11548-11549.

[17] P. D. Beer, P. A. Gale, G. Z. Chen. Mechanisms of electrochemical recognition of cations, anions and neutral guest species by redox-active receptor molecules. *Coord. Chem. Rev.*, **1999**, *3*: 185-186.

[18] A. Caballero, A. Tárraga, M. D. Velasco, A. Espinosa, P. Molina. Multifunctional Linear Triferrocene Derivatives Linked by Oxidizable Bridges: Optical, Electronic, and Cation Sensing Properties. *Org. Lett.*, **2005**, *7*: 3171-3174.

[19] B. Tomapatanaget, T. Tuntulani, O. Chailapakul. Calix [4] arenes Containing Ferrocene Amide as Carboxylate Anion Receptors and Sensors. *Org. Lett.*, **2003**, *5*: 1539-1542.

[20] C. Valério, J. Fillaut, J. Ruiz, J. Guittard, J. C. Blais, D. Astruc. The Dendritic Effect in Molecular Recognition: Ferrocene Dendrimers and Their Use as Supramolecular Redox Sensors for the Recognition of Small Inorganic Anions. *J. Am. Chem. Soc.*, **1997**, *119*: 2588-2589.

[21] K. A. Nielsen, W. S. Cho, J. Lyskawa, E. Levillain, V. M. Lynch, J. L. Sessler, J. O. Jeppesen. Tetrathiafulvalene-Calix [4] pyrroles: Synthesis, Anion Binding, and Electrochemical Properties. *J. Am. Chem. Soc.*, **2006**, *128*: 2444-2451.

[22] P. D. Beer, P. A. Gale, Z. Chen, M. G. B. Drew, J. A. Heath, M. I. Ogden, H. R. Powell. New Ionophoric Calix [4] diquinones: Coordination Chemistry, Electrochemistry, and X-ray Crystal Structures. *Inorg. Chem.*, **1997**, *36*: 5880-5893.

[23] J. R. Lakowicz. Principles of Fluorescence Spectroscopy. New York: Plenum Publishers Corporation.

[24] P. D. Beer. Transition-Metal Receptor Systems for the Selective Recognition and Sensing of Anionic Guest Species. *Acc. Chem. res.*, **1998**, *31*: 71-80.

[25] H. Wang, W. S. Wang, H. S. Zhang. Spectrofluorimetic determination of cysteine based on the fluorescence inhibition of Cd (Ⅱ)-8-hydroxyquinoline-5-sulphonic acid complex by cysteine. *TALANTA*, **2001**, *53*: 1015-1019.

[26] F. Mancin, E. Rampazzo, P. Tecilla, U. Tonellato. Self-Assembled Fluorescent Chemosensors. *Chemistry: A European Journal*, **2006**, *12*: 1844-1854.

[27] T. Gunnlaugsson, B. Bichell, C. Nolan. Fluorescent PET chemosensors for lithium. *Tetrahedron*, **2004**, *60*: 5799.

[28] H. He, M. Mortellaro, M. J. P. Leiner, S. T. Young, R. J. Fraatz, J. Tusa. A Fluorescent Chemosensor for Sodium Based on Photoinduced Electron Transfer. *Anal. Chem.*, **2003**, *75*: 549-555.

[29] H. He, M. Mortellaro, M. J. P. Leiner, R. J. Fraatz, J. Tusa. A Fluorescent Sensor with High Selectivity and Sensitivity for Potassium in Water. *J. Am. Chem. Soc.*, **2003**, *125*: 1468-1469.

[30] A. J. Pearson, W. Xiao. Fluorescence and NMR Binding Studies of N-Aryl-N′-(9-methylanthryl) diaza-18-crown-6 Derivatives. *J. Org. Chem.*, **2003**, *68*: 5369-5376.

[31] Y. Nakahara, T. Kida, Y. Nakatssuji, M. Akashi. A novel fluorescent indicator for Ba^{2+} in aqueous micellar solutions. *Chem. Commun.*, **2004**: 224-225.

[32] C. T. Chen, W. P. Huang. A Highly Selective Fluorescent Chemosensor for Lead Ions. *J. Am. Chem. Soc.*, **2002**, *124*: 6246-6247.

[33] A. B. Descalzo, R. Martínez-Máñez, R. Radeglia, K. Rurack, J. Soto. Coupling Selectivity with Sensitivity in an Integrated Chemosensor Framework: Design of a Hg^{2+}-Responsive Probe, Operating above 500nm. *J. Am. Chem. Soc.*, **2003**, *125*: 3418-3419.

［34］ R. R. Avirah，K. Jyothish，D. Ramaiah Dual-Mode Semisquaraine-Based Sensor for Selective Detection of Hg^{2+} in a Micellar Medium. *Org. Lett.*，**2007**，*9*：121-124.

［35］ E. U. Akkaya，M. E. Huston，A. W. Czamik. Chelation-enhanced fluorescence of anthrylazamacrocycle conjugate probes in aqueous solution. *J. Am. Chem. Soc*，**1990**，*112*：3590-3593.

［36］ M. E. Houston，C. Engelmen，A. W. Czamik. Chelatoselective fluorescence perturbation in anthrylazamacrocycle conjugate probes. Electrophilic aromatic cadmiation. *J. Am. Chem. Soc.*，**1990**，*112*：7054-7056.

［37］ N. Ertas，E. U. Akkaya，O. Y. Ataman. Simultaneous determination of cadmium and zinc using a fiber optic device and fluorescence spectrometry. *Talanta*，**2000**，*51*：693-699.

［38］ S. Charles，F. Dubois，S. Yunus，E. V. Donckt. Determination by Fluorescence Spectroscopy of Cadmium at the Subnanomolar Level：Application to Seawater. *J. Fluorescence*，**2000**，*10*：99-105.

［39］ L. Prodi，M. Moñlti，N. Zaccheroni，J. S. Bradshaw，R. M. Izatt，P. B. Savage. Characterization of 5-chloro-8-methoxyquinoline appended diaza-18-crown-6 as a chemosensor for cadmium. *Tetrahedron Lett.*，**2001**，*42*：2941-2944.

［40］ A. B. Bordunov，J. S. Bradshaw，X. X. Zhang，N. K. Dalley，X. Kou，R. M. Izatt. Synthesis and Properties of 5-Chloro-8-hydroxyquinoline-Substituted Azacrown Ethers：A New Family of Highly Metal Ion-Selective Lariat Ethers. *Inorg. Chem.*，**1996**，*35*：7229-7240.

［41］ J. S. Wu，W. M. Liu，X. Q. Zhuang，F. Wang，P. F. Wang，S. L. Tao，X. H. Zhang，S. K. Wu，S. T. Lee. Fluorescence Turn On of Coumarin Derivatives by Metal Cations：A New Signaling Mechanism Based on C=N Isomerization. *Org. Lett.*，**2007**，*9*：33-36.

［42］ J. L. Sessler，S. Camiolo，P. A. Gale. Pyrrolic and polypyrrolic anion binding agents. *Cord. Chem. Rev.*，**2003**，*240*：17-55.

［43］ P. D. Beer，E. J. Hayes. Transition metal and organometallic anion complexation agents. *Cord. Chem. Rev.*，**2003**，*240*：167-189.

［44］ L. Fabbrizzi，M. Lieehelli，A. Taglietti. The design of fluorescent sensors for anions：taking profit from the metal-ligand interaction and exploiting two distinct paradigms. *Dalton Trans.*，2003：3471-3479.

［45］ P. A. Gale. Anion and ion-pair receptor chemistry：highlights from 2000 and 2001. *Cord. Chem. Rev.*，**2003**，*240*：191-221.

［46］ C. Suksai，T. Tuntulani. Chromogenic anion sensors. *Chem. Soc. Rev.*，**2003**，*32*：192-202.

［47］ P. D. Beer. Anion selective recognition and optical/electrochemical sensing by novel transition-metal receptor systems. *Chem. Commun.*，**1996**：689-696.

［48］ E. J. Cho，J. W. Moon，S. W. Ko，J. Y. Lee，S. K. Kim，J. Yoon，K. C. Nam. A New Fluoride Selective Fluorescent as Well as Chromogenic Chemosensor Containing a Naphthalene Urea Derivative. *J. Am. Chem. Soc*，**2003**，*125*：12376-12377.

［49］ M. Mei，S. Wu. Fluorescent sensor for ，-dicarboxylate anions. *New J. Chem.*，**2001**，*25*：471-475.

［50］ T. Gunnlausson，A. P. Davis，J. E. O' Brien，M. Glynn. Fluorescent Sensing of Pyrophosphate and Bis-carboxylates with Charge Neutral PET Chemosensors. *Org. Lett.*，**2002**，*4*：2449-2452.

[51] S. Kondo, M. Nagamine, Y. Yano. Synthesis and anion recognition properties of 8,8′-dithioureido-2,2′-binaphthalene. *Tetrahedron Lett.*, **2003**, *44* : 8801-8804.

[52] J. L. Wu, L. H. Wei, Z. Y. Zeng, S. Y. Liu, R. Gong, L. Z. Meng, Y. B. He. *Chin. J. Chem.*, **2003**, *21* : 1553-1557.

[53] D. Aldakov, P. Anzenbaeher. Dipyrrolyl quinoxalines with extended chromophores are efficient fluorimetric sensors for pyrophosphate. *Chem. Commun.*, **2003**: 1394-1395.

[54] Y. Kubo, M. Yamamoto, M. Ikeda, M. Takeuchi, S. Shinkai, S. Yamaguchi, K. Tamao. A Colorimetric and Ratiometric Fluorescent Chemosensor with Three Emission Changes: Fluoride Ion Sensing by a Triarylborane-Porphyrin Conjugate. *Angew. Chem. Int. Ed.*, **2003**, 42: 2036-2040.

[55] S. Arimori, M. G. Davidson, T. M. Fyles, T. G. Hibbert, T. D. Jamesa and G. I. Kociok-Köhna. Synthesis and structural characterisation of the first bis (bora) calixarene: a selective, bidentate, fluorescent fluoride sensor. *Chem. Commun.*, **2004**: 1640-1641.

[56] L. Fabbrizzi, A. Leone, A. Taglietti. A Chemosensing Ensemble for Selective Carbonate Detection in Water Based on Metal-Ligand Interactions. *Angew. Chem. Int. Ed.*, **2001**, 40: 3066-3069.

[57] Y. Takahashi, D. A. P. Tanaka, H. Matsunaga, T. M. Suzuki. Fluorometric detection of fluoride ion by ligand exchange reaction with 3-hydroxyflavone coordinated to a zirconium (Ⅳ)-EDTA complex. *J. Chem. Soc.*, *Perkin Tram.* 2, **2002**: 759-762.

[58] B. Ramachandram, A. Samanta. Modulation of metal-fluorophore communication to develop structurally simple fluorescent sensors for transition metal ions. *Chem. Commun.*, **1997**: 1037-1038.

[59] J. Yoon, A. W. Czarnik. Fluorescent chemosensors of carbohydrates. A means of chemically communicating the binding of polyols in water based on chelation-enhanced quenching. *J. Am. Chem. Soc*, **1992**, *114* : 5874-5875.

[60] Y. Nagai, K. Kabayashi, H. Toi, Y. Aoyama. Stabilization of Sugar-Boronic Esters of Indolylboronic Acid in Water via Sugar-Indole Interaction: A Notable Selectivity in Oligosaccharides. *Bull. Chem. Soc. Jpn.* **1993**, *66* : 2965-2971.

[61] T. D. James, K. R. A. S. Sandanayake, S. Shinkai. A Glucose-Selective Molecular Fluorescence Sensor. *Angew. Chem. Int. Ed.*, **1994**, *33* : 2207-2210.

[62] Z. Wang, D. Q. Zhang, D. B. Zhu. A New Saccharide Sensor Based on a Tetrathiafulvalene-Anthracene Dyad with a Boronic Acid Group. *J. Org. Chem.*, **2005**, *70* : 5729-5732.

[63] O. Rusin, N. N. St. Luce, R. A. Agbaria, J. O. Escobedo, S. Jiang. Visual Detection of Cysteine and Homocysteine. *J. Am. Chem. Soc.*, **2004**, *126* : 438-439.

[64] J. V. Ros-Lis, B. García, D. Jiménez, R. Martínez-Máñez, F. Sancenón, J. Soto, F. Gonzalvo, and M. C. Valldecabres. Squaraines as Fluoro-Chromogenic Probes for Thiol-Containing Compounds and Their Application to the Detection of Biorelevant Thiols. *J. Am. Chem. Soc.* **2004**, *126* : 4064-4065.

[65] K. Tsubaki, D. Tanima, Y. Kuroda, K. Fuji, T. Kawabata. Bidirectional and Colorimetric Recognition of Sodium and Potassium Ions. *Org. Lett.*, **2006**, *8* : 5797-5800.

[66] M. J. Choi, M. Y. Kim, S. K. Chang. A new Hg^{2+}-selective chromoionophore based on calix [4] arenediazacrown ether. *Chem. Commun.*, **2001**: 1664-1665.

[67] G. Arena, A. Confino, E. Longo. Selective complexation of soft Pb^{2+} and Hg^{2+} by a novel allyl functionalized thioamide calix [4] arene in 1,3-alternate conformation: a UV-visible and ^1H NMR spectroscopic investigation. *J. Chem. Soc.*, *Perkin Tram. 2*, **2001**, *12* : 2287-2291.

[68] Z. C. Xu, X. H. Qian, and J. N. Cui. Colorimetric and Ratiometric Fluorescent Chemosensor with a Large Red-Shift in Emission: Cu(Ⅱ)-Only Sensing by Deprotonation of Secondary Amines as Receptor Conjugated to Naphthalimide Fluorophore. *Org. Lett.*, **2005**, *7* : 3029-3032.

[69] E. J. Cho, B. Ju Ryu, Y. J. Lee, and K. C. Nam. Visible Colorimetric Fluoride Ion Sensors. *Org. Lett.*, **2005**, *7* : 2607-2609.

[70] L. L. Zhou, H. Sun, H. P. Li, H. Wang, X. H. Zhang, S. K. Wu, S. T. Lee. Next Article Table of Contents LetterA Novel Colorimetric and Fluorescent Anion Chemosensor Based on the Flavone Quasi-crown Ether-Metal Complex. *Org. Lett.*, **2004**, *6* : 1071-1074.

[71] M. Tomasulo, F. M. Raymo. Colorimetric Detection of Cyanide with a Chromogenic Oxazine. *Org. Lett.*, **2005**, *7* : 4633-4636.

[72] Y. K. Yang, J. Tae. Acridinium Salt Based Fluorescent and Colorimetric Chemosensor for the Detection of Cyanide in Water. *Org. Lett.*, **2006**, *8* : 5721-5723.

[73] F. X. Cheng, N. Tang, X. Yue. A new family of Ru (Ⅱ) polypyridyl complexes containing open-chain crown ether for Mg^{2+} and Ca^{2+} probing. *Spectrochimica Acta Part A*, **2009**, *71* : 1944-1951.

[74] M. H. Kim, J. H. Noh, S. Kim, S. Ahn, S. Chang. The synthesis of crown ether-appended dichlorofluoresceins and their selective Cu^{2+} chemosensing. *Dyes and Pigments*, **2009**, *82* : 341-346.

[75] H. S. Seo, M. M. Karim, S. H. Lee. Selective Fluorimetric Recognition of Cesium Ion by 15-Crown-5-Anthracene. *J Fluorese*, **2008**, *18* : 853-857.

[76] A. M. Costero, R. Audreu, E. Monrabal, R. M. Mánez, E. Sancenón, J. Soto. 4,4-Bis (dimethylamino) biphenyl containing binding sites. A new fluorescent subunit for cation sensing. *J. Chem. Soc. Dalton Trans.*, **2002**, *8* : 1769-1775.

[77] Y, Liu, M. Yu, Y. Chen, N. Zhang. Convenient and highly effective fluorescence sensing for Hg^{2+} in aqueous solution and thin film. *Bioorganic & Medicinal Chemistry*, **2009**, *17* : 3887-3891.

[78] A. J. Tong, A. Yamauchi, T. Hayashita. Boronic Acid Fluorophore/β-Cyclodextrin Complex Sensors for Selective Sugar Recognition in Water. *Analytical Chemistry*, **2001**, *73* : 1530-1536.

[79] R. H. Yang, K. A. Li, K. M. Wang. Porphyrin Assembly on β-Cyclodextrin for Selective Sensing and Detection of a Zinc Ion Based on the Dual Emission Fluorescence Ratio. *Analytical Chemistry*, **2003**, *75* : 612-621.

[80] T. Kuwabara, H. Nakajima, M. Nanasawa. Color Change Indicators for Molecules Using Methyl Red-Modified Cyclodextrins. *Analytical Chemistry*, **1999**, *71* : 2844-2849.

[81] A. Matsushita, T. Kuwabara, A. Nakamura. Guest-induced colour changes and molecule-sensing abilities of p-nitrophenol-modified cyclodextrins. *J. Chem. Soc.*, *Perkin Trans.* 2, **1997**, *9* : 1705-1710.

[82] T. Kuwabara, M. Takamura, A. Matsushita. Phenolphthalein-Modified β-Cyclodextrin as a Molecule-Responsive Colorless-to-Color Change Indicator. *J. Org. Chem.*, **1998**, *63* : 8729-8735.

[83] N. R. Cha, M. Y. Kim, H. Kim, J. I. Choe, S. K. Chang. New Hg^{2+}-selective fluoroionophores derived from p-tert-butylcalix [4] arene-azacrown ethers. *J. Chem. Soc. Perkin, Trans.*, **2002**, *2* : 1193-1196.

[84] M. J. Choi, M. Y. Kim, S. K. Chang, A new Hg^{2+}-selective chromoionophore based on calix [4] arenediazacrown ether. *Chem. Commun.*, **2001**, *17* : 1664-1665.

[85] Q. Zhou, T. M. Swager. Method for enhancing the sensitivity of fluorescent chemosensors: energy migration in conjugated polymers. *J. Am. Chem. Soc.*, **1995**, *117*: 7017-7018.

[86] 赵达慧. 大学化学, 2007, 22: 1-7.

[87] C. Tan, E. Atas, J. G. Muler. Amplified Quenching of a Conjugated Polyelectrolyte by Cyanine Dyes. *J. Am. Chem. Soc.*, **2004**, *126*: 13685-13686.

[88] A. Rose, C. G. Lugmair, T. M. Swager. Excited-State Lifetime Modulation in Triphenylene-Based Conjugated Polymers. *J. Am. Chem. Soc.*, **2001**, *123*: 11298-11299.

[89] S. Yamaguchi, T. M. Swager. **2001**, *123*: 12087-12088.

[90] L. J. Fan, Y. Zhang, E. Wayne. Design and Synthesis of Fluorescence "Turn-on" Chemosensors Based on Photoinduced Electron Transfer in Conjugated Polymers. *Macromolecules*, **2005**, *38*: 2844-2849.

[91] 黄红梅, 王柯敏, 肖毅. 科学通报, **2003**, *48*: 1158-1162.

[92] H. M. Huang, K. M. Wang, W. H. Tan. Design of a Modular-Based Fluorescent Conjugated Polymer for Selective Sensing. *Angew. Chem. Int. Ed.*, **2004**, *43*: 5635-5638.

[93] Y. L. Tang, F. He, M. H. Yu. A Reversible and Highly Selective Fluorescent Sensor for Mercury(Ⅱ)Using Poly(thiophene)s that Contain Thymine Moieties. *Macromolecules Rapid Commun.*, 2006, 27: 389-392.

[94] I. B. Kim, A. Dunkhorst, H. F. Bunz. Sensing of Lead Ions by a Carboxylate-Substituted PPE: Multivalency Effects. *Macromolecules*, **2005**, *38*: 4560-4562.

[95] B. Liu, W. L. Yu, W. Wang. Design and Synthesis of Bipyridyl-Containing Conjugated Polymers: Effects of Polymer Rigidity on Metal Ion Sensing. *Macromolecules*, **2001**, *34*: 7932-7940.

[96] X. H. Zhou, J. C. Yan, J. Pei. Exploiting an Imidazole-Functionalized Polyfluorene Derivative as a Chemosensory Material. *Macromolecules*, **2005**, *37*: 7078-7080.

[97] J. Kim, D. T. McQuade, T. M. Swager. Ion-Specific Aggregation in Conjugated Polymers: Highly Sensitive and Selective Fluorescent Ion Chemosensors. *Angew. Chem. Int. Ed.*, **2000**, *39*: 3868-3872.

[98] H. Tong, L. Wang, X. Jing. Highly Selective Fluorescent Chemosensor for Silver (Ⅰ) Ion Based on Amplified Fluorescence Quenching of Conjugated Polyquinoline. *Macromolecules*, **2002**, *35*: 7169-7171.

[99] T. H. Kim, T. M. Swager. A Ruthenium Pterin Complex Showing Proton-Coupled Electron Transfer: Synthesis and Characterization. *Angew. Chem. Int. Ed.*, **2003**, *42*: 4951-4954.

[100] H. Tong, L. X. Wang, X. B. Jing. "Turn-On" Conjugated Polymer Fluorescent Chemosensor for Fluoride Ion. *Macromolecules*, **2003**, *36*: 2584-2586.

[101] G. Zhou, Y. X. Cheng, L. X. Wang. Novel Polyphenylenes Containing Phenol-Substituted Oxadiazole Moieties as Fluorescent Chemosensors for Fluoride Ion. *Macromolecules*, **2005**, *38*: 2148-2153.

[102] A. Saxena, M. Fujiki, R. Rai. Fluoroalkylated Polysilane Film as a Chemosensor for Explosive Nitroaromatic Compounds. *Chem. Mater.*, **2005**, *17*: 2181-2185.

[103] H. A. Ho, M. Leclerc. New Colorimetric and Fluorometric Chemosensor Based on a Cationic Polythiophene Derivative for Iodide-Specific Detection. *J. Am. Chem. Soc.*, **2003**, *125*: 4412-4413.

[104] J. S. Yang, T. M. Swager. Porous Shape Persistent Fluorescent Polymer Films: An Approach to TNT Sensory Materials. *J. Am. Chem. Soc.*, **1998**, *120*: 5321-5322.

[105] J. S. Yang, T. M. Swager. Fluorescent Porous Polymer Films as TNT Chemosensors: Electronic and Structural Effects. *J. Am. Chem. Soc.*, **1998**, *120*: 11864-11873.

[106] Y. Liu, R. C. Mills, K. S. Schanze. Fluorescent Polyacetylene Thin Film Sensor for Nitroaromatics. *Langmuir*, **2001**, *17*: 7452-7455.

[107] S. W. Thomas, J. P. Amara, T. M. Swager. Synthesis of a Novel Poly (iptycene) Ladder Polymer. *Macromolecules*, **2006**, 39: 3202-3209.

[108] J. H. Wosnick, C. M. Mello, T. M. Swager. Synthesis and Application of Poly (phenylene Ethynylene)s for Bioconjugation: A Conjugated Polymer-Based Fluorogenic Probe for Proteases. *J. Am. Chem. Soc.*, **2005**, *127*: 3400-3405.

[109] 张学骜，贾红辉，王晓峰，张海良，尹红伟，常胜利，王建方，吴文健. 科学通报，**2009**，*54*：1701-1705.

[110] K. Motesharei, D. C. Myles. Molecular Recognition on Functionalized Self-Assembled Monolayers of Alkanethiols on Gold. *J. Am. Chem. Soc.*, **1998**, *120*: 7328-7336.

第 8 章　全碳 π-共轭体系：碳纳米管与石墨烯

8.1　引言

碳是自然界最重要、最神奇的元素之一。碳的化合物是一切生物有机体赖以存在的物质基础，在我们所生存的这个星球上，没有碳就没有生命，碳主导并见证了生命的起源与进化、生存与繁衍。除了种类丰富的化合物，碳还拥有形态丰富、维度各异的多种单质同素异形体，从晶莹璀璨的金刚石到漆黑沉静的石墨，从零维的富勒烯到准一维的碳纳米管再到二维的石墨烯，如艺苑集珍，令人叹为观止。

碳是周期表中第 6 号元素，其基态电子构型为 $1s^2 2s^2 2p^2$，最高共价数为 4，成键方式除了 sp^3 杂化之外，还可以是 sp^2 和 sp 杂化。sp^2 与 sp^3 杂化轨道所形成的分别是二维的平面结构和三维立体结构，传统的石墨和金刚石分别是其典型代表。石墨晶体为六角密堆积结构，由排列成正六边形蜂窝状的碳原子层按 AB-AB…的顺序叠放而成，相邻两层网格沿正六边形某一边长错开，层间距 0.335nm。层内每个 sp^2 的碳原子与三个最近邻的原子形成强 σ 键，剩下一个未杂化的 p 电子则在碳原子层内离域形成大 π 键。碳原子的 sp^2 键合特征决定了石墨晶体的各向异性，层内为强的共价键合，层与层之间则靠范德华力来维系，相互作用较弱。所以石墨可被认为是共价晶体与分子晶体的混合晶体，在物理性质上表现出明显的各向异性，是一种典型的层状材料。金刚石为原子晶体，面心立方结构，其中每个 sp^3 杂化的碳原子与周围碳原子形成 4 个强的 σ 键，所以金刚石具有极高的硬度。金刚石的共价键网络具有高度的对称性，是典型的各向同性三维材料。

1986 年 C_{60} 的发现，为碳的同素异形体家族中又增添了重要的新成员——零维的笼状富勒烯分子[1]。富勒烯的形成可谓是欧拉定律（Euler's rule）的奇妙结果，曲率封闭的结构中必须有 12 个五元环才能满足拓扑学的要求，使六元环组成的二维石墨烯片层发生卷曲，封闭成笼状。因此在 C_{60} 和其他富勒烯（C_{2n}）中都只有 12 个五元环，而有 $n-10$ 个六元环。富勒烯中以 20 面体的 C_{60} 分子最为稳定。在富勒烯的笼形碳壳表面，碳原子的键合和石墨的键合情况类似，主要是 sp^2 杂化，但是由于壳面弯曲，也掺入一些 sp^3 的成分，因此能量比石墨略微增加。C_{60} 的杂化轨道为 $sp^{2.28}$，介于石墨的 sp^2 和金刚石的 sp^3 之间。含碳原子越多的富勒烯，其杂化参数越接近石墨。

准一维结构的碳纳米管，是继 C_{60} 之后再次引起人们广泛关注的又一类重要的碳同素异形体。虽然早在 C_{60} 发现之前，已经有文献报道观察到了碳纳米管结构，但碳纳米管的真正发明权却应当归属于日本 NEC 公司的 Iijima 博士。1991 年，Iijima 在“Nature”杂志上发表了一篇题为《石墨碳的螺旋微管》(Helical Microtubules of Graphitic Carbon) 的研究论文[2]，正是由于这一发现，碳纳米管才真正进入了人们的视野。碳纳米管的发现是纳米材料学乃至整个纳米科技发展历程中具有里程碑意义的工作，由此发端，以碳纳米管为首的一维与准一维纳米材料开始掀起了巨大的研究热潮，历经十多年的蓬勃发展，至今依然方兴未艾。和富勒烯类似，碳纳米管中的 C—C 键以 sp^2 杂化为主，混合有少量的 sp^3 杂化成分。纳米管的直径越小，石墨层弯曲越剧烈，sp^3 杂化的比重也就相应增加。依据层数的多寡，碳纳米管可分为单壁碳纳米管与多壁碳纳米管。多壁碳纳米管可看作是由多个单壁碳纳米管同心嵌套而成的，层间距约为 0.34nm，但是与石墨的 ABAB…有序堆垛方式不同，管层与管层之间的相对位置大多是无序的[3]。

碳的另一种重要的同素异形体——石墨烯 (graphene) ——发现于 2004 年。石墨烯可被看作是一层被剥离的石墨片，只有单原子层厚度，是目前世界上人工

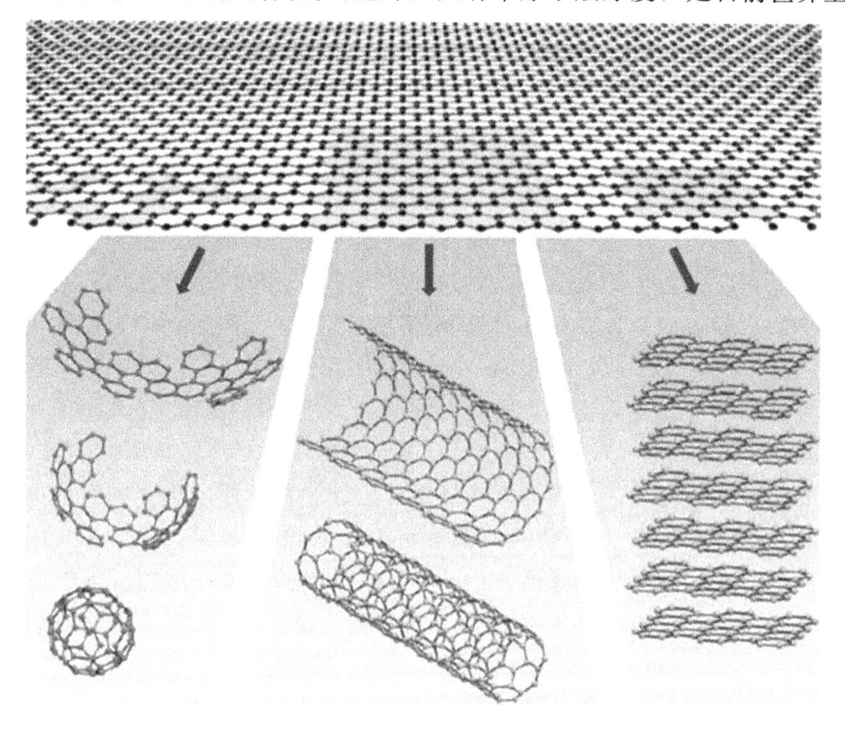

图 8-1 石墨烯作为母体基元来构筑零维石墨烯、一维碳纳米管以及三维体相石墨的示意图

制得的最薄物质，也是人类发现的第一个真正意义上的二维材料。一直以来，人们普遍认为严格的二维晶体是热力学不稳定的，无法在非热力学零度下独立稳定存在。直到 2004 年，英国曼彻斯特大学的 Novoselov 等人报道[4]，用简单的微机械剥离方法可以从单晶石墨中“撕”下来单层石墨烯，并证实其具有很高的晶体质量与电学质量，是真正意义上的二维晶体。这一发现立即掀起了石墨烯研究的热潮。在很短的时间里，有关石墨烯的新奇而丰富的物理现象与性质相继被发现报道，例如载流子的相对论粒子特性、超高迁移率与弹道输运、反常量子霍尔效应、零载流子浓度下的最小量子电导率、弱局域化问题等[5]。除了在基础研究方面的重要价值之外，石墨烯一经发现，其巨大的潜在应用价值也很快便引起人们的高度关注，这是石墨烯研究热潮能够持续升温的另一个重要因素。

石墨烯虽然是直到 2004 年才在实验上被发现的，但是关于石墨烯的理论研究其实已经有 60 多年的历史[5]。从构建理论计算模型的角度来看，石墨烯可被看作是构筑零维富勒烯、一维碳纳米管及三维体相石墨的基本母体单元（如图 8-1 所示）[5]，因而一直以来，石墨烯都被作为一个理论模型来研究石墨类碳材料的性质。从这个意义上讲，石墨烯虽然神奇，但并不神秘。

8.2　石墨烯卷曲形成纳米管：手性指数

从结构上看，单壁碳纳米管可被看作是由单层石墨烯无缝卷曲而形成的，所以纳米管的空间原子结构可以通过石墨烯片层的卷曲方式来进行描述[3]。图 8-2 (a) 所示为一个卷曲前的石墨烯平面，$\boldsymbol{a}_1$ 和 $\boldsymbol{a}_2$ 是二维晶格的基矢，如果把晶格矢量 $\boldsymbol{C}_h=n\boldsymbol{a}_1+m\boldsymbol{a}_2$（$n$，$m$ 为整数，$0\leqslant|n|\leqslant m$）首尾相接卷成一个圆，使虚线 OB 与 AB' 重合，则两条虚线之间的石墨烯单元就形成了一个纳米管。这里需要注意的是，选定二维晶格原点以后，石墨烯平面上并不是所有的碳原子都可以和原点重合形成碳纳米管，只有与原点处碳原子具有相同的周围环境的那些碳原子才是满足重合条件的。在这里，$\boldsymbol{C}_h$ 称为卷曲矢量，也称手性矢量，而与 $\boldsymbol{C}_h$ 垂直的最短的晶格矢量 $\boldsymbol{T}=t_1\boldsymbol{a}_1+t_2\boldsymbol{a}_2$（$t_1$，$t_2$ 为整数）称为平移矢量。$\boldsymbol{T}$ 与纳米管轴平行，纳米管沿管轴方向具有平移对称性，平移周期就是 T。矩形 $OAB'B$ 内的碳原子组成了纳米管的一个原胞——决定纳米管结构的最小单元。$\boldsymbol{C}_h$ 与 $\boldsymbol{a}_1$ 的夹角 θ 称为手性角，$0°\leqslant|\theta|\leqslant 30°$。另外还有一个重要的矢量——对称矢量 $\boldsymbol{R}=p\boldsymbol{a}_1+q\boldsymbol{a}_2$，是矩形原胞内最短的晶格矢量，可以用 $i\boldsymbol{R}$（$i=1,2,\cdots,N$；N 为纳米管原胞所包含的六元环数，考虑到每个六元环碳原子配位数为 2，单胞的总原子数为 $2N$）来表示出纳米管原胞内的六元环位置，如果 $i\boldsymbol{R}$ 超出了单胞，则可以通过平移操作 $\boldsymbol{T}$ 平移到单胞内。

由于单壁碳纳米管的原子结构可以由其手性矢量 $\boldsymbol{C}_h=n\boldsymbol{a}_1+m\boldsymbol{a}_2$ 来唯一描述，一对（n，m）指数便可用来唯一标记或命名单个纳米管。（n，m）一般称

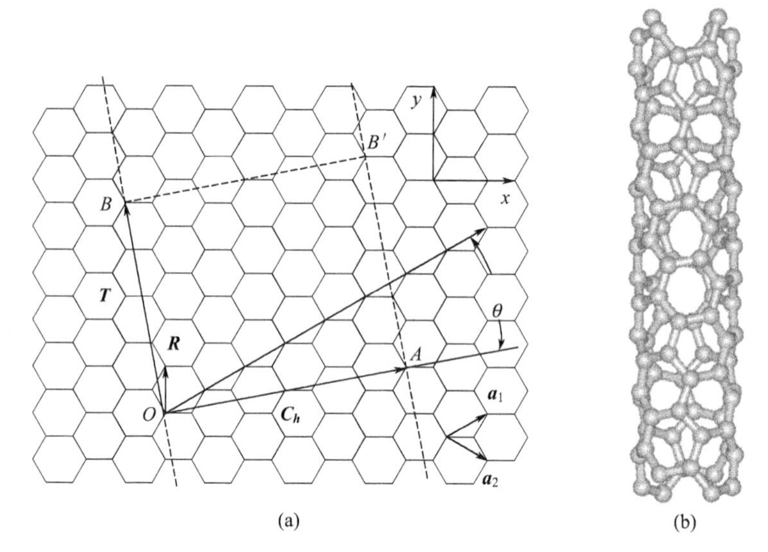

图 8-2　二维石墨烯片层卷曲成纳米管的示意图

图（a）中 $\boldsymbol{a}_1$ 和 $\boldsymbol{a}_2$ 是二维晶格基矢，$\boldsymbol{C}_h$ 为卷曲矢量。如果把 $\boldsymbol{C}_h$ 首尾相接卷成一个圆，使虚线 OB 与 AB' 重合，就得到一个如图（b）所示的（4，2）单壁碳纳米管

为手性指数，其中包含着纳米管全部的结构信息，具有“指纹”特征性。单壁碳纳米管按照手性角的不同可分为三类：当 $n=m$ 时，为扶手椅型（armchair），对应螺旋角 $\theta=30°$；当 $m=0$ 或 $n=0$ 时，为锯齿型（zigzag），螺旋角 $\theta=0°$；其他情况下为手性管（chiral），螺旋角 θ 在 0°～30°之间。扶手椅型与锯齿型纳米管具有镜面对称性，是高对称的，而手性管则不存在镜面对称性。三种纳米管的原子结构模型如图 8-3 所示。

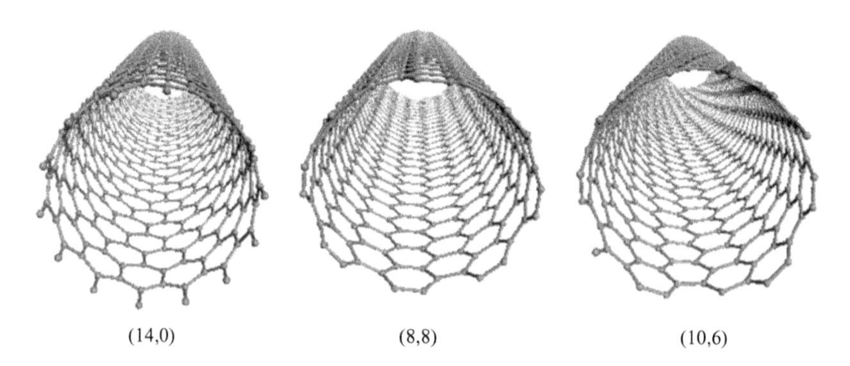

图 8-3　三种不同类型碳纳米管的原子结构模型

从左至右分别为：指数为（14,0）的锯齿型纳米管，指数为（8,8）的扶手椅型碳纳米管，以及指数为（10,6）的手性碳纳米管

由于手性指数（n，m）中包含着一个单壁纳米管全部的结构信息，因而手性指数的标定是纳米管结构研究中的一个核心内容。由于（n，m）可能的组合

非常之多，同时相近组合所对应的纳米管其原子结构又非常相似，所以要从实验上对碳纳米管手性指数进行准确标定，并不是一件容易的事情。从碳纳米管发现之初，人们便开始尝试着用各种手段来进行手性指数标定的研究，但是到目前为止这依然是碳纳米管研究领域中具有挑战性的难题之一。扫描隧道显微镜（STM）是表征碳纳米管手性指数的最直接手段之一，因为它可以直接扫描出碳纳米管的原子形貌，通过原子像可以得到纳米管的手性角和直径，从而推算出手性指数（n，m）[6]。STM 虽然可以标定单壁纳米管的手性指数，但是在实际应用中却有很多局限。比如必须首先把纳米管分散沉积到导电衬底上，而且要保证 STM 针尖可以“搜索”到纳米管，这都是非常有难度的工作。另外对于双壁与多壁纳米管而言，STM 只能探测到最外管层的原子结构，对里面的管层则无能为力。正因为这些限制，STM 技术实际上很少被用来标定碳纳米管的手性指数。与 STM 方法相似，通过透射电子显微镜（TEM）的高分辨原子像，结合数值模拟，原则上也可以标定碳纳米管的手性指数。但是在 TEM 中若要看清碳纳米管的原子晶格，电镜需要达到 0.21nm 以上的点分辨率，必须在 TEM 中加装特殊的球差校正器方才可能实现。目前国际上只有极少数几个碳纳米管研究组配置了这种非常昂贵的球差校正器，所以这种方法也并不大可能被广泛用来标定碳纳米管的手性指数。

无论是通过 STM 还是高分辨 TEM 成像方法，都是利用碳纳米管的正空间结构信息来确定其手性指数的，除此之外，还可以利用碳纳米管的倒空间结构信息，通过电子衍射方法来得到纳米管的手性指数。电子衍射技术是一种经典的表征材料晶体结构的手段，理论和实验方法都已臻于成熟。但是碳纳米管并不是传统意义上的三维晶体，所以在衍射谱的解析上也和传统晶体区别很大。对于碳纳米管电子衍射的研究经历了一个逐渐发展的过程。早在 Iijima 1991 年发现碳纳米管的论文中，已经提到用电子衍射来表征碳纳米管的结构[2]，但是当时对碳纳米管电子衍射的认识还不足以直接从衍射谱推出碳纳米管的手性指数来。在之后的研究中，国际上多个研究组相继根据电子衍射的动力学近似，从碳纳米管的原子结构出发推演出了碳纳米管衍射强度的解析公式，建立了完整的理论模型，这才让电子衍射在碳纳米管手性指数的标定研究方面真正有了用武之地。目前，在碳纳米管的手性指数标定研究方面，电子衍射技术已经发展成为一种比较实用而有效的重要方法[7]。

8.3　石墨烯与碳纳米管的电子能带结构

石墨烯是由 sp^2 杂化的碳原子所组成的六角元胞单原子层晶体，是第一个被实验发现的真正意义上的二维材料，具有奇特的电子能带结构与载流子特性[5,8]。石墨烯中同时存在 σ 键与 π 键，其中 σ 键的键能很高，其能带远离费米面，主要与材料的弹性模量等高能性质相关。而 π 键则能量较低，在费米面附近的低能作用主要与 π 键相关，所以研究石墨烯的电子能带结构与电学性质，一般只需考虑其 π 电子。

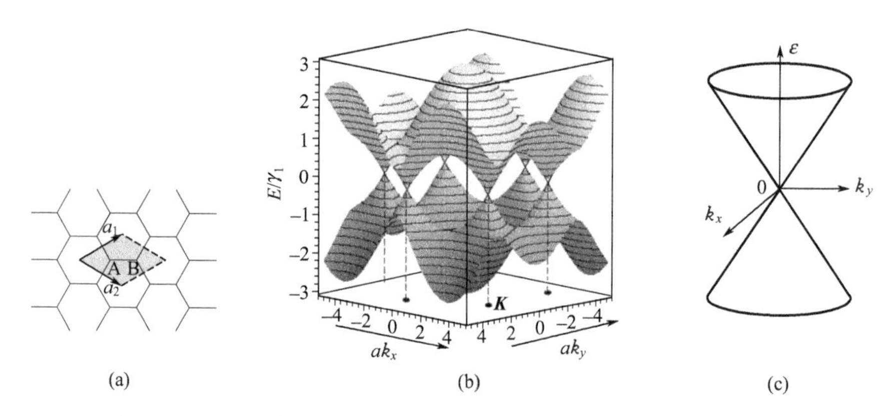

图 8-4 (a) 石墨烯晶格结构，每个原胞中含有两个对称而不等价的碳原子，分别标记为 A、B；(b) 用紧束缚方法计算所得出的石墨烯 π 电子能带结构；(c) 狄拉克点附近的能带结构

在石墨烯的二维六方晶格中，每个原胞中含有两个对称但不等价的碳原子[分别标记为 A 原子和 B 原子，如图 8-4(a)]，整个二维系统可以看作是由 A 晶格支与 B 晶格支组成的。石墨烯中电子与对称晶格势场相互作用的结果，使得电子的有效质量变为零，从而产生一种“准粒子”——无质量的狄拉克费米子[5,8]。这种准粒子具有类似于光子的特性，其费米速度为 1×10^6 m/s，约为光速的 1/300。准粒子在高对称性的二维晶格中运动，形成两个对称的能带结构，如图 8-4(b) 所示。可以看出，石墨烯的导带与价带相交于一点，带隙为零，亦即石墨烯是零带隙的半导体（或称半金属）。这一交点也叫狄拉克点，正好位于石墨烯六角形布里渊区的 **K** 点上。因为电子恰好填充到狄拉克点，所以费米面成为一个点[5,8]。正是由于导带与价带的单点交叠特征，石墨烯在电学性质上表现出了双极性的场效应特征，载流子的种类（电子或空穴）及其浓度可由外加电场来连续调制。由于石墨烯中电子的无质量准粒子行为，在狄拉克点附近的低能区域，能量色散关系是线性的，亦即电子的能量正比于它的动量。从图 8-4(c) 可以看出，在狄拉克点附近，能带为两个对顶的圆锥，称为狄拉克圆锥，与狄拉克点有关的电子性质需要由狄拉克方程而非薛定谔方程来描述。在狄拉克方程的描述中，需要两套波函数来描述 A、B 晶格支在波动方程中的贡献，类似于量子力学中自旋态的波函数。这里“自旋”描述的对象是准粒子，而非真实的自由电子与空穴，因此称为“赝自旋”[8]。赝自旋是石墨烯电子能带结构的一个重要参量，石墨烯中所表现出的许多新奇物理现象即与此有关，这里不再做深入介绍。

作为典型的一维材料，碳纳米管在管轴方向上很长，电子沿这个方向运动基本上是不受限制的，可能的电子态无限多。而在径向上由于尺寸有限，电子波函数受到限制，存在量子限域效应，围绕圆周方向形成驻波，波矢 $\boldsymbol{k}$ 在这个方向的分量是分立的，产生一维的导带和价带。由于碳纳米管从结构上看可被认为是由二维石墨烯卷曲而成的，因而其电子能带结构可以在石墨烯电子结构的基础上利用布里渊区折叠计算模型而推演出来[3]。当石墨烯卷曲成一个（n，m）纳米管之后，如果不考虑卷曲所造成的额外的弹性能以及 sp^3 杂化带来的影响，而只考虑圆周方向上的周期性边界条件，纳米管的 $\boldsymbol{k}$ 空间就是石墨烯六边形布里渊区中满足下面条件的一组平行线段：$\boldsymbol{kC_h}=2\pi j$，j 为整数。当允许的 $\boldsymbol{k}$ 通过 $\boldsymbol{K}$ 点时，碳纳米管在费米面处具有有限的态密度，呈现金属性，如图 8-5 中的（5,5）与（7,1）纳米管。当不通过 $\boldsymbol{K}$ 点时，碳纳米管存在能隙，是半导体性的，如图 8-5 中的（8,0）纳米管。可以看到，$\boldsymbol{k}$ 允许的取值不同的话，这个带隙是不一样的，即不同的碳纳米管有不同的带隙宽度。简单的计算可以知道，$\boldsymbol{k}$ 通过 $\boldsymbol{K}$ 点的时候，碳纳米管的指数满足 $n-m=3p$（p 是整数），即此时碳纳米管是金属性，而不满足此关系时碳纳米管是半导体性。这意味着，1/3 的碳纳米管是金属性的，而 2/3 的是半导体性的。对于半导体性纳米管而言，其带隙宽度与管径成反比［图 8-6(b)］，一根 1nm 粗细的半导体性纳米管，对应的带隙为 0.7～0.9eV。

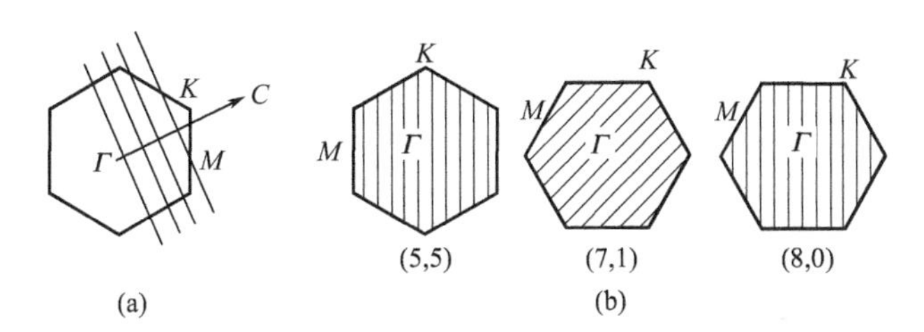

图 8-5　(a) 能带折叠的图景下所得到的碳纳米管的 $\boldsymbol{k}$ 空间（为石墨烯布里渊区中的一组平行线段）；(b) 手性指数分别为（5,5）、（7,1）、（8,0）的碳纳米管，其所允许的 $\boldsymbol{k}$ 值与石墨烯第一布里渊区的交叠情况

以上结果只是考虑了周期性边界条件，在简单的能带折叠的图景下而得出的。如果考虑卷曲效应所带来的 s-p 再杂化，则 $n-m=3p$ 的纳米管将不再全是金属性的[3]。其中对于 p 不为零时的金属性纳米管而言，例如前面提到的（7,1）纳米管，将会由于石墨层的卷曲效应而产生一个很小的带隙，此带隙反比于管径的平方［图 8-6(b)］，这样的纳米管可称为半金属性纳米管。所以从原理上讲，只有 $n=m$ 的纳米管（即扶手椅型）是内禀的金属性管。不过，由于卷曲效应产生的带隙非常之小，与室温下的热运动能量（$k_BT\approx26$meV）大体相当甚至更小，多数情况下可以忽略（特别对较大直径的纳米管而言更是如此），因此在一般性的讨论中，$n-m=3p$ 作为金属性管的判据是完全可以接受的。

从图 8-6(a) 所给出的不同类型碳纳米管的电子态密度图中，我们可以清晰看出金属性与半导体性碳纳米管之间的差别：对于金属性管，成键态与反键态在

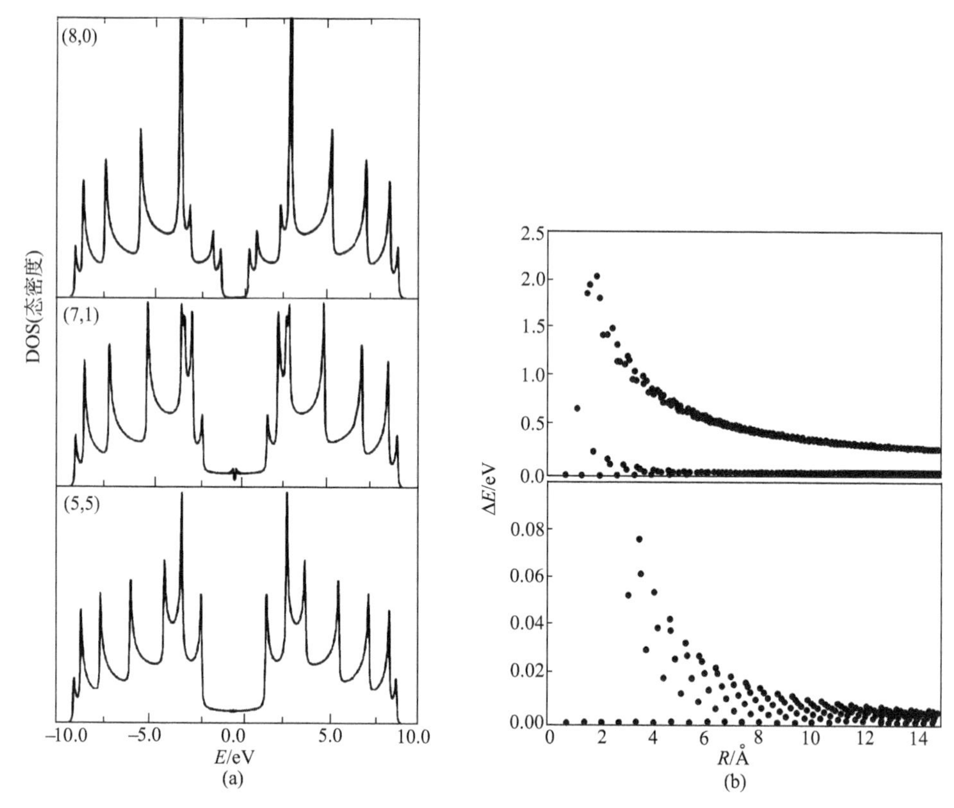

图 8-6 (a) 考虑卷曲效应时，图 8-5 中所示的三种碳纳米管的态密度。可以看出，(8,0) 管是大带隙半导体，(7,1) 管为小带隙半金属，(5,5) 管是金属性的[9]；(b) 半导体性与小带隙半金属性纳米管的带隙与管径的关系，上半图为大带隙半导体性管，下半图为小带隙的半金属管[10]

费米面处简并，其态密度是非零的；而对于半导体性管，在费米面处成键态与非键态是非简并的，即在费米面附近存在能隙，因此对应其态密度为零。另外从图中还可以看出，由于一维特性，碳纳米管的态密度中存在一系列的尖锐的峰，即所谓的范霍夫奇点（van Hove singularities）。在这些奇点位置，碳纳米管的电子态密度会异常大，奇点处的一个峰就代表一个量子化的子带。这种情形类似于分子的分离能级，因此碳纳米管经常表现出“准分子”的性质。由于范霍夫奇点相对于费米能级呈镜像对称，因此导带和价带中每对奇点间有一个确定的能量带隙 E_{ii} ($v_1 \rightarrow c_1$，$v_2 \rightarrow c_2$，…)。范霍夫奇点态对碳纳米管的许多性质有着重要影响，例如纳米管的光学性质。图 8-7(a) 中给出的是单壁纳米管管束样品的典型紫外-可见-近红外吸收光谱，作为对比，石墨水溶胶的吸收光谱也示于图中[11]。可以看出，单壁碳纳米管的吸收谱中有三个石墨所没有的吸收峰，这三个特征吸收峰便是来自于纳米管的范霍夫奇点态之间的对称跃迁。其中 A 和 B 峰分别对应于样品中的半导体性管的 E_{11} 与 E_{22}，而 C 谱峰对应于金属性管的 E_{11}，如图 8-7(b) 所示。

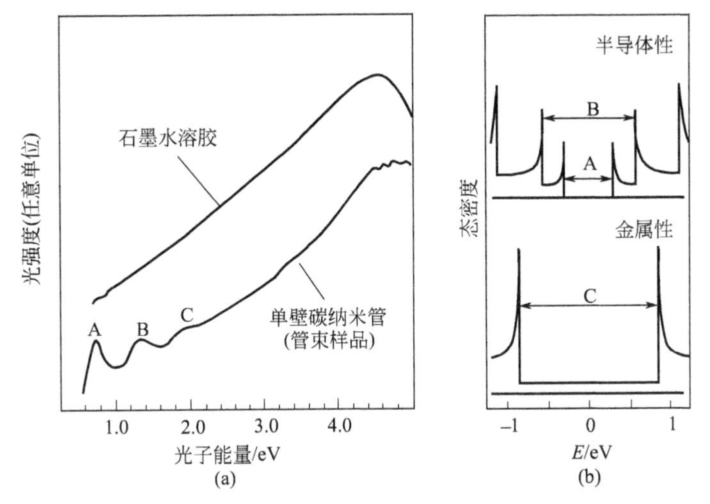

图 8-7 (a) 单壁碳纳米管束样品的紫外-可见-近红外吸收光谱，作为对比，石墨水溶胶的吸收光谱也示于图中（为清晰起见，曲线沿轴向平移）；(b) A、B、C 特征峰的归属指认，其中 A、B 分别对应于半导体性管的 E_{11} 与 E_{22} 对称跃迁，而 C 对应于金属性管的 E_{11} 跃迁[11]

8.4 碳纳米管与石墨烯的合成技术

8.4.1 碳纳米管的制备方法

自 1991 年碳纳米管发现以来，人们已经发展出了多种制备碳纳米管的方法，如电弧放电（arc discharge）法、激光烧蚀（laser ablation）法、化学气相沉积（chemical vapor deposition，CVD）法、火焰法、太阳能法、球磨法、固相热解法、液相化学合成法等等。其中最常用的、也是研究得最为深入的是前三种方法。

碳纳米管的发现和早期的制备都是靠电弧放电法实现的。电弧放电法的基本原理为：在两个石墨电极之间加一定的直流（或交流）电压，使惰性气体击穿产生等离子体（即电弧放电），大量的电子就会从阴极跑到阳极上并与阳极碰撞，导致碳原子（或原子簇）蒸发出来。蒸发出来的碳在阴极上冷却，形成碳纳米管与无定形碳颗粒等的混合物。由于电弧放电过程温度很高，所以碳纳米管的结晶性一般都很好，缺陷较少。早期的电弧法都使用纯的石墨棒作电极，没有金属催化剂介入，产物也都为多壁碳纳米管。1993 年 Iijima 等人和 Bethune 等人分别独立发展了“催化电弧放电法”，通过在石墨阴极中加入少量的过渡金属催化剂（Fe、Co、Ni、Y 等），实现了单壁碳纳米管的合成[12,13]。

激光烧蚀制备碳纳米管的原理其实与电弧放电法是类似的，都是通过高温蒸发石墨，产生活性的碳原子或者原子簇，然后形成碳纳米管，两种方法的区别只在于蒸发碳源（石墨）的途径不同。1996 年 Smalley 小组率先报道了碳纳米管的激光烧蚀法合成[14]。他们利用强激光脉冲烧蚀放置于 1200℃加热炉中的石墨靶，产物被惰性气体载至出气口处附着到冷却的铜收集极上。和电弧放电法类似，如果用纯石墨靶，生长出来的纳米管则是多壁的；如果使用混合有 5‰的 Ni 和 Co 的石墨靶，则可以制备出单壁碳纳米管，其产量可达到克量级。在制备单壁纳米管方面，激光烧蚀法要优于电弧放电法，除了产量较大外，单壁管的纯度也比较高，直径分布也比较窄，而且改变金属催化剂的种类，可以制备出在不同直径分布的单壁碳纳米管。

电弧放电法和激光蒸发法是早期获得高品质碳纳米管的主要方法，近年来已经有了很多新的发展。但是整体说来，由于这两种方法都需要在 3000℃以上的高温条件来蒸发固态碳源，且设备复杂，所以在很大程度上限制了纳米管的合成规模，很难将合成水平扩大到千克量级。另外，这两种合成方法所得到的碳纳米管都为宏量（bulky）样品，纳米管相互纠缠，分布杂乱。要想在特定衬底上定位、定向生长单根离散的纳米管样品，这两种方法都是无能为力的。

含碳的气相化合物分子在金属催化剂上的催化分解与沉积曾经是制备一维碳纤维与碳丝材料的经典方法，早在 20 世纪 70 年就已经开始有了较为系统的研究。在碳纳米管发现之后，许多小组开始研究用 CVD 方法针对性地合成碳纳米管。在过去的十多年间，碳纳米管的 CVD 合成技术已经取得了长足发展，目前已经成为碳纳米管合成研究中的主流方法。相对于电弧放电法与激光烧蚀法而言，CVD 方法在合成碳纳米管方面具有诸多优势，主要如：合成温度低，有望与现有半导体工艺兼容；设备与工艺简单，易于实现量产；可控性较好，可以在基片表面上生长取向的纳米管阵列结构，以及实现单根离散纳米管的定位、定向与超长生长等。

在目前有关 CVD 合成碳纳米管的大量文献报道中，虽然方法的基本原理大体相同，但具体的技术路线却有种种差异，我们有必要通过简单的分类来对其进行一下梳理与总结。在碳纳米管的 CVD 生长过程中，Fe、Co、Ni 等金属催化剂起的作用非常关键，按照生长过程中催化剂纳米颗粒的存在状态来区别，CVD 法可以分为“负载催化剂法”（又称“基体法”）与“流动催化法”（又称“浮游法”）。在“负载催化剂法”中，预先合成的过渡金属催化剂纳米颗粒被负载在催化剂载体，放置于 CVD 反应器中，然后在高温下催化分解含碳气体，碳纳米管开始在催化剂颗粒上成核生长。其中，如果用于合成宏量的纳米管样品，催化剂载体材料采用粉体状的多孔物质，如高比表面的 Al_2O_3、SiO_2、MgO 以及分子筛等；如果是在基片表面生长纳米管阵列或者单根离散的纳米管，则金属催化剂颗粒直接负载在基片上。与“负载催化剂法”不同，在“流动催化法”

中，催化剂纳米颗粒并不需要预先合成，而是在 CVD 过程中通过有机金属化合物前驱物的热解原位形成。原位生成的催化剂颗粒以气溶胶的形式漂浮在反应气体中，最后与生长碳纳米管一起被气流带入低温区，附着到反应器的管壁或者收集器上。流动催化法所使用的有机金属前驱物最常见的是金属茂化合物（如二茂铁），有的则使用金属碳基化合物（如五碳基铁），另外也有报道中使用金属酞菁化合物等。其中金属碳基化合物由于常温下为液态，可以利用反应气体作为载气把其蒸气带入 CVD 反应炉内，而金属茂化合物与金属酞菁常温下为固体，需要预先蒸发后再被带入高温区。所以“流动催化法”经常使用两段加热炉，其中前段炉的温度较低，用于蒸发催化剂前驱物。

比较而言，“负载催化剂法”在碳纳米管的控制合成方面具有较明显的优势，因而被研究得更为广泛而深入一些，相关报道最多。但是“流动催化法”也有其自身的一些优点，由于该方法是基于一个连续的气相过程，所以可以实现制备过程的半连续甚至连续化，更易于纳米管的规模化合成。“流动催化法”在大量制备单壁碳纳米管方面有一个成功的范例，这便是 Smalley 小组发展起来的所谓“HiPCo”法（高压一氧化碳裂解法）[15]，该方法最早实现了单壁碳纳米管的小规模大量合成，并商品化出售，对于全面推动单壁碳纳米管领域的相关研究可谓功莫大焉。

在碳纳米管 CVD 合成的研究历程当中，有一些重要的研究工作值得在这里择要列举一下：1993 年 Yacaman 等人首次报道了多壁碳纳米管的催化 CVD 合成[16]；1996 年，中科院物理所的解思深小组首次用 CVD 方法制备出了大面积取向分布的多壁碳纳米管垂直阵列[17]；同一年，戴宏杰与 Smalley 等人用 CVD 方法成功合成出了单壁碳纳米管[18]；1998 年戴宏杰小组的 Kong 等人首次在 Si 基底上制备出了适合构筑简单纳米器件的单根离散的单壁纳米管[19]，在单壁管的定位控制生长方面迈出了重要的一步；2004 年 Hata 等人通过水蒸气辅助的 CVD 生长过程，实现了单壁碳纳米管的所谓“超级生长”（super-growth），制备出了高纯取向的单壁碳纳米管垂直阵列[20]。近年来，CVD 方法在单壁纳米管的控制合成研究方面已经取得了一系列重要进展，比如已经可以稳步缩小纳米管直径和手性的分布范围，可以做到择优生长半导体性或者金属性的纳米管。此外更为重要的进展是，通过 CVD 气流导向法以及生长基底的晶向诱导，可以实现单根离散纳米管的定向、超长生长，得到了平行超长的单壁纳米管阵列结构，这无论是对于单根纳米管本征物性的研究，还是对于纳米管电子学器件的构筑与规模化集成，均具有非常重要的意义。

由于碳纳米管性能（特别是电子能带结构）与原子结构之间的敏感依赖关系，可控合成的终极目的是期望做到对纳米管手性指数的精确可控，但是目前包括 CVD 方法在内的种种合成技术，距离这一目标都还相当遥远。这一方面是由于生长方法的局限性以及对纳米管生长机理的认识尚不明晰，另一方面则是由于碳纳米管自身结构的多样性。碳纳米管从理论上而言有无数种可能的结构，而且不同结构之间原子堆垛的差别相当细微，理论计算的结果表明，不同手性指数的单壁碳纳米管在成核时并无能量上的择优性，成核生长过程中任何一种微观条件的差异或者扰动变化，都可能会造成纳米管原子排布的差异，意即纳米管手性指数的不同。因此碳纳米管手性指数的控制是一项原子尺度的复杂工程，除了在优化合成方法与生长工艺方面的持续努力，对碳纳米管成核生长机理的进一步深入研究也将是至关重要的。

8.4.2 石墨烯合成研究："自上而下"与"自下而上"

众所周知，纳米科技的思想滥觞可追溯于 1959 年理查德·费曼（Richard Feynman）那篇题为"There is Plenty of Room at the Bottom"的著名演讲，费曼在演讲中所提出的"自下而上"（bottom-up）概念，日后成为了纳米科技中一个基本的技术思想。与之相对应的则是"自上而下"（top-down）技术思想，二者相辅相成，共同引领着纳米科技的发展。合成纳米材料、构筑纳米结构的具体技术与方法虽然丰富多样，但是皆可以归纳于这两个技术思想的框架之下。前文述及的碳纳米管的各种合成方法，从技术思想上而言都属于"自下而上"范畴；而在石墨烯的合成研究中，"自下而上"与"自上而下"这两种技术思想则同时得到了运用。

石墨烯的"自上而下"合成，是指从体相石墨出发，通过物理或化学方法来对石墨进行剥离，得到分离的石墨烯片层。而"自下而上"合成，则是指通过碳原子在平面基底上的控制生长来制备二维石墨烯片层。具体说来，"自上而下"方法包括：微机械剥离法、液相化学剥离法、氧化石墨剥离-还原法；而"自下而上"方法则主要包括碳化硅（SiC）单晶外延法与 CVD 生长法。此外，基于"分子焊接"思路的芳香分子偶联法，以及纵向"切割"碳纳米管来制备石墨烯纳米带的方法，也都属于"自下而上"技术思想的范畴。石墨烯自 2004 年实验发现以来，合成技术的发展相当迅速，由于有"自上而下"与"自下而上"两种技术思想可以同时遵循，在短短五年多的时间里就已经发展出了多种有效的合成方法，这里择要介绍其中几种。

（1）微机械剥离法　2004 年石墨烯的实验发现即是 Novoselov 等人通过该方法而实现的[4]。简单说来，该方法是通过机械力从薄片石墨单晶（HOPG 或 Kish 石墨）的表面来物理剥离石墨烯片层。一种典型的制备过程为，先将单晶石墨薄片黏附在一片胶带上，并用另一片胶带粘住石墨片的另一面，然后撕开胶带对石墨片进行减薄，如此反复操作，最后便可在胶带上得到超薄的石墨烯片层，其中部分片层的厚度可以到达单原子层。最后把胶带上的超薄石墨烯转移到基片上，利用光学显微镜、Raman 光谱、原子力显微镜（AFM）等手段进行细致的观察定位，找到单层石墨烯。运用这种简单而有效的方法，目前获得的单层石墨烯的尺寸可以达到上百平方微米，并且具有很好的晶体质量与电学质量，可以较好地满足对单片石墨烯基础物性研究的需要。但是该方法的缺点是效率太低，可控性较差，单层石墨烯的寻找定位也比较困难，无法实现石墨烯的宏量合成。

（2）液相化学剥离法　目前有三种途径，其一是用在适当的有机溶剂中，利用超声等手段来对粉体鳞片石墨直接进行液相化学剥离，然后通过离心分离，得到石墨烯的胶体分散液[21]；其二是首先对鳞片石墨进行化学插层，增大石墨的层间距，减弱或者破坏层间的范德华作用力，然后再进行液相化学方法剥离[22]；其三则是采用蠕虫状的膨胀石墨为前驱物进行液相化学剥离，膨胀石墨的获得是通过高温急速膨化酸插层的鳞片石墨，膨胀石墨的基本单元虽然仍为体相的石墨片，但是厚度相对于膨化前要薄得多，而且由于膨胀碎化以及比表面积的增大，液相化学剥离会变得相对容易一些[23]。液相化学剥离法的核心是利用合适的溶剂分子与石墨烯片层直接的相互作用，有时也借助于非共价化学修饰来实现石墨烯片的液相分散。液相化学剥离法从原理上讲很有望实现石墨烯的大量合成，并且由于可以得到石墨烯的胶体分散液，使得石墨烯的液相化学操控（solution-processing）变为可能，这对于实现石墨烯在纳米复合材料、导电膜材料等方面的应用带来了极大的方便。但是到目前为止，液相化学方法所制备的样品中单层石墨烯的比率一般都比较低，并且石墨烯尺寸也比较小，方法的可控性与可重复性也都有待进一步提高。

（3）氧化石墨剥离-还原法　氧化石墨也称石墨酸，已经有超过 100 年的研究历史，它是石墨经深度液相氧化而得到的一种层间距远大于原石墨的层状化合物，层间含有大量的含氧极性基团，如羟基、羧基、环氧基、羰基等。这些极性基团的存在赋予了氧化石墨良好的亲水性，可以使其在水溶液中被“溶解”而剥离形成单层的“氧化石墨烯”。将剥离后的单层氧化石墨烯进行化学还原，便可得到单层的石墨烯。氧化石墨烯还原的途径主要有两种，其一是液相剥离之后进行化学还原，研究较多的还原剂是水合肼[24,25]；其二是热解去氧还原，在热解的同时使得氧化石墨发生急剧膨胀，还原与剥离同时完成[26]。在石墨的氧化过程中，由于含氧基团的引入破坏了石墨的共轭结构，所以氧化石墨不再具有导电性，还原之后，由于 sp^2 共轭网络的部分恢复，导电性可以得到显著提高，但是与石墨烯本征的导电性能相比依然要逊色很多。虽然氧化石墨烯还原法所得到的石墨烯样品在晶体质量与电学质量上不够好，但是由于该方法具有制备高效并且成本低廉的优势，因而最有望实现石墨烯大规模合成，在石墨烯复合材料、膜材料以及储能材料等方面具有广泛的应用前景。

（4）碳化硅单晶外延法　在碳化硅单晶表面外延生长石墨烯主要涉及一个热分解的过程：当碳化硅在高真空中被加热到 1100℃ 以上的高温时，表面的硅原子就会蒸发逃逸，剩下的碳原子在碳化硅表面外延重构，形成石墨烯[27]。目前人们主要采用六角晶格的4H与6H碳化硅来生长石墨烯。六角碳化硅是极性晶体，在垂直于c轴方向的晶体表面，一面是碳原子层而另一面是硅原子层，分别被称为碳面和硅面。这两种表面都可以外延生长出石墨烯来，但是所生长的石墨烯在质量上却差异较大。在硅面所生长的石墨烯比较薄，一般1～3层，但缺陷很多，电学性能较差；在碳面所生长出的石墨烯一般比较厚，大都在10层左右，不过缺陷较少，电学质量也相应很高[27]。另外特别值得提及的是，在不同表面所生长的多层石墨烯，其堆垛方式也不一样，硅面所生长的结果为与体相石墨一样的AB堆垛，而在碳面则层与层之间为旋转无序，从而使得每层石墨烯近似独立，在很大程度上依然保持单层石墨烯的性质[28]。自2004年石墨烯发现以来，国际已经有几个研究组对石墨烯在碳化硅表面的外延生长进行过系统而深入的研究，目前，由de Heer小组所发展的高频加热炉生长方法[29]，生长出来的石墨烯无论是在硅面还是在碳面，质量都得到了很大提高，而且可以生长跨越SiC表面台阶的超大片石墨烯。同时层数的控制水平也大大提高，现在已经可以在碳面上生长出大面积均匀的单层石墨烯。

(5) CVD生长法　通过含碳气体分子在金属基底上的分解沉积来制备石墨烯，最早可追溯到20世纪70年代，当时的研究已经实现了在部分过渡金属单晶的表面外延生长“单层石墨”[30]，不过当时的研究多集中在体系的一些表面物理问题，而石墨烯最具特色的电子能带结构却没有得到关注，从而错失了对石墨烯的“发现权”。另外，利用金属单晶作为基底来外延生长石墨烯，需要苛刻的高真空环境，设备复杂，研究范围非常有限。同时所得到的石墨烯样品由于和金属单晶衬底的外延生长关系，其π电子与金属费米能级附近的d电子强烈偶合，所以并不真正具备石墨烯的本征电子能带结构。在2004年Novoselov等人通过微机械剥离法发现了真正意义上的独立（free-standing）石墨烯之后，CVD生长方法也开始被人们所重视。最近，Kong研究组[31]和Kim等人[32]相继报道，利用常规的CVD方法在多晶的Ni薄膜表面生长出了大面积、高质量的石墨烯样品，层数从单层到少数几层不等。通过转移压印法，石墨烯薄膜可以被成功转移到其他基底材料。其后，Ruoff小组报道，在多晶Cu箔表面，利用低压CVD方法成功制备出了主要为单层的大面积石墨烯[33]。

目前发展起来的各种制备石墨烯的方法，可谓各有所长。机械剥离法虽然不能满足大量制备的石墨烯的需求，但是由于所制得的石墨烯具有很高的晶体质量，所以作为一种简单有效的方法，在基础物理研究方面仍然被广泛采用。氧化石墨剥离-还原法虽然能够以相对较低的成本制备出大量的单层石墨烯，使得其在复合材料和储能材料等领域有很大的应用前景，然而石墨烯的晶体质量与电学质量均受到严重的破坏，在一定程度上限制了其在电子学器件等方面的应用。碳化硅单晶外延法与CVD方法可以制备出大面积连续且性能优异的石墨烯薄膜，在微电子学领域有着巨大的应用潜力。然而碳化硅单晶存在成本过高的问题，在金属基片表面生长的石墨烯则存在转移的问题。另外，目前这两种方法工艺尚不够成熟，仍需进一步探索完善。

8.5　基于碳纳米管与石墨烯的场效应晶体管研究略述

在20世纪的后半叶，以硅基材料为核心的微电子技术曾经引发了信息革命的浪潮，极大地推进了人类文明的进程。但是众所周知，由于受器件物理与工艺技术方面的限制，传统的硅基微电子器件将在未来大约十年之后达到其性能极限。20世纪90年代初碳纳米管的发现，使人们开始设想利用碳基输运体系来替代硅基CMOS技术体系，而石墨烯的发现，使得这个设想离现实更接近了一步。构筑下一代的纳米电子学器件，被认为是碳纳米管与石墨烯最重要的潜在应用之一。

在目前的硅基微电子技术中，场效应晶体管（FET）是电子学的核心，因此对下一代碳基纳米器件的探索研究也大多是集中在FET的研究框架下进行的。碳纳米管是理想的一维导电通道，与常规材料相比，在构筑电子器件方面具有一些显著优势，这主要包括：①碳纳米管具有非常高的载流子迁移率，容易实现无散射的弹道输运，在室温下单壁碳纳米管弹道输运的长度可以达到几十纳米，已经与目前硅基CMOS器件的尺度相当；②“坚固”的碳-碳共价键和完美的石墨化结构使得碳纳米管有非常好的化学稳定性和热稳定性，并可以承载很高的电流密度；③在小偏压情况下，碳纳米管仅费米面附近的两个量子带参与导电，这一结论在一定程度上与纳米管的直径无关，这意味着采用纳米管作为导电通道，有望解决小尺度硅基器件中由于加工精度限制所带来的器件尺度与性能不确定问题；④碳纳米管兼具优异的力学性能与热传导性能；⑤半导体性碳纳米管是直接带隙半导体，具有丰富的光物理性质，因而有望在纳米器件实现电子学与光电子学性能的集成复合，这一点是硅（间接带隙半导体）基器件难以做到的。

1998年，荷兰Delft理工学院的Dekker小组首次报道了室温下工作的碳纳米管FET器件[34]，与之同时，IBM的Avouris等人也独立报道了相似的研究结果[35]，纳米管FET由此开始问世。在这些初期的研究工作中，纳米管FET器件采用了一种很简单的结构与制作工艺：先在硅基片上热生长一层二氧化硅作为绝缘栅介质，将重掺杂硅片作为背栅门电极，然后光刻定义金属电极作为源漏，最后把碳纳米管的分散溶液旋涂到基片上，如果有一根半导体性的碳纳米管碰巧和两个电极接触，便构成了一个FET器件。输运测量的结果表明，碳纳米管FET表现出空穴导电的特性，工作模式与传统的硅基p-MOSFET类似。碳纳米管FET的成功研制在当时引起了人们的极大关注，其重要性在于它为解决硅基MOSFET所面临的物理极限问题提供了一种可能。虽然就器件性能而言，早期制备的纳米管FET尚无法与传统的硅基MOSFET相媲美，但是通过大量的后续研究工作，纳米管 FET 的性能逐渐得到了稳步提升。大体说来，改善的途径主要有两个方面：首先是要实现电极与纳米管之间的欧姆接触，增大导通电流；其次是增强门控效果，提高亚阈特性。2003 年，美国 Stanford 大学的戴宏杰小组首先报道[36]，采用高功函数金属钯（Pd）作为电极材料可以和碳纳米管形成欧姆接触，从而制备出了高性能弹道输运的 p 型纳米管 FET，室温下半导体纳米管在开态下的电导可以达到两个量子电导，通过的电流达到 25μA，接近了光学声子散射所限制电流的极限。该研究组随后又成功地采用高介电常数材料制备出了顶栅 p 型碳纳米管 FET 器件，使得器件的栅控能力得到很大提高，器件的关键性能已经超过了最好的硅基 p 型 MOSFET[37]。

在碳纳米管 FET 器件研究的初期，人们认为碳纳米管 FET 的工作原理类似于常规的硅基 MOSFET，但是后来更多细致的实验数据表明，与硅基器件的工作原理不同，半导体性碳纳米管与金属电极接触所形成的肖特基势垒对纳米管 FET 有着决定性影响，碳纳米管 FET 从原理上讲应当是一种肖特基晶体管[38]。以普通的背电极结构纳米管 FET 为例，门电压的施加引起半导体性碳纳米管能带的弯曲，使得肖特基势垒的宽度大大降低，电子（或空穴）在偏压下从金属电极的费米面隧穿过势垒进入纳米管的导带（或价带），从而实现对晶体管的开关，如图 8-8 所示。由于接触所形成的肖特基势垒强烈依赖于金属的功函数，因此功函数不同的金属可以形成高度与宽度不同的势垒。如果电极的功函数足够低（例如钙、镁等），靠近碳纳米管的导带的话，此时的载流子是电子，器件表现为 n 型 FET。相反，高功函数的金属（例如金、铂等）则将形成 p 型 FET。而如果选用一些功函数适中的金属做电极的话，两种载流子将同时存在，可以形成双极型的晶体管，例如铝电极时的情形[39]。另外，一些气体的吸附可以改变电极的功函数，从而导致器件在 p 型和 n 型之间转换。例如把 p 型晶体管放到真空中退火之后会变成 n 型，而在暴露大气环境吸附氧气之后，最后又重新变为 p 型[40]。

若想用碳纳米管 FET 实现逻辑操作，必须同时使用 p 型和 n 型器件。未经处理的（pristine）碳纳米管一般表现出 p 型场效应，在碳纳米管 FET 的研究历程当中，p 型器件的研究进展也曾一度领先，而 n 型 FET 的研究进展则相对要滞后得多。关于 n 型纳米管 FET 的研究，早期采用的方法多是基于化学掺杂，例如利用碱金属钾（K）对碳纳米管进行化学掺杂。钾原子作为电子给体向碳纳米管提供电子，使得碳纳米管转变为 n 型半导体。通过这种方法，戴宏杰小组曾经制备出性能接近 p 型的 n 型纳米管 FET 器件[41]。但这种化学掺杂方法存在一个很大的问题，由于钾原子极其活泼，因而很容易与环境中的其他原子反应而导致脱掺杂，此外碳纳米管表面所吸附的钾原子数目也难以严格控制，因而很难保证器件的均匀性。后来随着人们认识到碳纳米管 FET 工作原理主要是基于肖特基势垒，便开始研究低功函数的金属作为电极来实现 n 型纳米管 FET。曾经研究较多的是铝电极，但是效果并不理想。这是因为铝的化学性质太活泼，容易被

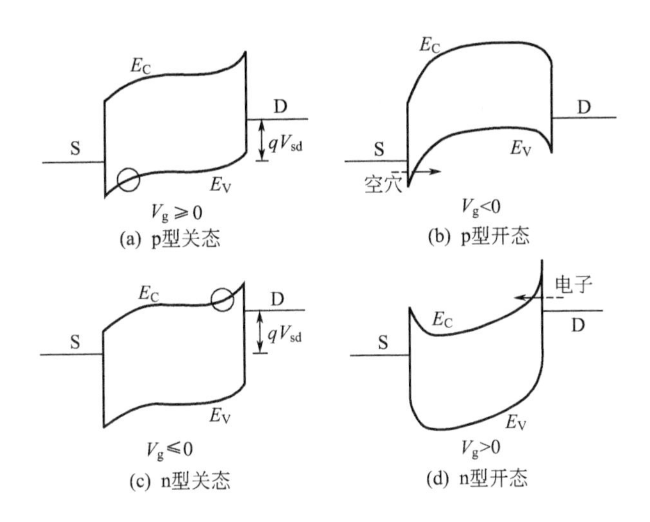

图 8-8　背电极碳纳米管 FET 器件的工作原理示意图

(a) p 型 FET 在门电压大于零下的能带结构示意图，金属的功函数靠近半导体性纳米管的价带，由于电极与纳米管功函数的差，在接触的界面形成了肖特基势垒。小偏压下，载流子通过热隧穿通过势垒，仅有相当小的电流，器件处于关态。(b) 在门电压小于零的时候，碳纳米管的能带向上弯曲，使得接触处的肖特基势垒宽度大大降低，空穴从源极的费米面隧穿过势垒进入碳纳米管价带，形成导通电流，器件处于开态。(c)，(d) n 型 FET 关态与开态的能带结构示意图，金属的功函数靠近纳米管的导带。在门电压大于零时，由于门电压导致的能带弯曲，漏极靠近导带的电子可以注入碳纳米管，形成导通电流

氧化而改变功函数，所以器件有时候是 n 型，有时候则是双极型的。近年来，北京大学的彭练矛与梁学磊等人在 n 型纳米管 FET 研究方面取得了重要进展。他们采用低功函数的钪（Sc）作为电极材料，实现了电子向碳纳米管的导带的无势垒直接注入，从而成功得到了高性能室温弹道输运的纳米管 n 型 FET 器件[42]。室温下，300nm 长的半导体型碳纳米管的电导达到了理论极限电导的 49%，在 0.1V 的小偏压下开态与关态的电流比高达 10^9，速度和功耗均优于相应的最好的硅基器件。

随着 p 型与 n 型 FET 的研制成功以及器件性能的不断提高，基于碳纳米管 FET 单元器件的简单逻辑电路已经有不少报道，如反相器、或非门、或门、与非门、与门以及环形振荡器等。但是要想使纳米管器件真正成为未来集成电路中的基础元件，除了实现简单的逻辑单元，还必须解决器件的超高密度集成问题。目前基于纳米管 FET 的简单逻辑电路，是通过在基片上金属布线而获得的，这种实现方面的缺点是显而易见的：虽然单个纳米管器件的尺寸很小，但是金属连线却要占用芯片的大部分面积，所以很难实现器件的超高密度集成。虽然随着近年来定向、超长单壁纳米管平行阵列的 CVD 生长成功，纳米管 FET 器件在单位面积上的集成度得到了显著提高[43]，但是这离超高密度集成的目标依然相距甚

远。简单逻辑单元的实现并不意味着器件的超高密度集成问题可以很快得到解决，或者原则上可能解决。如何从根本上解决纳米管器件的超高密度集成问题，仍然是考验人们的研究智慧与想象力的挑战性难题之一。

然而，就碳纳米管电子学研究的整个发展态势来看，目前最大的瓶颈问题还不是器件的集成问题，而依然是碳纳米管的可控合成问题。如前文所述，碳纳米管电子能带结构与原子结构之间有着敏感依赖关系，目前包括 CVD 方法在内的种种合成技术，都无法做到对纳米管直径与手性的精确可控，所以所得到的产物无一不是金属性与半导体性纳米管的混合物，而金属性纳米管是无法作为导电沟道用于 FET 器件的。虽然可以通过一些后续的化学或物理方法，把半导体性与金属性纳米管选择性分离，但这是非常艰难而繁琐的工作，分离效率也很难做到 100%，而且分离过程还不可避免地会破坏纳米管的结构，最终影响器件性能。解决这一问题最有希望的途径是通过控制合成工艺与生长参数，来选择性生长半导体性纳米管，目前的研究已经有一定进展，但是要想得到纯半导体性的单壁纳米管尚有待时日。

石墨烯自 2004 年发现以来，在电子学方面的潜在应用前景很快便得了人们的极大关注。石墨烯由于其高度对称的晶格结构，载流子的迁移率非常之高，而且由于石墨烯中电-声相互作用非常弱，声子对电子的散射作用很小，这意味着迁移率受温度的影响很小，故而石墨烯在室温下便可拥有与低温时相接近的高迁移率[5,8]。这是因为此，石墨烯在室温下可以表现出亚微米尺度的弹道输运特性，基于石墨烯的室温弹道输运晶体管以及 THz 高频晶体管很有望成为可能。这是石墨烯在构筑纳米电子学器件方面最突出的优势之一，单壁碳纳米管在这点上也无法与之比拟。另外，就构筑电子学器件而言，石墨烯相对于碳纳米管而言的另一个优势是其二维的平面结构，这意味着可以利用传统的微加工刻蚀技术来对一个连续的石墨烯片层进行加工裁剪，从而制造包括器件和导线在内的大规模全碳集成电路。

但是，用石墨烯来制作 FET 器件也面临着一个巨大的障碍——石墨烯是零带隙半导体，所以虽然有场效应，但门控效果极其有限，很难实现开关特性。要使石墨烯能够成为构筑下一代电子器件的基础材料，必须首先解决这一难题，对石墨烯进行能带调控，使其由零带隙半导体转变为具有合适能隙的半导体。对此人们已经展开了多方面的探索研究，目前研究最多是对石墨烯进行裁剪来形成准一维的石墨烯纳米带。理论与实验研究均已表明，由于径向的量子限域效应，当石墨烯纳米带的直径小到大约 10nm 以下的时候将会产生合适的带隙，可以用以构筑可在室温下工作的 FET[44,45]。但是要把石墨烯均匀、可控地裁剪成 10nm 以下并且边界光滑的纳米带，其难度是可想而知的，目前尚没有任何一种方法可以被预期来实现石墨烯纳米带的可控与大规模制备。

总之，碳纳米管与石墨烯虽然给后硅时代的纳米电子学带来了曙光，但是电子学的“碳时代”何时能够来临，我们依然还有漫长的路要走。

参 考 文 献

[1] H. W. Kroto, J. R. Heath, S. C. O'Brien, R. F. Curl & R. E. Smalley. C_{60}: Buckminsterfullerene. *Nature*, **1985**, *318*: 162.

[2] S. Iijima. Helical microtubules of graphitic carbon. *Nature*, **1991**, *354*: 56.

[3] R. Saito, M. S. Dresselhaus, G. Dresselhaus. Physical Properties of Carbon Nanotube. Imperial College, **1998**.

[4] K. S. Novoselov, A. K. Geim, S. V. Morozov, D. Jiang, Y. Zhang, S. V. Dubonos, I. V. Grigorieva, A. A. Firsoy. Electric Field Effect in Atomically Thin Carbon Films. *Science*, 2004, *306*: 666.

[5] A. K. Geim, K S. Novoselov. The rise of grapheme. *Nat. Mater.*, **2007**, *6*: 183.

[6] J. W. G. Wildoer, L. C. Venema, A. G. Rinzler, R. E. Smalley & C. Dekker. Electronic structure of atomically resolved carbon nanotubes. *Nature*, **1998**, *391*: 59.

[7] L. C. Qin. Electron diffraction from carbon nanotubes. *Rep. Prog. Phys.*, **2006**: 2761.

[8] A. H. Castro Neto, F. Guinea, N. M. R. Peres, K. S. Novoselov and A. K. Geim. The electronic properties of grapheme. *Rev. Mod. Phys.*, **2009**, *81*: 109.

[9] Ducastelle F, et al. Electronic Structure, Lect. Notes Phys. Springer-Verlag Berlin Heidelberg, **2006**, *677*: 199.

[10] C. L. Kane, E. J. Mele Size. Shape, and Low Energy Electronic Structure of Carbon Nanotubes. *Phys. Rev. Lett.*, **1997**, *78*: 1932.

[11] A. Hagen, T. Hertel. Quantitative Analysis of Optical Spectra from Individual Single-Wall Carbon Nanotubes. *Nano Lett.*, **2003**, *3*: 383.

[12] S. Iijima, T. Ichihashi. Single-shell carbon nanotubes of 1-nm diameter. *Nature*, **1993**, *363*: 603.

[13] D. S. Bethune, C. H. Klang, M. S. de Vries, G. Gorman, R. Savoy, J. Vazquez, R. Beyers. Cobalt-catalysed growth of carbon nanotubes with single-atomic-layer walls. *Nature*, **1993**, *363*: 605.

[14] A. Thess, R. Lee, P. Nikolaev, H. Dai, P. Petit, J. Robert, C. Xu, Y. H. Lee, S. G. Kim, A. G. Rinzler, D. T. Colbert, G. E. Scuseria, D. Tománek, J. E. Fischer, R. E. Smalley. Crystalline Ropes of Metallic Carbon Nanotubes. *Science*, **1996**, *273*: 483.

[15] P. Nikolaev, M. J. Bronikowski, R. K. Bradley, F. Rohmund, D. T. Colbert, K. A. Smith, R. E. Smalley. Gas-phase catalytic growth of single-walled carbon nanotubes from carbon monoxide. *Chem. Phys. Lett.*, **1999**, *313*: 91.

[16] M. J. Yacamán, M. M. Yoshida, L. Rendón, J. G. Santiesteban. Catalytic growth of carbon microtubules with fullerene structure. *Appl. Phys. Lett.*, **1993**, *62*: 202.

[17] W. Z. Li, S. S. Xie, L. X. Qian, B. H. Chang, B. S. Zou, W. Y. Zhou, R. A. Zhao, G. Wang. Large-Scale Synthesis of Aligned Carbon Nanotubes. *Science*, **1996**, *274*: 1701.

[18] H. Dai, A. G. Rinzler, P. Nikolaev, A. Thess, D. T. Colbert, R. E. Smalley. Single-wall nanotubes produced by metal-catalyzed disproportionation of carbon monoxide. *Chem. Phys. Lett.*, **1996**, *260*: 471.

[19] J. Kong, H. T. Soh, A. M. Cassell, C. F. Quate, H. Dai. Synthesis of individual single-walled carbon nanotubes on patterned silicon wafers. *Nature*, **1998**, *395*: 878.

[20] K. Hata, D. N. Futaba, K. Mizuno, T. Namai, M. Yumura, S. Iijima. Water-Assisted Highly Efficient Synthesis of Impurity-Free Single-Walled Carbon Nanotubes. *Science*, **2004**, *306*: 1362.

[21] Y. Hernandez, V. Nicolosi, M. Lotya, F. M. Blighe, Z. Sun, S. De, I. T. McGovern, B. Holland, M. Byrne, Y. K. Gun'Ko, J. J. Boland, P. Niraj, G. Duesberg, S. Krishnamurthy, R. Goodhue, J. Hutchison, V. Scardaci, A. C. Ferrari, J. N. Coleman. High-yield production of graphene by liquid-phase exfoliation of graphite. *Nat. Nanotech.*, **2008**, *3*: 563.

[22] X. Li, G. Zhang, X. Bai, X. Sun, X. Wang, E. Wang, H. Dai. Highly conducting graphene sheets and Langmuir-Blodgett films. *Nat. Nanotech.*, **2008**, *3*: 538.

[23] X. Li, X. Wang, L. Zhang, S. Lee, H. Dai. Chemically Derived, Ultrasmooth Graphene Nanoribbon Semiconductors. *Science*, **2008**, *319*: 1229.

[24] S. Stankovich, R. D. Piner, X. Chen, N. Wu, S. T. Nguyen, R. S. Ruoff. Stable aqueous dispersions of graphitic nanoplatelets via the reduction of exfoliated graphite oxide in the presence of poly (sodium 4-styrenesulfonate). *J. Mater. Chem.*, **2006**, *16*: 155.

[25] V. C. Tung, M. J. Allen, Y. Yang, R. B. Kaner. High-throughput solution processing of large-scale grapheme. *Nat. Nanotech.*, **2009**, *4*: 25.

[26] H. C. Schniepp, J. L. Li, M. J. McAllister, H. Sai, M. Herrera-Alonso, D. H. Adamson, R. K. Prud'homme, R. C., D. A. Saville, I. A. Aksay. Functionalized Single Graphene Sheets Derived from Splitting Graphite Oxide. *J. Phys. Chem. B*, **2006**, *110*: 8535.

[27] 吴孝松. 物理, **2009**, *6*: 409.

[28] J. Hass, F. Varchon, J. E. Millán-Otoya, M. Sprinkle, N. Sharma, W. A. de Heer, C. Berger, P. N. First, L. Magaud, and E. H. Conrad. Why Multilayer Graphene on 4H-SiC (0001) Behaves Like a Single Sheet of Graphene. *Phys. Rev. Lett.*, **2008**, *100*: 125504.

[29] D. L. Miller, K. D. Kubista, G. M. Rutter, M. Ruan, W. A. de Heer, P. N. First, J. A. Stroscio. Observing the Quantization of Zero Mass Carriers in Graphene. *Science*, **2009**, *324*: 924.

[30] M. Eizenberg, J. M. Blakely. Carbon monolayer phase condensation on Ni (111). *Sur. Sci.*, **1979**, *82*: 228.

[31] A. Reina, X. Jia, J. Ho, D. Nezich, H. Son, V. Bulovic, M. S. Dresselhaus, J. Kong. Large Area, Few-Layer Graphene Films on Arbitrary Substrates by Chemical Vapor Deposition. *Nano. Lett.*, **2009**, *9*: 30.

[32] K. S. Kim, Y. Zhao, H. Jang, S. Y. Lee, J. M. Kim, K. S. Kim, J. Ahn, P. Kim, J. Y. Choi, B. H. Hong. large-scale pattern growth of graphene films for stretchable transparent electrodes. *Nature*, **2009**, *457*: 706.

[33] X. Li, W. Cai, J. An, S. Kim, J. Nah, D. Yang, R. Piner, A. Velamakanni, I. Jung, E. Tutuc, S. K. Banerjee, L. Colombo, R. S. Ruoff. Large-Area Synthesis of High-Quality and Uniform Graphene Films on Copper Foils. *Science*, **2009**, *324*: 1312.

[34] S. J. Tans, A. R. M. Verschueren, C. Dekker. Room-temperature transistor based on a single carbon nanotube. *Nature*, **1998**, *393*: 49.

[35] R. Martel, T. Schmidt, H. R. Shea, T. Hertel, Ph. Avouris. Single- and multi-wall carbon nanotube field-effect transistors. *Appl. Phys. Lett.*, **1998**, *73*: 2447.

[36] A. Javey, J. Guo, Q. Wang, M. Lundstrom, H. Dai. Ballistic carbon nanotube field-effect transistors. *Nature*, **2003**, *424*: 654-657.

[37] A. Javey, H. Kim, M. Brink, Q. Wang, A. Ural, J. Guo, P. McIntyre, P. McEuen, M. Lundstrom, H. Dai. High-κ dielectrics for advanced carbon-nanotube transistors and logic gates. *Nat. Mater.*, **2002**, *1*: 241.

[38] J. Appenzeller, J. Knoch, V. Derycke, R. Martel, S. Wind, Ph. Avouris. Field-Modulated Carrier Transport in Carbon Nanotube Transistors. *Phys. Rev. Lett.*, **2002**, *89*: 126801.

[39] Y. -M. Lin, J. Appenzeller, J. Knoch, P. Avouris. High-performance carbon nanotube field-effect transistor with tunable polarities. *IEEE Trans. Nano.*, **2005**, *4*: 481.

[40] V. Derycke, R. Martel, J. Appenzeller, Ph. Avouris. Controlling doping and carrier injection in carbon nanotube transistors. *Appl. Phys. Lett.*, **2002**, *80*: 2773.

[41] A. Javey, R. Tu, D. B. Farmer, J. Guo, R. G. Gordon, H. Dai. High Performance n-Type Carbon Nanotube Field-Effect Transistors with Chemically Doped Contacts. *Nano Lett.*, **2005**, *5*: 345.

[42] Z. Zhang, X. Liang, S. Wang, K. Yao, Y. Hu, Y. Zhu, Q. Chen, W. Zhou, Y. Li, Y. Yao, J. Zhang, L. M. Peng. Doping-Free Fabrication of Carbon Nanotube Based Ballistic CMOS Devices and Circuits. *Nano Lett.*, **2007**, *7*: 3603.

[43] K. Ryu, A. Badmaev, C. Wang, A. Lin, N. Patil, L. Gomez, A. Kumar, S. Mitra, H. S. P. Wong, C. Zhou. CMOS-Analogous Wafer-Scale Nanotube-on-Insulator Approach for Submicrometer Devices and Integrated Circuits Using Aligned Nanotubes. *Nano Lett.*, **2009**, *9*: 189.

[44] Y. W. Son, M, L. Cohen, S, G. Louie. Energy Gaps in Graphene Nanoribbons. *Phys. Rev. Lett.*, **2006**, *97*: 216803.

[45] M. Y. Han, B. Özyilmaz, Y. Zhang, P. KimEnergy. Band-Gap Engineering of Graphene Nanoribbons. *Phys. Rev. Lett.*, **2007**, *98*: 206805.

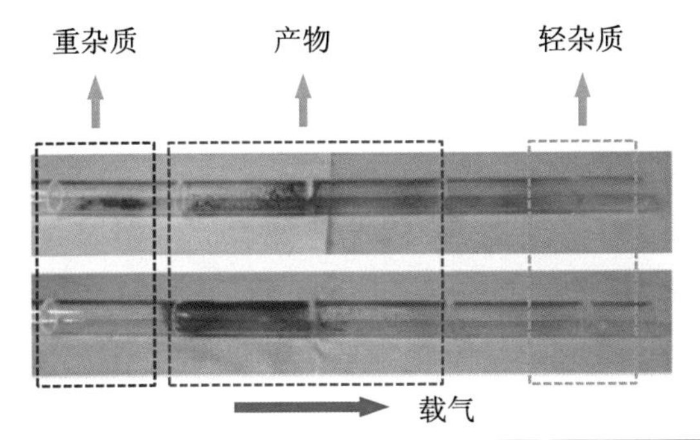

左图为第一次PVT过程。中部橘红色的晶体为并四苯，左边深色物质为分子量较大的杂质（重杂质），右边黄色的为分子量较小的杂质（轻杂质）。下图为第二次提纯，分子量较大的杂质已经不存在

彩图1　并四苯提纯后沉积区的杂质及产物分布

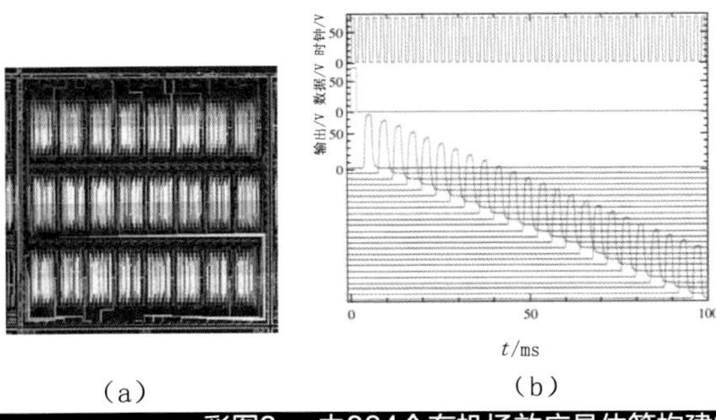

蓝色的区域为由$F_{16}CuPc$场效应晶体管组成的n型导电沟道，黄色的区域则为由α-6T场效应晶体管组成的p型导电沟道（a）;48阶移位寄存器的电学反应(b)

彩图2　由864个有机场效应晶体管构建的48阶移位寄存器的光学照片

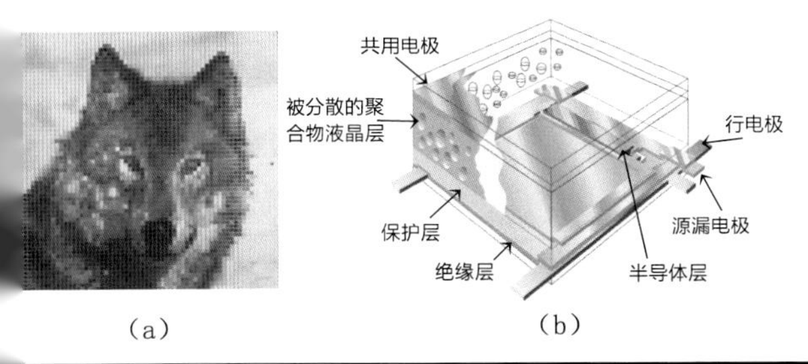

由4096个薄膜场效应晶体管驱动的多像素的显示器，以及该显示器单个像素点被聚合物场效应晶体管有源驱动的示意图，其中包含部分如图所示，所有这些都被夹于两层透明的玻璃衬底之间

彩图3

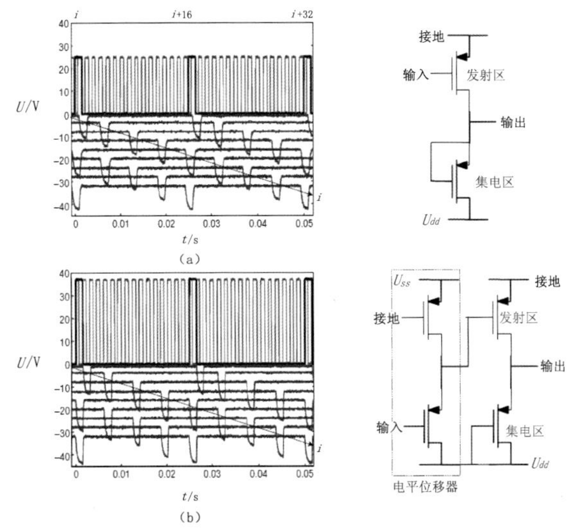

（a），（b）输入的脉冲数据i，i+16, i+32(黑色)，时序频率为640Hz（红色），和在32阶移位存储器不同阶时候的缓冲输出（蓝色）,其中（a）图为基于普通逻辑电路，（b）图为基于二极管相关的逻辑电路。应用于二阶移位存储器的反相器的电路图也在图中给出

彩图4　有机的32阶移位寄存器的特性图